NUMERICAL ANALYSIS COMPUTATIONAL STATISTICS

WITH JAVA

JAVA 프로그래밍과 함께 배우는

수치해석 및 전산통계

이정진 · 심송용 지음

자유아카데미

머리말

정보화 시대에 살고 있는 우리들에게 컴퓨터는 일상생활에 없어서는 안 되는 귀중한 도구가 되었다. 일반인이 컴퓨터를 잘 활용하기 위해서는 다양한 소프트웨어가 필요하다. 변화된 컴퓨터 환경에 맞추어 많은 사람들이 소프트웨어를 만들어 왔고, 현재도 개발하고 있다. 이러한 소프트웨어 개발을 위해서는 여러 가지 컴퓨터 언어를 이용한다.

수학·통계학·공학 등에서는 방정식의 해, 행렬, 적분 등과 같은 수치해석(Numerical Analysis) 계산이나, 복잡한 통계 계산을 하는 전산통계(Statistical Computing)에 프로그래밍 언어가 필요하다. 그동안 Fortran이나 C언어를 많이 이용했다. 최근에는 컴퓨터 기술의 발달로 복잡한 계산 결과를 그래프로 보여 주는 소프트웨어 개발이 많이 필요하다. 이 책은 그래픽 환경에서 복잡한 계산이나 그래프를 그릴 수 있는 Java 언어에 대해서 소개한다. Java는 프리웨어로서 인터넷에서 무료로 내려 받을 수 있고, 운영체제에 의존되지 않으며, 최근에는 Android 앱 개발에도 사용되는 유용한 언어이다.

대학에서 오랜 기간 프로그래밍 언어와 수치해석 및 전산통계를 강의하면서 연관이 있는 세 분야를 모두 적절히 다룬 교재를 찾지 못해 항상 고민하였다. 컴퓨터 언어에 대한 입문서는 다양하지만 수학, 통계학 및 공학에 직접 적용할 수 있는 이론 서적이나 응용 서적이 없어 두 권 이상의 책들 중에서 내용을 발췌한 후 교육을 하는 불편함이 있었다. 이 책은 그동안의 강의 경험을 바탕으로 Java 프로그래밍 언어를 소개하고 수치해석 및 전산통계의 이론과 응용을 같이 설명하였다. 이 책은 이론과 프로그래밍 언어의 실습을 병행하여 이론의 이해도 돕고 프로그래밍도 숙달되도록 돕고자 한다.

이 책은 총 3부로 구성되었다.

1부: 입문자가 Java 언어의 기본에 대하여 숙달될 수 있도록 제어문, 입출력문, 배열, 메소드 등을 소개하였다. 대학생이면 누구나 이해할 수 있는 수준이다.

2부: 클래스와 객체지향 프로그래밍의 개념을 확립하고, 클래스를 활용한 수치 해석 및 통계계산 방법을 소개하였다. 수치해석 및 통계계산을 이해하기 위해 선형대수나 기초통계학 수준의 통계학 지식이 있으면 도움이 되지만 필수적인 것은 아니다.

3부: 그래픽 환경에서 Java 응용 프로그램을 소개하여 창을 생성하고, 메뉴 등을 배치하고, 각 사건의 처리 방법을 소개하였다. 오디오나 이미지의 컨트롤, 애플릿 개발, 웹과의 연동, 표를 이용한 데이터 처리 등을 소개하였다.

이 책이 여러분들의 Java 프로그래밍 입문과 전공 분야 활용에 도움이 되기를 기원한다.

2014년 3월 이정진, 심송용 씀

1부 Java의 이해

3부 그래픽 사용자 환경(GUI) 프로그래밍

1부
Java의 이해

1장 Java 개요, 설치, 기본운용
2장 Java 프로그래밍 기초
3장 Java 제어문
4장 Java 기본 입 · 출력
5장 Java 배열
6장 Java 메소드

1장

Java 개요, 설치, 기본운용

학습목표

- Java 언어가 무엇인지 이해한다.
- Java와 편집기 Eclipse를 다운로드 받아서 설치하는 방법을 이해한다.
- 간단한 예제를 통하여 Java 프로그램를 실행하는 방법을 이해한다.

1.1 Java 개요

Java는 Basic이나 C와 같은 프로그래밍 언어와 마찬가지로 컴퓨터에 원하는 작업을 지시할 수 있는 프로그래밍 언어이다. 컴퓨터 환경이 대용량 컴퓨터에서 개인용 PC, 그리고 모바일 컴퓨터로 변화하면서 프로그래밍도 진화해 왔는데 Java는 네트워크가 중요시되는 최근 컴퓨터 환경에 적합하게 발전된 프로그래밍 언어라고 볼 수 있다. 이와 유사한 프로그래밍 언어가 Microsoft사의 C#인데 이 C#은 Microsoft사의 Windows 시스템에만 적합한 소프트웨어 개발언어이다. 하지만 Java는 각종 운영 시스템에 좌우되지 않고 개발된 소프트웨어가 작동될 수 있는 장점을 가지고 있다. 이를 위해 Java Virtual Machine(JVM)이라는 가상 컴퓨터를 이용하는데, 속도가 저하되는 문제점이 있었지만 컴퓨터 하드웨어 기술의 발달로 그리 영향을 받지 않는다. Java는 스마트폰과 같은 모바일 컴퓨터에서 사용하는 안드로이드(Android) 운영체제의 소프트웨어인 앱(Application) 개발에도 이용될 수 있는 언어이고 무료여서 최근 많은 각광을 받고 있다.

Java는 1995년 Sun Microsystems사에서 James Gosling이 주도하여 개발한 언어로서 당시 많이 사용되던 프로그래밍 언어 C나 C++의 문제점을 보완하였다. 구체적인 Java의 특징은 다음과 같다.

- 특정 시스템에 연관관계를 두지 않은 클래스(class)를 사용하여 운영 시스템에 독립된 언어임. 여기서 클래스란 Java 개발자가 만들어 놓은 프로그램 모듈(module)을 의미하는 것으로 사용자가 이 클래스를 바로 이용할 수 있다.
- C에서의 포인터(pointer)를 객체의 동적 메모리 할당으로 하여 사용자가 쉽게 프로그램을 할 수 있게 함.
- 순수 객체지향적 개념을 사용함.
- 코드의 재사용성과 방대한 양의 클래스를 보유함으로써 사용자에게 편리성 제공.

Java가 가지고 있는 기술을 크게 나누면 다음의 8개의 그룹이 된다.

- Java 2 Platform, Standard Edition(Java SE)
- Java 2 Platform, Enterprise Edition(Java EE)
- Java 2 Platform, Micro Edition(Java ME)
- Java Card
- Java Web Service
- Java Business Integration

- Java XML
- Other Java Technologies

이 책에서 설명하는 내용은 Java SE인데 이 부분도 방대하여 이 중 주요 기능만 소개하고자 한다. 이 책의 목적은 수학, 통계학, 공학에 많이 이용되는 Java 프로그래밍의 전반적인 흐름을 이해하려는 것이고 다른 목적의 프로그램 개발에 대한 내용은 참고문헌을 참조하여 독자가 스스로 기술을 학습하기를 기대한다.

1.2 Java와 Eclipse의 설치

Java는 여러 가지 목적의 다양한 버전이 출시되어 있는데 일반적 목적으로는 Java Development Kit(JDK) 8.0 최근 버전이 많이 이용된다. JDK 8.0 버전을 설치하면 사용자가 이용할 수 있는 클래스들이 어떤 것이 있는지 설명해 주는 Java Documentation API라는 문서를 같이 설치해야 한다. Java 프로그램은 어느 종류의 text 편집기에서 프로그램을 텍스트 파일로 작성한 후 명령 프롬프트 창(도스창)에서 컴파일한 후 실행할 수 있다. 하지만 이 작업은 익숙한 사용자가 아니면 번거로워서 일반적으로 Eclipse라는 편집 ⇒ 컴파일 ⇒ 실행을 같이 할 수 있는 개발 도구를 많이 사용한다. 이 절에서 JDK, API 그리고 Eclipse를 설치하는 방법을 알아보자.

1.2.1 Java의 Development Kit(JDK) 설치

Windows 7 시스템에서 Java의 최신 버전인 Java SE8u5의 다운로드 및 설치 방법은 다음과 같다. Java는 새로운 버전이 계속 출시되나 설치 방법은 대개 유사하다. Windows 다른 버전에서의 설치는 경로가 다를 수 있으나 방법은 역시 유사하다.

❶ 인터넷 주소창에 http://java.sun.com 입력하여 나타나는 다음 그림과 같은 화면에서 오른쪽 상단에 'Software Downloads'에서 'Top Downloads'의 'Java SE'를 선택하거나 또는  버튼을 선택한다. 이 화면은 수시로 바뀔 수 있으나 어떻게 변하든 Java SE를 선택하면 된다.

❷ 'Java SE Downloads' 화면에서 왼쪽의  버튼을 누르거나 화면 우측 하단의  버튼을 누른다.

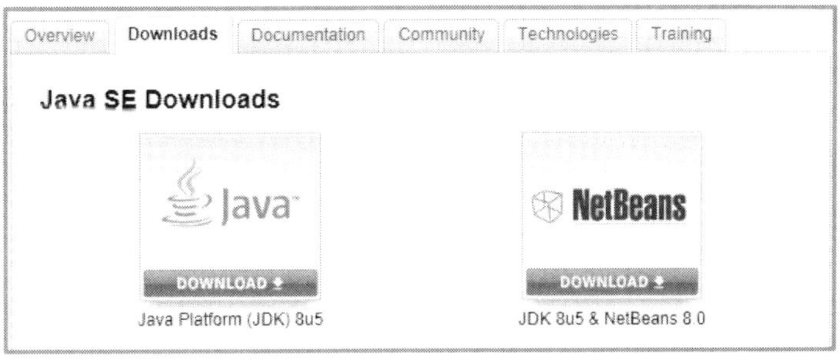

❸ 'Java SE Development Kit 8u5' 화면이 나타나면 'Accept License Agreement'를 선택하고 밑에서 둘째 줄의 'Windows x86'(32bit 컴퓨터용) 버전인 'jdk-8u5-windows-i586.exe' 파일을 선택하여 다운로드한다. Java의 새 버전이 출시되면 '8u5'라는 버전 번호는 바뀔 수 있다. 다운로드하는 파일은 C: 드라이브에 'Download'와 같은 폴더 등에 별도로 저장해 두는 것이 좋다. 다운로드하는 파일은 저장과 실행을 동시에 해도 좋다. jdk(java development kit)는 java 실행 환경(java runtime environment: JRE)과 컴파일러까지 포함한다.

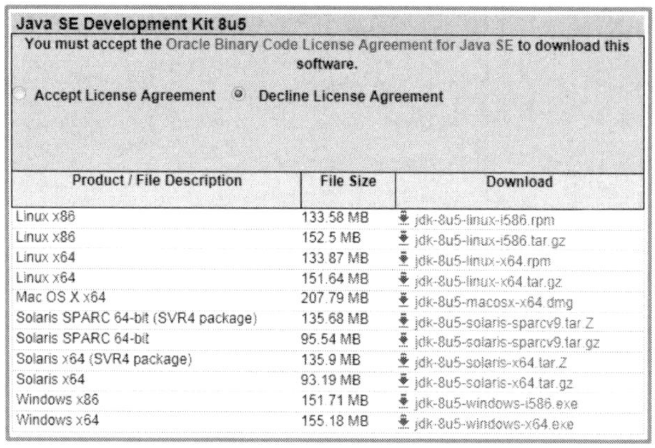

④ 다운로드가 완료된 후 파일을 실행시키면 다음과 같은 화면이 나타난다. 'Next'를 누르면 설치할 폴더를 묻는데 기본 폴더인 'C:₩Program Files (x86)₩ Java₩java1.8.0_05₩'을 그대로 이용하려면 'Next'를 누른다. 다른 물음에도 기본을 선택하는 것이 좋은데 'Next'를 누른다.

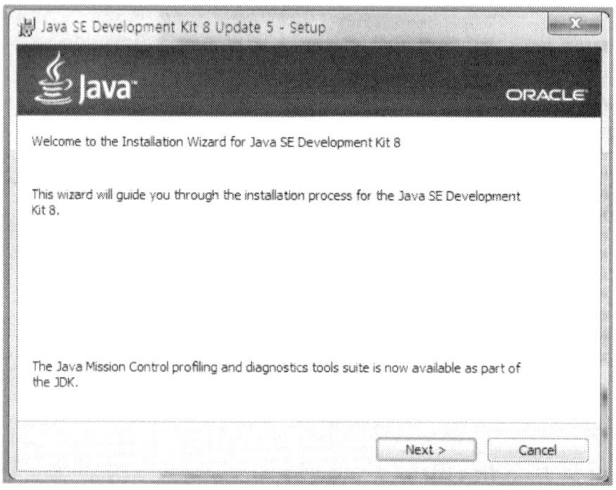

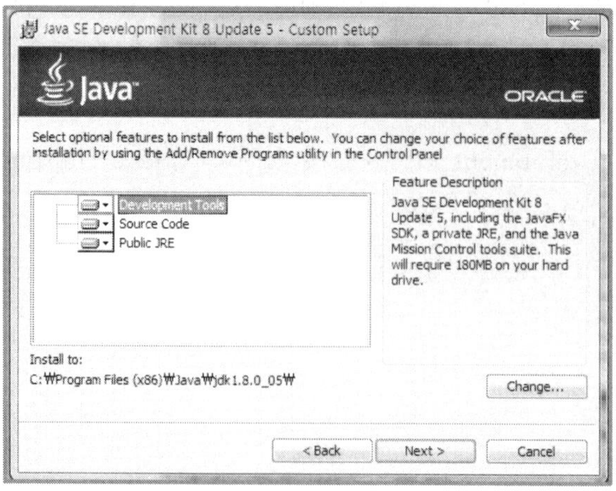

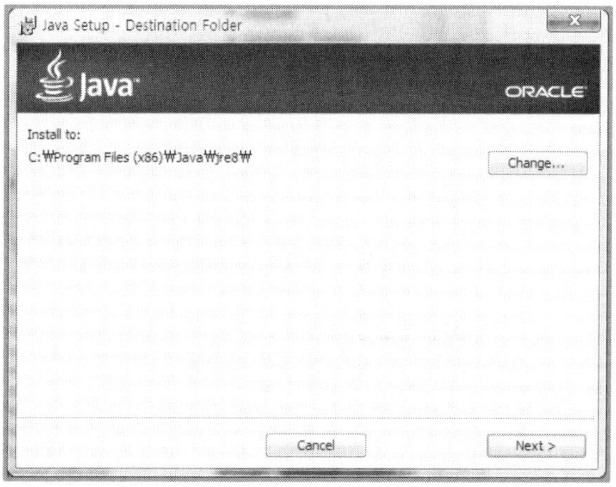

⑤ 설치가 끝나 다음과 같은 화면이 나타나면 'Close' 버튼을 클릭한다. 이어서 Java 등록 화면이 나타나는데 사용자의 선택 사항이다.

⑥ 설치가 끝나면 현재 시스템이 Java를 인식할 수 있도록 몇 가지 환경 변수를 설정해야 한다. Windows 7의 경우 '시작' (화면 왼쪽 하단의 아이콘) ⇒ '제어판' ⇒ '시스템 및 보안' ⇒ '시스템' ⇒ '고급 시스템 설정'을 클릭하여 나타나는 아래의 시스템 등록 정보 화면에서 '고급' 메뉴의 '환경 변수'를 클릭한다.

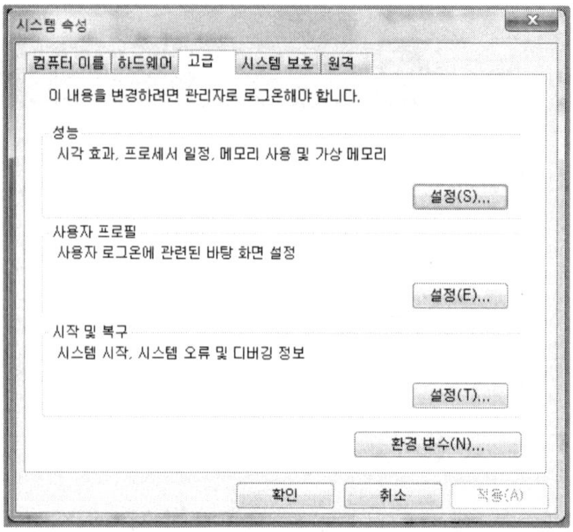

❼ 환경 변수 창이 나타나면 하단의 '시스템 변수(S)'에서 Path라는 변수 이름을 찾아 선택한 후 '편집' 버튼을 클릭한다.

❽ 기존에 여러 가지 내용이 적혀 있을 것인데 뒤쪽에

```
;C:₩Program Files (x86)₩Java₩jdk1.8.0_05\bin
```

을 추가하고 '확인' 버튼을 누른다.

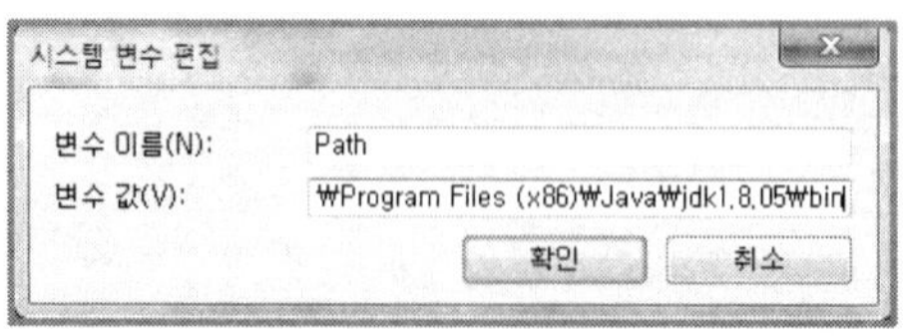

⑨ 다음으로 ⑦ 의 '시스템 변수(S)'에서 JAVA_HOME을 선택한 후

```
C:₩Program Files (x86)₩Java₩jdk1.8.0_05\bin
```

을 입력하고 '확인' 버튼을 클릭한다. JAVA_HOME이라는 변수가 없을 수도 있는데 이때는 '새로 만들기' 버튼을 클릭하여 만들면 된다.

⑩ 다음으로 ⑦ 의 '시스템 변수(S)'에서 CLASSPATH를 선택하고 '편집'을 누른 후 %classpath%;.를 입력한다. CLASSPATH 변수가 없을 수도 있는데 이때는 '새로 만들기' 버튼을 클릭하여 만들면 된다.

⑪ 설정 작업이 모두 끝나면 '확인' 버튼을 눌러 '환경 변수' 창을 닫고 Java의 명령어가 작동되는지 확인한다. '시작'을 클릭하면 나타나는 창에서 '프로그램 및 파일검색'에 'cmd'를 입력한 후 나타나는 명령 프롬프트 창에서 java -version을 입력하고 'Enter'키를 눌렀을 때 다음과 같은 화면이 나타나면 제대로 설치된 것이다.

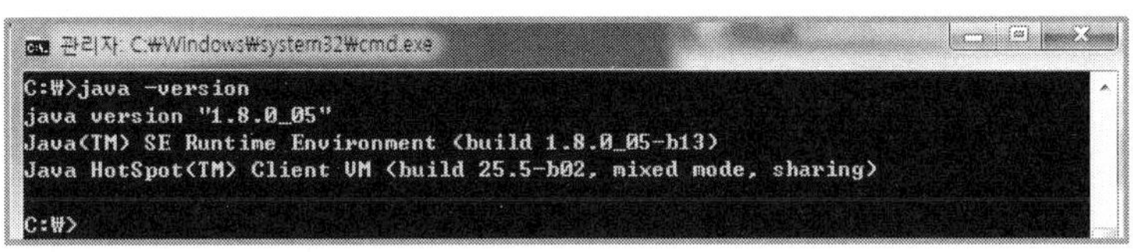

1.2.2 JDK 8.0 버전 Documentation API 설치

Java는 사용자가 이용할 수 있는 이미 개발된 프로그래밍 모듈(클래스라고 함)을 가지고 있는데 너무 많아서 문서화(이를 Documentation API라고 함)하여 제공한다. 이를 다운로드하고 설치하는 방법은 다음과 같다.

❶ 1.2.1절의 ❷의 화면에서 밑으로 내려가면 다음과 같이 'Additional Resource' 라는 부분이 있는데 여기에서 Java SE8 Documentation의 'Download'를 클릭한다.

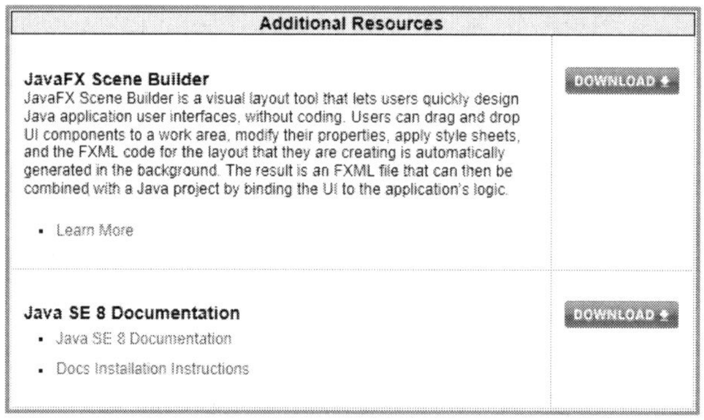

❷ 라이센스 동의는 'Accept'를 한 후 JDK 8u5 API documentation 인 'jdk-8u5-apidocs.zip' 파일을 다운로드한다.

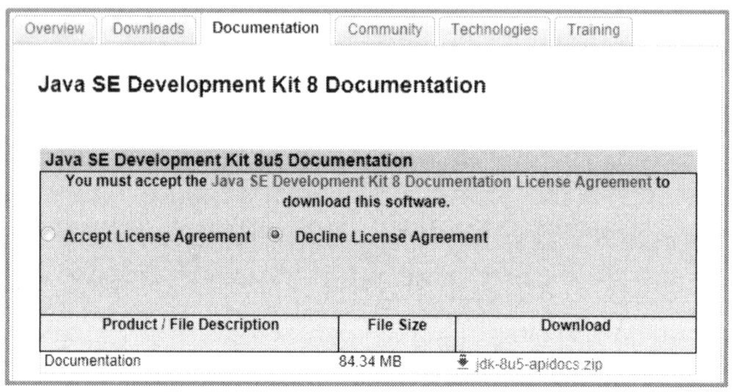

❸ 다운로드된 파일은 확장자 zip을 가진 압축파일이다. 압축을 푸는 위치는 java가 설치되어 있는 C:₩Program Files (x86)₩Java₩jdk1.8.0_05를 이용하면 편하다. 압축을 푼 후 Documentation API를 보고 싶다면

```
C:₩Program Files (x86)₩Java₩jdk1.8.0_05\bin
```

라는 폴더의 index.html을 실행하면 된다.

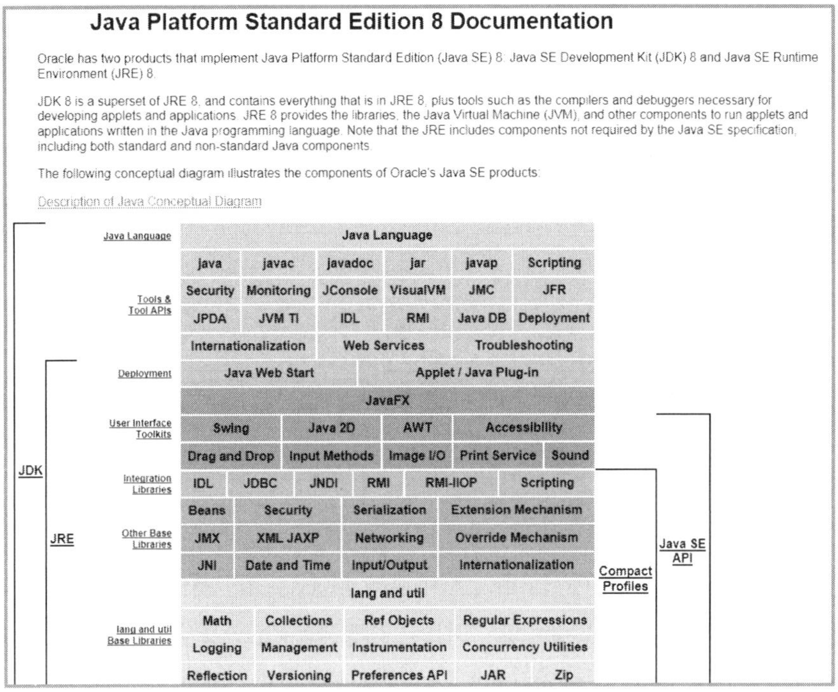

1.2.3 Eclipse의 설치

Java 프로그램은 어떠한 종류의 text 편집기(예: 노트패드, 워드, 한글 등)에서 텍스트 파일로 프로그램을 편집하고 이 프로그램을 명령 프롬프트 창(도스창)에서 컴파일한 후 실행할 수 있다. 하지만 이 작업은 익숙한 사용자가 아니면 번거로울 수 있어 일반적으로 Eclipse라는 편집 ⇒ 컴파일 ⇒ 실행을 같이할 수 있는 무료 개발 도구를 많이 사용한다. Eclipse는 여러 가지 작업을 같이 할 수 있어 통합개발환경(integrated development environment: IDE)이라고 부른다. Eclipse를 다운로드하고 설치하는 방법은 다음과 같다.

❶ http://www.eclipse.org 사이트에 접속하여 상단 우측의 'Download Eclipse'를 클릭한다.

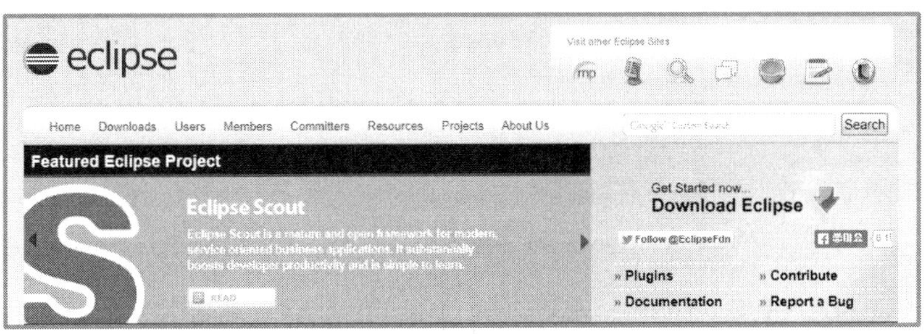

❷ 다음 화면에서 'Eclipse Standard 4.3.2'의 'Windows 32Bit' 버전을 다운로드한다.

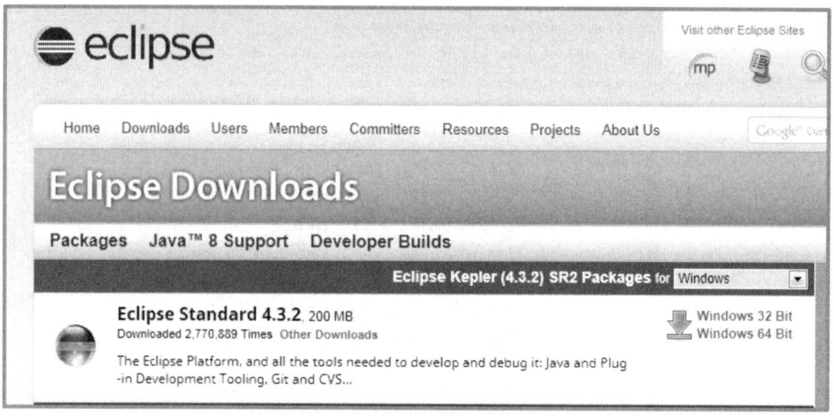

❸ 다음 화면에서 어느 서버에서 다운로드할 것인지 묻는데 제일 위에 표시된 [Korea, Republic Of]에 해당되는 mirror site에서 eclipse-standard-kepler-win32.zip 파일을 다운로드한다.

❹ 다운로드된 파일은 확장자 zip을 가진 압축파일이다. 압축을 푸는 위치는 java가 설치되어 있는 C:₩Program Files₩Java를 이용하면 편하다.

❺ 설치가 되었으면 C:₩Program Files₩Java₩eclipse 폴더의 eclipse.exe 파일을 실행한다. 자주 Java 프로그램을 하는 사람은 이 파일의 단축키를 바탕화면에 만들어 놓는 것이 좋다. 첫 번째로 다음과 같이 Eclipse로 작성하는 내용이 저장될 경로를 물어 보는데 사용자가 임의로 정할 수 있다. 여기서는 C:₩JavaWorkspace라는 폴더로 지정하였다. 예제를 위해서는 C:₩Java Example이라는 폴더를 별도로 이용한다.

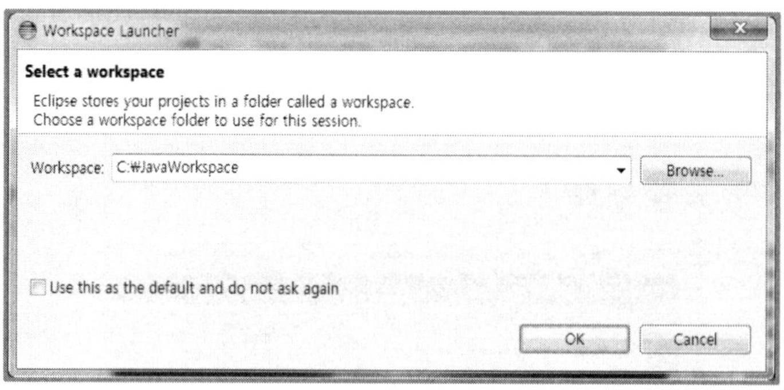

❻ 다음과 같은 화면이 나타나면 네 가지 아이콘을 클릭하여 Eclipse 사용법에

대한 안내를 살펴본다.

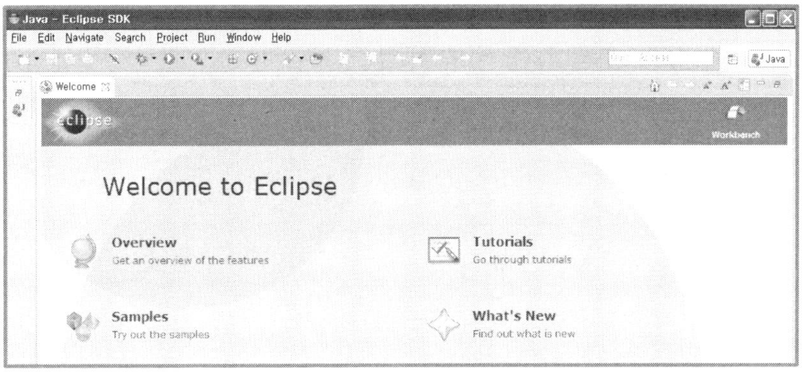

❼ 대략 살펴보았으면 좌측 상단의 'Welcome X' 버튼에서 'X'를 누르면 다음과 같은 Eclipse의 주화면이 나타난다. 전체 보이는 화면은 4개로 분리되어 있는데 왼쪽의 Package Explorer 윈도우는 Java project나 package가 저장되는 폴더를 편리하게 관리하기 위한 창이다. 가운데 윈도우는 Java program을 입력하는 창이고, 우측은 프로그램 중 유용한 정보를 살펴보기 위한 창이다. 아래 윈도우는 프로그램 진행 상황을 보여 주는 창이다.

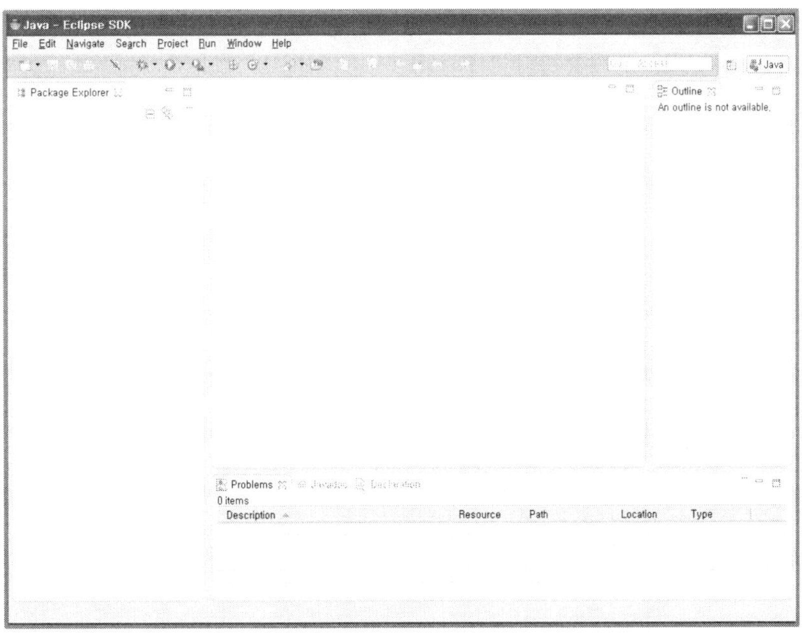

1.3 Java의 기본운용

일반적으로 Java 프로그래밍은 다음과 같은 절차로 진행된다.

- 단계 1: Java 언어로 확장자가 java(예: filename.java) 파일을 만든다.
- 단계 2: java 파일을 컴파일(compile)하여 확장자가 class인 기계어 파일을 만든다(예: filename.class).
- 단계 3: 클래스 파일(예: filename.class)을 실행(run)한다.
- 단계 4: 실행 결과를 살펴본다.

단계 1은 사용자가 Java 언어의 문법을 배워서 확장자가 java인 파일을 만드는 작업이다. 이 과정은 사용자가 많은 Java 예제 프로그램을 보고 또 직접 자기의 프로그램을 만들면서 숙달시켜야 된다. filename은 사용자가 임의로 정할 수 있다. Eclipse를 사용하면 자동적으로 들여쓰기를 이용한 구조체의 프로그래밍을 하기 쉽고 문법적 오류를 바로 지적해 주어 프로그래밍을 하기 쉽다.

단계 2는 만들어진 filename.java라는 프로그램을 Java가 이해할 수 있는 형태(byte code)로 변환하는 것으로 이를 컴파일(compile)한다고 한다. Eclipse를 이용하면 자동으로 컴파일이 이루어진다. 컴파일은 도스 명령창에서 다음과 같은 명령으로 가능하다.

```
javac filename.java
```

단계 3의 실행은 Eclipse에서 메뉴의 'run' 명령어를 이용하면 된다. 도스 명령창에서 다음과 같은 명령으로 가능하다.

```
java filename
```

이 실행 과정은 현재 생성되어 있는 클래스 파일을 Java Virtual Machine (JVM, 가상머신) 속에 넣는 작업이다. Java는 어떠한 운영체제라도 JVM을 설치하고 어디에서든 실행이 가능하도록 해 준다.

1.3.1 Java 프로그램의 생성, 컴파일 및 실행

Eclipse를 이용하여 간단한 Java 프로그램을 만들어 실행하는 과정을 알아보자.

예제 1.1 Eclipse를 이용하여 화면에 "Hello Java World"를 출력하는 Java 프로그램을 만들어 컴파일한 후 실행하라.

풀이

❶ Eclipse가 설치된 폴더를 찾아 실행한다(1.2.3절 참조). 즉

```
C:\Program Files\Java\eclipse\eclipse.exe
```

를 실행하면 다음과 같은 Eclipse 초기화면이 나타난다. 만일 Java 파일을 관리할 경로를 물으면 C:₩JavaWorkspace 폴더를 지정한다.

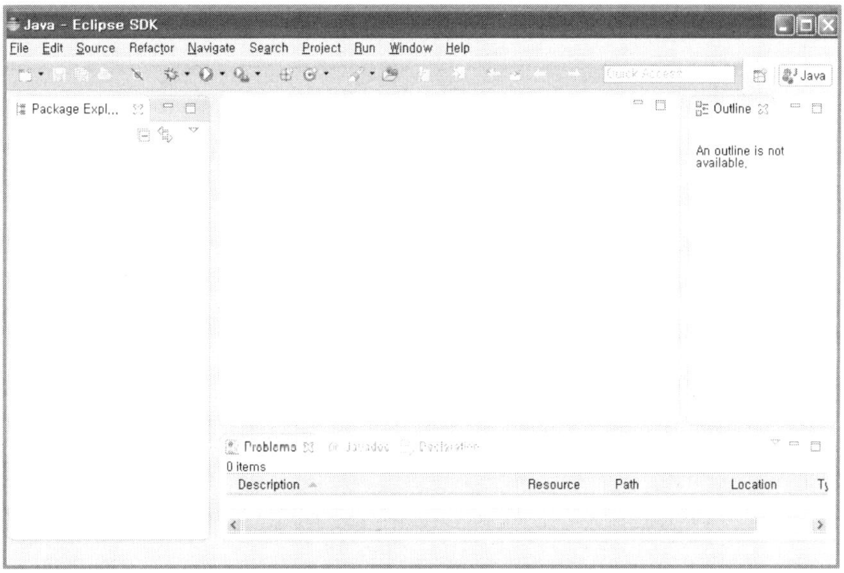

❷ 주메뉴의 File ⇒ New ⇒ Java Project를 차례로 선택하면 다음과 같은 화면이 나타난다. 여기서 Project는 나의 Java 프로그램과 연관된 기타 프로그램이 들어가는 하드디스크(대개 C:)의 폴더라고 일단 이해하자. Eclipse에서는 모든 파일의 관리를 폴더를 기준으로 한다. 이 화면에서 Project name:을 Hello라고 입력하고 [Finish] 버튼을 클릭한다. 다른 선택사항은 아직 필요하지 않다.

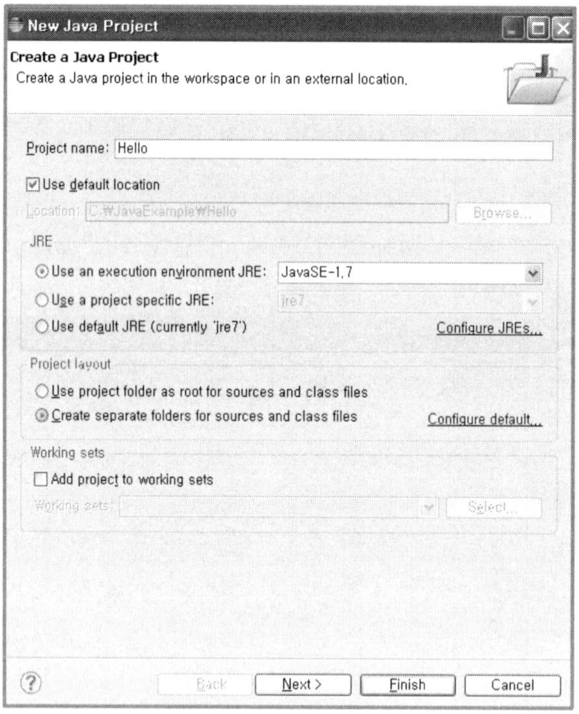

③ 다음과 같이 Eclipse 화면 왼쪽의 Package Explorer 창에 Hello라는 폴더가 생성된 것을 확인할 수 있다.

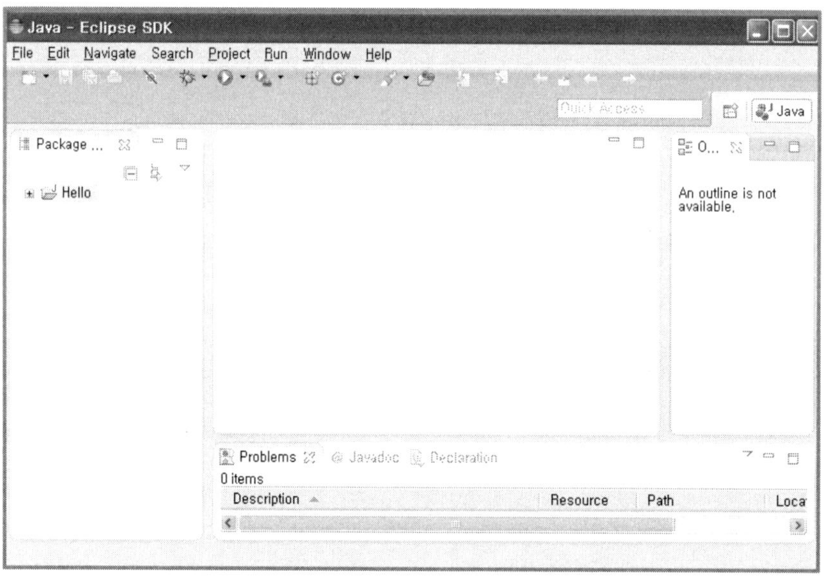

④ 주메뉴에서 File ⇒ New ⇒ Class를 차례로 선택하면 다음과 같은 화면이 나타난다. Source folder:에는 자동으로 Hello/src가 입력되어 있다. Name:에 Hello를 다시 입력한 후 [Finish] 버튼을 클릭한다.

⑤ 화면 왼쪽에는 Hello 폴더의 src 부폴더 내에 Hello.java가 보이고 화면 중앙에 Hello.java 프로그램의 기본적인 형태가 나타난다.

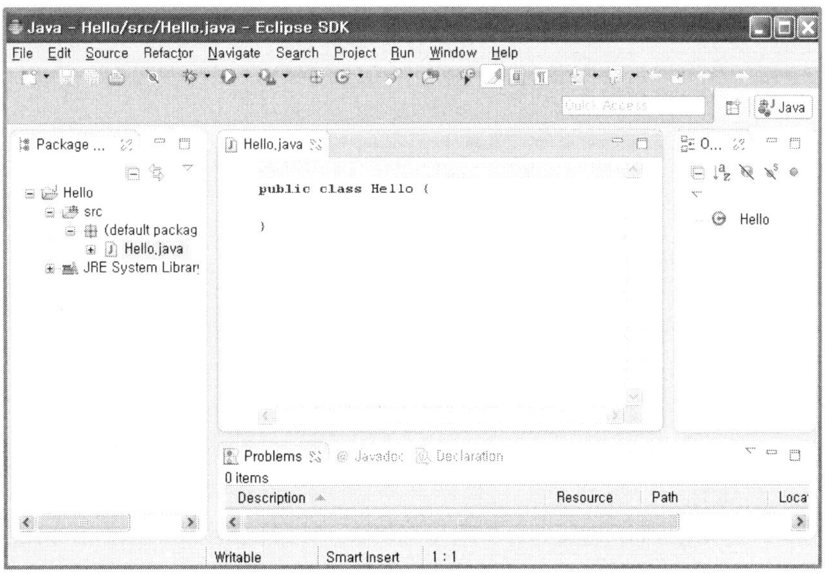

이 java 프로그램을 다음과 같이 수정하고 저장(File ⇒ Save)한다.

```
import java.lang.*;
public class Hello {
    public static void main(String[] ar) {
        System.out.println("Hello Java World!");
    }
}
```

여기서 주의할 점은 모든 글자에 대문자와 소문자를 구분하는 것이다. 만일 잘못 적으면 에러가 발생한다. 잘못 입력했을 경우 Eclipse는 해당 라인 왼쪽에 에러 표시를 하는데 이 표시에 마우스를 대면 에러의 원인이 무엇인지 설명하여 준다.

⑥ Eclipse에서는 저장만 하면 자동으로 컴파일이 진행된다. 바로 실행하기만 하면 되는데 이때 마우스 커서의 위치가 화면 가운데 있는 프로그램 위에 있어야 한다. 실행은 주메뉴에서 Run ⇒ Run as ⇒ Java Application을 선택하면 된다. 실행 결과는 화면 아래의 창(콘솔창이라고 함)에 "Hello Java World!"라고 나타난다.

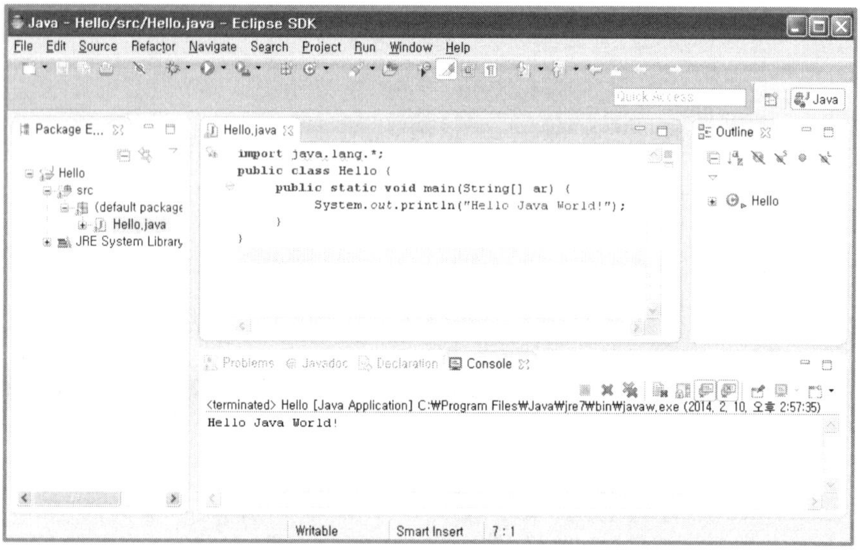

[예제 1.2]는 위에서 만든 프로그램을 도스 명령창을 이용하여 컴파일하고 실행하는 것을 보여 준다.

예제 1.2 **[예제 1.1]에서 만들어진 Hello.java 프로그램을 도스명령창을 이용하여 컴파일하고 실행하라.**

풀이

❶ Hello.java 프로그램은 현재 C:₩JavaExample₩Hello 폴더에 저장되어 있다. 바탕화면의 '시작' ⇒ '실행'의 창에서 'cmd'를 입력한 후 나타나는 명령 프롬프트 창에서 C:₩Java Example₩Hello₩src 폴더로 이동한다. 다음 javac Hello.java를 입력하고 'Enter'키를 누르면 프로그램이 컴파일되고 Hello.class가 생성된다.

② 실행을 위해서는 java Hello를 입력하고 'Enter'키를 누르면 프로그램이 실행된다.

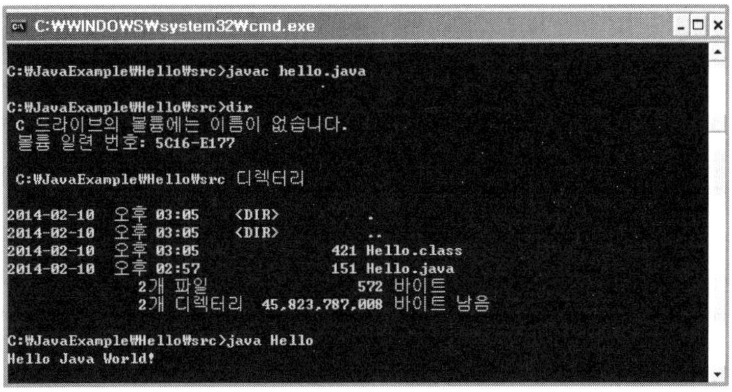

1.3.2 Java 프로그램의 해설

[예제 1.1]의 Java 프로그램은 일정한 형식의 여러 가지 영어 단어들의 모임으로 여섯 줄로 이루어져 있다.

```
01  import java.lang.*;
02  public class Hello {
03      public static void main(String[] ar) {
04          System.out.println("Hello Java World!");
05      }
06  }
```

이 프로그램에서 밑줄친 단어들, 즉 import, public, class, static, void, main 등은 Java 개발자가 만들어 놓은 **예약어**(reserved word)로서 일정한 기능을 수행한다. Hello나 "Hello Java World!"는 사용자가 정의하는 부분으로 **사용자 정의어**(user defined word)라고 한다. 그리고 기울임체로 표시한 *java.lang.**[1]은 이 프로그램 수행에 필요한 **클래스**(class: 다른 보조 프로그램이라고 이해하면 됨)가 들어있는 폴더를 의미한다. System.out.println는 이 클래스에 들어있는 한 가지 **메소드**(method, 직접 작업을 수행하는 명령으로 이해하면 됨)를 의미한다. 즉 Java 프로그램이란 예약어, 사용자 정의어, 사용하고자 하는 클래스, 메소드와 프로그램의 시작과 끝을 나타내는 기호 {, }, 그리고 한 문장의 끝을 나타내는 세미콜론 ;으로 이루어져 있다.

첫째 줄 **import** *java.lang.*;* 란 클래스들이 들어있는 java라는 폴더의 lang

1) java.lang.*는 기본적으로 import되기 때문에 추가로 import할 필요가 없으나 대부분의 java 프로그램이 import를 사용하므로 import해 보았다.

이라는 부폴더의 모든 클래스(* 표시의 의미)를 이 프로그램에서 불러서(import 라는 예약어의 의미) 사용하겠다는 뜻이다. 이 프로그램에서 불러서 사용하는 클래스는 String과 System이다. **import** java.lang.*; 대신에

```
import java.lang.String;
import java.lang.System;
```

으로 따로 하나씩 import해도 관계없다. 그러나 이렇게 되면 프로그램이 길어지기 때문에 부폴더에 있는 클래스를 많이 불러서 사용하는 경우는 '*'와 같은 특수 문자를 이용하여 한 줄로 적는다.

둘째 줄 **public class** Hello { 은 내가 만들 Hello라는 클래스를 정의하는 부분이다. 이때 public이라는 예약어는 여러 사람이 같이 사용하게 할 클래스인지 구별해 주는 것이다. 하나의 Java 파일에 여러 개의 클래스가 만들어질 수 있는데 public 클래스는 반드시 하나만 있어야 하며, 이 클래스는 파일명과 동일(즉 이 예제의 경우 Hello)해야 한다. 이 클래스의 시작은 { 로 시작한다. 만일 public 클래스가 없다면 파일명과 동일한 클래스를 public 클래스로 간주한다.

셋째 줄 **public static void main**(String[] ar) { 는 이 Java 프로그램이 수행할 내용을 지정하는 것으로 메소드(method)라고 한다. 프로그램이 실행될 때 Java는 우선적으로 public 클래스를 찾고, 이 클래스 내의 실행의 주체가 되는 main() 메소드를 찾는다. 괄호 ( ) 안의 String[] ar은 매개변수라고 부르는데 main 메소드에 개발자가 원하는 인수를 전달할 때 사용된다. 자세한 설명은 뒷장에서 설명한다. { 는 main 메소드의 시작을 의미한다.

넷째 줄 System.out.println("Hello Java World!"); 은 "Hello Java World!" 라는 문자열을 화면에 출력하라는 명령으로 java.lang.System 클래스에 들어있는 메소드인 System.out.println()을 이용하였다. 이 메소드는 인용부호 안에 들어있는 문자열 "Hello Java World"를 화면에 출력한다. 한 메소드내의 Java 명령어는 세미콜론 ;으로 끝난다.

다섯째 줄의 } 는 main 메소드의 끝을 의미하고, 여섯째 줄의 }는 클래스의 끝을 의미한다.

결론적으로 Java 프로그래밍을 배운다는 것은 Java 예약어, 개발되어 있는 Java 클래스와 메소드들을 적절히 조합하여 필요한 작업을 할 수 있는 능력을 키우는 것이다.

예제에서 클래스 이름인 Hello와 같이 Java에서는 사용자가 정의할 수 있는 이름이 있다. 사용자 정의어에 대한 자세한 규칙은 2.2.2절에서 연구한다.

1.4 Document API의 사용법

Java에는 대단히 많은 종류의 클래스가 개발되어 있는데 이를 적절히 이용할 수 있어야 원하는 프로그래밍을 할 수 있다. 클래스가 너무 많아 이를 다시 큰 단위로 묶은 것을 package라고 한다. 어떠한 package에 어떠한 클래스가 있는지 설명해 놓은 문서를 Documentation API라고 한다.

1.2.2절에서 Documentation API는 다음 폴더에 저장하였다.

```
C:\Program Files (x86)\Java\jdk1.8.0_05\docs
```

이 폴더에서 index.html을 실행하면 다음과 같은 화면이 나타난다.

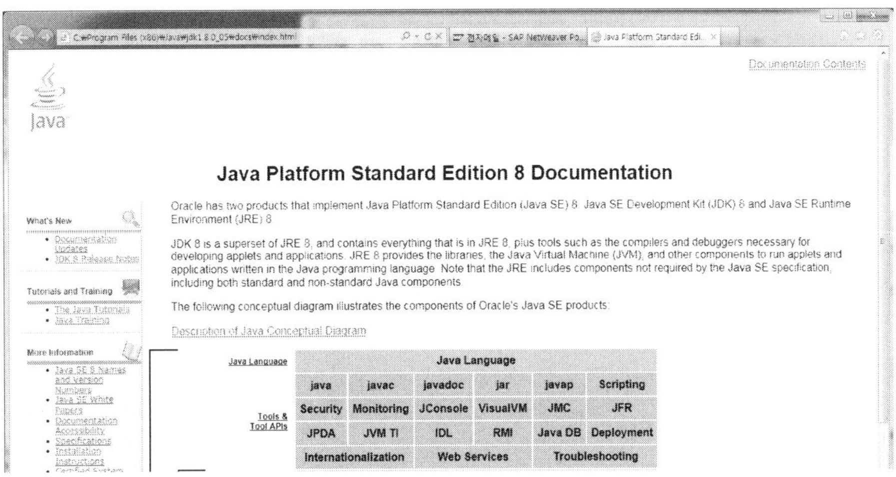

왼쪽 메뉴에서 위에서 두 번째 'The Java Tutorials'를 선택하여 나타나는 화면의 우측을 보면 'Other Resources'라는 부분이 나타난다.

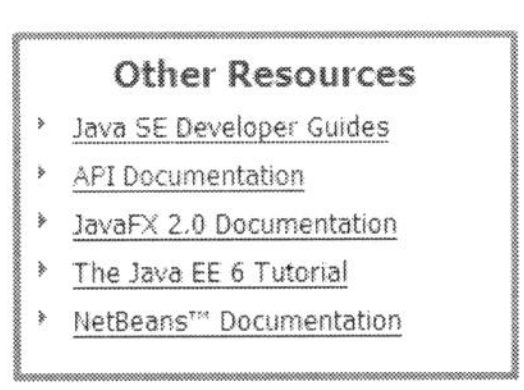

여기서 'API Documentation'을 클릭하면 다음과 같은 화면이 나타난다.

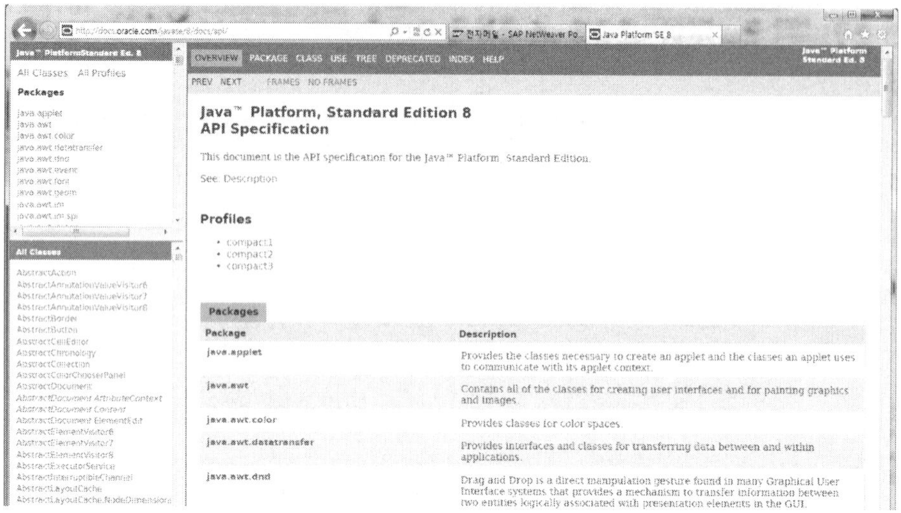

화면 왼쪽의 상단부는 Package에 대한 영역이고 왼쪽 하단부는 클래스에 대한 영역이다. 특정 행위를 수행하는 클래스는 대개 같은 Package 내에 있으므로 먼저 Package 영역에서 원하는 패키지를 찾은 후, 이 Package에 있는 클래스를 찾는다. 예를 들어 1.3절의 예제에서 사용한 java.lang이라는 Package를 왼쪽 상단에서 찾아서 클릭하면 왼쪽 하단의 클래스 영역에 표시되는 클래스가 바뀌게 된다. 여기서 System이라는 클래스를 찾아서 클릭하면 다음과 같은 화면이 나타난다.

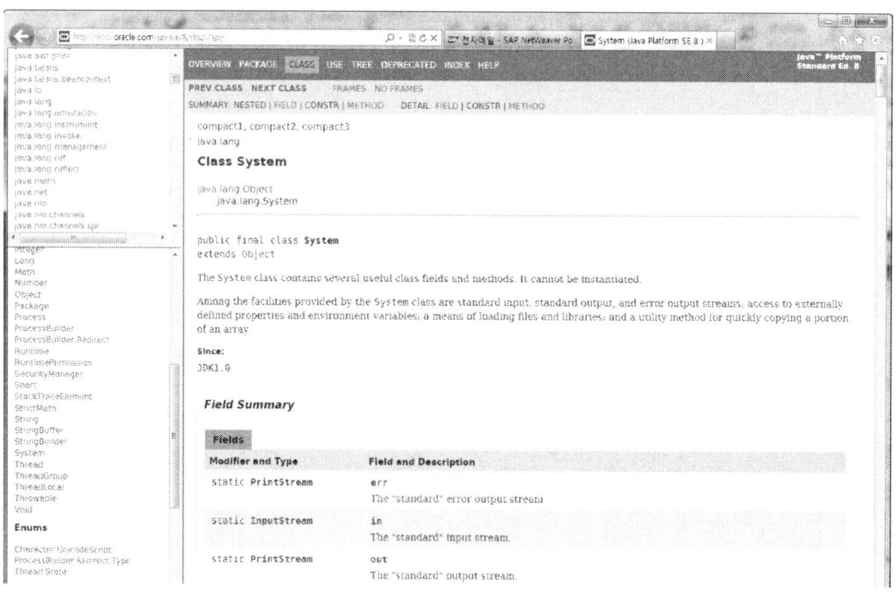

우측의 화면이 System이라는 클래스에 대한 설명인데 밑으로 내려가면 'Field Summary'에 out이라는 field명이 설명되고('static Printstream out') 더 밑으로 내려가면 'Field Detail'에 System.out.println(data)에 대한 설명이 나타난다. 이렇게 찾아들어간 순서를 생각해보면 알겠지만, 모든 멤버는 참조 연산자 '.'을 통해 연결할 수 있도록 만들어 두었다. 즉 System이라는 클래스에 있는 out이라는 멤버를 지정할 때 System.out으로 한다는 것이다.

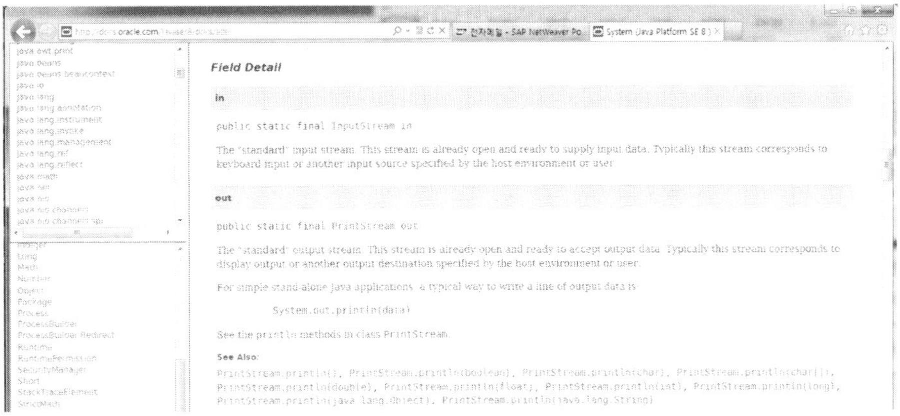

자세히 살펴보면 Field Summary와 Method Summary의 앞쪽에 static이라는 예약어가 적혀 있는데, 이러한 멤버는 클래스이름에 참조연산자 '.'를 붙여 사용할 수 있다. 자세한 내용은 클래스를 공부할 때 설명한다.

일반적으로 하나의 Package 영역에는 여섯 가지 종류의 클래스가 있는데 Interfaces, Classes, Enum, Exceptions, Errors, Annotation Types 등이 있다. 여섯 가지는 이름이 서로 다르나 모두 클래스이다. 클래스에 대한 Documentation 영역에는 해당 클래스의 상속 관계와, 그 클래스의 원형 그리고 포함되어 있는 member(Field, Construct, Method 등)들이 표시되어 있다. 자세한 내용은 해당 클래스를 소개할 때 설명한다.

연습문제

1.1 Java 프로그램의 특징을 설명하라.

1.2 예약어와 사용자 정의어에 대하여 설명하라.

1.3 클래스와 메소드가 무엇인지 대략 설명하라.

1.4 Documentation API의 java.lang 패키지에서 System 클래스에 print와 관련된 어떠한 메소드들이 있는지 살펴보라.

1.5 Eclipse를 이용하여 화면에 "안녕하세요! 제 이름은 ○○○ 입니다"를 출력하는 프로그램을 만들어라.

2장

Java 프로그래밍 기초
- 간단한 수식의 계산

학습목표

- Java를 이용한 간단한 수식 계산 예제를 프로그래밍하여 Java 프로그램의 구조를 이해한다.
- 변수와 상수의 데이터형 구분과 계산에 미치는 영향을 이해한다.
- 여러 가지 연산자에 대하여 이해하여 정확한 계산을 할 수 있도록 한다.
- Java의 수학 함수를 이용한 수식 계산을 프로그래밍 한다.

2.1 Java 수식 계산 예제

Java는 Basic이나 C와 같은 프로그래밍 언어와 마찬가지로 컴퓨터와 대화할 수 있는 프로그래밍 언어이다. 만일 Basic이나 C 언어를 이미 공부하였다면 Java 언어를 공부하기는 쉬울 것이다. 이 책은 다른 언어에 관한 지식이 전혀 없다고 가정하고 Java 프로그래밍을 소개한다.

a=1이고 b=2일 때 c=a+b라는 수학식이 있다면 초등학생도 c의 값이 3이라고 짐작할 것이다. Java와 같은 프로그래밍 언어는 이와 같이 일상적으로 쓰는 수식을 거의 유사하게 프로그래밍 언어로 만들었다. 다음의 예제를 살펴보자.

2.1.1 수식 계산 예제

예제 2.1 **a=1이고 b=2일 때 c= a+b를 계산하는 MySecond라는 Java 프로그램을 만들어 컴파일한 후 실행하라.**

풀이

❶ Eclipse가 설치된 폴더를 찾아 실행한다(1.2.3절 참조). 즉

```
C:\Program Files\Java\eclipse\eclipse.exe
```

를 실행하면 Eclipse 초기화면이 나타난다. 만일 Java 파일을 관리할 경로를 물으면 C:₩JavaWorkspace 폴더를 지정한다.

❷ 주메뉴의 File ⇒ New ⇒ Java Project를 차례로 선택하여 나타나는 화면에서 Project name:을 MySecond라 입력하고 [Finish] 버튼을 클릭한다.

❸ Eclipse 화면 왼쪽의 Package Explorer 창에 MySecond라는 폴더가 생성된 것을 확인할 수 있다.

❹ 주메뉴에서 File ⇒ New ⇒ Class를 차례로 선택하면 클래스 이름을 지정하는 화면이 나타난다. Source folder:에는 자동으로 MySecond/src가 입력되어 있고, Name:에 MySecond를 다시 입력한 후 [Finish] 버튼을 클릭한다.

❺ 화면 왼쪽에는 MySecond 폴더에 src 부폴더 내에 MySecond.java가 보이고 화면 중앙에 MySecond.java 프로그램의 기본적인 형태가 나타난다.

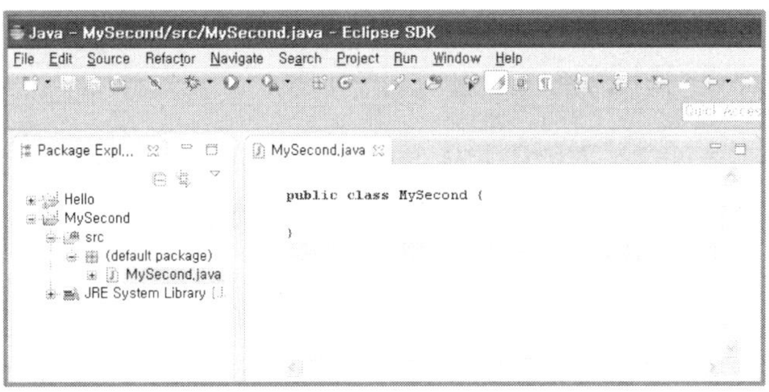

이 java 프로그램을 다음과 같이 수정하고 저장(File ⇒ Save)한다.

```
// 예제 2.1 Java Program
// MySecond.java
public class MySecond {
    public static void main(String[] ar) {
        int a,b,c;
        a=1;
        b=2;
        c=a+b;
        System.out.println(c);
    }
}
```

여기서 주의할 점은 모든 글자에 대문자와 소문자를 구분하는 것이다. 만일 잘못 적으면 에러가 발생한다.

⑥ Eclipse에서는 저장만 하면 자동으로 컴파일이 진행되기 때문에 바로 실행하면 된다. 이때 커서의 위치가 화면 가운데 있는 프로그램 위에 있어야 한다. 실행은 주메뉴에서 Run ⇒ Run as ⇒ Java Application을 선택하면 된다. 실행 결과는 화면 오른쪽 아래의 창에 3이라고 나타나는데 이 결과가 나타나는 창을 **콘솔**(console)**창**이라고 부른다.

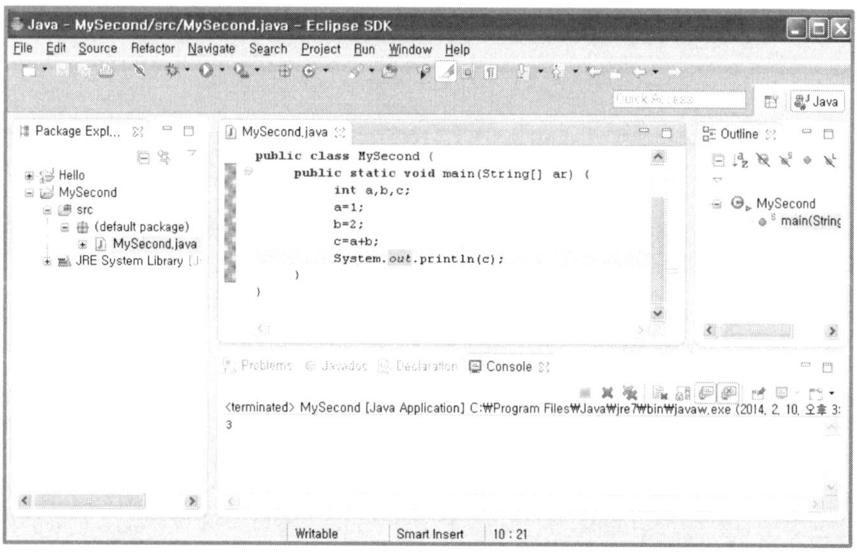

2.1.2 [예제 2.1]의 해설

[예제 2.1]은 a=1이고 b=2일 때 c=a+b라는 수학식을 Java 프로그램을 이용하여 실행한 것이다. 이 Java 프로그램은 일정한 형식의 여러 가지 영어 단어들의 모임으로 11줄로 이루어져 있다.

```
01  // 예제 2.1 Java Program
02  // MySecond.java
03  public class MySecond {
04      public static void main(String[] ar) {
05          int a,b,c;
06          a=1;
07          b=2;
08          c=a+b;
09          System.out.println(c);
10      }
11  }
```

이 프로그램에서 밑줄친 단어들, 즉 public, class, static, void, main, int 등은 Java 개발자가 만들어 놓은 **예약어**(reserved word) 또는 **키워드**(keyword)이다. + 기호나 = 기호도 예약어라 말할 수 있으나 일정한 계산처리를 수행하도록 하는 **산술 연산자**(arithmetic operator)라고 부른다. 2.3절에서 Java 연산자에 대해 자세히 설명한다. MySecond나 a, b, c, 1, 2 등은 사용자가 정의하는 부분으로 **사용자 정의어**(user defined word)이다. System.out.println는 이 클래스에 들어 있는 한 가지 **메소드**(method, 직접 작업을 수행하는 명령으로 이해하면 됨)를 의미한다. 위의 Java 프로그램도 예약어, 사용자 정의어, 사용하고자 하는 클래스, 메소드, 연산자와 프로그램의 시작과 끝을 나타내는 기호({, }) 그리고 한 문장의 끝을 나타내는 세미콜론(;)으로 이루어져 있다.

Java 프로그램이란 결국은 예약어와 사용자 정의어, 필요한 클래스와 메소드, 그리고 연산자 등을 적절히 혼합하여 만드는 것이다. Java에서 전체 예약어는 50개 정도이며 기능과 용도에 적합하게 사용해야 한다. 이 책을 공부하면서 자연스럽게 중요한 예약어의 사용법을 배우게 될 것이다.

이 예제에서 사용자 정의어 a, b, c를 **변수**(variable)라고 하며, 1, 2를 **상수**(constant)라고 한다. 변수는 컴퓨터 내부의 저장 공간(memory)에 대해 사용자가 이름을 정하는 것으로 여기에 숫자 또는 문자 등을 넣을 수 있다. int라는 예약어를 a,b,c라는 사용자 정의 변수 앞에 사용하였는데(int a,b,c;), 이를 **데이터형 정의**(data type definition) 또는 **선언**이라고 한다. int a,b,c;라는 Java 문장은 저장 공간 세 개의 이름을 a, b, c로 정하고 이 저장 공간에는 정수형(integer) 데이터만 넣겠다고 선언해 주는 것이다. 기타 데이터형의 정의에 대해서는 2.3절에서 자세히 설명한다.

예제를 한 줄씩 자세히 살펴보자. 1번 줄은 Java의 명령문이 아니고 이 프로그램이 어떠한 것인지 설명하는 **주석**(comment)이다. 주석이 짧을 때에는 한 줄 시작 부분에 //를 하고 이어서 필요한 설명을 한다. 만일 주석이 긴 문장일 경우에는 /* 로 문장을 시작하고 여러 줄로 설명을 한 후에 */ 로 끝나는 방법을 이용할 수 있다. 주석에 대한 자세한 것은 2.2.3절에서 다루기로 한다.

3번 줄 **public class** MySecond { 은 내가 만들 MySecond라는 클래스를 정의하는 부분이다. 이때 public이라는 예약어는 여러 사람이 같이 사용하게 할 클래스로 구별해 주는 것이다. 하나의 Java 파일에 여러 개의 클래스가 만들어 질 수 있는데 public 클래스는 반드시 하나만 있어야 하며, 이 클래스는 파일명과 동일(이 예제의 경우 MySecond)해야 한다. Eclipse는 자동으로 이 줄을 생성하여 준다. 여는 중괄호 { 는 클래스의 시작을 의미하고, 닫는 중괄호 } 는 클래스의 끝을 의미한다. 만일 public 클래스가 없다면 파일명과 동일한 클래스를 public 클래스로 간주한다.

4번 줄 **public static void main**(String[] ar) { 는 이 Java 프로그램이 수행할 내용을 지정하는 것으로 메소드(method)라고 한다. 프로그램이 실행될 때 Java는 우선적으로 public 클래스를 찾고, 이 클래스 내에서 실행의 주체가 되는 main() 메소드를 찾는다. 괄호 ( ) 안의 String[] ar은 매개 변수라고 부르는데 main 메소드에 개발자가 원하는 인수를 전달할 때 사용된다. 자세한 설명은 뒷장에서 설명한다. { 는 main 메소드의 시작을 의미한다.

5번 줄의 int a,b,c는 위에서 설명하였듯이 이 프로그램에서 저장 공간 세 개를 사용하려고 하는데 그 세 개의 저장 공간 이름을 a, b, c로 정하고 이 저장 공간에는 정수형(integer) 데이터만 넣겠다고 선언해 주는 것이다.

6번 줄의 a=1; 은 저장 공간의 이름이 a인 곳에 1이라는 숫자를 저장하라는 명령문이고, 7번 줄의 b=2; 는 저장 공간의 이름이 b인 곳에 2라는 숫자를 저장하라는 명령문이다. 8번 줄의 c=a+b; 는 연산자 = 우측에서부터 명령이 시작된다. 먼저 a라는 저장 공간에서 숫자(현재 1)를 꺼내고, 다시 b라는 저장 공간에서 숫자(현재 2)를 꺼낸 후, 이 두 수를 더해서(+연산자의 기능), 더한 수를 저장 공간 c에 넣으라는 명령이다. 연산자 +, = 의 앞 뒤로 빈칸(blank)을 넣어도(예 c = a + b) Java가 같은 명령문으로 이해한다.

9번 줄의 System.out.println(c); 는 저장 공간 c에 있는 숫자를 화면에 출력하라는 명령으로 System 클래스 내의 부클래스 out에 들어 있는 메소드 println()을 이용하여 c를 화면에 출력하라는 의미이다. 4장에서 입출력 메소드에 관한 자세한 설명을 한다.

10번 줄의 } 는 main 메소드의 끝을 의미이고, 11번 줄의 }는 클래스의 끝을 의미한다.

2.2 Java 프로그램의 구조

[예제 2.1]과 같은 Java 프로그램은 Java 개발자가 만들어 놓은 **예약어**(reserved word)와 **사용자 정의어**(user defined word), **연산자**(operator) 및 프로그램의 설명을 돕기 위한 **주석**(comment) 등으로 이루어져 있다. 일반적인 Java 프로그램은 여기에 추가로 개발자가 만들어 놓은 필요한 클래스와 메소드 등을 적절히 혼합하여 만드는 것이다. 이 절에서는 Java의 예약어, 사용자 정의어, 주석 등에 대해 일반적인 용법을 알아보고, 2.3절에서는 사용자 정의어 중 변수 및 상수에 대해서 살펴본다. 2.4절에서는 연산자에 대하여 자세히 알아본다.

2.2.1 Java의 예약어

Java 개발자가 만들어 놓은 **예약어**(reserved word) 또는 **키워드**(keyword)는 Java 프로그램의 핵심이다. 예약어는 사용자가 정의하는 변수명이나 클래스 이름 등 다른 목적으로 사용할 수 없다. Java에서 전체 예약어는 50개 정도이며 기능과 용도에 적합하게 사용해야 한다. [표 2.1]은 기능별 Java의 중요 예약어를 정리한 것이다. Java 예약어는 모두 소문자로 되어 있다. 예약어를 제외한 문자들은 **사용자 정의어**(user defined word) 또는 **식별자**(identifier)로 사용할 수 있다.

[표 2.1] Java의 중요 예약어

사용목적	예약어
소스 파일	import, package
클래스, 인터페이스 선언과 생성	class, interface, new
데이터형	boolean, byte, char, double, float, int, long, short, void, enum****
데이터값	false†, null†, true†
상속	extends, implements
생성자	super, this
연산자	instanceof
제한자	private, protected, public, abstract, final, native, static, synchronized, strictfp**
제어문	break, case, continue, default, do, else, for, if, return, switch, while, assert***
예외처리	catch, finally, throw, throws, try
기타	transient, volatile, goto*, const*

* 사용 않기가 권장됨, ** JDK 1.2에서 추가, *** JDK 1.4에서 추가, **** JDK 5.0에서 추가됨.
† 엄밀하게는 예약어가 아니나 사용자가 변수 이름 등에 사용할 수 없음.

2.2.2 Java의 사용자 정의어

사용자 정의어 또는 **식별자**란 프로그래머가 클래스명, 변수명, 메소드명에 대하여 직접 이름을 지정하는 것이다. 사용자 정의어를 만드는 일반적인 규칙은 다음과 같다.

Java의 사용자 정의어(식별자)를 만드는 규칙

- 식별자로 사용할 수 있는 문자는 숫자, 알파벳 대소문자, _(밑줄), $이다.
- 첫 글자는 영문 대문자 또는 소문자나 $, _ 로 시작해야 한다.
- 알파벳 대문자와 소문자는 다른 문자로 인식한다(한글도 가능함).
- 글자 수에는 제한이 없다.
- 공백이 포함되어서는 안된다.
- 특수문자 @, #, %, &, ^, *, !, ? 는 포함할 수 없다.
- 예약어는 사용할 수 없다.

i, j, x, y, y2003, $myLove, my_index 등은 적합한 식별자이고, 12abc, int, x#y 등은 적합하지 못한 식별자이다. 식별자로 사용할 수 있는 문자열에 대한 대원칙은 alphanumeric이라고 하는데 이는 알파벳(alpha)으로 시작해야 하고 뒷부분에서는 숫자(numeric)를 사용할 수 있다는 의미이다. 이는 Java뿐만 아니라 대부분의 컴퓨터 언어에서 적용되는 규칙이다.

Java에서 클래스명, 메소드명 및 변수명에 사용되는 식별자는 프로그래머가 마음대로 지정할 수 있다. 그러나 main 메소드는 Java 가상 머신이 클래스 파일을 실행할 때 호출하는 메소드로 그 형식이 다음과 같이 정해져 있다.

```
public static void main(String[] args)
```

이 main 메소드를 포함하는 클래스는 반드시 public으로 선언되어야 한다. 그 이유는 어느 장소에 있는 클래스라도 접근이 허용되어야 하기 때문이다. main 메소드가 public으로 선언되어 있지 않으면 컴파일은 진행되나 실행 시 에러가 발생한다. 여기서 public은 접근제한자로 모든 클래스에서 접근이 가능하다는 뜻이며, static 키워드는 메소드를 호출할 때 객체 생성 없이 클래스명을 사용하여 직접 메소드를 호출할 수 있다는 것을 의미한다. void 키워드는 메소드의 실행 결과 리턴형이 없다는 것이고 main은 메소드명이다. String은 문자열 클래스이고 args는 문자열 배열이다. 배열에 대한 자세한 내용은 5장에서 설명한다.

2.2.3 주석

주석(comment)이란 프로그램 내에 들어간 내용 중에서 프로그램으로 해석되지 않는 부분을 말하는 것으로 프로그램의 설명에 이용한다. 예를 들어 [예제 2.1]에서 첫째 줄은 프로그램의 내용이 아니고 프로그램을 보는 사람에게 필요한 정보이다. 주석은 프로그램이 길어질수록 추후 프로그램의 수정(debugging) 등에 더욱 필요하므로 가능한 많이 넣는 습관을 기르는 것이 좋다. 자기가 작성한 프로그램도 시간이 조금만 지나면 다시 읽기가 쉽지 않은 것을 경험하는데 주석으로 잘 설명한 경우에는 많은 도움이 된다.

Java에서의 주석은 세 가지 방법으로 할 수 있는데 첫 번째 방법은 //를 사용하고 두 번째 방법은 /*와 */의 쌍으로 사용하는 것이다. //를 사용하면 //부터 그 줄의 끝까지가 주석문이라는 뜻이며, /*와 */의 쌍을 사용하면 /* 이후부터 */가 나올 때까지의 모든 문장이 주석문이라는 뜻이다.

세 번째 방법은 /*와 */와 같은 기능을 하면서 사용자가 입력한 주석문, 메소드, 변수 등을 HTML에서 볼 수 있는 기능을 제공하는 /** 와 */이다. /** 이후부터 */까지 내용은 javadoc 명령어를 이용하여 HTML로 만들어진다.

Java의 주석(comment)

- 한 줄 미만의 주석은 프로그램의 어느 부분이든 //를 하고 설명을 하면 된다. 단 다른 명령어의 중간에 위치하면 에러가 발생한다.
- 여러 줄의 주석은 /* 로 시작하여 설명을 하고 */ 로 끝내면 된다.
- /** 이후부터 */까지 내용은 javadoc 명령어를 이용하여 HTML로 만들어진다.

2.2.4 Java 프로그램의 일반적인 구조

Java 프로그램의 일반적인 구조는 [표 2.2]와 같다. 위에서부터 package, import, class의 순서는 반드시 이 순서대로만 사용해야 하며 순서가 바뀌면 컴파일 과정에서 에러가 발생한다. 자세한 내용은 해당 절에서 설명되므로 여기서는 대략적으로만 살펴본다.

package는 지금 작성하고 있는 Java 프로그램이 특정한 패키지(미리 만들어 놓은 프로그램을 모아 놓은 것) 중의 하나라고 선언하는 것이다. 따라서 지금 작성 중인 프로그램이 특정한 패키지에 포함되는 것이 아니면 이 명령은 필요가 없다. 하나의 패키지 안에는 여러 개의 클래스/인터페이스 등이 포함되어 있다.

import는 작성하고 있는 클래스에서 다른 클래스를 사용할 경우 불러올(import) 클래스를 지정한다. 클래스가 여러 개인 경우 사용할 클래스가 있는 경

[표 2.2] Java 프로그램의 일반적인 구조 예

```
package package_name;
import package_name.class_name_1;
import package_name.class_name_2;
public class class_name {
   클래스 변수 정의
   :

   class class_name(){
       class 생성자 정의1
       :
   }

   public class class_name(String name, int age){
       class 생성자 정의2
       :
   }

   void method1 () {
      메소드의 정의
   }

   double method2 (int age) {
      메소드의 정의
      retuen a;
   }

   public String[] method3 () {
      메소드의 정의
      return s;
   }

} // end class
```

로를 지정하는 것이다. 'import'할 클래스가 없으면 이 명령은 사용하지 않지만 대개의 경우 Java 프로그램이 원활하게 수행되려면 이 명령을 사용해야 한다.

class란 객체(object)를 만들기 위해 필요한 것으로 추상적인 개념이며, 이 클래스를 구체화시켜 사용하는 것을 객체 또는 개체(instance)라고 한다. **관례적으로 클래스의 이름은 대문자로 시작한다.** Java 소스 파일은 하나 이상의 클래스로 구성되어 있으며, 그 안에는 메소드, 변수, 상수가 있다.

method는 다른 언어에서는 함수(function)라고 많이 부른다. 메소드는 매개변수를 받아서 주어진 계산/동작을 실행한 후 계산 결과나 동작 결과를 되돌려 준다. 메소드는 매개변수를 전달받지 않을 수도, 계산 결과를 돌려주지 않을 수도 있다. 예를 들면 결과를 인쇄하는 메소드에서는 반환할 값이 없을 수도 있다. **관**

례적으로 메소드의 이름은 소문자로 사용한다.**

Java에서는 여러 가지 클래스를 모아서 하나의 프로그램을 완성하는데, 이때 다른 프로그램에서 작성된 클래스를 사용하게 된다. public 예약어는 다른 프로그램에서 이 클래스를 사용할 수 있는지 정하는 한정자로 public이 붙으면 다른 프로그램에서 이 클래스 또는 메소드를 사용할 수 있다. public이 붙지 않으면 같은 디렉토리 내에 있는 클래스와 그에 속한 메소드만 사용할 수 있다.

Java에서는 클래스, **객체**(object), **개체**(instance) 등의 용어를 많이 사용한다. 클래스와 객체를 설명하기 위해 자동차라는 예를 생각해 보자. 자동차는 수많은 종류들이 있지만 모든 자동차는 차체부, 엔진부, 유리부, 변속기부 등의 네 가지 큰 덩어리로 구분할 수 있다. 이러한 큰 덩어리를 조립하면 자동차가 된다. 각각의 자동차들은 큰 덩어리들의 부품이 서로 다르다. 예를 들면 한 차의 엔진은 1000cc, 2000cc, 3000cc 등으로 구분되고, 다시 재래식 엔진이냐 신형 터보 엔진이냐로 구분할 수 있다. 유리는 앞유리, 뒷유리, 열선 유리 등으로 구분될 수 있고 차 종류마다 크기가 서로 다르다. 자동차에 관련된 Java 프로그래밍을 할 경우 먼저 네 가지 큰 덩어리(차체, 엔진, 유리, 변속기)를 설계하는 것이 클래스이다. 그 다음 각 클래스의 속성을 구체화하는 것을 객체화 또는 개체화한다고 한다. 즉 차체는 현대차 모닝, 엔진은 800cc, 변속기는 자동이라는 등의 속성을 구체화하는 것을 객체화라고 한다. 이와 같이 프로그램에서도 원하는 결과를 얻기 위해 모듈화된 클래스를 먼저 구현하고 이 클래스의 실현된 객체를 불러와서 작업하고자 하는 것이다. 이와 같은 프로그램의 개념을 **객체지향 프로그래밍**(Object Oriented Programing; OOP)이라고 한다. 객체지향 프로그래밍에 대해서는 이 책의 2부에서 자세히 설명한다.

2.3 Java의 변수, 상수와 데이터형

[예제 2.1]에서 a, b, c라는 사용자 정의어를 **변수**(variable)라고 하고 1 또는 2라는 숫자를 **상수**(constant)라고 한다. 즉 변수는 사용자가 컴퓨터의 저장 공간을 이용하기 위하여 주기억장치의 한 저장 공간의 이름을 지어 준 것이고, 상수는 이 저장 공간에 넣는 숫자 또는 문자를 의미한다. 컴퓨터의 저장 공간은 바이트(byte)라는 기본 단위를 가지고 있는데, 바이트는 8개의 전구(bit라고 함)를 묶어 놓은 것으로 생각하면 된다. 8개의 전구묶음으로 각 전구의 불이 들어오고 안 들어옴으로 표시할 수 있는 최대 수는 $2^8 = 256$ 이어서 큰 숫자를 표시하려면 전

구의 수가 더 많아야 한다. 그래서 저장하려는 상수(데이터)의 크기나 형태에 따라 여러 개의 바이트를 연결하여 저장할 필요가 생기게 되어 변수에 대해 데이터형을 구분하게 되었다.

변수의 데이터형은 크게 **정수형**(integer), **실수형**(real number), **문자형**(character), **논리형**(logical constant)의 네 가지로 구분된다. 각각의 데이터형은 몇 개의 바이트를 사용하는 저장 공간을 가지고 있느냐에 따라 [표 2.3]과 같이 여러 가지 형태의 예약어로 나누어져 있다.

[표 2.3] 변수의 데이터형

데이터형	예약어	사용공간 (byte)	저장 가능한 숫자/문자의 범위
정수형	int	4	−2,147,483,648 ~ 2,147,483,647
	long	8	$-2^{63} \sim 2^{63}-1$
	short	2	−32,768 ~ 32,767
	char	2	0 ~ 65,535
	byte	1	−128 ~ 127
실수형	float	4	$-1.4 \times 10^{-46} \sim 3.402823 \times 10^{38}$
	double	8	$-4.9 \times 10^{-324} \sim 1.797693134862 \times 10^{308}$
문자형	String (클래스 이름임)	2	제한없음
논리형	boolean	1	true 또는 false

마찬가지로 상수에 대해서도 데이터형(정수형, 실수형, 문자형, 논리형)을 구분한다([표 2.4]).

변수와 상수의 데이터형 일치

변수와 상수의 데이터형은 일치시켜야 프로그램의 불필요한 실수를 줄일 수 있다.

[예제 2.1]에서 int a, b, c;라는 문장은 a, b, c라는 이름을 갖는 변수가 1 또는 2와 같은 **정수형**(integer) 상수를 입력하기 위한 공간이라는 것을 선언한 것이다. 내부적으로 4개의 바이트를 묶어 a라 이름을 주고(주기억장치의 어느 공간에 있는지 사용자가 정확히 알 필요는 없다), 다음 4개의 바이트를 묶어 b라는 이름, 다음 4개의 바이트를 묶어 c라는 이름으로 정의한다. 4개의 바이트, 즉 8bit × 4 = 32bit를 묶어 표시할 수 있는 경우의 수는 2^{32}(=4,294,967,296)가 되어 큰 정수를 저장할 수 있다. 부호로서 1 bit를 이용하기 때문에 4 byte에 실제 저장할 수 있는 숫자는 -2^{31}=2,147,483,648에서 $+(2^{31}-1)$=2,147,483,647까지의 정수이다.

[표 2.4] 상수의 데이터형

상수의 데이터형	정의	예	비고
정수형	양의 정수, 0, 음의 정수	1	정수형 숫자는 4바이트 사용
		123	
		−123456789	
		1,234	에러! 콤마는 정수형 상수에 허용 안 함
		1.23	소수점이 있으면 정수가 아님
실수형	실수	0.123	실수형 숫자는 8바이트 사용
		0.123f	0.123f는 4바이트를 이용하는 실수 0.123
		1.23456789	
		1.4E−4	1.4×10^{-4}를 의미
		123	소수점이 없으면 정수로 간주함
문자형	문자 또는 여러개의 문자	"a"	문자형 상수는 인용부호 " "안에 있어야 함
		a	에러! 인용부호 안에 있지 않음
		"abc"	
		"이정진"	
논리형	true 또는 false		

변수의 데이터형 가운데 여러 가지 계산에 많이 사용되는 것이 정수형에서는 4 byte인 int, 실수형에서는 8 byte인 double이다. String은 Java의 하나의 클래스로서 다른 컴퓨터 언어와 비교할 때 편리한 기능을 많이 갖고 있다. 데이터형과 관련된 여러 가지 계산의 의미를 다음 예를 가지고 살펴보자.

예제 2.2 [예제 2.1]을 다음과 같이 변형하여 실행해 보자.

1) 네 번째 줄 사용자 정의 변수의 선언 'int a,b,c;'를 'byte a,b,c'로 바꾸어 실행하라. 그리고 다시 'float a,b,c'로 바꾸어 실행하라.
2) 다섯 번째와 여섯 번째 줄을 a=1000, b=2000으로 바꾸고 데이터형을 int, byte, float로 바꾸어 각각 실행하라.

풀이

❶ int를 byte로 바꾸어서 실행해도 콘솔창에는 3이라는 숫자가 나타난다. 같은 결과 값이지만 컴퓨터 내부에서는 1 byte 저장 장소의 이름을 a와 b로 하고 여기에 각각 1과 2의 값을 넣는다. 그리고 a+b의 값을 계산하고 1 byte 저장 장소 c에 넣은 후 이를 출력한다. float로 바꾸어 실행해도 콘솔창에 3.0이라는 실수 결과 값이 나타난다. 답은 같지만 내부적인 계산은 4 byte 저장 장소 a, b, c를 이용하여 실수의 덧셈으로 하여 계산된 것이다. int 형식의 정수 계산은 4 byte의 저장 공간을 사용하여 2의 보수(complement)라는 계산방식에 의해 계산되어 저장 가능한 숫자의 범위에서 정확히 계산된다. 하지만 float 형식의 실수 계산이란 유효숫자 7자리 정도 내에서의 근삿값을 계산하여 준다. 이 예제의 경우는 1자리 수이기 때문에 정확하지만 유효숫자 7자리를 벗어나는 경우에는 근삿값이라는 것을 꼭 기억해야 한다.

❷ int형으로 계산하면 콘솔창에는 3000이라는 결과가 정확히 나타난다. 하지만 byte형으로 계산하면 이상한 값이 나타난다. 저장 장소 a를 byte형으로 정의하고 a=1000이라는 명령을 주면 a라는 이름의 한 byte에 1000이라는 숫자를 저장하라는 뜻인데 byte형인 경우 -128에서 +127 사이의 숫자만 저장할 수 있기 때문에 값이 넘치게 된다(이를 overflow라고 함). 이 범위를 벗어나는 숫자를 저장하려고 하면 예상할 수 없는 이상한 숫자가 저장될 수 있다. float형으로 정의하면 한 변수는 4개의 byte를 이용하기 때문에 3000.이라는 결과가 정확히 나타난다. 하지만 float 형식의 실수 계산은 유효숫자 7자리 정도 내에서의 근삿값을 계산하여 준다는 사실을 명심해야 한다.

이 예제에서 살펴보았듯이 Java 프로그램에서 변수의 정의는 사용자가 앞으로 어떠한 값을 변수에 이용할 것인지를 가지고 판단해야 한다. 기본적으로 정수형 변수를 선언했으면 이 변수에 정수형 상수만 입력해야 하고, 실수형 변수를 선언했으면 실수형 상수만 입력해야 한다.

```
int a;
float b;
a = 123;     <- OK
a = 123.45; <- 에러, double인 경우 (int)로 캐스팅해야 됨.
b = 123.45; <- 에러, float인 경우 b=123.45f;와 같이 숫자 끝에 f를 붙여야 함.
b = 123;     <- OK 소수점이 없으면 f가 없어도 됨.
```

예제 2.3 아래의 Java 프로그램을 실행하였을 때 어떠한 결과 값을 얻는지 살펴보라.

```
/***************************************************
* DataType.java to Test data types
***************************************************/
class DataType {

 public static void main (String[] args) {
   float a, b, c;
   String mys;
   mys = "Data Type Test";
   int intnum = 10;
   float fvalue = 20.1f;   // f 또는 F
   double dnum =10.1;
   boolean bvalue = true;
   long longval = 10L;    // l 또는 L

   System.out.println("문자: "+mys);
   System.out.println("Integer: "+intnum+"\nABC");
   System.out.println("float: "+fvalue);
   System.out.println("double: "+dnum);
   System.out.println("Boolean: "+bvalue);
```

```
21      System.out.println("Long: "+longval);
22
23      a = ((float) longval) + 1.5f;
24      System.out.println("다른 형식의 연산:" + a);
25    } // end main
26  } // end class
```

풀이

이 프로그램에서 7-14번 줄은 float, String 등 여러 형식의 변수를 설정하는 것을 예시하였다. 특히 11번 줄과 14번 줄의 변수 fvalue와 longval의 설정에는 f와 L이 포함되었는데 실수형 float와 정수형 long에서는 구체적인 수치를 제시할 때 각각 f 또는 F 및 l 또는 L을 숫자의 마지막에 붙여야 한다. 16번부터 21번 줄은 각각을 화면에 인쇄하는 것이다. 인쇄 메소드 println 안에 +를 사용한 것이 있는데 이 +는 두 개의 문자열을 합한다는 의미이다. 17번 줄의 \n은 인쇄되지 않고 줄을 바꾸어주는 명령어이다.

23번 줄의 a = ((float) longval) + 1.5f; 는 어떤 이유로 정수형인 long과 실수형인 1.5를 더하여 이를 float 형식의 a에 저장해야 할 필요가 있어서 강제로 숫자의 형식을 바꾼 것이다. 이를 캐스팅(casting)이라고 한다. 이 경우 정수형(long) longval을 float 형식으로 강제 변환을 하였는데 방법은 보는 것처럼 (float) longval과 같이 바꿀 형식의 이름을 괄호 안에 넣는 것이다. 캐스팅에 대한 자세한 것은 2.3.1절에서 다루기로 한다.

이 명령의 실행 결과는 다음과 같다.

```
문자: Data Type Test
Integer: 10
ABC
float: 20.1
double: 10.1
Boolean: true
Long: 10
다른 형식의 연산:11.5
```


2.3.1 수식의 데이터형과 형변환

c = a+b와 같은 수식에서는 연산자 =의 좌측과 우측의 데이터형을 일치시키는 것이 좋다. [예제 2.1]에서 int a, b, c로 변수의 데이터형을 선언한 경우 모두 4바이트의 저장 공간을 사용하므로 먼저 명령문 a=1;은 정수형 상수 1을 변수 a에 저장하고 명령문 b=2;는 정수형 상수 2를 변수 b에 저장한다. 명령문 c = a+b;는 정수형 변수 a에 저장되어 있는 숫자와 정수형 변수 b에 저장되어 있는 숫자를 더해서(주 기억장치의 다른 부분에서 4바이트를 이용하여 계산됨) 정수형 변수 c에 저장한다.

앞의 프로그램에서처럼 데이터형이 long인 변수에 숫자 상수를 저장할 때는 L 또는 l을, float인 변수에 숫자 값을 저장할 때는 f 또는 F를 붙여 주어야 한다.

> **수식에서의 데이터형 일치**
> 수식에서 =의 좌측과 우측의 데이터형을 일치시켜야 계산의 실수를 줄일 수 있다.

만일 수식에서 데이터형이 일치되지 않는 경우 Java가 자동으로 데이터형을 변환한다. 단 boolean과 String은 형변환이 불가능하고 정수형과 실수형 사이에서만 형변환이 가능하다. 저장 공간이 큰 데이터형에 작은 데이터형의 값을 대입하는 경우에 발생하는 형변환을 **프로모션**(promotion)이라고 하고, 작은 데이터형에 큰 데이터형의 값을 대입하는 경우에 발생하는 형변환을 **캐스팅**(casting)이라고 한다.

> **수식에서 데이터형이 일치하지 않을 경우 발생하는 자동 형변환**
> - **프로모션(promotion)**: 저장 공간이 큰 데이터형 변수에 작은 데이터형의 값을 대입하는 경우에 발생하는 형변환. 계산이 틀리지는 않음.
> - **캐스팅(casting)**: 저장 공간이 작은 데이터형 변수에 큰 데이터형의 값을 대입하는 경우에 발생하는 형변환. 계산이 틀림.

프로모션의 경우 큰 데이터형에 작은 데이터형의 값을 대입하는 경우여서 계산이 틀리지는 않는다. 하지만 캐스팅의 경우는 작은 데이터형에 큰 데이터형값을 대입하는 경우여서 작은 데이터형에 맞게 큰 데이터형을 강제로 변환하기 때문에 잘못하면 계산실수가 발생할 수 있다. 다음의 여러 가지 예를 살펴보자.

```
short a;
int b:
float c;
double d;
a=1;            // 내부적으로는 상수 1이 4바이트이고 a가 2바이트라 캐스팅 형변환
b=a;            // a가 2바이트이고 b가 4바이트여서 a의 값을 임시로 4바이트
                // 저장 장소에 넣은 후 b에 저장하는 프로모션 발생
a=b;            // b가 4바이트이고 a가 2바이트여서 b의 값을 2바이트로 바꾼 후
                // a에 저장하는 캐스팅 발생
a=(short)b;     // 위의 a=b; 명령을 강제로 하게하는 방법
                // 프로그램을 작성할 때는 이 방법이 좋음
c=a+b;          // a가 2바이트이고 b가 4바이트여서 a의 값을 4바이트로 한 후
                // 정수 a+b를 계산하고 이를 float형의 실수로 변환하여 c에 저장
d=c;            // float형(4바이트) 변수 c를 8바이트로 바꾼 후 변수 d에 저장
```

위의 예처럼 서로 다른 데이터형 간의 계산 결과를 저장할 때, 저장할 변수의 데이터형이 아래와 같이 더 많은 바이트를 사용하는 경우에는 문제가 없다.

```
byte 에서 short, int, long, float 및 double로 변환되는 경우.
short에서 int, long, float 및 double로 변환되는 경우.
int에서 long, float 및 double로 변환되는 경우.
long에서 float 및 double로 변환되는 경우.
float에서 double로 변환되는 경우.
```

예제 2.4 아래의 Java 프로그램을 실행하였을 때 에러가 발생하는 부분이 어디이고 왜 그런지 이유를 설명하라.

```
01 /***********************************************
02 * CastTest.java
03 ***********************************************/
04 class CastTest {
05  public static void main(String[] args) {
06   double a = 1.9;
07   float b;
08   b = a/10.5;
09   b =  a/10.5f;
10   b = (float) a/10.5;
11   b = (float) (a/10.5);
12   System.out.println(b);
13  }
14 }
```

풀이

8, 9, 10번 줄은 모두 에러가 발생되는데 그 이유는 double형 변수 a에 저장된 실수값을 float형인 실수값 b에 저장하고자 하기 때문이다. 이 프로그램을 실행하면 다음 그림과 같이 java.lang.Error 에러가 발생하며 그 내용은 Type mismatch이다. 그리고 에러가 발생한 곳은 8번 줄이라고 알려주고 있다. 11번 줄과 같이 double인 연산결과를 float로 바꾸어 준 후에 float형 변수에 저장하여 인쇄하면 결과는 우리가 원하는 0.18095238를 얻는다.

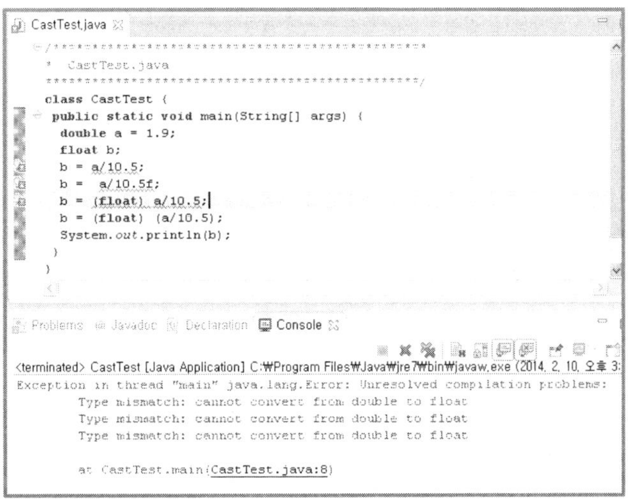

2.4 Java의 연산자

[예제 2.1]의 수식 c=a+b;에 사용된 =이나 +는 수학에서 흔히 쓰는 연산자인데 이용자의 편의를 위해 Java에서도 같은 연산자를 쓰도록 만들었다. Java에서 사용되는 연산자는 크게 계산을 위한 **산술 연산자**(arithmetic operator), 논리식(결과가 true인지 false인지를 판단)의 표현에 쓰이는 **비교 연산자**(relational operator)와 **논리 연산자**(logical operator), 기타 여러 가지 변형 연산자로 나눌 수 있다([표 2.5]).

[표 2.5] Java의 연산자

연산자 형태	연산자	의미	예
산술 연산자	+	덧셈	a + 2 // a에 2를 더함
	–	뺄셈	a - 1 // a에서 1를 뺌
	*	곱셉	a * 2 // a에 2를 곱함
	/	나눗셈	a / 2 // a를 2로 나눔
	%	나머지	a % 2 // a를 2로 나눈 나머지를 계산
	++	1을 더함	a++; // a에 1을 더해 a에 다시 저장, a=a+1
	––	1을 뺌	a––; // a에서 1를 빼서 다시 a에 저장, a=a–1
	=	대입	b = a+2; // a에 2를 더해 b에 저장
	+=	+후 대입	b += 2; // b에 2를 더해 b에 저장, 즉 b=b+2
	–=	–후 대입	b –= 2; // b에 2를 빼서 b에 저장, 즉 b=b–2
	*=	*후 대입	b *= 2; // b에 2를 곱해 b에 저장, 즉 b=b*2
	/=	/후 대입	b /= 2; // b에 2를 나누어 b에 저장, 즉 b=b/2
비교 연산자	>	큼	a > b // a가 b보다 큰가?
	>=	크거나 같음	a >= b // a가 b보다 크거나 같은가?
	<	작음	a < b // a가 b보다 작은가?
	<=	작거나 같음	a <= b // a가 b보다 작거나 같은가?
	==	같음	a == b // a와 b가 같은가?
	!=	같지 않음	a != b // a와 b가 같지 않은가?
논리 연산자	&&	AND	a && b // a도 true이고 b도 true이면 결과가 true
	||	OR	a || b // a나 b 중 하나가 true이면 결과가 true
	!	NOT	!a // a가 true(false)이면 !a는 false(true)
기타 연산자	.	참조연산자	System.out.println("Test"); // 클래스의 멤버 지칭
	[]	배열선언	String[] str; // str이라는 String 배열의 선언
	( )	괄호	5 * (b+c); // b와 c를 먼저 더한 후 5를 곱함
	(조건식) ? 항1 : 항2		(조건식)이 true면 항1을 수행, false면 항2를 수행 예: (a>b) ? max=a : max=b; // a가 b보다 크면 max에 a값이 저장되고, 아니면 b값이 저장됨

이밖에도 Java에는 비트(bit)에 관한 연산자가 있는데 이 책에서는 필요할 것 같지 않아 생략한다.

수학에서 여러 가지 산술 연산자 +, –, *, /가 섞여 있는 수식이 있다면 수식의 왼쪽부터 * 또는 /를 나타나는 순서대로 먼저 계산하고 이어서 + 또는 -를 나타나는 순서대로 계산한다. Java의 명령문은 일반적으로 위에서 아래로, 그리고 왼쪽에서 오른쪽 방향으로 실행된다. 단 한 명령문에 여러 가지 연산자가 섞여 있을 경우 수학에서와 같이 연산자의 우선순위를 [표 2.6]과 같이 정해 놓고 있다.

Java 명령문의 실행순서

- Java의 명령문은 일반적으로 위에서 아래로, 그리고 왼쪽에서 오른쪽 방향으로 실행된다.
- 한 명령문에 여러 가지 연산자가 섞여 있다면 연산자에 대한 우선순위에 의해 실행된다.

[표 2.6] Java 연산자의 우선순위

순위	연산자		비고
1	최우선 연산자	. [] ()	클래스의 멤버, 배열선언 대괄호, 수식을 묶어서 사용하는 소괄호
2	단항 연산자	! ++ --	NOT, 값을 1 증가, 값을 1 감소
3	산술 연산자	* / %	산술 연산자가 섞여 있을 경우 * / %가 우선이고, 그 다음 + -를 실행
4		+ -	
5	비교 연산자	> >= < <= == !=	
6	논리 연산자	&& & || |	AND, OR
7	삼항 연산자	(조건식) ? 항1 : 항2	if (조건식) then (항1) else (항2)
8	대입 연산자	= += -= *= /=	

산술 연산자를 이용하는 수식의 계산은 데이터형과 연산자 우선순위에 따라 여러 가지 주의할 점이 많이 있는데 2.4.1절에서 살펴보자. 관계 연산자나 논리 연산자를 이용하는 논리식의 계산은 3장의 Java 제어문에서 많이 이용된다.

2.4.1 산술 연산자

[표 2.5]의 **산술 연산자** 중에서 사칙연산에 해당하는 +, -, *, /는 그 연산이 무엇을 의미하는지는 자명하므로 설명을 생략한다. %는 나머지를 얻는 연산자로 3%2는 3을 2로 나눈 나머지인 1을 얻는다.

Java의 산술 연산자를 이용한 수식의 계산은 변수의 데이터형과 연산자 우선순위에 따라 주의해야 할 사항이 많이 있다. 어느 경우에는 에러 메시지도 없기 때문에 특히 조심해야 한다. 다음의 예제를 살펴보자.

```
int a, b, c, d;
a = 9;
b = a / 0;      // 나눗셈에서 분모가 0인 계산은 에러이다.
b = a / 2;      // a/2는 실제 4.5이지만 정수형 변수의 나눗셈에서는 4로 계산됨.
c = a % 4;      // c에는 a를 4로 나눈 나머지 1이 저장됨.
d = a - a/4*4;  // 연산자 우선순위에 의하여 정수의 나눗셈인 a/4가 몫 2를 먼저
                // 계산하고 이어서 a/4*4는 8이 계산된다. 그리고
                // a-a/4*4는 1이 계산되므로 이 식은 a%4와 동일하다.
```

Java에서 정수를 다른 정수로 나눌 때

Java에서 정수를 다른 정수로 나눌 경우 결과의 소수점 밑의 부분은 잃어 버린다.

같은 예제를 변수의 데이터형을 float형으로 선언하면 어떠한 결과를 가질까?

```
float a, b, c, d;
a = 9f;          // 9f는 4바이트를 이용하는 실수형 상수를 의미
b = a / 2f;      // a/2는 4.5가 정확히 계산되어 b에 저장됨
c = a % 4f;      // 에러! 실수형 변수와 상수의 계산에는 연산자 %가 정의 안됨
d = a - a/4f*4f  // 연산자 우선순위에 의하여 실수의 나눗셈인 a/4가 몫 2.25를
                 // 먼저 계산하고 이어서 a/4f*4f는 9가 계산된다. 그리고
                 // a-a/4*4는 0. 이 계산되어 d에 저장된다.
```

예제 2.5 아래의 Java 프로그램을 실행하였을 때 에러가 발생하는 부분이 어디이고 왜 그런지 이유를 설명하라.

```
/*************************************************
* ArithTest.java to test arithematic operations
*************************************************/
class ArithTest {
 public static void main(String[] args) {
  double a; // float a;
  a = 1/2;
  System.out.println("a="+a);
  a = 1./2;
  System.out.println("a="+a);
  a = 1/2.;
  System.out.println("a="+a);
  a = 1./2.;
  System.out.println("a="+a);
 }
}
```

풀이

위의 프로그램에서 6번 줄에 의해서 a의 형식은 double이며 7, 9, 11 및 13번 줄에서 a의 값이 수학적 연산의 결과가 0.5인 1 나누기 2를 실행하였다. 다만 1 또는 2의 값을 지정할 때 소수점을 사용하거나 하지 않거나 하였다. 8, 10, 12, 14번 줄은 결과를 인쇄하는 것이다. 이 계산의 결과는 다음과 같다.

```
a=0.0
a=0.5
a=0.5
a=0.5
```

이 출력의 첫 번째 출력에서 a의 값이 0이 출력되었음을 알 수 있는데 그 이유는 a=1/2로 설정한 7번 줄에서 1과 2가 모두 소수점이 없어서 정수형으로 연산을 한 것이다. 따라서 1/2의 내부 결과는 0.5인데 이 결과 내부에서 저장하는 과정에서 정수형으로 강제 캐스팅이 발생하였으며, 정수형의 강제 캐스팅은 소수점 이하는 버리는 형태(floor)로 발생하므로 계산 결과는 0이다.

이 프로그램에서 7번 줄을 a = (double) 1/2;로 바꿀 때 어떤 결과가 생길지 예상해 보고 실제 계산과 비교해 보아라. 이 프로그램에서 6번 줄의 double 대신에 주석 처리한 float를 사용할 때 어떤 결과가 생길지 예상해 보고 실제 결과와 비교해 보아라.

연산자 ++와 --는 x++, x-- 또는 ++x, --x와 같은 형식으로 사용하며 이는 x의 현재 값에 1을 더해 주거나(++) 빼주어서(--) 다시 x로 저장하는 연산이다. 여기서 ++x와 x++는 연산의 순서가 약간 다르다.

```
y = x++는 y=x를 먼저 실행하고 x = x+1을 실행한다.
y = ++x는 x=x+1을 먼저 실행하고 y = x를 실행한다.
```

-- 연산자도 마찬가지이다. 다음 예제를 살펴보자.

예제 2.6 **아래의 Java 프로그램을 실행하였을 때 ++와 -- 연산자에 의해 어떠한 결과값을 인쇄하는지 살펴보라.**

```
/****************************************************
* OpTest.java
****************************************************/
class OpTest {
 public static void main(String[] args) {
   int x=1; int y=2;
   x++;
   System.out.println("x= "+x);
   ++x;
   System.out.println("x= "+x);
```

```
11    y = x++;  // y <- x , x <- x+1
12    System.out.println("x= "+x+" y= "+y);
13    y = ++x;  // x <- x+1, y <- x
14    System.out.println("x= "+x+" y= "+ y);
15    int z = y % x;
16    System.out.println("y % x= "+z);
17  } // end main
18 } // end class
```

풀이

이 예제의 6번 줄에서 x=1, y=2로 시작한다. 7번 줄의 x++에 의해서 x=2가 된다. 9번 줄에서 ++x에 의해서 x가 3이 되며 11번 줄에서 y = x를 먼저 실행하므로 y=3, x=4가 된다. 13번 줄에서 x = x+1을 먼저 실행하여 x=5이며 따라서 y도 5이다. 15번 줄에서 y%x는 x와 y가 둘다 5이므로 나머지는 0이다. 이 프로그램의 실행 결과는 다음과 같다.

```
x= 2
x= 3
x= 4 y= 3
x= 5 y= 5
y % x= 0
```

산술 연산자 중에서 +=, -=, *=, /= 들의 대입 연산자는 사칙연산 및 나머지 구하는 연산의 결과를 다른 변수로 저장하는 것을 간단히 표현하기 위해 만들어진 연산자이다. 예를 들어 x += y 는 x = x+y를 의미한다.

예제 2.7 아래의 Java 프로그램을 실행하였을 때 대입 연산자에 의해 어떠한 결과값을 인쇄하는지 살펴보라.

```
/****************************************
* AssignOp.java
****************************************/
class AssgnOp {
 public static void main(String[] args) {
   int x = 50;
   int y = 7;

   x += y;
   System.out.println("x= "+x+" y= "+y);
   x *= y;
   System.out.println("x= "+x+" y= "+y);
   x -= y;
   System.out.println("x= "+x+" y= "+y);
   x /= y;
   System.out.println("x= "+x+" y= "+y);
   x %= y;
   System.out.println("x= "+x+" y= "+y);
```

```
19    }
20  }
```

풀이

이 프로그램에서 6번과 7번 줄에서 x=50, y=7이 설정되었으며 9번 줄에서 x에 y를 합하라고 하므로 x=57, y=7이다. 11번 줄에서 x에 y를 곱하여 x라고 하였으므로 x=399, y=7이다. 13번 줄에서 x를 y로 빼서 x라고 했으므로 x=392, y=7이며 15번 줄에서 x를 y로 나누어서 x라고 했으므로 x=56, y=7이며 17번 줄에서 x를 y로 나눈 나머지를 x라고 했으므로 x=0, y=7을 얻는다. 출력 결과는 다음과 같다.

```
x= 57 y= 7
x= 399 y= 7
x= 392 y= 7
x= 56 y= 7
x= 0 y= 7
```

2.4.2 비교 및 논리 연산자

비교 연산자는 두 개의 숫자가 같은지 어느 한쪽이 큰지 등을 비교하는 연산자이다.

예제 2.8 아래의 Java 프로그램을 실행하였을 때 비교 연산자에 의해 어떠한 결과값을 인쇄하는지 살펴보라.

```
/*****************************************************
* CompOp.java
*****************************************************/
class CompOp {
  public static void main(String[] args) {
    int x=0;
    int y=0;
    boolean bln;

    bln = (10 > 11);
    System.out.println(bln);

    bln = (x == y);
    System.out.println(bln);

    bln = (x >= 11);
    System.out.println(bln);

    bln = ( (10+1) != 11);
    System.out.println(bln);
  }
}
```

풀이

1번 줄에서 10은 11보다 작기 때문에 false이고, 13번 줄의 변수 x와 y는 값이 같으므로 true이고, 16번 줄에서 0이 11보다 작기 때문에 false이고, 19번 줄은 (1+10)과 11이 같기 때문에 false가 출력된다. 이 프로그램의 출력 결과는 다음과 같다.

```
false
true
false
false
```

논리(logical or boolean) 연산자는 두 개의 'true' 또는 'false'의 논리값을 'AND(&&)', 'OR(||)', 'NOT(!)'으로 연결하는 것이다. 두 논리 변수 a 와 b 에 대한 &, &&, |, ||, ! 연산자의 결과값은 [표 2.7]과 같다. 논리 연산은 컴퓨터 내부적으로 1, 0을 사용하는 이진연산의 결과와 같다.

[표 2.7] 논리값 a, b의 논리연산자 &&, ||, ! 연산 결과

a	b	a & b a && b	a | b a || b	! a
true	true	true	true	false
true	false	false	true	false
false	true	false	true	true
false	false	false	false	true

이 표에서 AND 및 OR에 해당하는 연산자가 각각 &와 &&, |와 ||의 두 개씩 있는 것을 볼 수 있는데, 연산 결과는 같지만 미묘한 차이가 있다. &나 &&의 연산은 양쪽 논리값이 true일 때만 결과가 true이다. 하지만 &&연산에서는 앞의 논리값이 false이면 뒤의 논리값은 아예 참고하지도 않고 그 결과를 false로 반환한다. |와 ||의 연산도 양쪽 논리값 중의 하나만 true이면 결과가 ture이다. 하지만 || 연산의 경우 앞의 논리값이 true이면 뒤의 논리값은 아예 참고하지도 않고 그 결과를 true로 반환한다.

예제 2.9 아래의 Java 프로그램을 실행하였을 때 논리 연산자에 의해 어떠한 결과값을 인쇄하는지 살펴보라.

```
/***************************************************
* Bool.java
* To test Boolean class.
****************************************************/
import java.lang.Boolean;

```

```
07 class Bool {
08  public static void main(String[] args) {
09   int x=0;
10   if ((x > 0) && (x/0 > 5))
11     System.out.println("Pass (x > 0) && (x/0 > 5) ");
12   //if ((x > 0) & (x/0 > 5))
13   //   System.out.println("Pass (x > 0) & (x/0 > 5) ");
14   if ((x >= 0) || (x/0 > 5))
15     System.out.println("Pass (x > 0) || (x/0 > 5) ");
16   //if ((x >= 0) | (x/0 > 5))
17   //   System.out.println("Pass (x > 0) | (x/0 > 5) ");
18  } // end main
19 } // end class
```

풀이

이 예제에서 사용한 if는 if 다음의 괄호 안 논리값이 참이면 그 뒤의 명령을 실행한다. if 문에 대한 자세한 것은 3.1절을 참고하기로 하자. 이 프로그램의 9번 줄에서 x = 0이므로 10번 줄의 (x 〉 0) && (x/0 〉 5)는 (false && NaN)가 되어서 거짓이다. 따라서 아무 작업도 하지 않는다. 여기서 NaN은 Not a Number의 약자로 0/0을 의미한다. 12-13번 줄의 주석 처리된 부분은 실행 과정에서 에러가 발생한다. 14-15번 줄의 경우 (x 〉= 0) || (x/0 〉 5)가 (true || NaN)이므로 논리값은 참이되고 따라서 인쇄가 발생한다. 16-17번 줄은 위와 같은 이유로 실행 과정에서 에러가 발생한다.

2.5 Java 수학 함수를 이용한 계산

Java를 이용한 수식의 계산에는 산술 연산자뿐만 아니라 수학 함수가 이용되는 경우가 많이 있다. Java는 많이 이용되는 수학 함수를 쉽게 사용할 수 있도록 제공하고 있다. [표 2.8]은 일반적으로 많이 이용되는 Java의 수학 함수들이다. 앞으로 배우게 될 Java 메소드 형태로 되어 있는데 수학에서의 사용법과 유사하다. 다만 괄호 ( ) 안에 들어가는 상수나 변수의 데이터형에 맞는 함수를 정확히 사용해야 한다.

수학 함수를 사용하기 위해서는 프로그램 첫 줄에 다음과 같은 Math 클래스 패키지를 import하는 문장을 적어야 한다.

```
import java.lang.Math;
```

이 문장은 수학 함수를 포함하고 있는 java.lang.Math라는 패키지를 현재의 프로그램에 접목하라는 의미이다. 예를 들어 이 Math 패키지의 로그함수의 document를 살펴보면 다음과 같다.

[표 2.8] Java의 주요 수학 함수

함수	함수명 및 정의	의미와 예

상수	double E
	double PI
		자연로그의 밑 e = 2.71828....,
		a = Math.E;
		π의 값 = 3.141592....,
		a = Math.PI;

절댓값	double abs(double a)
	float abs(float a)
	int abs(int a)
	long abs(long a)
		double형 절댓값 함수,
		b = Math.abs(-1.25);
		float형 절댓값 함수,
		b = Math.abs(-1.25f);
		int형 절댓값 함수,
		b = Math.abs(-1);
		long형 절댓값 함수,
		b = Math.abs(-1l);

로그	double log(double a)	$\log_e^a$를 계산, b = Math.log(a);
지수	double exp(double a)	e^a를 계산, e는 자연로그, b = Math.exp(a);
멱	double pow(double a, double b)	a^b를 계산, c = Math.pow(a,b);
제곱근	double sqrt(double a)	$\sqrt{a}$를 계산, b = Math.sqrt(a);

삼각함수	double sin(double a)
	double cos(double a)
	double tan(double a)
	double asin(double a)
	double acos(double a)
	double atan(double a)
		sin(a)를 계산,
		b = Math.sin(a);
		cos(a)를 계산,
		b = Math.cos(a);
		tan(a)를 계산,
		b = Math.tan(a);
		arcsin(a)를 $(-\pi/2, \pi/2)$에서 계산,
		b = Math.arcsin(a);
		arccos(a)를 $(0, \pi)$에서 계산,
		b = Math.arccos(a);
		arctan(a)를 $(-\pi/2, \pi/2)$에서 계산,
		b = Math.arctan(a);

최댓값	max(double a, double b) max(float a, float b) max(int a, int b)	a와 b의 최댓값을 계산, c = Math.max(a,b);
최솟값	min(double a, double b) min(float a, float b) min(int a, int b)	a와 b의 최솟값을 계산, c = Math.min(a,b);
난수	random()	[0,1) 사이의 난수를 발생 b = Math.random();
반올림	round(double a) round(float a)	실수 a를 반올림, b = Math.round(a);
가까운 정수값	rint(double a) ceil(double a)	a에 가장 가까운 정수값, b = Math.rint(a); a를 넘지 않는 최대 정수값

```
static double log(double a)
```

[표 2.8]의 함수의 정의에서 static이라는 예약어는 공통이어서 생략하였다. static이라는 예약어는 앞으로 배울 것인데 메모리의 특정부분을 사용한다는 의미이고 결과는 double 저장 공간에 값을 받는다. 로그함수의 이름은 log이고, 소괄호 안에 double a는 함수의 인수라 하는데 log(a)의 값을 계산하라는 뜻이다. 로그함수의 사용 예는 다음과 같다.

```
double a, b;
a = 3;
b = Math.log(a); // 로그함수는 log()인데 그 앞에 Math 클래스의 참조연산자
                 // Math.를 붙여 사용한다.
```

같은 함수라도 사용되는 인수(소괄호 안에 들어가는 변수)가 다른 경우가 있으니 주의해야 하고, 어느 함수는 인수가 2개 이상인 경우도 있다.

Java의 산술 연산자와 수학 함수를 이용하여 복잡한 수식의 계산을 하는 프로그램을 작성해 보자.

예제 2.10 **다음 두 함수를 지정된 x 값에서 계산하여 그 결과를 콘솔에 출력하는 프로그램을 작성하라.**

1) 함수 $f(x) = 1.3 + 2.75 * \log(|x-2|)$를 $x = 1.5$에서 계산.
2) 함수 $g(x) = x^3 + \exp(-x) + \sin(2x + 1)$를 $x = 2$에서 계산.

풀이

이 두 함수는 실수값을 계산하기 때문에 8바이트 저장 장소를 사용하는 double형으로 계산하면 좋다. 산술 연산자와 수학 함수를 사용하는 Java 명령문은 위의 수학식과 매우 유사하다.

```
double x;
x = 1.5;
f = 1.3 + 2.75 * Math.log(Math.abs(x-2.));
                                    // 상수를 실수인 2.으로 변환
                                    // log 함수의 인수에 다른 함수가 들어 있는 경우이다.
x = 2.;                             // 위에서 사용한 변수 x = 1.5는 더 이상 사용되지
                                    // 않으므로 같은 저장 장소를 이용하여 2.를 저장한다.
g = Math.pow(x,3.) + Math.exp(-x) + Math.sin(2.*x+1.);
```

수학 함수를 사용하므로 Math 클래스를 불러오는 import java.lang.Math; 명령문과 함수값의 결과를 인쇄하는 프로그램을 완성하면 다음과 같다.

```
// 예제 2.9 Java Program
// EvalFunction.java
import java.lang.Math;
public class EvalFunction {
    public static void main(String[] ar) {
            double x,f,g;
            x = 1.5;
            f = 1.3 + 2.75 * Math.log(Math.abs(x-2.));
            x = 2.;
            g = Math.pow(x,3.) + Math.exp(-x) + Math.sin(2.*x+1.);
            System.out.println(f + " " + g);
    }
}
```

실행 결과는 다음과 같다.

```
-0.6061547465398496 7.176411008573474
```

1부 Java의 이해 | 2부 클래스와 객체지향 프로그래밍 | 3부 그래픽 사용자 환경(GUI) 프로그래밍

연습문제

2.1 다음 수식을 Java로 표현하라.

1) $y = mC^2 + d$

2) $c = \sqrt{x^2 + y^2 - 2\cos(xy)}$

3) $F = P(1+r)^n$

4) $f = \frac{1}{\sqrt{2\pi}} e^{-\frac{x^2}{2}}$

2.2 다음 Java 문장을 수식으로 표현하라.

1) $volume = Math.\Pi * radius * radius * height;$

2) $fourier = w1 * Math.\sin(x) + w2 * Math.\cos(2 * x);$

3) $fx = lamda * Math.\exp(-lamda * x);$

4) $v = 4 * Math.\Pi * Math.pow(r, 3)/3;$

2.3 2차방정식 $ax^2 + bx + c = 0$의 한 근 $x = \frac{-b + \sqrt{b^2 - 4ac}}{2a}$ 을 계산하는 다음의 Java 문장이 맞는가?

$x = (-b + Math.sqrt(b * b - 4 * a * c))/2 * a;$

2.4 다음과 같은 초깃값이 있을 때 아래 Java 문장의 결과값은?

```
int  m = 5;
int  n = 2;
double x = 2.1;
double y = -1.2;
```

1) x + n * y - (x +n) * y

2) m / n + m % n

3) m - m / 2 * 2

4) 5 * x - n /5

2.5 Java 문장에서 2, 2.0, ‘2’, “2”의 차이를 설명하라.

2.6 정수형 데이터가 overflow되는 프로그램을 작성하라.

2.7 실수형 데이터가 overflow되는 프로그램을 작성하라.

2.8 화씨온도 F를 섭씨온도 C로 바꾸는 공식이 다음과 같다.

$$C=(5/9)*(F-32)$$

오늘의 화씨온도가 82도일 때 섭씨온도를 계산하여 화면에 출력하는 Java 프로그램을 작성하라.

2.9 지수분포의 누적확률이 다음과 같다.

$$F(x)=1-e^{-\lambda x}, \quad x>0$$

$\lambda=1.2$일 때 $x=2.3$까지의 누적확률을 구하는 Java 프로그램을 작성하라.

3장

Java 제어문

학습목표

- 조건문 if와 switch 문의 사용 방법을 이해하여 프로그램 실행순서를 조절하는 프로그램을 작성한다.
- 반복문 for와 while을 사용하여 복잡한 반복계산이 가능한 프로그램을 작성한다.
- 분기문 break, continue의 사용 방법을 이해한다.

Java의 명령문은 일반적으로 위에서 아래로, 그리고 왼쪽에서 오른쪽 방향으로 실행된다. 그러나 복잡한 계산을 할 경우에는 일정한 조건을 조사하여 실행순서를 바꾸어 줄 필요가 있는데 이때 사용하는 명령문이 if나 switch 같은 선택 결정문이다. 한 프로그램에서 비슷한 종류의 계산을 반복하여 하는 경우에는 전체 프로그램의 길이도 줄이고 효율적으로 계산하기 위해 명령문 for나 while 같은 반복문을 사용한다. 조건문이나 반복문은 필요에 따라 중단시키거나 제어할 필요가 있는데 이때 break나 continue 같은 분기문을 사용한다.

일반적으로 if, for, while 같은 제어문을 잘 사용하여 현실 문제를 논리적으로 프로그램을 작성하여 해결하는 사람이 프로그램을 잘 하는 사람이다. 이러한 제어문은 거의 모든 프로그래밍 언어가 가지고 있어 한 언어의 프로그래밍을 잘 하는 사람은 다른 프로그래밍 언어(Java, Basic, C 등)도 쉽게 배울 수 있다.

3.1 조건문: if, switch

복잡한 문제의 프로그램에서 어떠한 조건을 조사하여 각기 다른 명령을 실행시킬 필요가 있을 때 조건문이 사용된다. 한 가지 조건을 조사하는 경우에는 if 문이 많이 이용되고, 여러 가지 조건을 조사하는 경우에는 switch 문을 이용한다.

3.1.1 if 문

영어에 if라는 단어는 '만약에 ~라면'이라는 뜻이다. 이 의미와 유사하게 Java에서 간단한 형태의 **if 문**은 조건식이 true이면 중괄호 { }에 들어 있는 명령문들을 실행한다. 만일 조건식이 false이면 { }에 있는 명령문을 실행하지 않고 if 문 이후의 명령을 실행하게 된다.

if 문 형식

```
if (조건식) {
    명령문 1;
    명령문 2;
       ⋮
}
```

어느 경우에는 조건식이 false일 때 다른 명령문을 수행할 필요가 있는데 이때는 if ..., else ... 형태의 조건문이 이용된다.

if – else 문 형식

if (조건식) {
    명령문 1;
    명령문 2;
        ⋮
} else {
    명령문 a;
    명령문 b;
        ⋮
}

2장에서 배운 산술 연산자의 특수한 형태인 3항 연산자는 바로 if …, else … 형태 조건문의 각각의 명령문이 하나씩만 있는 간단한 경우이다.

```
if (조건식) { 명령문 1 } else { 명령문 2 }
```

즉, (조건식)이 true이면 '명령문 1'을 실행하고, false이면 '명령문 2'를 실행하라는 뜻이다.

3항 연산자는 if – else 문의 특수한 경우
(조건식) ? 명령문 1 : 명령문 2;

if 문이 프로그램에 중요하게 사용되는 예제를 살펴보자. 다음 예제는 키보드에서 정수, 실수 또는 문자를 입력받기 위해 import java.util.Scanner라는 패키지를 불러오고 Scanner라는 클래스의 객체를 선언한 후 각각 console. nextInt(), console.nextDouble, console.next() 등의 메소드를 이용한다. 데이터 입력에 대한 자세한 내용은 4장에서 연구한다.

```
Scanner console = new Scanner(System.in);
int     aaa = console.nextInt();     // 정수를 입력하여 aaa 에 저장
double  bbb = console.nextDouble();  // 실수를 입력하여 bbb 에 저장
String  str = console.next();        // 문자를 입력하여 str 에 저장
String  str = console.nextLine();    // 한 줄의 문자열을 입력하여 str에 저장
console.close();                     // 콘솔을 닫아줌
```

예제 3.1 (홀짝 구분) 정수 4를 키보드에서 입력받아서 이 숫자가 짝수인지 홀수인지 판별하는 프로그램을 작성하라.

풀이

한 숫자(정수)를 입력받아 홀짝을 구분하는 프로그램이 다음과 같다.

```
01 /*****************************************************
02 *  IfElse.java to test if-else clause
03 *  INPUT: An integer via command-line input
04 *  OUTPUT: whether it is even/odd
05 *****************************************************/
06 import java.io.*;
07 import java.util.Scanner;   // 키보드 입력에 필요한 패키지
08 class IfElse {
09   public static void main(String[] args) throws IOException {
10     Scanner console = new Scanner(System.in);
11     System.out.println("정수를 입력하고 Enter키를 누르세요");
12     int aaa = console.nextInt(); // 정수 입력
13     if (aaa % 2 == 0) { // 2로 나눈 나머지가 0인 경우
14       System.out.println(aaa+"는 짝수입니다.");
15     } else { // 2로 나눈 나머지가 1인 경우
16       System.out.println(aaa+"는 홀수입니다.");
17     }
18     console.close(); // 콘솔을 닫음
19   }
20 }
```

위의 프로그램에서 7번 줄은 키보드 입력에 필요한 패키지를 불러온 것이다. 10번 줄은 Scanner 클래스의 객체를 정의하는 방법이고 12번 줄은 키보드에서 정수 하나를 입력하는 방법이다. 이 aaa가 2로 나눈 나머지가 0인지(13번 줄) 아닌지(15번 줄)에서 각각 짝수(14번 줄) 또는 홀수(16번 줄)라고 출력하게 하였다.

이 프로그램의 실행 결과는 다음과 같다.

```
정수를 입력하고 Enter키를 누르세요
4
4는 짝수입니다.
```

If 문에서 중괄호 { } 사용

if나 else 뒤의 문장이 하나 밖에 없는 경우에는 중괄호 { }를 사용할 필요가 없다. 하지만 if나 else 뒤에 실행문이 하나뿐인 경우도 { } 사용을 강력하게 추천한다. 그 이유는 이 프로그램이 수정되어 if나 else의 경우에 추가 작업이 있는 경우 { }를 사용하지 않으면 실수를 할 가능성이 많기 때문이다.

예제 3.2 **(급여계산) 한 회사에 시간당 5,000원인 한 계약직 직원이 있다. 이 직장에서는 일주일에 40시간을 초과한 근무자에게는 40시간 초과분에 대해서는 1.5배인 7,500원을 지급한다고 한다. 근무한 시간(실수)을 입력받아 이 시간에 따른 급여를 계산하는 프로그램을 작성하라.**

풀이

근무시간(정수)을 입력받아 이 시간에 따른 급여를 계산하는 프로그램이 다음과 같다.

```
01 /***********************************************************
02  * IfWage.java 시급계산 40시간 이내 => 시간당 5,000
03  *                      40시간 초과분 => 시간당 7,500
04  * INPUT: 근무시간
05  * OUTPUT: 시간에 따른 주당 급여
06  * *********************************************************/
07 import java.io.*;
08 import java.util.Scanner;   // 키보드 입력에 필요한 패키지
09 class IfWage {
10   public static void main(String[] args) {
11     Scanner console = new Scanner(System.in);
12     System.out.println("실수를 입력하고 Enter키를 누르세요");
13     double time = console.nextDouble(); // 실수 입력
14     double wage; // 급여
15     if (time > 40) wage = 40*5000 + (time-40)*7500;
16     else wage = time*5000;
17     System.out.println("Wage: "+ wage);
18     console.close(); // 콘솔을 닫음
19   }
20 }
```

이 예제의 13번 줄에서 근무시간을 double 값으로 입력받아 time이라고 하였다. 급여를 계산하기 위해 새 변수 wage를 14번 줄에서 선언하였고 15번 줄은 근무시간이 40시간을 초과하는 경우의 급여를 계산하였다. 근무시간이 40시간을 초과하는 경우 40시간까지는 시간당 5000원이고(40*5000) 40시간을 초과한 근무시간(time−40)은 시간당 7500원이다. 그렇지 않은 경우(16번 줄)는 근무시간당 5000원씩 지급한다.

If 문 끝에 세미콜론(;) 사용은 오류

다음과 같이 if 문 끝에 세미콜론(;)을 사용하는 것은 초보자가 많이 범하는 오류이다.

```
if( time > 40 ) ;
```

Java 프로그램에서 들여쓰기(Indentation)

Java 프로그램을 작성할 경우 대개 명령어의 수준을 나타내는 계단식 들여쓰기를 한다. 반드시 필요한 것은 아니나 수준별 들여쓰기를 하면 프로그램의 실수를 줄이거나 해석을 용이하게 할 수 있다. 특히 if − else 문이나 중첩반복문을 사용할 경우 다음과 같은 들여쓰기는 프로그램 해석에 많은 도움을 준다.

```
public class Indentation {
|   ...
|   public static void main(String[] args) {
|   |   ...
|   |   if (time > 40) {
|   |       wage = 40*5000 + (time-40)*7500;
|   |   } else {
|   |       wage = time*5000;
|   |   }
|   |   ...
|   }
|   ...
}
0   1   2   3
들여쓰기 수준
```

몇 개의 공란으로 들여쓰기 할지는 프로그래머의 선호도에 따르지만 Eclipse는 4개의 공란을 이용하고 탭(tab)키로 커서를 이동할 수 있다. 일반적으로 2개 또는 3개의 공란이 많이 이용되는데, 들여쓰기에 너무 많은 공란을 사용하면 프로그램 내용이 오른쪽으로 치우쳐 해독성이 떨어진다.
if 문에서 중괄호의 열고({) 닫음(})을 위의 프로그램과 같이 많이 하지만 다음과 같은 방법을 이용하기도 한다.

```
if (time > 40)
{
    wage = 40*5000 + (time-40)*7500;
}
else
{
    wage = time*5000;
}
```

예제 3.3 (3항 연산자) 두 개의 정수 a와 b를 읽어서 그 중 작은 값을 c에 저장하여 인쇄하고 c 값이 1인 경우에는 단수형 man을 인쇄하고, 1보다 큰 경우에는 복수형 men을 인쇄하는 프로그램을 작성하라.

풀이

c 값에 따라 man 또는 men을 인쇄하는 프로그램이 다음과 같다.

```
01 /*********************************************************
02 * Condition.java  To test  ? in Java
03 * INPUT: Command line input of two integers
04 *********************************************************/
05 import java.io.*;
06 import java.util.Scanner;   // 키보드 입력에 필요한 패키지
07 class Condition {
08  public static void main(String[] args) throws IOException {
09    Scanner console = new Scanner(System.in);
10    System.out.println("두 정수를 입력하고 Enter키를 누르세요!");
11    int a = console.nextInt();
12    int b = console.nextInt();
13    int c;
14    c = a < b ? a : b ;
15    System.out.println("Smaller number between " + a +
                   " and "+b+" is "+c);
16    System.out.println("Hello "+c+(c==1 ? " man":" men")+ "!");
17    console.close(); // 콘솔을 닫음
18  }
19 }
```

위의 프로그램에서 11-12번 줄은 두 정수를 콘솔에서 입력받는 문장이다. 만일 정수가 아니라 실수나 문자를 입력하게 되면 오류가 발생하는데 정상적인 프로그램이면 이런 오류를 찾아서 이때 실행할 적절한 작업을 지정해 주어야 한다. 이런 작업의 하나가 try-catch 구문인데 이 구문은 4장에서 소개하기로 한다. 실제 이 예제에서도 두 개의 값이 입력되더라도 입력한 값이 정수가 아니면 11번 또는 12번 줄에서 오류가 발생한다.

14번 줄의 3항 연산자는 a 〈 b이면 c = a이고 그렇지 않으면 c = b가 되므로 c는 a, b 중 작은 값을 갖는다. 출력문인 15번 줄은 a와 b 중의 작은 값을 c라고 인쇄하는 것이다. 16번 줄에서(c==1 ? " man":" men")는 c가 1이면 man, 그렇지 않으면 men으로 인쇄한다.

eclipse의 콘솔창에서 4와 8을 입력한 실행 결과는 다음과 같다.

```
Smaller number between 4 and 8 is 4
Hello 4 men!
```

3.1.2 조건식

if (조건식) { ... } else { ... } 문에 사용되는 **조건식**은 3.2절의 반복문 for 나 while 문에서도 이용된다. 조건식은 2장에서 연구한 여섯 가지의 비교 연산자(〉, 〉=, 〈, 〈=, ==, !=)와 세 개의 논리 연산자(&&, ||, !)를 사용하여 true 또는 false 값을 결정한다. [표 3.1]은 비교 연산자를 이용한 조건식의 여러 가지 예이다.

[표 3.1] 비교 연산자를 이용한 조건식의 예

조건식	값	설명
2 <= 3	true	2는 3보다 작거나 같음
2 =< 3	오류	부호의 순서 주의; =< 라는 부호는 없음
3 > 3	false	3은 3보다 크지 않음
3 >= 3	true	3은 3보다 크거나 같음
3 = 5 - 2	오류	같음을 비교하는 연산자는 ==
3 == 5 - 2	true	5-2를 먼저 연산하여 좌측의 3과 비교한다.
1.0 / 3.0 == 0.3333333	false	1/3은 무한소수로서 오른쪽값과 같지 않다.
"1" == "2"	오류	문자열의 비교는 특정 메소드를 사용해야 한다.

조건식에서 두 수가 같음을 비교하는 연산자는 =이 아니라 ==인데 초보자가 많이 범하는 오류이다.

(조건식)에서 두 수가 같음을 비교하는 연산자는 ==

(조건식)에서 두 수가 같음을 비교하는 연산자는 =이 아니라 ==이다. 다음과 같이 조건식에 =을 사용하는 것은 초보자가 많이 범하는 오류이다.

```
if( a = b ) ;  // 오류; == 사용해야 함
```

(조건식)에서 두 개의 실수를 비교할 때는 컴퓨터의 오차를 주의해야 한다. 예를 들어 $(\sqrt{3})^2 - 3 = 0$ 이 되어야 하는데 이를 Java에서 확인해 보자.

```
double a, b, c;
a = Math.sqrt(3);
b = a*a - 3;
if (b == 0)
   System.out.println("sqrt(3)*sqrt(3) - 3 = 0");
else
   System.out.println("sqrt(3)*sqrt(3) - 3 is "+b);
```

프로그램의 결과를 확인하면 b의 값은 0이 아니라 0에 가까운 -4.440892098500626E-16가 인쇄된다. 이는 컴퓨터 내의 실수 계산방식 때문에 발생하는 오차로서 피할 수가 없다. 따라서 컴퓨터에서의 실수 계산 또는 실수 비교는 오차를 감안하여 해야 한다. 즉 x, y가 실수일 때 if (x==y) 라는 조건식으로 비교하는 것은 오차 때문에 정확한 비교가 이루어지지 않을 수 있다. 대신 if (Math.abs(x - y) <= 1E-14)와 같이 두 실수 x와 y가 매우 가까운 수인지를 비교하는 것이 좋다.

(조건식)에서 두 실수가 같음을 비교하는 것은 계산오차 때문에 실수가 발생할 수 있다.

x, y가 실수일 때 if (x==y)라는 조건식으로 비교하는 것은 오차 때문에 정확한 비교가 이루어지지 않을 수 있다. 대신

```
if (Math.abs(x - y) <= 1E-14)
```

와 같이 두 실수 x와 y가 매우 가까운 수인지를 비교하는 것이 좋다.

조건식에서 두 문자열(string)을 비교할 때는 연산자 ==을 사용하면 안 되고 다음과 같은 메소드를 사용해야 한다. Java에서는 대소문자를 구분해야 한다. 즉 Lee와 LEE는 같은 문자열이 아니다.

```
if (string1.equals(string2)) ...
```

(조건식)에서 두 문자열의 비교

조건식에서 두 문자열(string)을 비교할 때는 연산자 ==을 사용하면 안 되고 다음과 같은 메소드를 사용해야 한다.

```
if (string1.equals(string2)) ...
```

[표 3.2]는 비교 연산자와 논리 연산자 &&, ||, !을 이용한 논리식의 예이다.

[표 3.2] 논리 연산자를 이용한 조건식의 예

논리식	값	설명
0 < 1 && 2 < 1	false	첫 번째 조건만 true임.
0 < 1 || 2 < 1	true	첫 번째 조건이 true임.
0 < 1 || 2 < 3	false	두 조건이 모두 true임.
1 < 2 < 3	오류	문법오류
! (1 < 2)	false	1 < 2 는 true이므로 ! (1 < 2) 는 false

3.1.3 중첩 if

if - else 문은 아래와 같이 여러 번 중첩된 형태로 사용할 수 있다.

if – else 문의 중첩된 형식

```
if (조건식 1) {
    명령문 1;
    명령문 2;
        ⋮
}
else if (조건식 2) {
    명령문 a;
    명령문 b;
        ⋮
}

// 이 사이에 else if (조건식) { ... } 문이 계속 올 수 있음

else {
    명령문 x;
    명령문 y;
        ⋮
}
```

이 중첩된 if – else 문은 (조건식 1)이 true이면 {명령문 1; 명령문 2; ... }를 실행하고, 만일 false이면 (조건식 2)를 살펴보아 true이면 {명령문 a; 명령문 b; ... }를 실행한다. 모든 (조건식)이 false이면 마지막 else에 있는 {명령문 x; 명령문 y; ... }를 실행한다.

예제 3.4 **(중첩 if – else) 사용자가 0, 1, 2를 입력하면 각각 "Yes", "No", 및 "Unknown"을 출력하고 그 외의 숫자를 입력하면 "Thank you"를 출력하는 프로그램을 작성하라.**

풀이

입력된 정수값에 따라 서로 다른 문자를 인쇄하는 프로그램이 다음과 같다.

```
/*****************************************************
* NestedIF.java  To test switch statement.
*****************************************************/
import java.io.*;
import java.util.Scanner;  // 키보드 입력에 필요한 패키지
public class NestedIf {
  public static void main(String[] args) throws IOException {
    final int YES = 0;
    final int NO = 1;
    final int UNKNOWN = 2;
    Scanner console = new Scanner(System.in);
```

```
12      System.out.println("정수를 입력하고 Enter키를 누르세요!");
13      int answer = console.nextInt();
14      if (answer == YES)
15        System.out.println("You answered Yes");
16      else if (answer == NO)
17        System.out.println("You answered No");
18      else if (answer == UNKNOWN)
19        System.out.println("You answered Unknown");
20      else System.out.println("Thank you.");
21      console.close(); // 콘솔을 닫음
22    }
23  }
```

이 프로그램에서 14, 16, 18번 줄에서 if 문이 사용되었으며 14번 줄의 if는 변수 answer 값이 0인 경우에 적용되고, 16번 줄의 else if는 14번 줄의 if에서 변수 answer 값이 0이 아니고 1인 경우에 적용되며, 18번 줄의 else if는 변수 answer 값이 14번 줄에서 0이 아니고 16번 줄에서 1이 아니고 18번 줄에서 2인 경우에 적용된다. 20번 줄의 else는 변수 answer 값이 0, 1, 2가 아닌 경우에 실행되는 문장이다. 만일 0을 입력하였다면 실행 결과는 다음과 같다.

```
You answered Yes
```

다음과 같은 들여쓰기를 이용한 if 문이 있다고 하자.

```
if (a == 0)
   if (b == 0) System.out.println("no solution");
else
   System.out.println("quadratic equation");
```

이 문장은 얼핏 보면 else 문이 처음 if (a == 0)에 해당되는 것 같으나 사실이 아니다. 위의 중첩 if 문은 Java 문법으로 살펴보면 다음과 같이 두 번째 if에 해당된다.

```
if (a == 0)
   if (b == 0) System.out.println("no solution");
   else
      System.out.println("quadratic equation");
```

원래 의도대로 문장을 고치려면 다음과 같이 중괄호 { }를 사용해야 한다.

```
if (a == 0) {
   if (b == 0) System.out.println("no solution");
}
else
   System.out.println("quadratic equation");
```

if 문을 이용하여 2차 방정식의 해를 구하는 프로그램을 작성해 보자. 2차 방정식 $ax^2+bx+c=0$의 해는 여러 가지 조건에 의해 결정된다. 먼저 $a \neq 0$일 경우 판별식 $D=b^2-4ac$가 양수이면 다음의 두 개 실근을 갖는다.

$$x=\frac{-b \pm \sqrt{b^2-4ac}}{2a}$$

$D=0$이면 중근 $x=-b/2a$, $D<0$이면 실근은 존재하지 않는다. $a=0$이고 $b \neq 0$이면 1차 방정식으로 $x=-c/b$이며, $a=0$, $b=0$일 경우 c가 0이면 모든 x가 해이며, c가 0 이 아니면 등식을 만족하는 해는 없다. 이와 같이 2차 방정식은 계수의 값에 따라 해가 달라지는데 이 해를 구하는 Java 프로그램을 중첩 if 문으로 작성해 보자.

예제 3.5 **(2차 방정식의 해) 방정식 $ax^2+bx+c=0$ 에서 a, b, c를 입력받아 그 해를 출력하는 프로그램을 작성하라.**

풀이

2차 방정식의 계수 a, b, c를 입력받아 그 해를 인쇄하는 프로그램이 다음과 같다.

```
/*****************************************************************
 * Equation.java: 실수 x에 대해서 ax^2+bx+c = 의 해를 구하는 예제
 * a=0, 또는 a=b=0, 또는 a=b=c=0인 모든 경우를 고려하는 if 문 예
*****************************************************************/
import java.io.*;
import java.util.Scanner;   // 키보드 입력에 필요한 패키지
class Equation{
 public static void main(String[] args) throws IOException {
   double a, b, c; // 방정식의 계수
   String s;        // 출력에 사용할 문자열
   Scanner console = new Scanner(System.in);
   System.out.println("실수 a,b,c를 입력하고 Enter키를 누르세요!");
   a = console.nextDouble();  // 키보드 입력으로 계수 a를 입력받음
   b = console.nextDouble();  // 키보드 입력으로 계수 b를 입력받음
   c = console.nextDouble();  // 키보드 입력으로 계수 c를 입력받음

   if (a != 0.) { // a가 0 이 아니면 2차 방정식임
     double dd = b*b-4.*a*c;  // 판별식 dd의 계산
```

```java
        if (dd > 0.) { // 두 개의 실근인 2차 방정식
          double[] x = new double[2];
          x[0] = (-b-Math.sqrt(dd))/(2.*a); // 두 개의 해
          x[1] = (-b+Math.sqrt(dd))/(2.*a);
          System.out.println(x[0]+ ",    "+x[1]);
        } else { // dd <= 0이므로 중근 또는 허근
          if (dd == 0.) { // 중근
            double x = -b/(2.*a);
            System.out.println(x);
          } else { // 허근
            s = "No real solution";
            System.out.println(s);
          }
        } // 여기까지 2차 방정식
      } else {  // a = 0이면 1차 방정식
          if (b != 0.) {// a=0, b neq 0이므로 1차 방정식의 해 존재
            double x = -c/b; // 1차 방정식의 해
            System.out.println(x);
          } else { // a = 0, b= 0 인 경우
            if (c != 0) { // a = 0, b= 0, c neq 0
              s = "No real solution";  // 해가 없음
            } else {  // a = 0, b= 0, c = 0
              s = "All real x is a solution"; // 모든 실수가 해
            }
            System.out.println(s);
          }
      } // end if (a != 0.)
      console.close(); // 콘솔을 닫음
    }
  } // end class
```

3.1.4 switch ~ case ~ break 문

if - else가 여러 번 중첩되는 경우 어떠한 조건에 어느 명령문이 실행되었는지 판단하기가 쉽지 않을 수 있다. 이 경우 **switch – case 문**을 사용하는 것이 프로그램을 하기도 편하고 나중에 분석하기도 편하다. switch와 case 문은 if와 else를 여러 번 써야 하는 논리 비교를 간단하게 블록으로 만들어준다. 즉, 어떤 변수가 가질 수 있는 값이 둘 이상이고 각각의 값에 따라 적용할 명령어가 다른 경우에는 if와 else를 반복적으로 사용해야 하는데 이 번거로움을 줄여주는 명령문이 switch와 case 문이다.

switch ~ case ~ break 문의 형식

```
switch (변수) {
case 변수값1 : 명령문; 명령문; ... ; break;
case 변수값2 : 명령문; 명령문; ... ; break;
    ⋮
case 변수값n : 명령문; 명령문; ... ; break;
default      : 명령문; 명령문; ... ;
}
```

switch 문은 (변수)의 값이 case의 '변수값 k'와 같으면 그에 해당하는 case 블록을 실행하라는 것이다. (변수)에는 반드시 데이터형이 byte, short, char, int 형 중의 하나여야 한다. break; 문이 각 case 블록에 들어가지 않으면 다음 case 블록으로 계속 내려가게 된다. default는 case의 어떤 경우에도 해당하지 않을 때 실행할 명령문이다.

예제 3.6 **[예제 3.4]의 (중첩 if - else) 예제를 switch 문을 이용한 프로그램으로 작성하라.**

풀이

[예제 3.4]를 수정하여 switch 문을 이용한 프로그램이 다음과 같다.

```
/********************************************
* CaseTest.java   To test switch statement.
********************************************/
import java.io.*;
import java.util.Scanner;   // 키보드 입력에 필요한 패키지
public class CaseTest {
 public static void main(String[] args) throws IOException {
   final int YES = 0;
   final int NO = 1;
   final int UNKNOWN = 2;
   Scanner console = new Scanner(System.in);
   System.out.println("정수를 입력하고 Enter키를 누르세요!");
   int answer = console.nextInt();
   switch (answer) {
   case YES:
     System.out.println("You answered Yes");
     break;
   case NO:
     System.out.println("You answered No");
     break;
   case UNKNOWN:
     System.out.println("You answered Unknown");
     break;
   default:
```

```
25         System.out.println("Thank you.");
26         break;
27     }
28   }
29 }
```

이 프로그램에서 8-10번 줄은 상수를 정의한 것으로 각각 0, 1, 또는 2의 값을 갖는다. 13번 줄에서 키보드에서 정수값을 입력받아 이를 answer라고 하였다. 14번 줄의 switch 문은 answer 값에 따라 15-27번 줄의 case 또는 default 문 중의 하나에 배정된다. 즉 answer가 0이면 "You answered Yes", 1이면 "You answered No" 등을 인쇄한다. if-else 문을 여러 번 사용하는 것보다 작성하기에도 훨씬 편하다.

이 프로그램을 실행하여 3을 입력하면 다음과 같은 답을 얻는다.

```
Thank you.
```

위의 프로그램에서 case 블록 안의 break 문을 없애면 어떤 결과가 일어날까? break 문이 없으면 계속 아래로 명령을 수행한다. 적절하게 break를 생략하거나 사용함으로써 원하는 결과를 얻을 수도 있다. 예를 들면 한 변수가 1에서 9까지의 값을 갖는데 이 중에서 1, 4, 7인 경우 3으로 나눈 나머지가 1이고 2, 5, 8이면 나머지가 2, 그 외는 나머지가 3이다. 이 나머지를 case 문으로 출력하면 다음과 같다.

```
switch (변수) {
case 1:
case 4:
case 7:
  System.out.println("나머지가 1입니다.");
  break;
case 2:
case 5:
case 8:
  System.out.println("나머지가 2입니다.");
  break;
default:
  System.out.println("나머지가 0입니다.");
}
```

3.2 반복문: for, while

한 프로그램에서 비슷한 명령문이 반복될 때 이를 쉽게 처리할 수 있도록 도와주는 것이 반복문으로 for, while, do ... while 등이 있다. 이러한 반복문을 적절히 사용하면 사람이 감당할 수 없을 만큼의 많은 일을 컴퓨터를 이용하여 할 수 있다.

3.2.1 for 문

1에서 4까지 숫자의 합인 10을 계산하는 단순한 프로그램은 다음과 같다.

```
int sum = 0;
sum = sum + 1;
sum = sum + 2;
sum = sum + 3;
sum = sum + 4;
System.out.println("합 = ", sum);
```

1에서 4까지의 합은 위의 단순한 프로그램으로도 큰 불편 없이 합을 구할 수 있다. 하지만 위의 프로그램을 1에서 100까지의 합을 구하는 프로그램으로 바꾸려면 100 줄의 비슷한 명령어를 적는 불편함이 따른다. 이렇게 유사한 명령의 반복을 도와주는 것이 for 문으로 위의 프로그램을 for 문을 이용하여 바꾸면 다음과 같다.

```
int sum = 0;
for (int i=1; i<=4; i++) {
    sum = sum + i;
}
System.out.println("합 = "+sum);
```

이 프로그램을 1에서 100까지의 합을 구하는 프로그램으로 바꾸려면 조건식 (i 〈= 4)를 (i 〈= 100)으로 바꾸면 된다.

for 문의 일반적인 형식은 다음과 같고 실행 순서는 [그림 3-1]과 같다.

for 문의 형식

```
for (시작문 ; 조건식 ; 증감문) {
  명령문 1;
  명령문 2;
   ⋮
  명령문 n;
}
명령문 a;
```

for 문은 먼저 '시작문'을 실행한다. 그리고 '조건식'을 조사하여 true이면 괄호 { } 안의 명령문 1; 명령문 2; ... ; 명령문 n; 을 실행하고 '증감문'을 실행한다. 다시 '조건식'을 조사하여 true이면 괄호 { } 안의 명령문 1; 명령문 2; ... ; 명령문 n;들을 실행하고 증감문을 실행한다. 이러한 작업을 '조건식'이 false일 때까지 반복하는데 '조건식' 이 false가 되면 for 문을 중단하고 명령문 a; 를 실행한다.

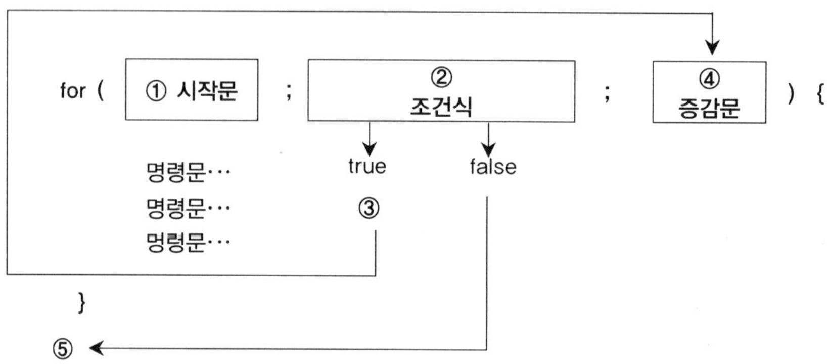

[그림 3-1] for 문의 실행순서

1에서 n까지의 합을 구하는 다음의 for 문이 어떻게 진행되는지 살펴보자.

```
for (int i = 1; i <= n; i++) {
   sum = sum + i;
}
```

① 시작문 실행
i=1
	for (int i=1; i <= n; i++) {
	sum = sum + i;
	}

② 조건식 조사
i=1
	for (int i=1; i <= n; i++) {
	sum = sum + i;
	}

③ 명령문 실행
i=1
	for (int i=1; i <= n; i++) {
	sum = sum + i;
	}

④ 증감문 실행
i=2
	for (int i=1; i <= n; i++) {
	sum = sum + i;
	}

⑤ 조건식 재조사
i=2
	for (int i=1; i <= n; i++) {
	sum = sum + i;
	}

[그림 3-2] for 문의 실행순서 예

for 문의 '시작문'은 for가 시작할 때 한 번만 실행되는 부분이고 '조건식'은 반복할 때마다 확인하는 조건인데 이 조건식이 true이면 계속 반복한다. [표 3.3]은 for 문의 여러 가지 예이다.

[표 3.3] for 문의 예

for 문	i 값의 변화	설명
for (i = 0; i < 5; i++)	0 1 2 3 4	5번 반복에 주의
for (i = 5; i > 0; i--)	5 4 3 2 1	하나씩 감소하는 경우
for (i = 0; i < 10; i = i+2)	0 2 4 6 8	2씩 증가
for (i = 1; i < 10; i = i*2)	1 2 4 8	증감문에 곱셈도 가능
for (i = 0; ; i = i+2)	0 2 4 6 8 ···	조건식을 만족 안해 무한 루프

for 문의 시작문은 다음과 같이 공백으로 둘 수도 있고, 변수를 선언하고 초기화 할 수도 있다.

```
for ( ; i <= 4; I++)                            // 시작문이 공백
for (int x=1 ; x <= 4; x++)                     // x의 형 선언을 하고 초깃값으로 1
                                                   을 줌
for (x=1 ; x <= 4; x++)                         // 앞에서 x의 형 선언이 필요함
for (int x=1, y=1 ; x <= 4; x++)                // 시작문에 두 개의 변수 초기화
for (int x=1, y=1 ; x <= 4; x++, y=y+x)         // 증감문에 두 개의 명령문
```

조건식을 공백으로 하는 경우도 있는데 이 경우 조건식은 무조건 true여서 무한 루프를 돌게 된다.

```
for (x=1 ; ; x++)               // 조건식이 없어 무한 루프를 돌게 됨
```

증감문을 공백으로 하는 경우는 증감문이 없어 아무런 역할을 하지 않는다. 증감문에는 수식을 사용할 수도 있다.

```
for (i=1 ; i<=30; )          // 증감문이 공백이어 어떠한 역할도 하지 않음
for (i=1 ; i<=4; y += x)   // 증감문으로 y = y + x 가 사용됨
```

for 문은 프로그램에서 아주 많이 이용되는데 몇 가지 중요한 응용 예제를 살펴보자.

예제 3.7 (합계 및 평균의 계산) 키보드에서 실수형 데이터를 세 개 입력받은 후 합계와 평균을 계산하는 프로그램을 작성하라.

풀이

입력된 실수의 합계와 평균을 계산하는 프로그램이 다음과 같다.

```
01 /*******************************************
02 *  입력된 숫자의 합계 및 평균 계산
03 *******************************************/
04
05 import java.util.Scanner;   // 키보드 입력에 필요한 패키지
06 class Sum1 {
07   public static void main(String[] args) {
08     int n;
09     double a, total, average;
10     total = 0.;
11     Scanner console = new Scanner(System.in);
12     System.out.println("5 개 실수를 입력하세요!");
13     for (n = 1; n <= 5; n++) {
14       a = console.nextDouble(); //
15       total = total + a;
16     }
17     average = total / (double) (n-1); // 왜 (n-1)로 나눌까?
18     System.out.println("Sum = "+total+"   Average = "+average);
19   }
20 }
```

17번 줄의 평균을 구할 때 왜 (n-1)로 나눌까? 13-16번 줄의 for 문은 n을 증가시키며 반복되는데, 만일 n=5이면 13번 줄의 조건식이 true가 되어 14-15번의 명령문을 실행하고 13번 줄의 n이 증가되어 6이 된다. 이 n 값을 조건식으로 조사하면 false이므로 for 문

을 끝내고 17번 줄의 명령문을 실행한다. 따라서 평균을 구하려면 n-1로 나누어야 한다.

위의 예제와 같이 for 문의 시작문을 n=1로 초기화하고 증감문에 n++을 사용하여 for 문이 끝난 후 n의 값을 데이터의 개수 등으로 이용할 경우 n-1로 나누어 주어야 한다. 이 방법이 싫어서 다음과 같이 시작문을 n=0으로 하고 조건식을 n 〈 5 ('〈=' 이 아님)로 하는 for 문을 선호하는 사람도 많이 있다.

```
for (n=0 ; n < 5; n++) {   // n=0,1,2,3,4 에 대해 명령문을 실행하고
   명령문;                  // n=5일 때 조건식(n<5)이 false가 되어 for 문 종료
}
average = total / (double) n;
```

예제 3.8 **(직전 입력값과 현재 입력값 비교) 키보드에서 다섯 개의 정수형 데이터를 입력받는데 만일 직전 입력값과 현재 입력값이 같으면 "Duplicate!" 로 인쇄하라.**

풀이

다섯 개 정수를 입력받으며 직전 입력값과 비교하는 프로그램이 다음과 같다.

```
01 /*********************************************
02 *  입력된 서로 다른 정수의 평균 계산
03 **********************************************/
04
05 import java.util.Scanner;   // 키보드 입력에 필요한 패키지
06 class Sum1_1{
07   public static void main(String[] args) {
08     int n, previous, current;
09     Scanner console = new Scanner(System.in);
10     System.out.println("5 개 정수를 입력하세요!");
11     current = console.nextInt();      // 왜 처음 입력은 여기에 위치할까?
12     for (n = 1; n < 5; n++) {         // 왜 1부터 시작할까?
13       previous = current;             // 직전 입력값을 previous에 저장
14       current = console.nextInt();  // 현재 입력값을 current에 저장
15       if (current == previous) System.out.println("Duplicate!");
16     }
17   }
18 }
```

11번 줄의 입력이 for 문 전에 있는 것은 그 다음 입력과 비교하기 위한 것이고 for 문은 1에서 4까지 (n〈5 주의) 반복되어야 총 5개의 정수가 입력된다. 직전 입력값과 현재 입력값의 비교는 자주 발생하는 문제이므로 이 프로그램을 잘 숙지하기 바란다.

예제 3.9 **오늘 1원을 예금하고 내일은 오늘의 두 배인 2원, 그 다음날은 2원의 두 배인 4원, 그 다음날은 4원의 두 배인 8원 등으로 예금을 할 경우에 30일 동안의 예금의 합계액을 계산하는 프로그램을 작성하라.**

풀이

이 문제는 $1 + 2 + 2^2 + \cdots + 2^{30}$을 계산하는 것으로서 for 문을 이용하면 간단히 작성할 수 있다.

```
01 /*********************************************
02 *  매일 두 배씩 30일 예금의 합계.
03 *********************************************/
04
05 public class Sum2 {
06   public static void main(String[] args) {
07     int i, deposit, sum = 0;
08     deposit = 1;
09     for (i=1; i<=30; i++, deposit *=2); {
10       sum = sum + deposit;
11     }
12     System.out.println("Total deposit = " + sum);
13   }
14 }
```

이 프로그램에서 9번 줄의 증감문에 i++ 와 deposit *= 2가 사용되었음을 주목하라.

위의 예제 프로그램으로 60일 동안의 합계를 구한다면 어떻게 될까? 아마 이상한 값이 출력될 것이다. 이것은 프로그램이 정수형 변수를 사용하여서 최대 허용 숫자 2147483647을 초과하였기 때문이다. 컴퓨터가 정확한 값을 항상 계산하여 줄 것이라는 생각은 하지 말아야 하고 허용된 한계값 내에서만 정확하다는 사실을 인식해야 한다.

Java의 계산은 변수의 데이터형 선언에 따른 한계값 내에서만 정확하다.

3.2.2 while 문, do ~ while 문

for 문은 시작문, 조건식, 그리고 증감문이 있어서 특정 변수값을 변화시키면서 여러 가지 명령문을 반복적으로 실행할 수 있다. for 문은 많은 현실 문제를 효과적으로 프로그램하는 데 매우 도움을 준다. 하지만 어느 경우에는 시작문이나 증감문이 필요 없을 수도 있는데 이때 **while 문**을 이용한다. while 문은 for 문과 유사하게 조건식이 true일 경우 명령문을 반복하여 실행하는 명령문으로 일반적인 형식은 다음과 같다.

while 문의 형식

```
while (조건식) {
    명령문 1;
    명령문 2;
     ⋮
    명령문 n;
}
명령문 a;
```

while 문은 먼저 '조건식'을 조사하여 true이면 괄호 { } 안의 명령문 1; 명령문 2; ... ; 명령문 n; 을 실행한다. 그리고 다시 '조건식'을 조사하여 true이면 괄호 { } 안의 명령문 1; 명령문 2; ... ; 명령문 n; 들을 실행한다. 이러한 작업을 '조건식'이 false일 때까지 무한정 반복하는데, 만일 '조건식' 이 false가 되면 while 문을 중단하고 명령문 a를 실행한다.

모든 for 문의 시작문을 while 문 앞에 위치시키고, 증감문을 while 문 안의 명령문으로 만들면 동일한 반복문이 된다. 예를 들어 1에서 3까지의 합을 구하는 for 문을 이용한 프로그램을 while 문을 이용한 프로그램으로 바꾸면 다음과 같다.

```
// for 문을 이용한 1에서 n까지의 합
int sum = 0;
for (int i=1; i<=3; i++) {
    sum = sum + i;
}
System.out.println("합 = "+sum);
```

```
// while 문을 이용한 1에서 n까지의 합
int sum = 0;
int i=1;
while (i<=3) {
    sum = sum + i;
    i++;
}
System.out.println("합 = "+sum);  // 현재 i의 값은 4
```

위 while 문의 실행 과정을 살펴보면 [그림 3-3]과 같다. [표 3.4]는 while 문의 여러 가지 예와 주의할 점을 보여 준다.

① 조건식 조사 (i=1로 true)	while (i <= 3) {
	sum = sum + i;
	i++;
	}

② 명령문 실행
sum=0+1
i=2
	while (i <= 3) {
	sum = sum + i;
	i++;
	}

③ 조건식 조사 (i=2로 true)	while (i <= 3) {
	sum = sum + i;
	i++;
	}

④ 명령문 실행
sum=1+2
i=3
	while (i <= 3) {
	sum = sum + i;
	i++;
	}

⑤ 조건식 조사 (i=3로 true)
i=3
	while (i <= 3) {
	sum = sum + i;
	i++;
	}

⑥ 명령문 실행
sum=3+3
i=4
	while (i <= 3) {
	sum = sum + i;
	i++;
	}

⑦ 조건식 조사 (i=4로 false)
i=4
	while (i <= 3) {
	sum = sum + i;
	i++;
	}

[그림 3-3] while 문의 실행순서 예

[표 3.4] while 문의 예

while 문	결과	설명

i=1; sum=0;
while (sum < 10) {
    sum = sum + i;
    i = i+2;
}
	sum=1+3+5+7+9	// 다음 for 문과 동일
		sum=0;
		for (i = 1; sum < 10; i = i+2) {
		    sum = sum+i;
		}

i=2; sum=0;
while (sum <= 10) {
    sum = sum + i;
    i = i+2;
}
	sum=2+4+6+8+10	<= 에 주의

i=1; sum=0;
while (sum < 0) {
    sum = sum + i;
    i = i+2;
}
	sum=0	조건식 (sum < 0)이 처음부터 false이므로 명령문이 실행 안 됨

i=1; sum=0;
while (sum > 10) {
    sum = sum + i;
    i = i+2;
}
	sum=0	조건식 (sum > 10)이 처음부터 false이므로 명령문이 실행 안 됨

sum=0;
while (sum < 10)
    sum = sum + 2;
	sum=0+2+2+2+2	명령문이 하나일 경우는 괄호 { }를 사용하지 않아도 된다.

i=1; sum=0;
while (true) {
    sum = sum + i;
    i = i+2;
}
	…	무한하게 명령문이 반복

[표 3.4]의 마지막 예제에서 보듯이 while의 조건식이 항상 true라면 명령문이 무한히 반복하게 된다. while 문을 사용할 때 while의 조건이 false가 되는지 반드시 확인해야 한다.

while 문을 사용할 때 while의 조건이 false가 되는지 반드시 확인해야 한다.
만일 while의 조건식이 false가 되지 않으면 프로그램이 무한히 반복된다.

for 문도 반복문으로 많이 사용하지만 while 문이 유용한 경우도 많이 있는데 다음의 예제를 살펴보자.

예제 3.10 **[예제 3.9]와 같이 오늘 1원을 예금하고 내일은 오늘의 두 배인 2원, 그 다음날은 4원, 8원 등으로 예금을 할 경우에 예금의 합계액이 1억 원 돌파하는 날이 몇 번째 날인지 알아보는 프로그램을 작성하라.**

풀이

이 문제는 $1 + 2 + 2^2 + \cdots + 2^n > 100{,}000{,}000$이 되는 n을 찾는 것으로서 for 문과 break 문을 이용하여 다음과 같이 할 수 있다.

```
/*************************************************************
* 매일 두 배씩 예금할 경우 합계가 1억 원 초과하는 날 계산 *
*************************************************************/

public class Sum3 {
 public static void main(String[] args) {
  int i, deposit, sum = 0;
  deposit = 1;
  for (i=1; i<=30; i++) {
   sum = sum + deposit;
   deposit *= 2;
   if (sum > 100000000) break;
  }
  System.out.println("Day of total deposit > 10000000 is "+i);
 }
}
```

하지만 이 프로그램에서 for 문을 30번 반복하였는데 만일 예금 합이 1억 원이 넘지 않는다면 틀린 답을 주게 된다(실제로는 답이 27번째 일이어서 정확하다).

같은 프로그램을 다음과 같이 while 문을 이용하면 틀릴 염려 없이 정확히 계산할 수 있다. 13번 줄과 14번 줄에서 for 문에 사용되었던 증감문을 그대로 사용하고 있음을 주목하라.

```
01 /***************************************************
02 * 매일 두 배씩 예금의 합계가 1억 원 초과 날 계산 *
03 ***************************************************/
04
05 public class Sum4 {
06  public static void main(String[] args) {
07   int i, deposit, sum;
08   deposit = 1;
09   i = 1;
10   sum = deposit;
11   while (sum < 100000000 ) {
12    sum = sum + deposit;
13    i = i + 1;
14    deposit *= 2;
15   }
16   System.out.println("Day of total deposit > 10000000 is "+i);
17  }
18 }
```

모든 for 문은 while 문을 사용하여 바꿀 수 있다. 어떠한 명령문이 편리한 것인지는 문제 상황에 따라 프로그래머가 결정해야 한다.

예제 3.11 **(for와 while의 비교) $\sum_{i=0}^{n} i^2$의 계산을 한 번은 for 문을 사용해서, 다른 한 번은 while 문을 사용하여 프로그램을 작성하라. $n = 9$를 이용하라.**

풀이

for 문과 while 문을 각각 사용하는 프로그램이 다음과 같다.

```
01 /*****************************************
02 *  ForWhile.java  To test for and while.
03 ******************************************/
04 public class ForWhile {
05   public static void main(String[] args) {
06     int n =10;
07     int sum = 0;
08     for (int i=0; i < n; i++) {  // I <= 9로 해도 됨
09       System.out.print(i+"  ");
10       sum = sum + i*i;
11     } // end for
12     System.out.println("Sum = "+sum);
13 
14     int ii =0;
15     while (ii < n) {
16       sum = sum + ii*ii;
17       System.out.print(ii+"  ");
18       ii++;
19     } // end while
20     System.out.println("Sum = "+sum);
21   } // end main
22 }
```

이 프로그램에서 6번 줄과 7번 줄에서 n은 10으로 sum은 0으로 초기화하였다. 8-11번 줄은 for 문을 이용하여 i*i를 i가 n보다 작을 때까지(즉 9까지) 합하였다. 따라서 sum은 $0^2 + 1^2 + \cdots + 9^2 = 285$가 된다.

14번 줄의 ii는 while에서 사용하기 위해 초깃값 0을 선언하였으며 15-19번 줄까지가 while 문이다. 여기서도 마찬가지로 sum에 ii*ii를 더해 주어 $0^2 + 1^2 + \cdots + 9^2$을 더 더해 주었다. 이 경우 for 구문이 끝나고 sum 값을 초기화하지 않았기에 for가 끝난 후의 sum 값 285에 다시 제곱들을 합해주었으므로 최종 sum은 $0^2 + 1^2 + \cdots + 9^2$을 두 번 더한 값인 570이다. 실제 프로그램을 처음 접할 때 이런 실수를 종종하므로 누적합을 하는 것이 원래 의도가 아니었다면 결과가 이상하다고 생각할 수 있다.

위의 프로그램 실행 결과는 다음과 같다.

```
0 1 2 3 4 5 6 7 8 9 Sum = 285
0 1 2 3 4 5 6 7 8 9 Sum = 570
```

참고로 여기에서 사용한 print 메소드는 인쇄를 한 후 줄을 바꾸지 않고 커서를 현재의 위치에 그대로 두며, println 메소드는 인쇄를 한 후 화면에서 새 줄의 시작 부분으로 커서를 이동한다.

위의 예제의 $\sum_{i=0}^{n} i^2$ 계산을

```
sum = sum + i * i ;
```

라는 문장으로 처리하는 것은 컴퓨터의 메모리를 잘 활용하는 프로그래밍 방식이다. 비슷한 계산이 있을 때 이미 계산하여 놓은 변수의 값을 활용하는 것이 아이디어이다.

while과 거의 같은 용도로 사용하는 것으로 **do ~ while**이 있는데 일반적인 형식은 다음과 같다.

do ~ while 문의 형식

```
do {
  명령문 1;
  명령문 2;
   :
  명령문 n;
} while (조건식);
명령문 a;
```

이 명령문은 do 문 안의 { }에 있는 명령문을 먼저 실행하고 while의 조건식을 조사해 true이면 다시 do 문 안의 { }에 있는 명령문을 실행한다. do ~ while과 while의 차이는 do ~ while 문은 do 문 안의 { }에 있는 명령문을 한 번은 무조건 실행하지만, while 문에서는 while의 조건식이 false이면 while 다음의 명령문을 한 번도 실행하지 않을 수도 있다는 것이다.

예제 3.12 **다음 프로그램에서 do ~ while 문과 while 문의 역할을 비교하라.**

```
/***************************************************
* DoWhileDo.java test do-while and while
***************************************************/
class DoWhileDo {
 public static void main(String[] args) {
  int II = 5;
```

```
07    boolean bln = false;
08
09    do {
10     System.out.println("I am in DO");
11     System.out.println("II="+II);
12    } while (bln); // end do-while
13
14    while (bln) {
15     System.out.println("I am in WHILE");
16     System.out.println("II="+II);
17    } // end while
18   } // end main
19  }
```

풀이

이 프로그램의 6-7번 줄에서 정수값 II를 5, boolean 값 bln을 거짓이라고 하였다. 9-12번 줄의 do-while 구문을 보면 DO에 있다고 인쇄를 하고, II값을 인쇄한 후 while의 조건값 bln을 확인하니 거짓이므로 위로 올라가서 다시 do 구문을 실행하지는 않는다. 반면 14-17번 줄의 while 구문은 첫 while의 호출에서 bln이 거짓이므로 while 아래의 실행문을 전혀 실행하지 않는다. 따라서 위 프로그램의 결과인

I am in DO
II=5

는 do-while 구문의 결과이며 while 구문에서는 아무 작업도 일어나지 않는다.

3.2.3 중첩된 반복문

for 또는 while 문 안에서 다시 for 또는 while 문을 사용하는 것을 중첩된 반복문이라고 한다. 대개 2차원 형태의 숫자나 출력형식을 만들 때 사용된다. [표 3.5]는 중첩된 for 문을 이용하여 간단한 도형을 그린 예이다.

[표 3.5] 중첩된 for 문의 예

while 문	결과

for (int i = 1; i <= 3; i++) {
    for (int j = 1; j <= 4; j++) {
        System.out.print("*");
    }
    System.out.println();
}
	****
	****
	****

for (int i = 1; i <= 4; i++) {
    for (int j = 1; j <= 3; j++) {
        System.out.print("*");
    }
    System.out.println();
}
	***
	***
	***
	***

[표 3.5] 중첩된 for 문의 예(계속)

while 문	결과

for (int i = 1; i <= 4; i++) {
    for (int j = 1; j <= i; j++) {
        System.out.print("*");
    }
    System.out.println();
}
	*
	**
	***
	****

for (int i = 1; i <= 3; i++) {
    for (int j = 1; j <= 5; j++) {
        if (j%2 == 0) System.out.print("*");
        else System.out.print("_")
    }
    System.out.println();
}
	_*_*_
	_*_*_
	_*_*_

예제 3.13 (구구단) [표 3.6]과 같이 구구단을 인쇄하라.

[표 3.6] 구구단의 인쇄

1단	1	2	3	4	5	6	7	8	9
2단	2	4	6	8	10	12	14	16	18
3단	3	6	9	12	15	18	21	24	27
4단	4	8	12	16	20	24	28	32	36
5단	5	10	15	20	25	30	35	40	45
6단	6	12	18	24	30	36	42	48	54
7단	7	14	21	28	35	42	49	56	63
8단	8	16	24	32	40	48	56	64	72
9단	9	18	27	36	45	54	63	72	81

풀이

구구단의 인쇄 프로그램은 다음과 같다.

```
/**************************************************
* NestedLoop.java test
**************************************************/
class NestedLoop {
  public static void main(String[] args) {
    int i,j;
     for (i = 1; i <= 9; i++) {
       System.out.println(i+"단 ");
       for (j = 1; j <= 9; j++) {
         System.out.print(i*j+" ");
       }
       System.out.println();
```

```
    }
  }
}
```

위와 같이 두 개 이상의 중첩된 for 문을 이용하여 필요한 작업을 하는 경우는 고급 프로그램에서 자주 나타난다. 숙달된 프로그래머가 되기 위해서는 위와 같은 중첩된 반복문을 잘 사용할 수 있어야 한다.

3.3 분기문: break, continue

break 문은 case 문에서 이미 사용하였는데 반복문 안에 위치할 경우 반복문을 중도에 빠져 나오게 하는 명령이다. break 문을 사용하면 반복문이 끝난 다음 문장을 실행한다. **continue 문**은 반복문에서 일부를 생략하고 루프를 반복하라는 명령이고, break 문은 반복문을 중도에 중지시키는 문이다. 따라서 이들은 보통 if 문과 같이 사용된다.

다음과 같은 예를 살펴보자.

```
1  for (int i=0; i < 10; i++) {
2      if (i%2 == 1) break;
3      System.out.println(i);
4  }
```

2번 줄에서 i가 1일 때 (i%2 == 1)가 true이므로 for 문을 빠져 나오게 되어 0만 인쇄한다.

만일 위의 2번 줄의 break 대신에 continue로 다음과 같이 수정하면 어떻게 될까?

```
1  for (int i=0; i < 10; i++) {
2      if (i%2 == 1) continue;
3      System.out.println(i);
4  }
```

이 프로그램에서는 (i%2 == 1)이 true일 때는 if 아래의 명령들을 모두 생략하고 다음 for 구문을 실행하게 되어 0, 2, 4, 6, 8만 인쇄한다.

이 두 문은 continue나 break 뒤에 이름을 주어서 이름이 붙은 특정한 장소로 갈 수도 있다. 다음 예를 보자.

예제 3.14 **(continue와 break 문) 다음 프로그램은 j는 5,4,3,2,1의 값으로 i는 0, 1, 2,...,9 값으로 j*10+i를 인쇄하는 프로그램인데(즉 j는 십의 자리 수, i는 일의 자리 수) 중간에 break나 continue 문에 의해서 어떻게 일부만 인쇄되는지 살펴보라.**

```
01 /*********************************************
02 * ConBrk.java to test contunue and break
03 *********************************************/
04 class ConBrk {
05   public static void main(String[] args) {
06     Here:
07     for (int j=5; j >0 ; j--) {
08       //Here: // break를 사용할 때 여기도 사용해 보시오.
09       for (int i=0; i < 10; i++) {
10        int num = j*10 + i;
11        if (num % 2 == 1) continue Here;
12        //if (num % 2 == 1) break Here;
13        System.out.println(num);
14       }
15     }
16   }
17 }
```

풀이

이 프로그램에서 6번 줄에 Here가 표시되어 있으며 11번 줄에서 num이 홀수이면 이 위치로 'continue'하도록 되어 있다. 실제로 이 프로그램에서 j와 i의 값을 순서대로 따라가 보자. 7번 줄의 j가 5이고 9번 줄의 i가 0이면 11번 줄의 if의 조건에 해당하지 않아서 안쪽의 i에 대한 for가 반복되므로 j=5, i=1로 바뀐다. 이 경우 11번 줄의 조건에 해당하므로 Here로 표시된 for 구문이 다시 실행된다. 따라서 j의 다음 값인 4, i의 값 0에서 다시 시작하게 되며 마찬가지로 이 경우 11번 줄의 조건에 해당하지 않으므로 인쇄를 한다. j=4인 상태에서 i의 다음 값 1의 경우 11번 줄에 의해 j에 대한 for로 다시 가서 j=3으로 위의 반복을 계속한다. 따라서 이 프로그램의 실행 결과는 50, 40, 30, 20, 10을 인쇄하게 된다.

만일 Here:의 위치를 8번 줄로 바꾸면(6번 주석 처리) j가 5일 때 시작하여 i가 0이면 11번 줄의 조건에 해당되지 않으므로 인쇄하고, j=5인 상태에서 i가 1로 바뀌면 11번 줄의 조건에 해당하므로 8번 줄로 가서 i를 1 증가시킨다. 1 증가되면 11번 줄의 조건에 해당되지 않으므로 인쇄를 한다. 따라서 이 작업이 계속되면 50, 52, 54, 56, 58, 40, 42, ... 의 짝수 값이 인쇄된다.

continue와 break 사용 시 주의

- 이름이 붙은 continue나 break를 사용한 프로그램은 읽기가 어렵기 때문에 아주 특별한 경우가 아니면 사용하지 않는다.
- 대부분의 경우 이 방법이 아닌 다른 방법으로 같은 결과를 얻을 수 있다.
- 사용하더라도 프로그램의 끝으로 가서 프로그램을 종료하는 경우가 많다.

3.4 제어문을 활용한 수학 계산

제어문을 잘 다룰 수 있으면 프로그램을 잘 한다고 볼 수 있다. 제어문은 특히 수학 및 공학 응용에 많이 이용되는데 다음 예를 살펴보자.

3.4.1 Taylor 급수의 계산

[예제 3.11]에서 제어문을 이용하여 간단한 급수 $\sum_{i=0}^{n} i^2$의 계산을 해 보았다. 제어문을 이용하면 복잡한 급수의 계산을 할 수 있다. 함수 $f(x)$가 $x=a$에서 미분 가능할 때 $f(x)$의 $x=a$ 근처에서 근사 함수는 다음과 같은 **Taylor 급수**를 이용하여 구한다.

$$f(x) = \sum_{n=0}^{\infty} \frac{f^{(n)}(a)}{n!}(x-a)^n = f(a) + f'(a)(x-a) + \frac{f''(a)}{2!}(x-a)^2 + \cdots$$

만일 $f(x) = e^x$이고 $a=0$이라면 $f^{(n)}(0) = e^x|_{x=0} = 1$이므로 e^x의 $x=0$ 근처에서의 근삿값은 다음 식을 이용하여 구할 수 있다.

$$e^x = 1 + x + \frac{x^2}{2!} + \cdots + \frac{x^n}{n!} + \cdots$$

이를 e^x의 Maclaurin 급수라고 부른다. 이 무한급수에서 무한하게 항을 더해 줄 수는 없으므로 $\frac{x^n}{n!}$ 이 아주 작으면 더해 주는 것을 중지하고 함수값을 얻는다. while 문을 이용하여 지수함수의 Maclaurin 급수를 계산해 보자.

예제 3.15 **(Maclaurin 급수) 지수함수 e^x의 Maclaurin 급수는 다음과 같다.**

$$e^x = 1 + x + \frac{x^2}{2!} + \cdots + \frac{x^n}{n!} + \cdots$$

이 무한급수에서 일반항 $\frac{x^n}{n!}$ 이 아주 작으면(예를 들어 10^{-10} 보다 작으면) 더해 주는 것을 중지하고 함수값을 얻는 프로그램을 작성하라.

풀이

while 문을 이용하여 e^x의 Maclaurin 급수를 구하는 프로그램이 다음과 같다.

```java
/***************************************************************
 * MyExp.java for calculating exp(x)
 ***************************************************************/
class MyExp{
  public static void main(String[] args) {
   double x = Double.valueOf(args[0]);  // x 값을 키보드로 받음
   double term = 1.;                    // 테일러 전개의 n번째 항
   double ex = 1;                       // exp(x)의 값
   double n = 1;                        // 1번 항

   while (term > 1e-10) {               // 항이 10^{-10} 이하면 중지
     term = term*x/n;
     n++;
     ex = ex + term;
   } // end of while

   System.out.println(ex);              // Maclaurin 급수 값 출력
   System.out.println(Math.exp(x));     // Java의 exp(x) 값
  } // end main
}
```

이 프로그램에서 $\frac{x^n}{n!} = \frac{x^{n-1}}{(n-1)!} \times \frac{x}{n}$인 사실을 이용하여 Maclaurin 급수의 전개 항을

term = term*x/n;

으로 계산하고 이를 계속 합하되 추가로 합해 주는 항이 10^{-10}보다 작으면 중지하도록 한다.

3.4.2 비선형 방정식의 해

연속인 비선형 함수 $f(x)$의 해, 즉 $f(x)=0$를 만족하는 x를 찾는 일은 수학의 응용에 자주 나타난다. 함수의 형태가 간단하거나, 인수분해가 가능한 경우는 쉽게 해를 구할 수 있으나 일반적으로 비선형 방정식의 해를 구하는 것은 쉽지 않다. 여기서는 간단한 증분법을 소개하고 9장에서 이분법과 미분 가능한 함수의 경우에 많이 이용되는 뉴턴-라프슨법을 소개한다.

가. 증분법(incremental search method)

연속인 비선형 함수 $f(x)$의 해, 즉 $f(x)=0$를 만족하는 x를 구하는 간단한 알고리즘으로 **증분법**(incremental search method)이 있다. 증분법은 많이 이용되지는 않지만 반복문의 실습에 도움이 된다. 함수 $f(x)$가 한 구간 $[a,b]$에서 해를 갖기 위한 조건은 다음과 같다([그림 3-4] 참조).

$$f(a) \cdot f(b) < 0$$

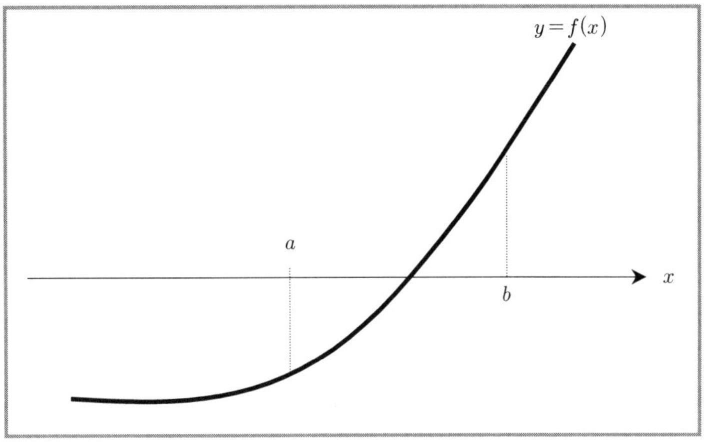

[그림 3-4] 구간 $[a, b]$에 함수 $f(x)$의 해가 존재하는 경우

증분법은 초기 해 x_0와 증분 Δx가 주어졌을 때 이와 같은 조건을 활용해 구간 $[x_0, x_0 + \Delta x]$에 해가 존재하는지 살펴본다. 만일 해가 이 구간에 있으면 증분 Δx을 축소하여 다시 해가 존재하는지 살펴보고, 아니면 증분 Δx만큼 오른쪽으로 이동하여 해의 존재 여부를 살펴본다. 이와 같은 방법을 구간의 너비 Δx가 매우 작을 때까지(예: $\epsilon = 10^{-7}$) 반복하는데 알고리즘으로 정리하면 다음과 같다.

알고리즘 3.1 증분법

단계 1) 초기 해 x_0, 증분 Δx, 매우 작은 수 ϵ를 정한다.
단계 2) $f(x_i)$와 $f(x_i + \Delta x)$를 계산한다.
단계 3) if $f(x_i) \cdot f(x_i + \Delta x) > 0$,
　　$x_i \Leftarrow x_i + \Delta x$, goto 단계 2)
　if $f(x_i) \cdot f(x_i + \Delta x) < 0$,
　　if $\Delta x < \epsilon$, $x_i + \Delta x$를 해로 하고 stop
　　else $\Delta x \Leftarrow \Delta x \times 0.1$, goto 단계 3)
　　　// 다른 비율로 줄여도 됨
　if $f(x_i) \cdot f(x_i + \Delta x) = 0$,
　　　$x_i + \Delta x$를 해로 하고 stop

예제 3.16 **(증분법) 함수 $f(x) = x^2 - 2$의 해를 증분법을 이용하여 구하라. 단 초기 해는 1이고 증분 Δx는 0.2, ($\epsilon = 10^{-7}$)이다.**

풀이

증분법을 이용하여 방정식의 해를 구하는 프로그램이 다음과 같다. do - while 문과 중첩된 if 문을 여러 번 사용해야 한다.

```
01 /*******************************************
02 * Incremental.java
03 *******************************************/
04 public class Incremental {
05
06   public static void main(String[] args) {
07     int i=0;
08     double x = 1.0, fx, fxd;
09     double delta = 0.2;
10     double eps = 1E-07;
11     fx = x*x - 2.;
12     do {
13       i = i + 1;
14       x = x + delta;
15       fxd = x*x - 2.;
16       if (fx*fxd > 0. ) fx = fxd;
17       else if (fx*fxd < 0. ) {
18         if(delta <= eps) {
19           System.out.println("Solution = "+x);
20           break;
21         }
22         else {
23           i = 0;
24           x = x - delta;    // 왜 delta를 빼주어야 할까?
25           fx = x*x - 2.;
26           delta = delta * 0.1;
27         }
28       }
29       else {
30         System.out.println("Solution = "+x);
31         break;
32       }
33       System.out.println("i = " + i + " x = " + x);
34     } while (delta > eps );
35     System.out.println("Solution = "+x);
36   }
37 }
```

이 프로그램에서 24번 줄의 x = x − delta가 필요한 이유는 현재의 x가 구간의 우측을 나타나고 있기 때문에 새로운 delta를 적용하기 전에 좌측 구간의 값을 구하는 것이다. 이 프로그램의 결과는 다음과 같다.

```
i = 1  x = 1.0
i = 2  x = 1.2
i = 3  x = 1.4

i = 1  x = 1.4
i = 2  x = 1.402
i = 3  x = 1.404
i = 4  x = 1.406
```

```
i = 5  x = 1.408
i = 6  x = 1.41
i = 7  x = 1.412
i = 8  x = 1.414

i = 1  x = 1.414
i = 2  x = 1.4142

i = 1  x = 1.4142
i = 2  x = 1.414202
i = 3  x = 1.414204
i = 4  x = 1.414206
i = 5  x = 1.4142080000000001
i = 6  x = 1.4142100000000002
i = 7  x = 1.4142120000000002

i = 1  x = 1.4142120000000002
i = 2  x = 1.4142122000000001
i = 3  x = 1.4142124
i = 4  x = 1.4142126
i = 5  x = 1.4142127999999998
i = 6  x = 1.4142129999999997
i = 7  x = 1.4142131999999996
i = 8  x = 1.4142133999999995
Solution = 1.4142133999999995
```

연습문제

3.1 다음 if 문의 결과 각각의 변수값은?

```
int a, b, c;
a = 1;
b = 2;
c = a;
if (b < a) c = b;
```

3.2 다음 if 문의 결과 각각의 변수값은?

```
int a, b, c;
a = 1;
b = 2;
c = 3;
if (c < a+b) c = 2 * a;
else c = 2 * b;
```

3.3 다음 if 문의 오류를 찾아라.

1) if (a = 1 /2) b++;
2) if (a + x => y) y = y+3;
3) if ("1" 〉 "2") a = 1;
4) if (a && y == 1) x=1;
5) if (a 〈 b 〈 c) d=1;

3.4 다음 두 프로그램의 차이를 설명하라.

```
int a, b, c;
a = 1;
b = 2;
c = 0;
if (a > 0) c++;
if (b > 0) c++;
```

```
int a, b, c;
a = 1;
b = 2;
c = 0;
if (a > 0) c++;
else if (b > 0) c++;
```

3.5 세 개의 실수를 읽어서 작은 것부터 큰 순으로 인쇄하는 프로그램을 작성하라.

3.6 대형 마켓에서 한 물건을 많이 살 때 가격의 할인을 다음과 같이 한다.

10개까지는 개당 1000원
11개 이상 20개까지는 개당 900원 적용

21개 이상 30개까지는 개당 800원 적용
31개 이상 50개까지는 개당 700원 적용
50개 이상은 600원 적용

물건의 개수를 입력받아 전체 가격을 계산하는 프로그램을 작성하라.

3.7 다음 for 문에서 변수 int a의 변화를 설명하라.

```
1)  for (a = 1; a <= 5; a++)
2)  for (a = 0; a < 5; a++)
3)  for (a = 5; a > 0; a--)
4)  for (a = 5; a > 0; a++)
5)  for (a = -5; a <= 5; a++)
6)  for (a = 0; a <=5; a = a+2)
```

3.8 다음 중첩 for 문의 결과는?

```
for (int a = 0; a < 5; a++) {
   for (int b = 0; b < 5; b++) {
      System.out.print(a * b % 5);
   }
   System.out.println();
}
```

3.9 다음 중첩 for 문에서 최종 n의 값은?

```
int n =0;
for (int i = 1; i <= 5; i++) {
   for (int j = 0; j < i; j++)  n = n + j;
}
```

3.10 다음 for 문을 while 문을 사용하여 다시 작성하라.

```
int sum = 0;
for (int a = 0; a < 5; a++) sum = sum + a;
```

3.11 $n!$을 정수형으로 계산하는 프로그램을 작성하라. n 값이 어느 정도일 때 계산 오류가 발생하는가?

3.12 은행에 10,000원을 연리 5% 복리로 예금하였을 때 10년 후 원리합계를 구하는 예제를 생각해 보자.

3.13 이항분포함수가 다음과 같다.

$$f(x) = \binom{n}{x} p^x (1-p)^{n-x}$$

$n=10$, $p=0.3$, $x=2$일 때의 확률을 계산하라.

3.14 프와송 분포함수가 다음과 같다.

$$f(x) = \frac{e^{-\lambda}\lambda^x}{x!}$$

$\lambda=0.5$, $x=2$일 때의 확률을 계산하라.

3.15 sin(x)의 Maclaurin 급수가 다음과 같다.

$$f(x) = x - \frac{x^3}{3!} + \frac{x^5}{5!} - \frac{x^7}{7!} + \cdots$$

x=0.1일 때 Java가 제공하는 sin(x) 함수와 직접 Maclaurin 급수를 이용하여 계산하는 함수값의 차이가 10^{-7} 이내로 될 때까지의 항의 개수는?

3.16 Fibonacci 수열은 다음과 같이 정의된다.

$$f_1 = 1$$
$$f_2 = 1$$
$$f_n = f_{n-1} + f_{n-2}, \quad n > 2$$

n을 입력받아 $f_1, f_2, \cdots, f_n$을 인쇄하는 프로그램을 작성하라.

3.17 한 문자 또는 숫자를 입력받아 문자인지 숫자인지 판별하는 프로그램을 작성하라.

3.18 윤년은 어느 해가 4로 나누었을 때 나누어지는 해이다. 단 4로 나누어지면서 100으로 나누어지는 해는 윤년이 아니다. 그러나 100으로 나누어지면서 400으로 나누어지는 해는 윤년이다. 연도를 입력받아 윤년인지 아닌지 구별하는 프로그램을 작성하라.

3.19 연도와 월을 입력받아 해당 연월의 달력을 출력하는 프로그램을 작성하라.

3.20 함수 $f(x) = x^3 - 2$의 해를 증분법을 이용하여 구하라. 단 초기 구간은 [1, 2]이고 $\epsilon = 10^{-7}$이다.

♣ Eclipse에서 프로그램의 디버깅(Debugging)

여러분이 지금쯤은 이미 경험했을 터이지만 컴퓨터 프로그램은 단번에 원하는 결과를 얻기가 쉽지 않다. 특히 조건문이나 반복문을 이용하여 복잡한 Java 프로그램을 작성하다 보면 오류가 발생할 경우가 많이 있다. 이 경우 프로그램의 진행을 한 줄의 명령씩만 실행하면서 그때마다 어느 변수가 어떠한 값을 갖는지 살펴볼 수 있다면 쉽게 오류의 수정이 가능하다. 이렇게 프로그램을 한 줄의 명령씩 실행하면서 원하는 부분에 멈추게도 하고, 다시 계속 실행하게 하며, 변수의 내부값을 관찰하면서 오류를 수정하는 것을 **디버깅**(debugging)한다고 부른다. Eclipse는 자체의 편리한 디버깅 프로그램을 가지고 있다.

Eclipse 디버깅 프로그램의 기본 명령어를 [예제 3.7] 프로그램을 이용하여 알아보자.

❶ (프로그램의 실행이 멈추기를 원하는 장소 지정) 예를 들어 [예제 3.7]에서 7번째 줄 total = 0.; 에서 프로그램 실행을 멈추게 하려면 커서를 이 명령줄에 위치하고 Eclipse 주메뉴의 'Run'에서 'Toggle Breakpoint'를 선택한다. 단축키 〈Ctrl+Shift+B〉를 이용해도 되는데 이 키는 누를 때마다 선택되었다가, 해제되었다가 하는 토글(toggle) 키이다.

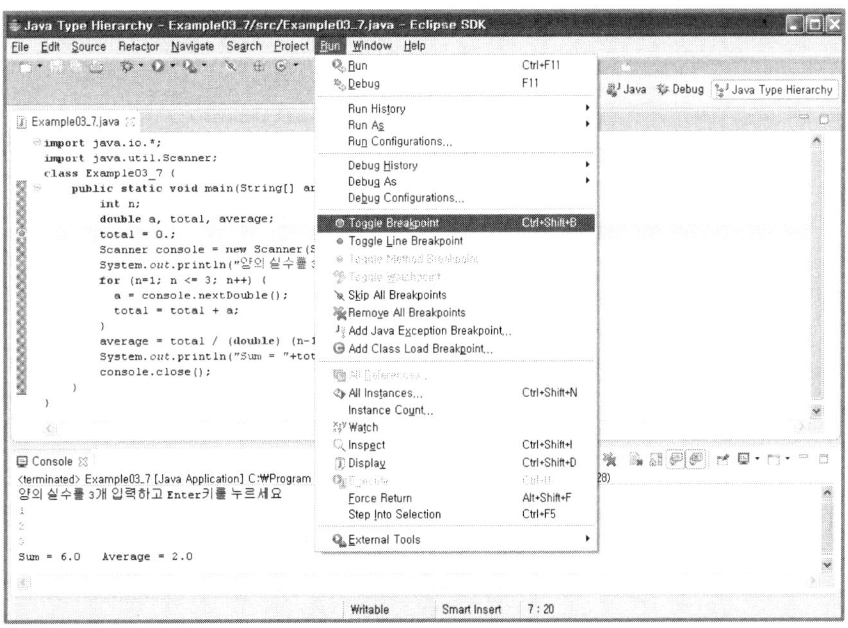

❷ (디버깅 프로그램 실행) 주메뉴의 'Run'에서 'Debug'을 선택하면(단축키 F11을 사용해도 됨) 다음과 같은 여러 개의 창이 나타나면서 프로그램이 total = 0.까지 진행되고 멈춘다.

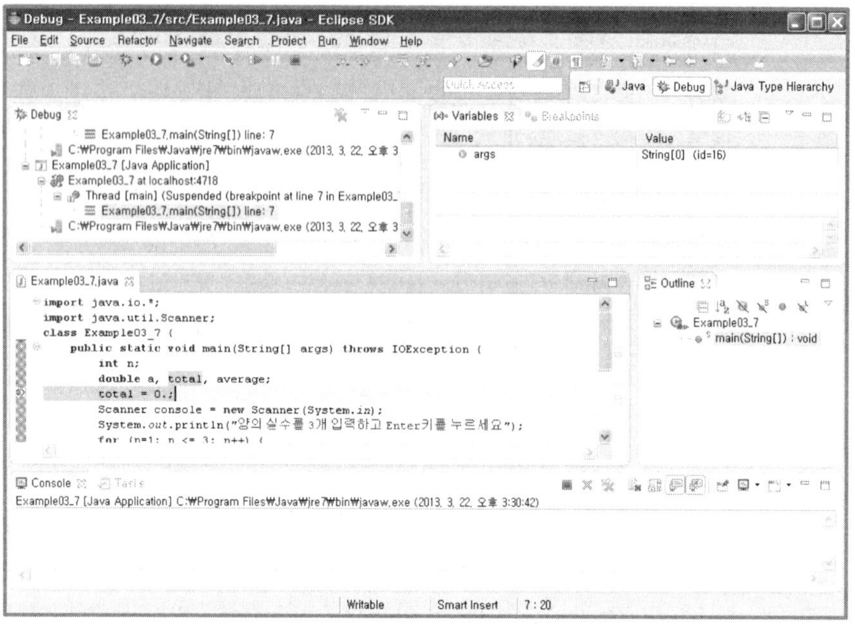

❸ (한 줄씩 명령어 실행) 주메뉴의 'Run'에서 'Step Over'를 선택하면(단축키 F6를 사용해도 됨) 프로그램이 한 줄씩 실행된다.

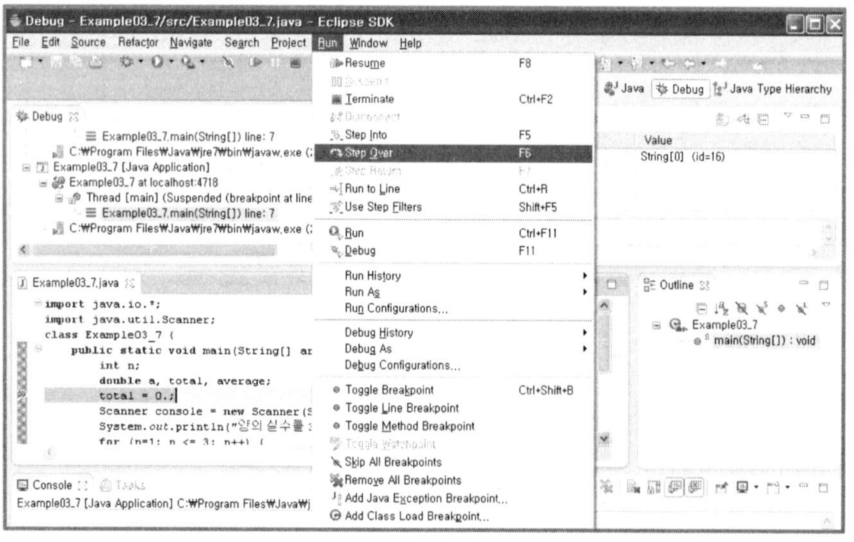

④ (변수창 관찰) F6 키를 눌러 한 줄씩 명령을 실행하면 우측 상단의 'Variables'를 보여 주는 창에 프로그램에서 정의된 변수들의 값이 나타난다. 만일 오류가 있으면 이 변수창을 관찰하여 알 수 있다.

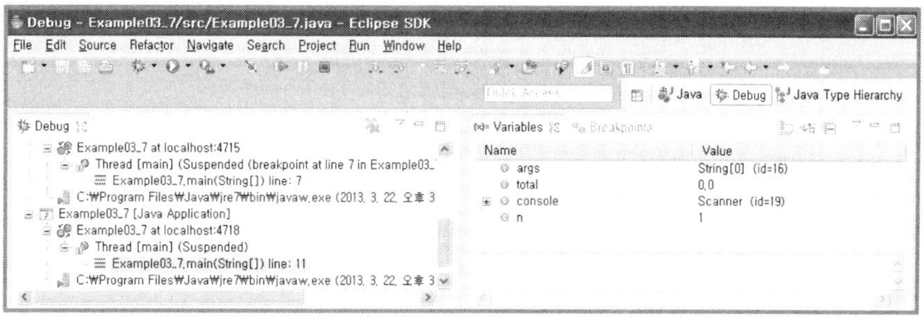

⑤ (건너뛰기) 한 줄씩 F6 키를 누르면 for 같은 반복문은 여러 번 반복하게 된다. 만일 프로그램의 어느 부분을 건너뛰고 싶으면 필요한 부분에 'break point'를 설정한 후 주메뉴의 'Run' => 'Resume'을 선택한다.

⑥ (디버깅 종료) 주메뉴의 'Run' => 'Terminate'를 선택하면 된다. 원래 형태의 Java 프로그램창으로 돌아가려면 주메뉴의 'Window' => 'Open Perspective' => 'Other' => 'Java(default)'를 선택한다.

4장

Java 기본 입 · 출력

- 4.1 System 클래스
- 4.2 Java의 기본 출력
- 4.3 Java의 기본 입력
- 4.4 입 · 출력 예외처리
- 4.5 파일 입 · 출력

학습목표

- Java의 기본 출력 방법을 이해한다.
- Java의 기본 입력 방법을 이해한다.
- 입·출력 예외처리 방법을 이해한다.
- Java의 파일 입·출력 방법을 이해한다.

4.1 System 클래스

지금까지 여러 예제에 System.out.println( )이라는 명령문을 사용하여 원하는 계산결과를 표준 출력 장치인 모니터 화면에 출력하여 왔다. 이것은 System이라는 클래스의 out이라는 field에 있는 println이라는 메소드를 사용한 것이다. 이 메소드는 PrintStream이라는 클래스에 있는데 Java document에서 이를 보려면 다음과 같은 경로를 찾아야 한다. 이러한 경로를 모두 기억할 필요는 없고 단지 상황이 이렇다는 것을 이해하기 바란다.

```
Package java.lang
  => class System
      => Field PrintStream out
          => method println( )
```

이 클래스에 보면 그동안 출력에 사용하였던 println이라는 메소드의 여러 가지 형식이 나타나 있다. 즉 정수, 실수, 문자에 따라서 서로 다른 메소드가 있고 이를 사용하는 방법이 System.out.println(변수명) 형태이다.

```
void println(int i)
void println(float f)
void println(double d)
void println(String s)
```

System 클래스에는 다양한 출력 메소드들이 있는데 모두 System.out으로 접근할 수 있다(4.2절).

Java의 표준 입력 장치는 키보드이다. System 클래스에는 System.in으로 접근할 수 있는 다양한 입력 메소드와 System.err로 접근할 수 있는 에러 처리를 위한 메소드들이 있다.

이 장에서는 모니터 화면에 출력하는 여러 메소드와, 키보드로 입력하는 메소드, 예외처리에 관한 메소드들을 살펴보고자 한다. 현재까지는 정확히 클래스나 메소드에 대해 설명을 하지는 않았지만 원하는 메소드를 Documentation API에서 사용 방법을 찾아 각자의 프로그램에 이용하면 된다.

■ System 클래스

1) Fileds

- in : InputStream과 연결된 객체로 키보드로부터의 입력을 처리
- out : PrintStream과 연결된 객체로 콘솔로의 출력을 처리
- err : PrintStream과 연결된 객체로 에러 메시지 표시

2) Methods

- currentTimeMillis()	현재 시간을 알려 줌, mili second 단위 1970년 1월 1일 0시 0분 0초 기준 long값
- exit(int x)	실행 중인 프로세스를 종료
- gc()	garbage collector
- setIn(InputStream is)	입력의 방향을 지정
- setOut(PrintStream ps)	출력의 방향을 지정
- setErr(PrintStream ps)	에러 출력의 방향을 지정

4.2 Java의 기본 출력

지금까지 사용해 온 System.out.print(변수명) 또는 System.out.println(변수명)의 자세한 사용법과 지정 형식을 이용한 출력 방법에 대해서 알아보자.

4.2.1 print(), println()을 이용한 출력

print( )와 println( ) 메소드의 일반적인 형식은 다음과 같다.

기본 출력 메소드

```
public void print(boolean b);
public void print(char c);
public void print(int i);
public void print(float f);
public void print(double d);
public void print(String s);

public void println(boolean b);
public void println(char c);
public void println(int i);
public void println(float f);
public void println(double d);
public void println(String s);
```

print( ) 메소드는 화면(콘솔이라고 함)에 원하는 변수 등을 한 줄에 출력하고 커서를 마지막 인쇄한 글자 다음에 위치하게 하는 인쇄 명령이다. println( ) 메소드는 화면에 원하는 변수 등을 한 줄에 출력하고 커서를 그 다음 줄 첫째 열에 위치하라는 의미이다.

다음의 예를 살펴보자.

```
System.out.print("abc");      // abc를 인쇄하고 커서는 현재 줄에 있음
System.out.println("def");    // def를 인쇄하고 커서는 다음 줄 첫째 칸에 있음
int jj = 100;
System.out.print(jj);         // 100을 인쇄하고 커서는 현재 줄에 있음
float ff = 12.34f;
System.out.println(ff);       // 12.34를 인쇄하고 커서는 다음 줄 첫째 칸에 있음
String str = "JJLEE";
System.out.println(str);      // JJLEE를 인쇄하고 커서는 다음 줄 첫째 칸에 있음
```

System.out.print( )의 괄호 ( ) 안에서는 '+' 연산자를 사용하여 두 개 이상의 변수나 텍스트를 같이 출력할 수 있다.

```
System.out.println("abc" + "def");        // 문자 abcdef를 인쇄
int jj = 10;
int kk = 20;
System.out.println(jj + kk);              // 10과 20을 합한 30을 인쇄
System.out.println("jj = "+ jj);          // 문자와 변수값을 인쇄
```

4.2.2 printf() 지정 형식 출력

인쇄를 여러 줄에 하다 보면 일정한 형식으로 칸을 맞추어 할 필요가 생길 때가 있는데 이때는 다음과 같은 메소드를 이용해 인쇄 형식(format)을 지정하여 인쇄할 수 있다.

format 출력 메소드
public Printstream printf(String format, Object ... args)

인쇄 형식을 지정한 다음의 예를 살펴보자.

```
String str = "JJLEE";
int jj = 100;
float ff = 12.34f;
String fs = String.format("%10s %5d %10.3f", str, jj, ff);
System.out.printf(fs); // "     JJLEE  100    12.340"를 인쇄
```

즉 인쇄 형식 String.format("%10s %5d %10.3f", str, jj, ff)는 'JJLEE'라는 문자열 변수 str은 '%10s' 라는 형식으로, 정수형 변수 jj는 '%5d' 라는 형식으로, 실수형 변수 ff는 '%10f' 라는 형식으로 모니터에 인쇄하라는 뜻이다. '%10s'는 문자열 인쇄에 10칸을 할당하고 이 10칸에서 왼쪽 다섯 칸은 공백으로 한 후 JJLEE 다섯 글자를 인쇄한다(우측 정렬이라고 함). '%5d'는 정수 인쇄에 5칸을 할당하고 우측 정렬로 인쇄한다. '%10.3f'는 실수 인쇄에 10칸을 할당하되 소수점 이하의 인쇄를 3자리로 하여 우측 정렬로 인쇄한다.

위의 예제에서 사용한 String.format은 String 클래스의 format이라는 메소드를 사용한 것으로 일반적인 형태와 그 인수의 형식은 다음과 같다.

```
static String format(String format, Object args)
```

인수 format의 형식

```
%[argument_index$][flags][width][.precision]conversion

argument_index:
    args에서 준 출력할 순서에서 몇 번째에 해당하는지 지정한다.
    생략하는 경우 순서대로 적용되고 이때는 $도 포함되지 않는다.
flags:
    -  출력을 왼쪽으로 정렬
    +  출력에 부호를 포함(양수인 경우에 +포함됨). 출력이 숫자인 경우에 해당.
    ' ' (따옴표 안에 빈칸) 양수인 경우 + 부호 대신에 빈칸 삽입. 숫자에만 해당.
    0  전체 주어진 width보다 숫자의 폭이 작을 경우 0으로 대체함.
       예를 들어 width가 3인데 출력할 값이 1이면 001이 출력됨.
    ,  숫자 출력에서 주어진 지역에 맞게 출력함. 예 우리나라 숫자의 값이 12,345.67은 일
       부 유럽국가에서는 12.345,67로 사용됨.
    (  숫자 출력에서 음수는 - 부호 대신에 괄호를 사용.
width:
    출력할 args의 폭을 정한다.
precision:
    소수점 아래의 숫자의 개수를 지정한다. 출력이 숫자인 경우에 적용됨.
conversion:
    d     정수형 숫자
    c, C  하나의 문자(char), 대문자 C인 경우 대문자로 변환하여 인쇄함.
    s, S  문자열(String). 대문자 S인 경우 대문자로 변환하여 인쇄함.
    e, E  지수형 숫자 표시. -1.25e23 또는 -1.25E23같은 형식.
    f     소수점이 들어간 실수형 표시. 지역에 따라 소수점의 형식이 바뀜.
    g, G  출력이 실수인 경우 숫자가 작아서 위의 f 또는 F 형식의 출력이 가능하면
          소수점을 포함하는 f 및 F 형식으로 출력하고, g나 G의 설정값이 값을
          출력하기에 너무 크면 e나 E 형식으로 출력함.
    b, B  Boolean 값인 true 또는 false 출력. 대문자 B인 경우 TRUE, FALSE 출력.
    %     실제 문자 %가 인쇄됨.
    n     줄 바꾸기
```

출력하고자 하는 변수들의 출력 순서를 바꾸는 argument_index는 많이 이용되지는 않지만 다음 예를 살펴보자.

```
String fs = String.format("%4$2s %3$2s %2$2s %1$2s","a","b","c","d");
System.out.printf(fs);
```

이때 출력은 d c b a가 된다.

예제 4.1 **다음 프로그램의 출력 결과가 어떠한지 살펴보라.**

```
/**************************************************************
 * FormatTest.java to test formatting in JAVA output
 * ************************************************************/
import java.util.Locale;

class FormatTest{

 public static void main(String[] args) {
    String s="Test string";
    boolean b = false;
    int i = 1;
    double x1 = 12345.6789;
    double x2 = -12345.6788;
    String fs[] = new String[7]; // formatted strings

    fs[0] = String.format("%15S %b %3d %12.3f %12.3e",
                s, b, i, x1, x2); // 기본형태
    fs[1] = String.format(Locale.FRANCE, "%15S %b %3d %+12.3f %12.3e",
                s, b, i, x1, x2);  // 유럽형식
    fs[2] = String.format("%1$15S %5$12.3e %4$12.3f %2$B %3$03d ",
                s, b, i, x1, x2); // 순서 바꾸기 및 대문자, leading 0's
    fs[3] = String.format("%-15s %B %3d %12.3f %(12.3f",
                s, b, i, x1, x2); // 왼쪽 정렬, 음수괄호
    fs[4] = String.format("%15S %b %03d %,12.3g %,12.3G", // g와 G
                s, b, i, x1, x2);
    fs[5] = String.format(Locale.FRANCE, "%15S %b %3d %,12.3f %,12.3f",
                s, b, i, x1, x2); // 숫자에 ,와 소수점(유럽식)
    fs[6] = String.format("%15S %b %3d 줄바꿈 %n 백분율 %12.3f%% %12.3e",
                s, b, i, x1, x2); // 줄바꿈, %, 추가문자열

    for (i = 0; i < fs.length; i++) System.out.println(fs[i]) ;
 }
}
```

풀이

이 프로그램의 출력 결과는 다음과 같다.

```
   TEST STRING false  1   12345.679  -1.235e+04
   TEST STRING false  1  +12345,679  -1,235e+04
   TEST STRING  -1.235e+04   12345.679 FALSE 001
Test string   FALSE  1   12345.679  (12345.679)
   TEST STRING false 001    1.23e+04   -1.23E+04
   TEST STRING false  1  12?345,679 -12?345,679
   TEST STRING false  1 줄바꿈
 백분율  12345.679%  -1.235e+04
```

4.3 Java의 기본 입력

키보드를 통해 문자 또는 숫자를 입력받을 때 Scanner 클래스의 메소드가 많이 이용되는데 그 형식은 다음과 같다.

기본 입력 메소드

`int nextInt()          // 정수를 읽음`
`float nextFloat()      // float형 실수를 읽음`
`double nextDouble()    // double형 실수를 읽음`
`String nextLine()      // 한 줄의 string을 읽음`

이러한 메소드를 사용하기 위해서는 Scanner 패키지를 import하고 객체를 만든 후 사용한다. Scanner 클래스의 next 메소드가 실행될 때는 공란(white space)은 무시되고 숫자나 문자가 처음 나타날 때부터 다음 공란이 시작될 때까지의 문자열을 정수, 실수, 또는 스트링으로 읽는다.

next 메소드로 읽을 때 공란은 무시된다.

Scanner 클래스의 next 메소드가 실행될 때는 공란(white space)은 무시되고 숫자나 문자가 처음 나타날 때부터 다음 공란이 시작될 때까지의 문자열을 정수, 실수, 또는 스트링으로 읽는다.

예제 4.2 다음과 같은 학생 세 명의 학번(정수), 성적(실수), 이름(문자)을 키보드에서 입력받아 인쇄하는 프로그램을 작성하라.

```
111 70  aaa
222 80  bbb
333 90  ccc
```

풀이

키보드에서 학번, 성적, 이름을 입력하여 인쇄하는 프로그램이 다음과 같다.

```
/*******************************************************************
 * Keyboard Input by Scanner
 * *****************************************************************/
import java.util.Scanner;

class InputTest1{

 public static void main(String[] args) {
    int id;
    double score;
    String name;
    Scanner in = new Scanner(System.in);

    for (int i=1; i <=3; i++)  {
      System.out.println("Type id score name!");
      id = in.nextInt();              // 정수형 입력
      score = in.nextDouble();        // 실수형 입력
      name = in.nextLine();           // 입력하는 문자 모두를 줄 끝까지 읽음
      System.out.println("ID= "+id+" Score= "+score+ " Name= "+ name);
    }
    in.close();

 }
}
```

이 프로그램의 실행 결과는 다음과 같다.

```
type id score name!
111 70. aaa
type id score name!
222 80. bbb
type id score name!
333 90. ccc
```

어느 경우에는 문자가 아닌 것을 제거하여 읽을 수도 있는데 이때 사용되는 메소드가 useDelimiter이다. 예를 들어 다음 명령문은

```
str = in.useDelimeter("[A-Sa-z]+");
```

문자/숫자 이외의 소수점(.) 또는 콤마(,) 등을 제거하고 단어를 읽는다. 여기서 "[A-Sa-z]+"은 문자/숫자 패턴을 정해 주는 **정규식**(regular expression)이다. 정규식의 규칙은 부록에 실었으므로 자세한 것은 부록을 참고하기로 한다.

nextLine()은 데이터를 한 줄씩 읽어서 분석을 할 때 많이 이용되는데 4.5절의 파일 입력에서 사용법을 연구한다.

어느 경우에는 한 문자씩 읽을 필요가 있는데 in.next().charAt(0) 메소드를 다음과 같이 useDelimiter 메소드와 같이 사용한다.

```
Scanner in = new Scanner( ... );
in.useDelimiter("");
ch = in.next()charAt(0);
```

4.3.1 명령어 줄을 이용한 입력(Command Line Input)

Java 프로그램에서 변수의 입력은 main 메소드의 매개변수를 이용하여 할 수 있다. 지금까지 살펴본 프로그램들은 모두 main 메소드가 있고 이 메소드에서 모든 프로그램이 시작되었다. main 메소드의 형태는 다음과 같다.

```
public static void main(String[] args)
```

여기서 괄호 안의 String[] args는 main 메소드가 배열 args[]를 String 형식으로 전달받는다는 의미이다(여기서 배열이란 args[0], args[1], ... 등의 변수명을 의미하는데 6장에서 자세히 설명). 이와 같은 args[0], args[1]을 main 메소드의 매개변수라고 부르는데 명령어 줄을 이용하여 값을 전달받을 수 있다. 예를 들어 Java의 실행을 콘솔에서 작업하는 경우 다음과 같이 값을 전달받을 수 있다.

```
c:\>java MyProgram val1 val2 val3
```

즉 args[0], args[1], args[2]의 값이 각각 val1, val2, val3로 전달받는다.

Eclipse에서 매개변수를 이용하여 값을 전달받기 위해서는 Run 메뉴에서 Run Configurations를 클릭하면 다음 그림과 같은 대화창이 생성되는데 여기에서 f(x)=Arguments 탭을 선택하고 필요한 매개변수의 값을 입력한다.

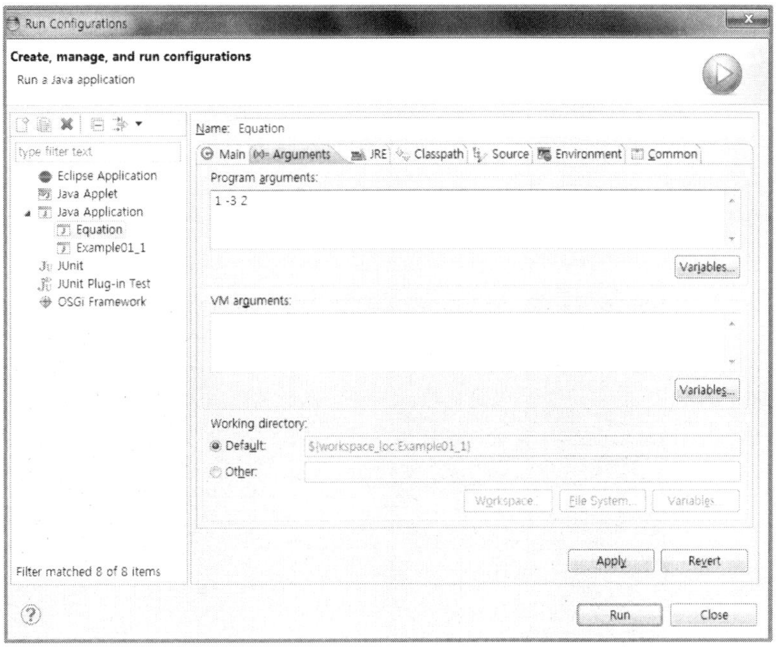

이렇게 전달된 값은 프로그램 내에서 args[0], args[1], args[2]의 값으로 저장되며 형식은 String이므로 문자열이 아닌 숫자 등이 형식일 때는 변환이 필요하다. 다음 예제를 살펴보자.

예제 4.3 **[예제 3.2]의 급여계산에서 시간의 입력을 main 메소드의 매개변수를 이용하여 입력하는 다음의 예제를 살펴보자.**

풀이

급여계산 예제에서 main 메소드의 매개변수를 이용하여 시간을 입력받는 프로그램이 다음과 같다.

```
/**********************************************************************
 * IfWage.java 시급계산 40시간 이내 => 시간당 5,000
 *                     40시간 초과분 => 시간당 7,500
 * INPUT: 근무시간
 * OUTPUT: 시간에 따른 주당 급여
 * *******************************************************************/
class IfWage {
 public static void main(String[] args) {
   double time = Double.valueOf(args[0]); // Line input 읽기
   double wage; // 급여

   if (time > 40) wage = 40*5000 + (time-40)*7500;
   else wage = time*5000;
   System.out.println("Wage: "+ wage);
```

```
15    }
16  }
```

이 프로그램의 9번 줄을 보면 Double.valueOf(args[0])가 있는데 이는 명령어줄에서 읽은 첫 번째 값(문자열; String 객체)을 double로 변환하는 것이다. 이를 time이라고 하였다. 이 프로그램의 실행은 console에서는 다음과 같이 실행할 때 매개변수의 값을 전달하면 그 값을 받아서 계산을 한다.

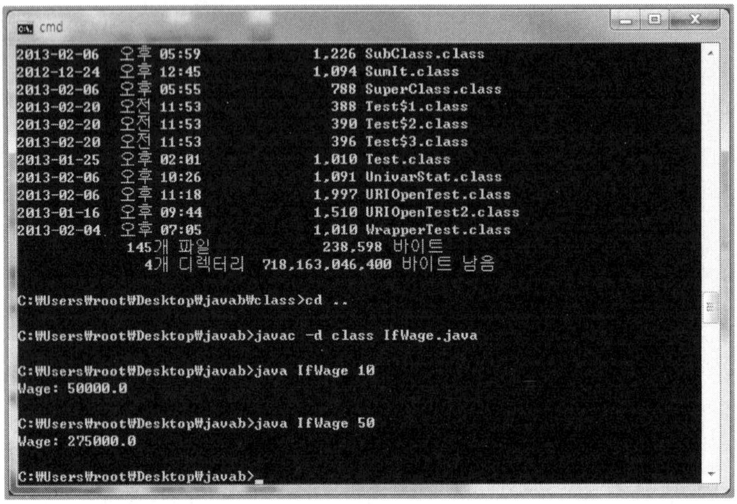

Eclipse에서는 Run 메뉴에서 Run Configurations를 클릭하면 다음 그림과 같이 매개변수의 값에 50을 입력하고 Apply 버튼과 Run 버튼을 차례로 클릭한다.

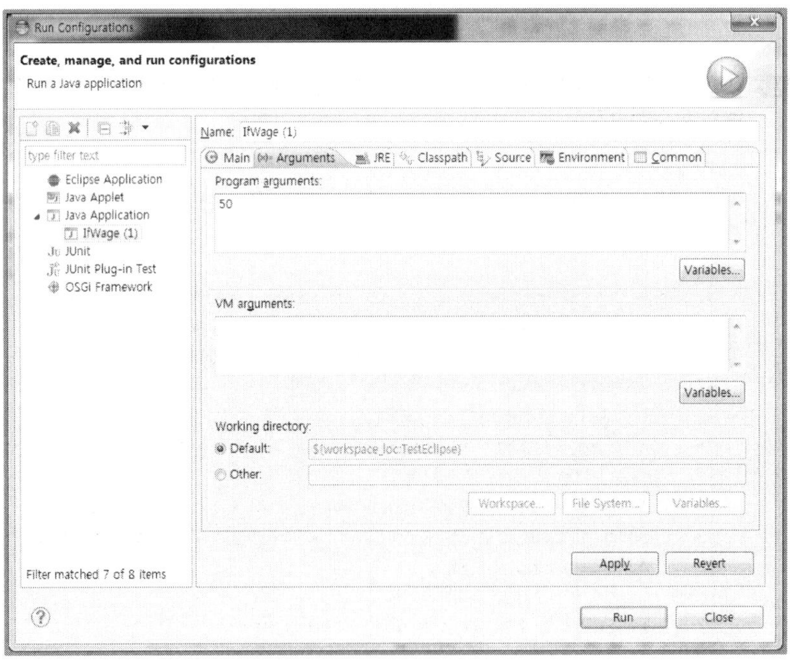

다음과 같은 출력 결과를 얻는다.

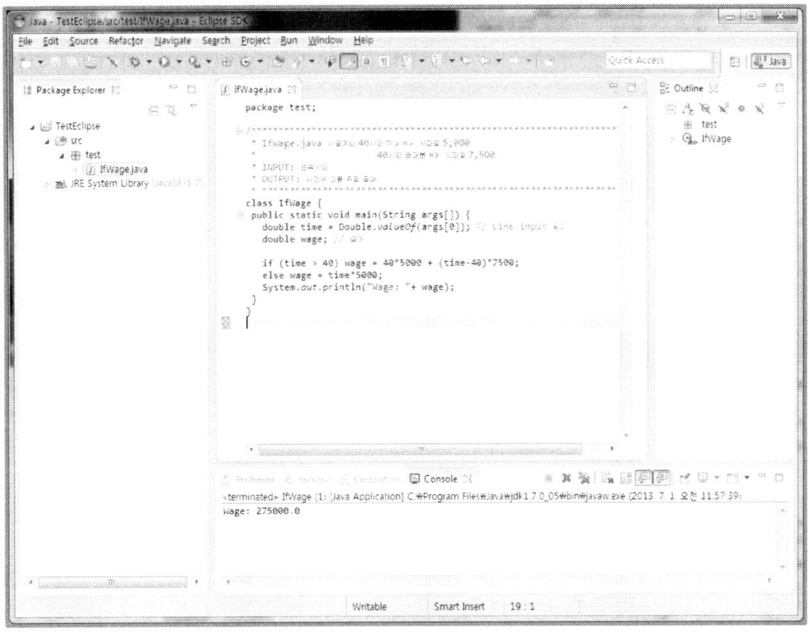

4.4 입·출력 예외처리

입·출력은 키보드나 화면 또는 하드디스크와 같은 장치를 통해 이루어진다. 프로그램 실행 중에 이러한 장치에 문제가 생길 수 있는데 이에 대한 처리를 해 주는 것을 **예외처리**라고 한다. 앞에서 사용된 print( ), println( ), printf( )와 같은 자주 이용되는 메소드는 내부적으로 예외처리가 되어 있다.

Java에는 두 가지 형태의 예외가 있는데 하나는 **체크된 예외**(checked exception)이고 다른 하나는 **체크되지 않은 예외**(unchecked exception)이다. 입·출력에서 발생하는 IOException이 체크된 예외의 경우인데 반드시 오류에 대한 해결을 해 주어야 한다. 체크되지 않은 예외는 일종의 오류로서 프로그래머가 직접 오류에 대한 해결을 해야 하는데 NumberFormatException, IllegalArgumentException, NullPointerException 등이 있다.

만일 오류에 대한 예측을 할 수 있다면 throw 문을 이용하여 적절한 예외처리를 해주면 된다. 다음은 Printstream 클래스의 write( )라는 메소드를 사용하는 간단한 예제이다.

```
public class TestWrite {
  public static void main(String[] args) {
    int jj = 10;
    System.out.write(jj);
  }
}
```

이 프로그램을 실행하면 다음과 같은 에러 메시지가 발생하는데 예외처리를 해주지 않았기 때문이다.

```
Unhandled exception type IOException ....
```

위의 예제에 대해 예외처리를 하는 방법은 java.io package를 import하고 입·출력과 관련된 메소드 뒤에 throws IOException이라는 명령을 넣는 것이다.

Java의 입출력 예외처리

- 입·출력과 관련된 모든 클래스를 사용하려면 java.io package를 import 한다.
- 입·출력과 관련된 메소드 뒤에 throws IOException이라는 명령을 넣는다.

예제 프로그램을 입출력 예외처리한 프로그램이 아래와 같다.

```
import java.io.*;  // java.io package
public class TestWrite {
  public static void main(String[] args) throws IOException {
    int jj = 10;
    System.out.write(jj);
  }
}
```

모든 예외는 프로그램에서 어떻게든 처리를 해 주어야 하는데 try { } ~ catch { } 문을 이용하여 할 수 있다. try 블록은 예외가 발생할 수 있는 명령어들로 이루어져 있고, catch 문은 예외에 대한 처리 명령문을 포함한다. try { } ~ catch { } 문의 일반 형식은 다음과 같다.

```
try ~ catch 문
try {
   명령문;
   명령문;
   ...
}
catch {
   명령문;
   명령문;
   ...
}
```

다음은 try ~ catch 문의 예이다.

```
try {
   String filename = "sample.txt"
   ...
}
catch (IOException exception) {
   exception.printStackTrace();
}
catch (NumberFormatException exception) {
   System.out.print("INPUT was not a number");
}
```


4.5 파일 입·출력

Java 프로그램에서 데이터의 입력을 파일로 받아야 될 때가 있고, 계산된 결과를 파일로 받고 싶은 경우가 있다. 이 절에서는 Scanner 클래스를 이용한 파일 입·출력(4.5.1절)과 File 클래스를 이용한 입·출력(4.5.2절)의 두 가지 방법을 소개한다.

4.5.1 Scanner 클래스를 이용한 파일 입·출력

Java에서 텍스트 파일을 읽고 쓰는 간단한 방법은 앞에서 이미 사용하였던 Scanner 클래스와, 파일을 다루는 데 사용되는 File 클래스를 같이 이용하는 것이다. 즉, 다음 예와 같이 File 클래스의 객체를 만든 후 이를 Scanner 클래스에 이용한다.

```
File inFile = new File("input.txt");
Scanner in = new Scanner(inFile);
```

위의 예는 Scanner의 객체 in이 input.txt 파일에서 텍스트를 읽는다는 것을 의미한다. 지정한 입력 파일이 디스크에 없는 경우 FileNotFoundException 예외가 발생하여 적절한 처리를 해 주어야 한다. 입력 파일이 없을 경우 단순히 프로그램을 종료하려면 main 메소드를 다음과 같이 수정한다.

```
public static void main(String[] args) throws FileNotFoundException
```

결과를 파일에 쓰기 위해서는 다음 예와 같이 PrintWriter 클래스를 이용하는 것이 편리하다.

```
PrintWriter out  = new PrintWriter("output.txt");
```

이 경우 만일 output.txt 파일이 이미 존재한다면 기존의 파일 내용은 모두 지워지기 때문에 주의해야 한다. 만일 output.txt 파일이 존재하지 않는다면 새로운 파일을 생성한다. 이 PrintWriter 클래스의 객체는 이미 사용하였던 System.out.print() 메소드와 유사하게 다음과 같이 이용할 수 있다.

```
out.print(12.34);
out.println("Hello");
out.printf("10.2f", math);
```

프로그램을 끝낼 때에는 PrintWriter의 객체를 다음과 같이 닫아주어야 한다. 만일 닫지 않으면 결과 파일이 정확하게 저장되지 않을 수 있다.

```
out.close();
```

텍스트 파일을 생성할 경우 우리 눈에는 보이지 않는 문자가 적힌다. 예를 들어 다음과 같은 세 학생의 성명, 국어, 영어, 수학 성적이 한 줄에 한 학생의 데이터가 있는 파일이 있다고 하자. 데이터를 입력할 때 한 줄을 입력한 후에는 〈Enter〉 키를 누르는데 이때 자동으로 **한 줄의 끝**(end of line, 〈eoln〉)을 알리는 \n 마크가 삽입된다(우리 눈에는 보이지 않는다). 데이터를 모두 입력하고 저장하면 **파일의 끝**(end of file)을 알리는 **〈eof〉** 마크가 삽입된다(역시 우리 눈에는 보이지 않는다 [그림 4-1]). 이렇게 백슬래쉬 \와 문자를 결합한 마크를 **에스케이프 문자열**(escape sequence)이라고 부른다.

```
Kim  70 80 90
Lee  90 70 50
Park 90 90 90
```

```
Kim  70 80 90\n
Lee  90 70 50\n
Park 90 90 90\n
〈eof〉
```

[그림 4-1] 텍스트 파일 예(좌측)와 이 파일에 〈eoln〉, 〈eof〉가 있는 내부 모습

이러한 마크들은 프로그램을 할 때 한 줄에 입력된 문자의 수를 조사한다든지, 파일에 몇 줄의 데이터가 있는지를 조사할 때 아주 유용하게 사용된다.

텍스트 파일의 눈에 보이지 않는 문자 〈eoln〉과 〈eof〉

- 데이터를 입력할 때 한 줄을 입력한 후에는 〈Enter〉 키를 누르면 자동으로 한 줄의 끝(end of line)을 알리는 \n 마크가 삽입된다.
- 데이터를 모두 입력하고 저장하면 파일의 끝(end of file)을 알리는 〈eof〉 마크가 삽입된다.

예제 4.4 **[그림 4-1]과 같은 입력 파일이 c:/JavaWorkspace/sample.txt에 저장되어 있다. 이 입력 파일에서 각 학생의 데이터를 한 줄씩 입력받아 국어, 영어, 수학의 합계를 계산하여 출력 파일에 인쇄하는 프로그램을 작성하라.**

풀이

Scanner 클래스를 이용하여 입력 파일을 읽고 PrintWriter 클래스를 이용하여 출력 파일에 인쇄하는 프로그램이 다음과 같다.

```
/**  FileIOTest.java to test file Input/Output ***************/
import java.io.*
import java.io.PrintWriter;
import java.util.Scanner;

class FileIOTest {
  public static void main(String[] args) throws FileNotFoundException {
    int id, korean,english, math, total;
    int linenumber;

    String inputFileName = "C:/JavaWorkspace/sample.txt";
    String outputFileName = "C:/JavaWorkspace/out.txt";

    // 입력 파일을 읽기 위해 File 객체생성
```

```
    File inputFile = new File(inputFileName);
    Scanner in = new Scanner(inputFile);
    // 출력 파일을 지정하기 위해 PrintWriter 객체생성
    PrintWriter out = new PrintWriter(outputFileName);

    // data를 읽어 합을 계산해 출력
    linenumber = 0; // data의 개수체크
    while (in.hasNext()) {
      linenumber++;
      String name =in.next(); // 문자열 데이터 읽음
      korean  = in.nextInt(); // 정수형 데이터 읽음
      english = in.nextInt();
      math    = in.nextInt();
      total = korean + english + math;
      out.println(name+" Kor = "+korean+" Eng = "+english+" Math = "+math
      +"Total = "+total);
      System.out.println(name+" Kor = "+korean+" Eng = "+english+
      " Math = "+math+" Total = "+total);
    }
    System.out.println("Num of data = "+linenumber); // 데이터의 수 출력
    in.close();
    out.close();
  }
}
```

이 프로그램의 실행 결과는 다음과 같다.

```
Kim Kor = 70 Eng = 80 Math = 90 Total = 240
Lee Kor = 90 Eng = 70 Math = 50 Total = 210
Park Kor = 90 Eng = 90 Math = 90 Total = 270
Num of data = 3
```

이 예제의 입력 파일에서 각 줄의 데이터 구분(성명, 국어, 영어, 수학 등)은 빈칸이었고 in.next(), in.nextInt() 메소드를 이용하여 읽었는데 이와 같이 빈칸으로 데이터를 구분하는 방식의 데이터를 자유형식의 데이터라고 한다.

텍스트 파일에서 데이터의 기본 구분은 blank

- 한 파일 내에서 데이터들의 구분을 빈칸으로 하는 방식을 자유형식의 데이터라고 함.
- Scanner의 메소드 next(), nextInt(), nextDouble()은 자유형식의 데이터를 읽음.

입력과 출력 파일 이름은 키보드에서 입력받을 수도 있는데 다음 예제를 살펴보자.

예제 4.5 **입력과 출력 파일 이름을 키보드에서 입력받아 입력 파일에 있는 내용을 라인 번호와 함께 출력 파일에 인쇄하는 프로그램을 작성하라.**

풀이

Scanner 클래스를 이용하여 입력 파일을 읽고 PrintWriter 클래스를 이용하여 출력 파일에 인쇄하는 프로그램이 다음과 같다.

```
/** FileIOTest2.java to test file Input/Output ***************/
import java.io.*;
import java.io.PrintWriter;
import java.util.Scanner;

class FileIOTest2 {
  public static void main(String[] args) throws FileNotFoundException {
    int id, korean, english, math, total;
    int linenumber;

    // 입력 및 출력 파일명 읽음
    Scanner console = new Scanner(System.in);
    System.out.print("Input File Name : ");
    String inputFileName = console.next();
    System.out.print("Output File Name : ");
    String outputFileName = console.next();

    // 입력 파일을 읽기 위해 File 객체생성
    File inputFile = new File(inputFileName);
    Scanner in = new Scanner(inputFile);
    // 출력 파일을 지정하기 위해 PrintWriter 객체생성
    PrintWriter out = new PrintWriter(outputFileName);

    linenumber = 0; // data의 개수체크
    while (in.hasNext()) {
      linenumber++;
      String line =in.nextLine(); // 한 줄의 데이터 읽음
      out.println(linenumber+" "+line);
    }
    in.close();
    out.close();
    console.close();
  }
}
```

입력 파일명을 sample.txt로 하였을 때 출력 파일 out.txt는 다음과 같다.

```
1 Kim   70 80 90
2 Lee   90 70 50
3 Park  90 90 90
```

4.5.2 File 클래스를 이용한 입·출력

Java에서 파일에 대한 입·출력은 스트림(stream) 방식으로 제공한다. 파일 입·출력뿐만 아니라 네트워크의 데이터 전송까지 모두 스트림이 제공된다. 스트림이란 "흐름"이라는 의미인데 Java에서는 스트림이 '데이터의 흐름'이라는 의미로, 데이터의 전송에 사용된다. 스트림에 대한 간단한 예를 살펴보자.

```
01  /*******************************************************
02  *   StreamTest.java
03  *******************************************************/
04  public class StreamTest{
05    public static void main(String[] args) throws IOException{
06      int i;
07      while((i=System.in.read()) != -1){
08        System.out.write(i);
09      }
10    }
11  }
```

7번 줄에서 System.in.read 메소드는 키보드에 입력된 내용을 바이트로 읽고, 8번 줄에서 System.out.write 메소드는 바이트로 된 전달인자 값을 화면에 출력한다. 이와 같이 스트림이란 데이터의 흐름을 말하는데 크게 바이트 기반 스트림과 캐릭터 기반 스트림의 두 종류가 있다. 스트림에 관한 API들은 java.io.* 패키지를 통해 제공되고 있다.

Java에서 File 클래스와 BufferedReader 클래스를 이용하여 파일 입력을 하는 다음 예제를 살펴보자.

예제 4.6 **커맨드라인에 준 파일 이름을 사용하거나, 내부에서 설정한 파일을 읽어서 줄번호를 추가하여 표준 출력으로 인쇄하도록 하는 프로그램을 작성하라.**

풀이

File 클래스를 이용한 프로그램이 다음과 같다.

```
/*************************************************************
 * RWFileTest.java 4  File(ASCII) Read test
 * 파일 이름을 입력하거나 입력이 없으면 bmi2.txt 파일을 읽음
 *************************************************************/
import java.io.File;
import java.io.FileReader;
import java.io.BufferedReader;
import java.util.Scanner;
```

```
09
10 class RWFileTest {
11   public static void main(String[] args) throws IOException {
12       File  f;
13       if (args.length > 0) { // May need more checks, like if file exists
14         f = new File(args[0]);
15       } else {
16         f = new File("sample.txt");
17       }
18
19       if (f.exists() && !f.isDirectory()) {    // 파일이 존재하면
20         FileReader fr = new FileReader(f);      // 파일리더 생성
21         BufferedReader br = new BufferedReader(fr); // Buffered reader 생성
22         String s;       // 한 줄을 읽어 저장할 예정
23         int ii = 0;     // 파일이 몇 번째 줄인지 셈.
24         while((s = br.readLine()) != null) {   // 파일이 끝날 때까지
25             ii++;
26             System.out.print(String.format("%03d", ii) + "  ");
27             System.out.println(s);
28         }
29         fr.close();    // 파일 리더 닫기.
30       } else {         // 파일이 없음
31         System.out.println("파일 "+f.getName()+" 이 없음!");
32       }
33   } // end main
34
35 } //end class
```

이 예제는 File, FileReader, BufferedReader 클래스가 필요하며(5-7번 줄) 커맨드라인 입력으로 읽을 파일의 이름을 지정한다. 만일 커맨드 라인에서 파일 이름이 지정되지 않으면 sample.txt라는 파일을 읽게 된다. 12번 줄에서 파일객체 f를 선언하고 커맨드라인 입력이 있는지 확인하여 이 파일을 설정하였다(13-17번 줄). 19번 줄은 파일 이름을 입력하면서 오타를 낸다거나 하는 이유로 파일이 존재하지 않거나(f.exists() 메소드), 주어진 이름의 파일이 존재하지만 디렉토리인 경우(isDirectory 메소드)에 대해서 체크하여 이 경우 에러 메시지를 출력하도록 하였다(31번 줄). 파일이 있는 경우에는 이 파일이 읽기 위한 파일임을 알리기 위해 이 파일을 매개변수로 FileReader 객체를 생성하였다(20번 줄). 21번째 줄은 실제로 이 파일을 읽어 들이는 방법을 지정하였는데 그 방법이 BufferedReader 객체의 생성이다. 이 세 가지 클래스에 대한 자세한 것은 예제 바로 뒤에 구체적으로 설명하였다. 22번과 23번 줄에는 BufferedReader로 읽어 들일 문자열을 저장할 변수 s와 출력에 줄번호를 얻기 위한 변수 ii를 선언하였다. 24번 줄의 while 문은 BufferedReader에서 한 줄씩 읽는 명령인데(readline 메소드) 파일이 끝날 때까지(readline의 결과가 null이면 파일의 끝임) 25-27번 명령을 반복한다. 이 명령은 줄번호를 1만큼 추가하고 줄번호에 대한 포맷 및 빈칸을 추가하여 한 줄 읽어 들인 것을 포함하여 인쇄한다.

위의 예제에서 사용한 File, FileReader 및 BufferedReader 클래스는 파일을 읽어 들이는 데 필요한 클래스들로 이들 클래스에 대하여 좀 더 구체적으로 알아보자.

가. File 클래스

File 클래스는 파일의 속성을 관리하는 클래스이다. 이름이 File이라 파일에 대한 것만 다루는 것으로 생각하기 쉬우나 폴더 생성, 파일 비교, 파일의 삭제, 이름 변경 등 파일이나 폴더의 관리에 대한 다양한 메소드를 지원한다. 파일 객체의 생성은 다음과 같이 한다.

```
File(String pathname)     // pathname에 주어진 파일을 사용하여 객체 생성한다.
File(String parent, String child)  // parent에 주어진 경로와 child에 주어진
                                   // 경로를 합하여 파일 객체를 생성한다.
```

예를 들어

```
f = new File("c:\users\root\desktop\javab", "sample.txt");
```

라고 하면 c:₩users₩root₩desktop₩javab₩sample.txt를 사용하는 파일 객체를 생성한다.

File(URI uri) URI로 주어진 파일로 파일 객체를 생성한다. 파일에 대한 URI scheme는 윈도우 형식에서는 다음과 같이 할 수 있다.

```
file://localhost/c|/WINDOWS/clock.avi
file:///c|/WINDOWS/clock.avi
file://localhost/c:/WINDOWS/clock.avi
```

URI를 통한 파일 객체 생성은 예를 들어 다음의 두 명령으로 할 수 있다.

```
URI uri = new URI("file:///c:/bin/bookmark.htm");
f = new File(uri);
```

위의 두 명령은 당연히 다음과 같이 하나로 줄여서 명령할 수 있다.

```
f = new File(new URI("file:///c:/bin/bookmark.htm"));
```

> **URI란 Uniform Resource Identifier**
>
> URI란 추상적 또는 물리적인 자원(resource)을 지정하는 주소 같은 것이다.
>
> - URI에 대한 문법은 RFC3986에 정의되어 있다(http://www.ietf.org/rfc/ rfc3986.txt 참조)
> - URL은 URI의 부분집합으로 자원에 대한 접근 방법을 포함하는 것을 말한다.
> - 위의 RFC3986에 대한 인터넷 주소는 http로 접근하며(http는 hyper text transfer protocol의 약자로 hypertext에 대한 접근 방법에 대한 규범을 의미한다),
> - 서버의 이름 및 경로와 파일명이 포함된 URL이다. URL이므로 당연히 URI이다.
> - URI의 일반적인 형태는 다음과 같다(중간에 줄바뀌기 없음에 주의).
>
> foo://username:password@example.com:8042/over/there/index.
> dtb?type=animal&name=narwhale#nose
>
> 여기서 foo는 URI의 스킴(scheme)으로 http, ftp, https, telnet 등과 같이 자주 보는 것들을 포함하며 이외에도 많은 스킴이 있다(위의 RFC398; 참조). username과 password는 example.com에 접속하고자 할 때의 사용자 아이디와 암호이며, 숫자 8042는 포트번호이다. over와 there은 경로이름이며 index.dtb는 실행파일인데 이 실행파일의 매개변수 type과 name의 값이 각각 animal과 narwhale이다. 이 결과 만들어진 출력에서 nose로 표시된 장소로 이동한 것이 최종위치이다.

File 클래스에서 제공하는 메소드들은 [표 4.1]과 같다.

나. FileReader 클래스

FileReader 클래스는 읽을 파일 객체를 생성하며 다음의 방법으로 파일 객체를 생성할 수 있다.

```
FileReader(File file)             // file 객체에 의해서 FileReader 생성
FileReader(String fileName)       // fileName에 준 파일이름으로 읽을 파일 지정
FileReader(FileDescriptor fd) // FileDescriptor에 주어진 파일로 읽을 파일 지정
```

FileReader 클래스에서 사용할 수 있는 메소드의 일부는 다음과 같다.

[표 4.1] File 클래스의 메소드

메소드명	설명
public boolean canRead()	절대경로(path)에 있는 파일을 읽을 수 있는지 알아낸다.
public boolean canWrite()	절대경로에 있는 파일을 편집할 수 있는지 알아낸다.
public boolean createNewFile() throws IOException	절대경로에 같은 이름의 파일이 존재하는지 알아낸다.

[표 4.1] File 클래스의 메소드(계속)

메소드명	설명
public boolean delete()	절대경로에 있는 파일이나 디렉토리를 삭제한다.
public boolean exist()	절대경로에 파일이 존재하는지 알아낸다.
public String getPath()	절대경로에 있는 파일을 문자열로 반환한다.
public String toString()	절대경로에 있는 파일 또는 디렉토리를 문자열로 반환한다.
public String getName()	파일 또는 디렉토리를 문자열로 반환한다.
public String getParent()	현재 파일 또는 디렉토리가 있는 상위 디렉토리의 절대경로를 반환한다.
public File getAbsoluteFile()	File 객체를 반환한다.
public String getAbsolutePath()	File 객체의 절대경로를 반환한다.
public File getCanonicalFile()	File 객체를 반환한다.
public boolean isDirectory()	절대경로에 나타난 것이 디렉토리인지 알아낸다.
public boolean isFile()	절대경로에 나타난 것이 파일인지 알아낸다.
public long length()	절대경로에 있는 파일의 길이를 반환한다.
public String[] list()	절대경로가 나타내는 디렉토리에 있는 파일들을 문자열 배열로 반환한다. 존재하지 않을 경우 내용이 없는 새로운 파일을 생성한다.
public boolean mkdir()	절대경로에 디렉토리를 생성한다.
public boolean renameTo(File dest)	절대경로에 있는 파일의 이름을 바꾼다.

[표 4.2] FileReader 클래스의 메소드

메소드명	설명
void close() BufferedReader	스트림을 닫는다.
void mark(int readAheadLimit)	현재의 위치에 마크를 한다. reset() 메소드가 호출되면 마크한 지금의 위치에 온다.
boolean markSupported()	현재의 스트림이 mark를 지원하는지 true/false로 반환한다.
int read()	한 문자(char)를 읽는다. 읽은 문자의 값은 0부터 65535 사이의 값으로 얻어지며 (0x00-0xffff) 만일 스트림의 끝이면 -1이 반환된다.
int read(char[] cbuf, int offset, int len)	offset부터 시작하여 길이가 len인 문자를 읽어 cbuf에 저장한다.
String readLine()	한 줄을 읽는다.
boolean ready()	현재의 읽기 스트림이 읽을 수 있도록 준비되었는지 확인한다.
void reset()	가장 최근의 마크(mark 메소드)로 이동한다.
long skip(long n)	매개변수 n개의 문자를 건너뛴다.

다. BufferedReader 클래스

BufferedReader 클래스는 텍스트를 읽기 위한 클래스이다. 여기에서 사용한 BufferedReader 클래스는 문자입력을 버퍼링으로 읽는 클래스이다. 이 클래스는 InputStreamReader나 FileReader와 같은 읽어 올 Reader를 매개변수로 받는다. 예를 들어 FileReader에서 읽어 올 경우

```
BufferedReader in = new BufferedReader(new FileReader("foo.in"));
```

는 파일 foo.in에서 읽게 된다. BufferedReader 클래스에서 사용할 수 있는 메소드들은 [표 4.3]과 같다.

[표 4.3] BufferedReader 클래스의 메소드

메소드명	설명
void close()	읽는 스트림을 닫음.
void mark(int readAheadLimit)	읽는 중간에 표시를 함. 아래의 reset 메소드가 호출되면 mark 메소드가 호출된 위치로 이동함.
boolean markSupported()	위의 mark 메소드를 사용할 수 있는지 확인.
int read()	한 문자(char)를 읽음.
int read(char[] cbuf, int off, int len)	off부터 시작하여 len개의 문자를 읽어서 문자 배열 cbuf로 저장함. 만일 중간에 파일의 끝을 만나면 메소드는 -1을 반환하며, 어떤 이유로 읽지 못하면 메소드는 false를 반환함.
String readLine()	한 줄을 읽음.
boolean ready()	현재의 스트림이 읽을 수 있는지 확인함.
void reset()	위의 mark 메소드에 의해 가장 최근에 마크한 위치로 이동.
long skip(long n)	n개의 문자(char)을 건너 뜀.

라. 파일 입력에서 데이터 구분자의 처리(빈칸, CSV 등)

데이터에 대한 통계처리의 경우 데이터가 ASCII 파일로 제공된다고 가정하자. 이 경우 위의 예제에서 보는 것처럼 데이터를 한 줄씩 읽거나, BufferedReader의 read 메소드를 통해 한 문자씩 읽어 들일 것이다. 이때 문제는 대부분의 통계 데이터가 그러하듯이 원래의 데이터는 숫자일 가능성이 크며, 게다가 변수를 구분하기 위해서 하나 이상의 빈칸을 포함하고 있을 가능성이 매우 높다는 것이다. 이러한 문제를 해결한 간단한 프로그램을 살펴보자. 이 예제를 응용하면 CSV 파일(콤마로 변수를 구분한 텍스트 파일로 CSV는 Comma Separated Values의 약자)을 읽어 오는 것도 간단히 해결할 수 있다.

예제 4.7 **파일에서 데이터를 읽어 빈칸 기준으로 분리하는 프로그램을 작성하라.**

풀이

파일에서 데이터를 읽어 빈칸 기준으로 분리하는 프로그램이 다음과 같다.

```
01 /************************************************************
02  * RWFileTest2.java to test read file  and covert numbers
03  * 1. 읽을 파일은 bmi2.txt
04  * 2. 한 줄씩 읽어 가 변수의 값으로 분리. (분리 기준: 하나 이상의 빈칸)
05  ************************************************************/
06 import java.io.FileReader;
07 import java.io.FileWriter;
08 import java.io.BufferedReader;
09
10 class RWFileTest2 {
11   public static void main(String[] args) throws IOException {
12       FileReader fr = new FileReader("bmi2.txt");
13       BufferedReader br = new BufferedReader(fr);
14       String s;
15       String[] rows;       // 파일의 한 줄을 문자열 배열 rows로
16       double[] cases;      // 각 문자열을 숫자로 변환
17       int ii = 0;          // 줄번호로 사용 예정
18
19       while((s = br.readLine()) != null) {
20         s = s.trim();      // 읽어서 앞뒤의 빈칸 삭제
21         ii++;
22         System.out.print(String.format("%03d", ii) + "   ");
23         while (s.contains("  ")) {           // 두 개 이상의 빈칸을 하나로
24             s = s.replace("  ", " ");
25         }
26         rows = s.split(" ");                 // 빈칸을 경계로 하나씩 분리하여 배열로
27         cases = new double[rows.length];
28
29         for (int i = 0; i < rows.length; i++) {
30           rows[i] = rows[i].trim();                // 빈칸이 있으면 잘라냄
31           cases[i] = Double.valueOf(rows[i]);   // 숫자로 변환
32           //System.out.print(rows[i] +" ");
33           System.out.print(cases[i] +" ");       // 출력
34         }
35         System.out.println("");  // line skip
36       } // end of while
37       fr.close();
38   } // end main
39 } //end class
```

이 프로그램에서 import된 클래스나 12-13번 줄은 앞의 예제에서 살펴보았으므로 생략한다. 먼저 s는 앞에서와 마찬가지 한 줄씩 읽어 들일 문자열이며, 배열 rows는 s를 하나 이상의 빈칸으로 구분하여 저장할 배열이다. cases는 rows를 숫자로 변환하여 저장할 변수이다(이 경우 굳이 새 변수 이름으로 저장할 필요는 없음에 유의하자). ii는 앞의 예제와 마찬가지로 줄번호로 사용할 변수이다. 19번 줄의 while 문은 파일이 끝날 때까지 한 줄씩 읽어 들이는 것이다. 20번 줄의 trim() 메소드는 String 클래스의 메소드로 문자열의 앞과 뒤에 있는 빈칸을 없애는 메소드이다. 이 메소드는 문자열의 중간에 있는 빈칸은 없

애지 않는다. 22번 줄에서는 줄번호와 몇 개의 빈칸을 미리 print하였다. print 메소드는 줄을 바꾸지 않음에 유의하자. 24번 줄은 한 줄 읽어 들인 s에 두 개의 빈칸을 하나로 바꾸는 것이다. 이 명령이 두 개의 빈칸이 s에 있을 동안 계속 반복하는 while 문 안에 들어가 있으므로 이 while이 끝나면 두 개 이상의 빈칸은 하나의 빈칸으로 바뀌게 된다. 여기서 while 문을 포함하지 않으면 세 개의 빈칸은 24번 줄의 명령에 의해 두 개의 빈칸으로 바뀌게 된다. 이렇게 두 개 이상의 빈칸을 하나로 바꾸는 이유는 뒤에서 빈칸을 기준으로 변수를 구분할 예정인데 여러 개의 빈칸이 있게 되면 빈칸을 값으로 갖는 변수가 생기기 때문이다. 실제로 이 프로그램의 23번과 25번 줄을 삭제하거나, 23-25번 줄을 모두 삭제하여 출력을 비교해 보면 이해가 빠를 수 있다. 26번 줄은 둘 이상의 빈칸을 하나로 바꾼 s를 빈칸을 기준으로 분리하여 배열 rows에 저장한 것이고 27번 줄은 cases 배열의 크기를 rows의 배열크기와 같도록 설정한 것이다(cases의 배열크기는 split 메소드에 의해 정해지지만 rows의 배열크기는 아직 정해지지 않았음에 유의). 29-34번 줄은 각각의 rows 값을 double로 변환하여 cases로 저장하고 이들을 인쇄하라는 것이다. 주석 처리한 인쇄 명령을 사용해도 결과는 마찬가지이다.

문자로 읽은 후 숫자로 변환

위의 프로그램은 예제로서 인쇄를 할 때 문자로 하나, 숫자로 하나 결과는 마찬가지이다. 하지만 실제 프로젝트에서는 이 값을 읽은 후 평균을 구하는 등의 추가적인 작업이 필요하므로 문자로 읽은 후 반드시 숫자로 바꾸어야 한다.

문자와 숫자가 혼합된 파일

변수 중 일부는 숫자를, 일부는 문자를 변수로 갖는 경우가 있을 수 있다. 이런 경우는 정규식(regular expression) 등을 사용하여 분리한 rows에 알파벳이 포함되었는지 또는 숫자만 있는지 등을 확인하여 일부 변수만 숫자로 바꿀 필요가 있다.

마. String 클래스의 유용한 메소드들

위에서 String 클래스의 몇 가지 메소드를 사용하였는데 String 클래스에서 많이 이용되는 메소드는 [표 4.4]와 같다.

[표 4.4] String 클래스의 메소드

메소드명	설명
char charAt(int index)	자열에서 인덱스사 index에 해당하는 문자. 인덱스는 0부터 시작임.
int compareTo(String anotherString)	사전 순서로 따라 두 문자열을 비교함. 만일 현재의 문자열이 anotherString보다 앞이면 음수, 같으면 0, 뒤이면 양수를 반환함.
int compareToIgnoreCase(String str)	위와 같은 메소드인데 대소문자 구별을 하지 않음.

[표 4.4] String 클래스의 메소드(계속)

메소드명	설명
String concat(String str)	문자열 str을 현재의 문자열 뒤에 붙임. + 연산자를 사용하는 것과 같은 결과를 얻을 수 있다. 예를 들면 "to".concat("get").concat("her")의 결과는 "together"임.
boolean contains(CharSequence s)	현재의 문자열에 s가 포함되는지 확인.
boolean endsWith(String suffix)	현재의 문자열의 끝부분이 suffix와 같은지 확인.
boolean equals(Object anObject)	현재의 문자열이 anObject와 같은지 확인.
boolean equalsIgnoreCase(String anotherString)	위와 같으나 대소문자 구분을 하지 않음.
static String format(Locale l, String format, Object... args)	주어진 지역에 맞게 format에 주어진 형식으로 args를 포맷함.
void getChars(int srcBegin, int srcEnd, char[] dst, int dstBegin)	현재의 문자열에서 srcBegin부터(포함) srcEnd까지의(불포함) 인덱스를 문자 배열인 dst에 복사함. 단 dst의 시작 인덱스는 dstBegin임.
int length()	현재 문자열의 길이를 반환.
boolean matches(String regex)	regexp에 주어진 정규식(regular expression)과 일치하는지 확인함.
String replace(char oldChar, char newChar)	문자열에서 oldChar을 newChar로 바꿈.
String[] split(String regex)	regex에 준 정규식이 나오는 곳을 기준으로 현재의 문자열을 분리하여 각각을 문자열 배열로 반환.
String[] split(String regex, int limit)	위와 같으나 최대 limit 번만 분리함. 먼저 나온 regex부터 적용한다.
boolean startsWith(String prefix)	현재의 문자열이 prefix부터 시작하는지 확인함.
String substring(int beginIndex)	현재의 문자열에서 인덱스가 beginIndex부터 끝까지 일부만 반환. "unhappy".substring(2) = "happy".
String substring(int beginIndex, int endIndex)	beginIndex부터 endIndex 사이의 문자들만 새로운 문자열 만듦. beginIndex 포함, endIndex 불포함.
String toLowerCase()	소문자로 변환.
String toUpperCase()	대문자로 변환.
String toUpperCase(Locale locale)	locale 지역에 맞게 소문자는 모두 대문자로 변환. Locale에 대해서는 ==== format 참고.
String trim()	현재의 문자열의 시작과 끝부분에 있는 빈칸을 삭제함.

바. 파일 출력 및 FileWriter 클래스

앞에서 파일을 읽은 방법을 알아보았는데 여기서는 파일로 출력을 보내는 방법에 대해서 알아보자. 파일로 쓰는 것은 파일로 읽은 것과 거의 마찬가지의 방법을 사용한다. 파일로 쓰기 위해서는 FileWriter 객체가 있어야 하고, FileWriter 객체의 매개변수로 File 클래스를 사용할 수도 있다. 다음의 예제는 FileReader 및 FileWriter 클래스 모두 File 클래스를 사용하지 않고 생성하였다.

예제 4.8 **(파일로 쓰기) 파일을 열어, 그 내용을 읽어서 적절한 작업을 수행한 후 수행결과를 파일로 쓴 아래 예제를 분석하라. 이 예제에서 작업은 한 줄씩 읽은 문자열에 줄번호를 추가하는 것이다.**

풀이

파일에서 데이터를 읽어 빈칸 기준으로 분리하는 프로그램이 다음과 같다.

```
01 /************************************************************
02  * RWFileTest3.java 4  File Read/Write test
03  * 파일 bmi2.txt를 읽어서 filetest.txt 파일로 저장함.
04  ************************************************************/
05 import java.io.FileReader;
06 import java.io.FileWriter;
07 import java.io.BufferedReader;
08
09 class RWFileTest3 {
10   public static void main(String[] args) throws Exception {
11       FileReader fr = new FileReader("bmi2.txt");
12       FileWriter fw = new FileWriter("filetest.txt", false);
13       // false는 붙여쓰기에 대한 false이므로 덮어쓰기가 됨.
14       BufferedReader br = new BufferedReader(fr);
15       String s;
16       int ii = 0; // 줄번호로 사용
17       while((s = br.readLine()) != null) {
18          ii++;
19          s = String.format("%03d", ii)+"   "+s;
20          fw.write(s+"\n"); // 줄번호 포함하여 파일로 저장
21       }
22       fr.close();
23       fw.close();
24   } // end main
25 } //end class
```

이 프로그램의 11번과 12번 줄은 각각 읽고 쓰기 위해 fr과 fw 객체를 생성하였다. 12번 줄에서 보는 것처럼 파일에 쓰기 위해서는 FileWriter 클래스를 사용할 수 있다. FIleWriter 클래스에 대해서는 예제가 끝나고 설명하기로 한다. 17-19번 줄은 앞에서도 종종 본 것처럼 파일이 끝날 때까지 한 줄씩 읽고, 줄번호를 추가하여 출력형식을 바꾼 것이다. 파일로 쓰기 위해서는 FileWriter의 write 메소드를 사용하였는데 이 프로그램에서 20번째 줄이다. 22, 23번 줄은 각각 읽기 및 쓰기 목적으로 연 파일을 닫은 것이다.

파일에 어떤 내용을 쓰고자 할 때 사용할 수 있는 클래스로 FileWriter 클래스가 있다. 이 클래스는 다음 중의 하나의 방법으로 생성한다.

```
FileWriter(File file) throws IOExeption
  File 클래스 객체인 file로 생성함. IOException은 주어진 file이 디렉토리
  이거나, 파일이 없거나, 파일을 만들 수 없거나, 어떤 이유로 파일을 열 수
  없는 경우에 발생함.
```

```
FileWriter(File file, boolean append) throws IOExeption
  File 클래스 객체인 file로 생성하되 append가 true이면 기존 파일에 이어서
  붙이고 그렇지 않으면 덮어 씀. IOException은 위와 같음.
```

```
FileWriter(String fileName) throws IOException
  문자열로 주어진 파일 fileName을 쓰기 위해서 생성. IOException은 위와 같음.
```

```
FileWriter(String fileName, boolean append)
  문자열로 주어진 파일 fileName을 쓰기 위해서 생성하되 append가 true이면
  기존 파일에 이어서 붙이고 그렇지 않으면 덮어 씀. IOException은 위와 같음.
```

FileWriter 클래의 메소드는 [표 4.5]와 같다.

[표 4.5] FileWriterr 클래스의 메소드

메소드명	설명
public void close() throws IOException;	FileWriter 닫음.
public abstract void write(char[] cbuf, int off, int len) throws IOException	cbuf에 주어진 문자 배열에서 off에서 시작하여 길이가 len 문자만 쓰기.
public void write(String str) throws IOException	현재의 FileWrite에 str을 쓰기.

연습문제

4.1 만일 존재하지 않는 파일을 읽으려고 하면 어떠한 문제가 발생하는가?

4.2 체크된 예외와 체크되지 않은 예외의 차이는?

4.3 throw 문과 catch 문의 차이점은?

4.4 연습문제 3.13에서 다음의 이항 분포함수 확률을 계산하는 프로그램을 작성하였다.

$$f(x) = \binom{n}{x} p^x (1-p)^{n-x}$$

각각의 $n = 2,3,...,20$에 대하여, $p = 0.1,0.2,...,0.9$일 때 $x = 0,1,2,...,n$의 이항 확률분포표를 파일로 출력하는 프로그램을 작성하라.

4.5 연습문제 3.14에서 다음의 프와송 분포함수 확률을 계산하는 프로그램을 작성하였다.

$$f(x) = \frac{e^{-\lambda}\lambda^x}{x!}$$

각각의 $\lambda = 0.2,0.4,...,2$에 대하여 $x = 0,1,2,...$의 프와송 확률분포표를 파일로 출력하는 프로그램을 작성하라. 확률이 1E-10 이하면 0으로 간주하여 인쇄를 하지 않는다.

5장

Java 배열

학습목표

- 배열의 필요성과 일차원 배열에 대해서 이해한다.
- 일차원 배열의 다양한 응용 방법을 이해한다.
- 다차원 배열의 정의와 응용 방법을 이해한다.

5.1 일차원 배열

프로그램을 하다 보면 여러 개의 같은 데이터형의 변수를 선언할 필요가 있다. 예를 들어 세 개의 정수 변수 각각에 값 1, 2, 3을 저장하고 이 수들의 합을 구하는 프로그램은 다음과 같다.

```
int a, b, c;
a = 1;
b = 2;
c = 3;
sum = a + b + c;
System.out.println(sum);
```

위 프로그램과 같이 세 개의 변수일 경우 각 변수를 정의하고 합을 계산하는데 큰 불편은 없어 보인다. 하지만 만일 100개의 정수 변수에 대해 값을 1, 2, … , 100으로 저장하고 이 수들의 합을 구하려면 어떻게 될까? 서로 다른 변수 이름을 작명하기도 쉽지 않고, 변수 각각에 대하여 숫자 1, 2, … , 100을 저장하는 것이 매우 번거로운 작업이 된다. **배열변수**(array variable)란 이와 같은 귀찮은 작업을 쉽게 할 수 있도록 수학의 첨자 a_1, a_2, … ,a_{100}과 같은 방법으로 변수 이름을 설정하는 것이다. 첨자가 하나인 **일차원 배열변수**(one dimensional array variable)로 정의할 수도 있고, 수학의 2차원 첨자 a_{11}, a_{12}, … 등과 같은 **이차원 배열변수**(two dimensional array variable)를 정의할 수도 있다. 3차원 이상의 배열도 가능한데 5.3절에서 살펴본다.

일차원 배열변수의 선언

데이터형[] 배열변수명 = new 배열명[크기];
 	
예) int[] n = new int[3]; // n[0], n[1], n[2] 선언
int n[] = new int[3]; // n[0], n[1], n[2] 선언
int[] n; 선언후 n = new int[3]; 와 같이 두 명령문으로 할 수 있음
int n[]; 선언후 n = new int[3]; 와 같이 두 명령문으로 할 수 있음

일차원 배열변수의 선언에 사용될 수 있는 데이터형은 2장에서 연구한 byte, short, char, int, long, float, double, String 등이다. 예를 들면 int[] n = new int[3] 은 정수형 배열변수 세 개, 즉 n[0], n[1], n[2]를 컴퓨터 메모리에 지정하라는 의미이다. 배열변수 첨자의 시작은 [0]에서 시작하는데 편리한 점도 있지만 일반 수학에서는 첨자를 대개 [1]에서부터

시작하기 때문에 주의해야 한다.

> **배열변수 첨자는 [0]에서부터 시작**
> - int[] n = new int[3] 같은 배열 선언은 n[0], n[1], n[2]라는 변수 이름이 지정된다.
> - n[3] 라는 이름을 사용하려면 배열을 int[] n = new int[4]로 지정함.

앞의 프로그램을 정수형 변수 a, b, c 대신에 정수형 배열변수를 이용하면 다음과 같다.

```
int[] n = new int[3];      // 정수형 배열의 선언, n[0], n[1], n[2]
n[0] = 1;
n[1] = 2;
n[2] = 3;
sum = n[0] + n[1] + n[2];
System.out.println(sum);
```

위의 예제와 같이 배열변수가 많지 않은 경우 int[] n = {1,2,3}; 과 같이 배열 선언과 초기화를 동시에 할 수 있는 방법이 있다. 이 명령문은 정수형 배열변수 n[0], n[1], n[2]를 생성하고 각각의 값을 1, 2, 3으로 지정하라는 의미이다.

```
int[] n = {1,2,3};  // 세 개의 초깃값에 대한 정수형 배열 선언
sum = n[0] + n[1] + n[2];
System.out.println(sum);
```

일차원 배열변수의 선언과 초기화를 동시에 하는 방법
① 데이터형[] 배열변수명 = {값1,값2, ... , 값n}; 예) int[] n = {1,2,3};   // n[0]=1, n[1]=2, n[2]=3으로 배열선언과 초깃값 동시지정 ② 데이터형 배열변수명[]; 배열명 = new 데이터형[] {값1,값2, ... , 값n}; 예) int n[]; n = new int[]{1,2,3};

배열변수의 첨자는 프로그램에서 변수로 정의할 수 있는데 반드시 정수형 변수로 정의해야 한다. 첨자를 변수로 하여 변화하는 값을 지정하면 for 문과 결합되어 아주 편리하게 많은 작업을 할 수 있다. 위의 예제를 첨자에 변수를 이용하여 수정하면 다음과 같다.

```
int[] n = new int[3];      // 정수형 배열의 선언, n[0], n[1], n[2]
sum = 0;
for (int k = 0; k < 3; k++) {
   n[k] = k + 1;
   sum = sum + n[k];
}
System.out.println(sum);
```

만일 이 프로그램을 1에서 100까지의 합을 구하는 프로그램으로 바꾸려면 int[] n = new int[100]로 배열의 크기를 늘리고(변수명이 n[0]에서 n[99]까지 늘림) for 문의 조건식을 k〈100으로 바꾸어 주면 된다.

```
int[] n = new int[100];      // 정수형 배열의 선언, n[0], n[1], ... , n[99]
sum = 0;
for (int k = 0; k < 100; k++) {
   n[k] = k + 1;
   sum = sum + n[k];
}
System.out.println(sum);
```

하지만 배열에서 첨자가 주어진 범위를 벗어나면(위 예제의 경우 0에서 99를 벗어나면) 다음과 같은 예외 오류가 발생한다.

```
ArrayIndexOutOfBoundsException
```

어떤 의미에서는 에러일 수도 있고 그렇지 않은 경우도 있기 때문에 Java에서는 이런 상황들을 **예외**(exception)라고 한다. 배열의 첫째 주소 n[0]는 사용할 때 혼동을 줄 수 있는데 위의 예제에서 n[1]부터 n[100]까지 사용하려면 배열의 크기를 n[101]로 지정해야 한다.

배열변수 첨자의 범위 주의

- 배열변수의 첨자는 정수형 변수로 지정할 수 있다.
- 첨자변수의 범위에 주의해야 한다. 예를 들면, int[] n = new int[3] 같은 배열 선언은 n[0], n[1], n[2]라는 변수 이름이 지정되므로 배열첨자가 가능한 값은 0, 1, 2이다. 즉, n[3]=4; 와 같은 명령문은 오류임.
- 첨자변수가 범위를 벗어날 경우 ArrayIndexOutOfBoundsException 오류가 발생한다.

[표 5.1]은 1차원 배열변수 선언의 여러 가지 예이다.

[표 5.1] 배열변수 선언의 예

배열변수 선언	설명
int[] a = new int[10];	10개의 정수형 배열변수 a[0], ... , a[9] 선언. 이 경우 모든 변수의 초깃값은 0임.
int LENGTH = 10; double dd = new double[LENGTH];	배열변수의 크기를 정수형 상수 LENGTH로 지정하였음.
int[] n = {1,2,3}; 또는 int[] n; n = new int[] {1,2,3};	크기가 3인 배열변수 n[0],n[1],n[2]를 선언하고 초깃값을 지정해 줌.
String[] name = new String[3];	문자열 배열변수 name[0],name[1],name[2] 선언. 이때 모든 변수의 초깃값은 null(아무 것도 없음을 의미)
String[] name = {Kim,Lee,Park}	문자열 배열변수 name[0],name[1],name[2] 선언하고 각각의 초깃값을 Kim, Lee, Park을 줌. 이와 같이 배열의 값이 반드시 숫자일 필요는 없다.
double dd = new int[3];	배열 선언 오류

배열변수의 길이는 '.length' 메소드를 이용하여 구할 수 있다.

> **배열변수의 길이는 배열변수명.length 메소드로 구할 수 있다.**
>
> 예) int[] n = new int[3];
>
> arraysize = n.length; // 이 경우 arraysize의 값은 3이 된다.

예제 5.1 **(배열에 값 넣기) 다음 프로그램의 출력 결과가 어떠한지 살펴보라.**

```
/*****************************************************
*  Array.java to test array
*  벡터를 선언하고 값을 지정하고 인쇄
*****************************************************/
class Array {

 public static void main(String[] args) {
   float rannum[] =  new float[10];

   for (int i=0; i < rannum.length; i++) {
     rannum[i] = ((float) i) * 10.0f;
     System.out.println(rannum[i]);
   }
 }  // end of main
} // end of class
```

풀이

이 프로그램의 10-13번 줄에서 배열변수 rannum[]은 길이가 10인 다음과 같은 벡터를 정의한다.

i	0	1	2	3	4	5	6	7	8	9
i*10.f	0	10	20	30	40	50	60	70	80	90

컴퓨터 기억장치에서 배열변수의 위치

int[] n = {1,2,3} 같은 배열의 선언은 n[0], n[1], n[2]라는 배열변수를 컴퓨터 주기억장치의 일정 부분에 생성하고 그 값으로 각각 1, 2, 3을 저장한다. 주기억장치는 크게 Constant, Heap, Stack이라는 세 영역으로 구분된다. Constant 영역은 프로그램이 복잡할 때 전체 프로그램에서 동시에 사용하는 변수를 정의하는 부분이다(앞으로 배울 예정임). Heap 영역은 일반 변수나 배열변수가 위치하는 부분으로 기억장치의 기본 단위는 byte이나, 프로그램에서 정의하는 변수의 데이터형에 따라 2byte, 4byte, 8byte 등으로 묶어서 값을 저장하는 부분이다. Stack 영역에는 별도의 목적으로 사용하기 위하여 배열변수의 이름만 저장한다.

정수형 배열변수 int[] n = {1,2,3}가 선언되면 Heap 영역에 4byte씩 묶어서 세 개의 저장장소를 만들고 각각의 이름을 n[0], n[1], n[2]로 하며 값 1, 2, 3을 저장한다. 이때 Stack 영역에도 4byte 정수형 변수(**참조변수**(reference variable)라고 함)를 만들고 이름을 n이라고 하고 그 값으로 n[0]가 위치한 주소(즉 배열이 시작되는 기억장치 내의 절대주소)가 저장된다. 이와 같이 Stack 영역에 배열변수의 시작주소를 저장하는 것은 배열의 크기가 동적으로 변화할 수 있게 하여 프로그램의 속도를 높이기 위한 아이디어이다.

만일 int[] n;으로 배열의 선언을 하면 Stack 영역에 n이라는 참조변수만 만든다. 그 이후 n = new int[] {1,2,3}; 라는 명령문을 만날 때 Heap 영역에 n[0], n[1], n[2]를 만들고 n[0]의 주소를 Stack 영역의 참조변수값으로 준다.

Constant 영역	Heap 영역	Stack 영역
	4 byte n[0], 값=1	4byte n, 값='n[0]'의 주소
	4 byte n[1], 값=2	
	4 byte n[2], 값=3	

5.2 일차원 배열을 응용한 계산

1차원 배열은 프로그램에 많이 응용되는데 이 중에서 자주 이용되는 계산에 대해 살펴보자.

가. 평균, 분산, 도수분포의 계산

데이터 $x_1, x_2, ..., x_n$이 주어졌을 때 평균(μ)과 분산(σ^2)을 구하는 공식은 다음과 같다.

$$\mu = \frac{1}{n}\sum_{i=1}^{n} x_i$$

$$\sigma^2 = \frac{1}{n}\sum_{i=1}^{n}(x_i - \mu)^2$$

평균과 분산을 구하는 다음 예제를 살펴보자.

예제 5.2 **(배열 값의 합과 평균 계산) 10개의 실수형 배열을 선언하고 각각의 배열변수에 0, 1, 2^2, 3^2, ... , 9^2 등을 입력한 후 평균과 분산을 계산하라.**

풀이

$0^2, 1^2, ..., 9^2$을 배열에 넣고 그 합 $0^2 + 1^2 + \cdots + 9^2$을 계산하는 프로그램이 아래와 같다. 평균은 이 값을 10으로 나눈 것이다.

```
/****************************************************
*  SumAverage.java
*  각 배열변수에 값을 지정
****************************************************/
class SumAverage {

  public static void main(String[] args) {
    int i;
    double[] dvalue = new double[10];
    double sum, sqsum, average, variance;
    sum = 0.;
    for (i=0; i < dvalue.length; i++) {
      dvalue[i] = (double) i * (double) i;
      sum = sum + dvalue[i];
    }
    average = sum / dvalue.length;
    sqsum = 0.;
    for (i=0; i < dvalue.length; i++) {
      sqsum = sqsum + (dvalue[i]-average)*(dvalue[i]-average);
```

```
20     }
21     variance = sqsum / dvalue.length;
22     System.out.println("Sum = "+sum+"   Average = "+average);
23     System.out.println("Square Sum = "+sqsum+"   Variance = "+variance);
24
25   }  // end of main
26  } // end of class
```

이 프로그램에서 13번 줄에서 정수형 변수 i를 double형으로 변환하여 계산하였다. 이 경우에는 정수형으로 계산해도 되지만 원하는 데이터형으로 변환하여 계산하는 프로그래밍에 익숙해져야 프로그램 실수를 줄일 수 있다.

19번 줄에서 (dvalue[i]-average)를 두 번 계산하여 곱해 주었는데 임시로 기억장치에 저장한 후 곱해 주는 것이 더 좋은 방법이다. 즉

```
temp = dvalue[i]-average;
sqsum = squsm + temp*temp;
```

이 경우 제곱함수를 사용할 수도 있는데 오차를 줄이기 위해서는 위와 같은 계산 방법이 더 좋다.

프로그램의 실행 결과는 다음과 같다.

```
Sum = 285.0   Average = 28.5
Square Sum = 7210.5   Variance = 721.05
```

배열에 데이터가 저장되어 있을 때 어떠한 조건을 만족하는 데이터들의 빈도수를 구하는 예제가 다음과 같다.

예제 5.3 (조건식을 만족하는 데이터의 갯수 세기) 다음과 같은 정수값을 갖는 배열변수를 선언하라.

3 4 2 7 9 5 2 2 3 5

이 중에서 5보다 크거나 같은 데이터의 수를 세는 프로그램을 작성하라.

풀이

```
/****************************************************
*  CountingMatch.java
*  조건식을 만족하는 데이터의 수를 셈
****************************************************/
class CountingMatch {

 public static void main(String[] args) {
   int[] num={3, 4, 2, 7, 9, 5, 2, 2, 3, 5};
   int count = 0;
   for (int i=0; i < num.length; i++) {
     if (num[i] >= 5) count++;
   }
```

```
    System.out.println(count);

  }  // end of main
} // end of class
```

데이터에서 5보다 크거나 같은 데이터의 수는 4개이다.

이와 같은 예제를 확장하면 이산형 도수분포표를 작성할 수 있다. 이를 위해서는 먼저 배열에 서로 다른 숫자가 몇 개나 있고 그 값이 무엇인지 찾아야 한다. 그 다음, 위에 예제와 같이 각각의 값에 대한 도수를 찾는다.

나. 벡터의 연산

차원이 n인 두 벡터 $\vec{a}$와 $\vec{b}$의 덧셈 $\vec{a}+\vec{b}$와 내적 $\vec{a}'\vec{b}$는 다음과 같이 정의 된다.

$$\vec{a} = \begin{pmatrix} a_1 \\ a_2 \\ \cdots \\ a_n \end{pmatrix} \quad \vec{b} = \begin{pmatrix} b_1 \\ b_2 \\ \cdots \\ b_n \end{pmatrix} \quad \vec{a}+\vec{b} = \begin{pmatrix} a_1+b_1 \\ a_2+b_2 \\ \cdots \\ a_n+b_n \end{pmatrix}$$

$$\vec{a}'\vec{b} = a_1b_1 + a_2b_2 + \cdots + a_nb_n$$

배열을 이용하여 벡터의 덧셈과 내적을 계산하는 다음 프로그램을 살펴보자.

예제 5.4 **(벡터의 연산) 두 벡터 $\vec{a}' = \{1,2,3\}$ 와 $\vec{b}' = \{4,5,6\}$의 합과 내적을 계산하는 프로그램을 작성하라.**

풀이

두 벡터의 합과 내적을 구하는 프로그램은 배열을 이용하면 간단히 아래와 같이 작성할 수 있다.

```
/*****************************************************
 *  VectorCalculation.java
 *  벡터의 연산
 *****************************************************/
class VectorCalculation {

  public static void main(String[] args) {
    int[] a={1, 2, 3};
    int[] b={4, 5, 6};
    int[] c = new int[3];
    int i, vinner = 0;
```

```
    for (i=0; i < a.length; i++) {
      c[i] = a[i] + b[i];
      vinner = vinner +a[i] * b[i];
    }
    for (i=0; i < a.length; i++) {
      System.out.println("c["+i+"] = "+c[i]);
    }
    System.out.println("내적 = "+vinner);

  }  // end of main
} // end of class
```

프로그램의 실행 결과는 다음과 같다.

```
c[0] = 5
c[1] = 7
c[2] = 9
내적 = 32
```


다. 배열의 원소 다루기

배열에 비슷한 데이터의 개수를 세거나, 원하는 데이터를 찾거나, 배열의 최솟값과 최댓값 등을 찾는 예제는 아주 자주 이용된다.

예제 5.5 **(조건식을 만족하는 데이터의 위치) [예제 5.3]의 데이터에서 숫자 5의 위치를 찾는 프로그램을 작성하라.**

풀이

```
/***************************************************
*   LocatingMatch.java
*   조건식을 만족하는 데이터의 위치
***************************************************/
class LocatingMatch {

 public static void main(String[] args) {
   int[] num={3, 4, 2, 7, 9, 5, 2, 2, 3, 5};
   int count = 0;
   for (int i=0; i < num.length; i++) {
     if (num[i] == 5) {
       count++;
       System.out.println(i+1); // 왜 i+1 일까?
     } // end if
   } // end for
   System.out.println(count);
 }  // end of main
} // end of class
```

데이터에서 5와 같은 수는 2개가 있고 그 위치는 6번째와 10번째이다. for 문에서 i를 0에서부터 시작하였기 때문에 5의 위치를 인쇄할 때 i+1을 인쇄하였다.

예제 5.6 **(최솟값, 최댓값) [예제 5.3]의 데이터에서 최솟값과 최댓값을 구하라.**

풀이

```
/*****************************************************
*  MinMax.java
*  최솟값과 최댓값을 구함
*****************************************************/
class MinMax {

 public static void main(String[] args) {
   int[] num={3, 4, 2, 7, 9, 5, 2, 2, 3, 5};
   int i, min, max;

   min = num[0];    // 최솟값 초기치;
   for (i=1; i < num.length; i++) {
     if (num[i] < min) min = num[i];
   }
   System.out.println(min);

   max = num[0];    // 최댓값 초기치;
   for (i=1; i < num.length; i++) {
     if (num[i] > max) max = num[i];
   }
   System.out.println(max);

 }  // end of main
} // end of class
```

데이터에서 최솟값은 2이고 최댓값은 9이다. 최솟값 2는 여러 개 있지만 이 프로그램은 몇 번째에 이 데이터가 있는지 찾는 것은 아니다.

예제 5.7 **(배열의 한 값 제거) [예제 5.3]의 데이터에서 같은 숫자가 다시 나타나면 배열에서 제거하는 프로그램을 작성하라.**

풀이

이 문제는 세 개의 for 문을 사용하여 해결할 수 있다.

```
/*****************************************************
*  RemovingSame.java
*  같은 값을 배열에서 제거
*****************************************************/
```

```
class RemovingSame {

 public static void main(String[] args) {
   int[] num={3, 4, 2, 7, 9, 5, 2, 2, 3, 5};
   int i,j,k;
   int count = num.length;

   for (i=0; i < count; i++) {
     for (j=i+1; j < count; j++) {
       if (num[i] == num[j]) {
          for (k=j; k < count-1; k++) num[k] = num[k+1];
          count = count - 1; // 같은 데이터를 발견하면 데이터의 수가 줄음
          j--;
       } // end of if
     } // end of j
   } // end of i
   for (i=0; i < count; i++ )
      System.out.println("i = "+i+" data=  "+num[i]);

  }   // end of main
} // end of class
```

이 프로그램의 결과는 다음과 같다.

```
i = 0 data = 3
i = 1 data = 4
i = 2 data = 2
i = 3 data = 7
i = 4 data = 9
i = 5 data = 5
```


라. 배열 원소의 정렬(sorting)

배열의 원소를 값들의 오름차순(ascending) 또는 내림차순(descending)으로 정렬(sorting)할 필요가 많이 있을 수 있다. 여러 가지 알고리즘이 많이 개발되어 있는데 다음 예제는 for 명령문을 두 번 사용하는 선택적 정렬(selection sorting) 알고리즘을 소개한다.

예제 5.8 **(정렬: selection sorting) [예제 5.3]의 데이터에서 가장 작은 숫자를 num[0]에 위치하고, 그다음 작은 값을 num[1], 같은 방법을 반복하여 최댓값이 num[9]에 위치하도록 정렬하라.**

풀이

정렬 알고리즘은 여러 가지가 있는데 그중에서 최솟값을 연속적으로 찾아 배열의 원소를 재배치하는 방법을 selection sorting 알고리즘이라고 한다.

```
/**************************************************
*  SelectionSorting.java
*  최솟값에서부터 최댓값으로 정렬
**************************************************/
class SelectionSorting {

 public static void main(String[] args) {
   int[] num={3, 4, 2, 7, 9, 5, 2, 2, 3, 5};
   int i,j,k;

   for (i=0; i < num.length; i++) {
     for (j=i+1; j < num.length-1; j++) {
       if (num[j] < num[i]) {
         k = num[i];
         num[i] = num[j]; // 작은 값을 num[i]에 위치
         num[j] = k;
       } // end of if
     } // end of j
   } // end of i

   for (i=0; i < num.length; i++ )
      System.out.println("i = "+i+" data=  "+num[i]);

  }   // end of main
} // end of class
```

이 프로그램의 결과는 다음과 같다.

```
i = 0 data = 2
i = 1 data = 2
i = 2 data = 2
i = 3 data = 3
i = 4 data = 3
i = 5 data = 4
i = 6 data = 5
i = 7 data = 5
i = 8 data = 7
i = 9 data = 9
```

Java의 java.util.Arrays 클래스에는 오름차순 정렬 메소드가 있기 때문에 이 메소드를 사용하여 최대, 최소 및 내림차순 정렬 등을 할 수 있다. 정렬 알고리즘은 bubble sorting, selection sorting, insertion sorting, shell sorting, comb sorting, merge sorting, quick sorting 등 많은 알고리즘이 알려져 있는데 이는 데이터구조론 등을 참조하라. 아래는 반복문을 사용하여 Java의 정렬 메소드로 오름차순으로 정렬하고 이를 다시 내림차순으로 정렬하고, 최대, 최소 등의 값을 구하는 예제이다.

예제 5.9 (Java의 정렬(sorting) 메소드) 다음 프로그램의 출력 결과가 어떠한지 살펴보라.

```
01 /***************************************************************
02  * SortTest.java to test arrays
03  ***************************************************************/
04 import java.util.Random;
05 import java.util.Arrays;
06
07  class SortTest {
08   public static void main(String[] args) {
09    int nn = Integer.parseInt(args[0]);
10    double minx, maxx, tmp;
11    double[] a = new double[nn];
12    Random rn = new Random();
13
14    for (int i=0; i < nn; i++) {
15        a[i] = rn.nextGaussian();     // standard normal random number
16        System.out.print(a[i]+" ");
17    }
18    System.out.println("");           // 줄바꾸기
19
20    Arrays.sort(a); // 오름차순
21    System.out.println("오름차순");   // 줄바꾸기
22    for (int i=0; i < nn; i++) System.out.print(a[i]+" ");
23    System.out.println("");           // 줄바꾸기
24
25    minx = a[0];
26    maxx = a[nn-1];
27    // 내림차순으로 바꾸기
28    if (nn%2 == 0) { // nn 이 짝수
29       for (int i=0; i < nn/2; i++) {
30         tmp = a[i];
31         a[i] = a[nn-1-i];
32         a[nn-1-i] = tmp;
33       }
34    } else { // nn이 홀수
35       for (int i=0; i < (nn-1)/2; i++) {
36         tmp = a[i];
37         a[i] = a[nn-1-i];
38         a[nn-1-i] = tmp;
39       }
40    } // end if
41
42    System.out.println("내림차순");   // 줄바꾸기
43    for (int i=0; i < nn; i++) System.out.print(a[i]+" ");
44    System.out.println("");           // 줄바꾸기
45   } // end main
46  } // end class
```

풀이

9번 줄에서 커맨드라인 입력으로 데이터의 수 nn을 입력 받는다. 10, 11번 줄에서 최대, 최소 및 데이터를 저장할 배열을 선언하였으며, 12번 줄의 Random 객체 생성은 배열

a의 값으로 난수를 사용하기 위해 선언하였다. 14-18번 줄에서 배열 a의 값을 표준정규분포로부터 난수를 발생시켜 얻었다. 20번 줄의 Arrays.sort(a)에 의해서 a가 오름차순으로 정렬되었으며, 따라서 최소는 a[0]이고 최대는 a[nn-1]이다(25, 26번 줄). 여기서 nn = a.length로 배열 a의 길이이다. 오름차순으로 정렬된 벡터의 원소를 내림차순으로 바꾸는 것은 a의 길이가 짝수인지 홀수인지에 따라 달라진다.

nn이 짝수이면(nn%2 == 0) 0번과 (nn-1)번, 1번과 (nn-2)번, ··· a[i]와 a[nn-1-i]를 i=0,1,2,··· (nn/2-1)에 대해서 바꾸어준다. 두 값을 바꾸기 위해서는 반드시 바꿀 값을 임시로 저장할 변수가 필요한데 여기서는 tmp라는 변수를 사용하였다(28-33번 줄).
nn이 홀수이면(nn%2 == 1) (nn+1)/2번째는 중앙에 위치하는 값이므로 자리의 변동이 없고, 나머지 값들은 위의 방법과 마찬가지로 서로 바꾸어준다. 즉, 정수 i의 값이 0부터 ((nn-1)/ 2-1)까지에 대해서 a[i]와 a[nn-1-i]를 바꾼다(34-40번 줄).
42-44번 줄은 인쇄를 위한 명령들이다.

위의 예제에서 사용한 Random 클래스는 Java에서 제공하는 난수 생성 클래스로서 double, boolean, int, float 등의 형식으로 난수를 생성할 수 있다.

java.util.Random 클래스

- Random(): 내부적으로 초기치를 임의로 잡아서 난수를 생성한다.
- Random(long seed); 주어진 seed 값을 초기치로 사용하므로 프로그램이 생성될 때마다 같은 난수가 만들어진다.

* Random 클래스에서 제공하는 주요 메소드는 다음과 같다.

boolean nextBoolean()	// 다음 난수를 생성한다. 생성되는 값은 true 또는 false이며 각 확률은 1/2이다.
double nextDouble()	// double 형식의 일양분포 U(0,1) 난수를 한 개 생성한다.
float nextFloat()	// float 형식의 일양분포 U(0,1) 난수를 한 개 생성한다.
double nextGaussian()	// 표준정규분포 N(0,1)를 갖는 난수 하나를 생성한다.
int nextInt(int n)	// 0부터 n 사이의 자연수 난수 생성. 0포함, n 불포함
void setSeed(long seed)	// 난수 발생기의 초깃값을 설정한다.

5.3 다차원 배열

수학에서 행렬에 대한 이론을 설명할 때는 2차원 첨자 a_{11}, a_{12}, ... 등의 기호를 이용한다. Java에서 배열의 선언도 2차원으로 가능한데 1차원 배열선언에서

[]를 하나 더 추가한다.

2차원 배열변수의 선언
데이터형[][] 배열변수명 = new 배열명[행크기][열크기]; 예) double[][] a = new doublet[2][3]; // a[0][0], a[0][1], a[0][2], a[1][0], a[1][1], a[1][2] 선언 * double[][] a; a = new double[2][3]; 와 같이 두 명령문으로 할 수 있음

2차원 이상의 배열도 변수의 선언에서 각 원소의 값을 입력할 수 있다. 이 경우 {}를 필요한 만큼 사용한다.

2차원 배열변수의 선언과 초기화를 동시에 하는 방법

① 데이터형[][] 배열변수명 = {{값1,값2, ... , 값n_1}, ... , {값1,값2, ... , 값n_2}};
예) int[][] n= {{1,2,3},{4,5,6}};
// n[0][0]=1, n[0][1]=2, n[0][2]=3,
n[1][0]=4, n[1][1]=5, n[1][2]=6으로 2차원 배열선언과 초깃값 동시지정
 	
② 데이터형 배열변수명[][];
배열명 = new 데이터형[][] {값1,값2, ... , 값n};
예) int n[][];
n = new int[][] {{1,2,3},{4,5,6}};

3차원 배열인 경우 []를 하나 더 추가한다.

```
예: int[][][] x = new int[2][3][4];
```

예를 들면 int[][] board = new int[][] {{1,0,0},{0,1,0},{0,0,1}}; 는 3×3 단위행렬의 원소를 지정한 것이다. 이 배열 board를 행렬이라고 하면 {1, 0, 0}은 첫 번째 행, {0,1,0}은 두 번째 행, {0,0,1}은 세 번째 행이다. 이 예와 같이 이차원 이상의 배열은 반드시 행과 열의 수가 일치할 필요가 없다. 다음과 같이

```
float[][] f = new float[5][];
```

라고 하면 행의 개수는 다섯 개이지만 열의 개수는 미정인 상태로 만들 수 있으며 추후에

```
f[0] = new float[5];   f[4] = new float[2];
```

으로 선언하면 첫 번째 행의 길이는 5이고 5번째 행의 길이는 2인 배열이 된다.

예제 5.10 **다음 프로그램의 출력 결과가 어떠한지 살펴보라.**

```
01 /**************************************************
02 *   Array.java to test array
03 *   행렬을 선언하고 값을 지정하고 인쇄
04 **************************************************/
05 class Array {
06
07  public static void main(String[] args) {
08    int matrix[][] = new int[2][3];
09
10    for (int i=0; i < 2; i++) {
11      for (int j=0; j < 3; j++) {
12        matrix[i][j] = i+j;
13        System.out.print(matrix[i][j]+" ");
14      }
15      System.out.println();
16    }
17  }  // end of main
18 } // end of class
```

풀이

2차원 배열의 경우에는 10-16번 줄과 같이 중첩된 for 문을 많이 사용한다. 2차원 배열 matrix의 원소값 i+j는 다음과 같다.

(i,j)	0	1	2
0	0	1	2
1	1	2	3

실행 결과는 다음과 같다.

```
0 1 2
1 2 3
```

5.4 다차원 배열을 응용한 계산

다차원 배열을 이용하면 수학의 행렬 연산이나 복잡한 계산을 편리하게 할 수 있다.

가. 행렬의 연산

차원이 같은 두 행렬의 합은 각 원소들의 합인 행렬이다. $(m \times n)$ 행렬 A = $\{a_{ij}\}$와 $(n \times p)$ 행렬 B = $\{b_{ij}\}$의 곱을 $(m \times p)$ 행렬 D=$\{d_{ij}\}$라 하면 d_{ij}는 다음과 같이 계산된다.

$$d_{ij} = \sum_{k=1}^{n} a_{ik} b_{kj}$$

행렬의 합과 곱을 구하는 다음 프로그램을 살펴보자.

예제 5.11 **다음 두 행렬 A와 B의 합과 곱을 계산하여 출력하는 프로그램을 작성하라.**

$$A = \begin{pmatrix} 1\,2\,3 \\ 4\,5\,6 \\ 7\,8\,9 \end{pmatrix}, \quad B = \begin{pmatrix} 1\,0\,2 \\ 0\,2\,1 \\ 3\,1\,2 \end{pmatrix}$$

풀이

두 행렬 A와 B의 합과 곱을 구하는 프로그램이 다음과 같다.

```
/**********************************************************
 * Array2Test.java to test two dimensiobak array
 * *******************************************************/
class Array2Test {
 public static void main(String[] args) {
    int[][] A = new int[][] {{1,2,3},{4,5,6},{7,8,9}};
    int[][] B = new int[][] {{1,0,2},{0,2,1},{3,1,2}};
    int[][] C = new int[3][3];
    int[][] D = new int[3][3];

    // matrix addition
    System.out.println("Matrix Addition");
    for (int i=0; i < 3; i++) {
      for (int j=0; j < 3; j++) {
        C[i][j] = A[i][j] + B[i][j];
        System.out.print(C[i][j]+"  ");
      }
      System.out.println("");
    }
    // matrix multiplication
    System.out.println("Matrix Multiplication");
    for (int i=0; i < 3; i++) {
      for (int j=0; j < 3; j++) {
        D[i][j] = 0;
        for (int k=0; k < 3; k++) {
```

```
            D[i][j] = D[i][j] + A[i][k]*B[k][j];
          }
          System.out.print(D[i][j]+"  ");
        }
        System.out.println("");
      }
    } // end main
  } // end class
```

이 프로그램의 실행 결과는 다음과 같다.

```
Matrix Addition
2  2  5
4  7  7
10  9  11
Matrix Multiplication
10  7  10
22  16  25
34  25  40
```

나. 이차원 이상의 배열에서 length의 사용

이차원 이상의 배열의 크기는 length를 사용하는 방법이 조금 다르다. iarray.length는 iarray의 첫째 배열의 크기이며 iarray[i].length는 iarray의 두 번째 배열의 크기이며 iarray[i][j].length는 iarray의 세 번째 배열의 크기이다. 다음 예는 정방이 아닌 배열을 만드는 예이다.

예제 5.12 다음 프로그램의 출력 결과가 어떠한지 살펴보라.

```
/***********************************************
* DblArray.java to test double array
***********************************************/
class DblArray {
  public static void main(String[] args) {
    int[][] dbl = new int[5][];               // 행의 수는 5, 열의 수 미정

    for (int i=0; i< dbl.length; i++) {
      dbl[i] = new int[i+1];                  // i번째 행의 길이는 (i+1)
      for (int j=0; j < dbl[i].length; j++)
        dbl[i][j] = i*10+j;                   // (i,j)원소의 값은 i*10+j
    } // end for

    System.out.println("dbl.length: "+ dbl.length);      // 행의 수 인쇄
    for (int i=0; i< dbl.length; i++) {
      System.out.println("dbl["+ i+ "].length: "+
```

```
17                dbl[i].length);            // 각 행의 크기 인쇄
18     } // end for
19
20     for (int i=0; i < dbl.length; i++) {
21       System.out.println();                // 줄바꾸기
22       for (int j=0; j < dbl[i].length; j++)
23         System.out.print(dbl[i][j]+" ");   // 원소 인쇄
24     } // end for
25   } // end main
26 } // end class
```

풀이

이 프로그램의 6번 줄에서 dbl은 행이 5개이고 열의 수는 미정인 상태로 정의되었다. 8번 줄의 for 구문 내의 dbl.length=5임에 유의하여 9번 줄을 살펴보면 dbl의 i번째 행인 dbl[i]는 길이가 (i+1)인 배열임을 알 수 있다. 11번 줄에서 (i,j)번째 원소를 i*10+j로 설정하였으므로 즉, dbl 배열은 다음과 같은 형태의 배열이 된다.

0				
10	11			
20	21	22		
30	31	32	33	
40	41	42	43	44

14번 줄은 dbl 1차 배열의 길이인 행의 수를 출력한 것이고, 16-17번 줄은 dbl 객체의 2차원 배열 길이(즉, 각 행번호에 해당하는 열의 수)를 출력한 것이고, 23번 줄은 2차원 배열의 하대각 행렬 원소에 대한 출력 결과이다. 이 프로그램의 실행 결과는 다음과 같다.

```
dbl.length: 5
dbl[0].length: 1
dbl[1].length: 2
dbl[2].length: 3
dbl[3].length: 4
dbl[4].length: 5

0
10 11
20 21 22
30 31 32 33
40 41 42 43 44
```

다. 배열에서 연산자 =의 사용

배열에서 배열전체의 값을 설정하기 위해 =을 사용할 수 있다. 다음 예제를 살펴보자.

예제 5.13 **(배열에서 =과 ==의 사용) 다음 프로그램의 출력 결과가 어떠한지 살펴보라.**

```
01 /************************************************************
02  * ArrayValue.java to demo x2=x1 does not create new x2
03  * ***********************************************************/
04 public class ArrayValue {
05   public static void main(String[] args) {
06      int[] xx1, xx2;
07      int nn = 5;
08      xx1 = new int[nn];
09      //**************** 첫 번째 계산 **********************
10      for (int i=0; i < xx1.length; i++) xx1[i] = i+1;
11      xx2 = xx1;  // 메모리 공유
12      for (int i=0; i < xx1.length; i++) xx2[i] = i*10;
13      for (int i=0; i < xx1.length; i++)
14       System.out.println("xx1["+i+"]= "+ xx1[i]+"\txx2["+i+"]= "+ xx2[i]);
15      System.out.println(xx1 == xx2);
16      System.out.println("---------------");
17      //**************** 두 번째 계산 **********************
18      for (int i=0; i < xx1.length; i++) xx1[i] = i+1;
19      xx2 = new int[nn]; // 별도의 메모리
20      for (int i=0; i < xx1.length; i++) xx2[i] = i*10;
21      for (int i=0; i < xx1.length; i++)
22       System.out.println("xx1["+i+"]= "+ xx1[i]+"\txx2["+i+"]= "+ xx2[i]);
23      System.out.println(xx1 == xx2);
24      System.out.println("---------------");
25      //************** 세 번째 계산 ************************
26      for (int i=0; i < xx1.length; i++) xx1[i] = i+1;
27      xx2 = new int[nn]; // 별도의 메모리
28      xx2 = xx1;
29      for (int i=0; i < xx1.length; i++) xx2[i] = i*10;
30      for (int i=0; i < xx1.length; i++)
31       System.out.println("xx1["+i+"]= "+ xx1[i]+"\txx2["+i+"]= "+ xx2[i]);
32      System.out.println(xx1 == xx2);
33      System.out.println("---------------");
34      //************** 네 번째 계산 ************************
35      xx2[1] =100;
36      for (int i=0; i < xx1.length; i++)
37       System.out.println("xx1["+i+"]= "+ xx1[i]+"\txx2["+i+"]= "+ xx2[i]);
38      System.out.println(xx1 == xx2);
39      System.out.println("---------------");
40      //************** 다섯 번째 계산 ************************
41      xx1 = new int[] {1, 2, 3, 4, 5};
42      xx2 = new int[] {1, 2, 3, 4, 5};
43      System.out.println("같은 값 설정: " + (xx1 == xx2));
44   } // end main
45 }
```

풀이

위의 예제에서 6-8번 줄은 xx1, xx2 및 nn을 정의하였고 10번째 줄에서 xx1에 1부터 5까지의 값을 설정하였다. 11번 줄에서 xx2=xx1으로 정의하고 12번 줄에서 xx2를 0, 10,

20, 30, 40, 50으로 설정한 후 14번 줄에서 xx1과 xx2의 값을 인쇄하면

```
xx1[0]= 0      xx2[0]= 0
xx1[1]= 10     xx2[1]= 10
xx1[2]= 20     xx2[2]= 20
xx1[3]= 30     xx2[3]= 30
xx1[4]= 40     xx2[4]= 40
true
```

로 xx1의 값은 바꾸지 않았음에도 xx2의 값으로 바뀌어져 있음을 알 수 있다. 또한 15번 줄의 println 명령의 결과는 true이다. 이 두 가지 현상은 Java 언어에서 배열을 사용할 경우 = 연산자를 사용하여 xx2=xx1과 같이 명령하면 이 두 배열이 같은 메모리를 사용하게 되기 때문에 발생한다. 이를 Java에서는 레퍼런스(reference)가 같다고 한다.

논리연산자 ==가 두 배열이 같은지 비교하는 것에 사용될 때는 두 배열이 같은 레퍼런스를 가지고 있는지 보면 된다. 따라서 위의 첫 번째 블록에서는 xx2 = xx1으로 레퍼런스가 같기 때문에 true이다.

두 번째 블록은 위와 같은 내용의 작업을 수행하지만 18번 줄에서 xx1을 다시 1부터 5로 두고 19번째 줄에서 xx2를 새로운 배열로 선언한 뒤 20번 줄에서 xx2의 값을 하나씩 지정하였다. 이 경우의 xx1과 xx2의 출력은

```
xx1[0]= 1      xx2[0]= 0
xx1[1]= 2      xx2[1]= 10
xx1[2]= 3      xx2[2]= 20
xx1[3]= 4      xx2[3]= 30
xx1[4]= 5      xx2[4]= 40
false
```

으로 xx1과 xx2의 값이 서로 다른 값을 가지고 있음을 알 수 있다. 당연히 레퍼런스도 다르므로 23번 줄의 명령에 의해 false가 얻어진다.

세 번째 블록은 위의 19번 줄과 마찬가지로 xx2를 선언하되 xx2=xx1으로 xx2의 값을 설정했다. 이 경우는 첫 번째 경우와 마찬가지로 xx1의 값이 xx2의 메모리를 공유하기 때문에 값이 바뀐다. =연산자에 의해 레퍼런스가 같기 때문이다. 레퍼런스가 같으므로 32번 줄 명령의 결과는 true이다. 세 번째 블록의 출력은 다음과 같다.

```
xx1[0]= 0      xx2[0]= 0
xx1[1]= 10     xx2[1]= 10
xx1[2]= 20     xx2[2]= 20
xx1[3]= 30     xx2[3]= 30
xx1[4]= 40     xx2[4]= 40
true
```

네 번째 블록은 xx1과 xx2를 세 번째 블록에서 선언된 대로 남겨두고 xx2[1]의 값만 바꾸었다. 하지만 세 번째 블록의 결과에 의하면 xx1과 xx2의 레퍼런스가 같으므로 xx1[1]도 함께 바뀔 것이다. 이 블록의 출력 결과는 다음과 같다.

```
xx1[0]= 0        xx2[0]= 0
xx1[1]= 100      xx2[1]= 100
xx1[2]= 20       xx2[2]= 20
xx1[3]= 30       xx2[3]= 30
xx1[4]= 40       xx2[4]= 40
true
```

다섯 번째 블록에서는 xx1과 xx2의 값을 1부터 5까지의 자연수로 지정했다. 이때, 예제의 두 배열의 값이 모두 같으므로 xx1과 xx2가 같다고 생각할 수도 있지만 41 및 42번 줄에서 별도로 선언되고 값이 설정된 두 배열은 서로 다른 레퍼런스를 가지기 때문에 두 배열은 같지 않은 배열이다. 따라서 43번 줄의 출력 결과는 false이다. 이런 이유로 배열 형태를 가지는 많은 클래스는 equals라는 메소드를 가지고 있으며, 이 메소드가 값을 비교하는데 사용되는 경우가 많고, 경우에 따라서는 사용자가 직접 값이 같은지 비교하는 프로그램을 작성할 필요가 생기기도 한다.

'배열변수1 = 배열변수2' 또는 'if(배열변수1 == 배열변수2)'의 의미

- 두 배열 x1[]과 x2[]가 선언되어 있을 때, x2 = x1;이라는 명령어의 의미는 Stack 영역에 정의되어 있는 참조변수 x1에 저장되어 있는 주소(Heap 영역의 x1[0]의 주소)를 참조변수 x2에 저장하라는 것이다. 따라서 x2[0] = x1[0], x2[1] = x1[1], ... 등과 같이 배열의 복사가 된다.
- 두 배열 x1[]과 x2[]가 선언되어 있을 때, if(x1 == x2)라는 조건식의 의미는 참조변수 x1에 저장되어 있는 주소(Heap 영역의 x1[0]의 주소)와 참조변수 x2에 저장되어 있는 주소(Heap 영역의 x2[0]의 주소)가 같은지 비교하는 것이다.

연습문제

5.1 다음 값들을 초깃값으로 하는 배열변수를 정의하라.

1) 0, 0, 0

2) 1, 2, 3, 4, 5

5.2 다음 값을 한 배열변수값으로 채우기 위한 Java 코드를 작성하라.

1) 1, 2, 3, 4, 5, 6, 7, 8, 9, 10

2) 2, 4, 6, 8, 10

3) 1, 3, 5, 7, 9, 11

4) 1, 4, 9, 16, 25, 36

5.3 1에서 100까지의 난수 10개를 한 배열변수에 채우기 위한 Java 코드를 작성하라.

5.4 주사위를 100번 던져서 나타나는 수를 한 배열변수에 채우기 위한 Java 코드를 작성하라.

5.5 일양분포 $u(0.1)$ 확률변수 10개를 배열변수에 넣고 이들의 평균과 표준편차를 구하라.

5.6 표준 정규분포 $N(0.1)$ 확률변수 10개를 배열변수에 넣고 이들의 평균과 표준편차를 구하라.

5.7 1) 다음과 같은 값을 갖는 10행 2열의 이차원 배열 $x[][]$ 를 정의하라.

열1: 1, 2, 3, 4, 5, 6, 7, 8, 9, 10

열2: 2, 1, 3, 5, 4, 8, 6, 9, 8, 10

2) 각 열별 평균과 표준편차를 구하라.

3) 열1과 열2의 공분산과 상관계수를 구하라.

4) 행렬 x의 전치행렬 x^T을 구하라.

5) 두 행렬의 곱 x^Tx를 구하라.

6장

Java 메소드

학습목표

- 메소드의 정의 방법을 이해한다.
- 메소드의 다양한 응용 방법을 이해한다.

6.1 메소드의 정의 및 사용법

지금까지 실습하였던 모든 Java 프로그램은 항상 클래스(Class)라는 내부에 들어 있었고, 실제 내용은 main()이라는 **메소드**(method) 내에 있었다. 그래서 프로그램이 복잡해지면 main 메소드의 내용도 많아지고 이해하기가 쉽지 않다. 만일 main() 메소드에 비슷한 작업이 반복되어 발생한다면 새로운 메소드를 만들어 간편하게 프로그램을 작성하면 편리하다. 다른 컴퓨터 언어에서는 메소드를 부프로그램(subprogram), 서브루틴(subroutine) 또는 함수(function)라고 부르기도 한다.

예를 들어 $f(x)=x^2-2$의 함수값을 x=1, 2, 3, ..., 10에 대해 계산하고, 다시 x=0.1, 0.2, ... ,1.0에 대해서 계산하는 다음 프로그램을 살펴보자.

```
class MethodTest1 {
  public static void main(String[] args) {
    int i;
    double x, fvalue;
    for (i=1; i <= 10; i++) {
      x = (double) i;
      fvalue = x*x - 2.;
      System.out.println("x = "+x+"   f = "+fvalue);
    }
    for (i=1; i <= 10; i++) {
      x = (double) i*0.1;
      fvalue = x*x - 2.;
      System.out.println("x = "+x+"   f = "+fvalue);
    }
  } // end of main
} // end of class
```

위 프로그램에서는 함수값을 두 개의 for 문 내에서 각각 계산하였다. 이와 같이 간단한 함수인 경우 큰 문제는 없지만 여러 줄로 이루어진 복잡한 함수라면 프로그램이 매우 길어지게 된다. 앞의 프로그램을 메소드를 정의해서 수정하면 다음과 같다.

```
class MethodTest2 {
  public static double f(double x) {
    return  x*x - 2.;
  }
  public static void main(String[] args) {
```

```
        int i;
        double z, fvalue;
        for (i=1; i <= 10; i++) {
          z = (double) i;
          fvalue = f(z);
          System.out.println("x = "+z+"  f = "+fvalue);
        }
        for (i=1; i <= 10; i++) {
          z = (double) i*0.1;
          fvalue = f(z);
          System.out.println("x = "+z+"  f = "+fvalue);
        }
      } // end of main
    } // end of class
```

수정된 프로그램에서는 double형 f(double x)라는 메소드를 정의하여 x*x - 2.를 계산하도록 하고 main 함수에서 f(z) 형태로 계산된 값을 이용하였다. public과 static이라는 예약어를 메소드 앞에 사용하였는데 7장에서 자세히 알아보도록 하겠다. 메소드를 double 형으로 선언한 것은 함수를 계산한 후 돌려받는 값(return x*x -2.)이 double 형이기 때문이다. 메소드의 정의에서 괄호 ( ) 안에 들어가는 변수(위의 예제에서 double x)를 **매개변수**(parameter variable)라고 부르는데 반드시 데이터형을 지정해 주어야 한다. 이 매개변수를 통해 main 메소드에서 한 값 z를 f 메소드로 전달[즉 f(z)]하고, f 메소드에서는 z를 x로 간주한 후 함수값 z*z - 2.를 계산하여 main 메소드로 돌려주게 된다. 이렇듯 메소드에서 어떤 내용을 수행한 후에 필요한 결과를 되돌려주는 것을 **리턴값**이라고 하고 return이라는 예약어를 사용한다.

main 이외의 메소드가 있을 경우 프로그램의 실행은 main의 첫 명령문부터 시작하고 한 줄씩 실행한다. 특정한 메소드를 만나면 매개변수를 가지고 그 메소드가 끝날 때까지 명령문을 실행한 후 main으로 가서 다음 명령을 실행한다. 위 프로그램의 main 메소드에서 메소드 f를 호출할 때 main에서 정의한 double 형 변수 z를 매개변수로 사용한다. 메소드 f에서는 매개변수 이름을 double 형 x로 정의하였는데 이는 단지 혼돈을 피하기 위한 것이다. main과 f의 매개변수 이름은 같아도 상관없다. 다만 데이터형은 동일해야 한다. [그림 6-1]은 main과 f 메소드가 값을 주고받는 상황을 설명한 것이다.

①	(main에서)
	
	z = (double) i; 계산 후
	f(z)로 메소드 호출
		public static double f(double x) {
		   return x*x − 2.;
		}
		
		public static void main(String[] args) {
		   int i;
		   double z, f;
		   for (i=1; i <= 10; i++) {
		      z = (double) i;
		      fvalue = f(z);
		      System.out.println("x = "+z+" f = "+fvalue);
		   }
		   ...
		}

②	(메소드 f에서)
	
	메인에서 f로 전달된 z를
	매개변수 x에 저장한 후
	x*x - 2.를 계산하고
	이 값을 메인으로 리턴
		public static double f(double x) {
		   return x*x − 2.;
		}
		
		public static void main(String[] args) {
		   int i;
		   double z, f;
		   for (i=1; i <= 10; i++) {
		      z = (double) i;
		      fvaluo − f(z);
		      System.out.println("x = "+z+" f = "+fvalue);
		   }
		   ...
		}

③	(main에서)
	
	메소드 f에서 전달받은
	함수값을 fvalue에 저장하고
	인쇄
		public static double f(double x) {
		   return x*x − 2.;
		}
		
		public static void main(String[] args) {
		   int i;
		   double z, f;
		   for (i=1; i <= 10; i++) {
		      z = (double) i;
		      fvalue = f(z);
		      System.out.println("x = "+z+" f = "+fvalue);
		   }
		   ...
		}

[그림 6-1] main과 메소드 f가 매개변수를 통해 값을 주고받는 방법

> **여러 메소드가 있을 경우 프로그램 실행 순서**
> - main 이외의 메소드가 있을 경우 프로그램의 실행은 main의 명령문을 위에서부터 하나씩 수행한다.
> - 특정한 메소드를 만나면 매개변수를 가지고 해당 메소드를 실행한 후 다시 main으로 돌아와서 다음 명령을 실행한다.

일반적으로 메소드를 선언하는 형식은 다음과 같다.

메소드의 형식

```
접근제한자 [지정예약어] 결과_데이터형 메소드명 (매개변수1, ... , 매개변수n)
      [throws 예외클래스] {
   명령문;
   명령문;
   ...
   return 변수명;  // 생략 가능
 }

 - 접근제한자:     public, private 등
 - 지정예약어:     static 등
 - 결과_데이터형:  void, int, double 등
 - 메소드명:       사용자가 임의로 정하는 이름이다.
 - 매개변수:       메소드의 내용을 수행하기 위해 필요한 변수로 호출하는 쪽에서
                   값을 넘겨주어야 한다.
 - 예외클래스:     메소드 내부에 예외가 발생할 상황에 대한 예외처리 클래스
```

앞의 프로그램과 같이 main 메소드에서 호출되는 다른 메소드는 반드시 접근제한자를 public으로, 지정예약어는 static으로만 사용해야 한다. 자세한 내용은 클래스를 설명할 때 하도록 한다.

```
public static  결과_데이터형  메소드명 (매개변수1, ... , 매개변수n)
      [throws 예외클래스] {
   명령문;
   명령문;
   ...
 }
```

앞의 프로그램은 한 클래스 내에 두 개의 메소드(f와 main)가 정의되어 있는 예이다. 이와 같이 한 클래스 내에는 여러 개의 메소드가 정의될 수도 있다. 메소드는 프로그램을 간단하게 만들어 주기도 하고 다양한 융통성을 제공한다. 일반적으로 많은 작업을 main 메소드 안에서 하는 것은 바람직하지 않다. main 메소

드는 자동차에 비유하면 시동을 켜는 열쇠의 역할만 하는 것이고, 나머지 모든 동작(자동차 주행, 에어콘 작동, 정지, 정지 시 브레이크 작동, 와이퍼 작동, 헤드라이트 켜기, 엔진 온도 확인 등)은 다른 모듈에서 시행되는 것이 바람직하다. 메소드의 자세한 내용은 클래스에 대해서 연구할 때 더 자세히 알아보도록 한다(7장).

메소드는 프로그램을 간단하게 만들어 주고 다양한 융통성을 제공한다.

[표 6.1]은 메소드의 여러 가지 예이다. 매개변수가 없거나 하나 또는 2개가 있는 경우의 사용법을 이해하기 바란다.

[표 6.1] 메소드의 예

메소드	결과

public static void aa( ) {
   System.out.println("Hello");
   return;
}
	이 메소드는 Hello만 인쇄하고 값을 main에 돌려주지 않으므로 void 데이터형(돌려줄 값이 없다는 의미)으로 선언되었다. 매개변수가 없으면 ()로 표시만 한다.

public static int bb(int x, int y) {
   return x+y;
}
	이 메소드는 매개변수 x와 y를 main에서 받아서 정수형 값 x+y를 main에 돌려주므로 int 데이터형으로 선언하고 return x+y;를 이용하였다.

public static double cc(int n) {
   double sum;
   for (int i=1; i<=n; i++)
      sum += (double) i;
   return sum;
}
	정수형 매개변수를 받아서 1에서 n까지의 합을 구한 후 double 형 합을 돌려준다.

예제 6.1 [표 6.1]의 여러 가지 메소드 예를 사용하는 다음 프로그램을 분석하라.

```
/*****************************************************************
 * TestMethod.java
 * ****************************************************************/
public class TestMethod {

  public static void aa( ) {
    System.out.println("Hello");
    return;
  }
  public static int bb(int x, int y) {
    return x+y;
```

```
12    }
13    public static double cc(int n) {
14       double sum = 0;
15       for (int i=1; i<=n; i++)
16          sum += (double) i;
17       return sum;
18    }
19
20   public static void main(String[] args) {
21      System.out.println("메소드 aa 호출");
22      aa();
23      System.out.println("메소드 bb 호출");
24      int k = 1, m = 2;
25      System.out.println("합계"+bb(k,m));
26      System.out.println("메소드 cc 호출");
27      int n = 10;
28      System.out.println("합계"+cc(n));
29   }
30 }
```

풀이

22번 줄에서 메소드 aa의 호출은 단지 aa()만을 사용하였다. 25번 줄에서 메소드 bb의 호출은 bb(k,m)을 사용하였는데 main의 매개변수와 메소드의 매개변수 이름이 서로 달라도 상관없다. 다만 데이터형은 일치해야 한다. 28줄의 메소드 cc의 호출은 cc(n)을 사용하였다. 프로그램의 실행 결과는 다음과 같다.

```
메소드aa 호출
Hello
메소드bb 호출
합계3
메소드cc 호출
합계55.0
```

[예제 6.1]에서 메소드 aa와 같이 매개변수가 없이 단지 메소드를 이름으로 호출하는 것을 'call by name'에 의한 메소드 호출이라고 부른다. 이때는 매개변수가 없다. 이와는 달리 메소드 bb와 cc는 매개변수를 보내 값을 받는 데 이를 'call by value'에 의한 메소드 호출이라고 부른다. 위의 예제와 같이 메소드의 정의에 사용된 매개변수명과 main 메소드에서 호출할 때 사용하는 변수명은 반드시 같을 필요는 없다. 하지만 매개변수의 데이터형은 반드시 일치해야 한다.

메소드 정의에 사용된 매개변수의 데이터형과 호출할 때 사용하는 변수명 데이터형은 반드시 일치해야 한다. 변수명은 서로 다를 수 있다.

6.2 메소드를 이용한 계산

Java 프로그램이란 Java 언어가 제공하는 다양한 메소드를 이용하여 프로그래머가 스스로 메소드를 만들고 main 메소드에서 적절한 메소드 실행 순서를 정해주는 것이라고 볼 수 있다. 그만큼 메소드가 매우 중요하다는 의미이다. 이 절에서 다양한 메소드의 응용 예를 살펴보면서 메소드의 작성 방법을 이해하기 바란다.

가. 여러번 반복되는 작업에 응용

메소드를 사용하는 방식은 매우 다양하다. 먼저 앞 장에서 살펴보았던 간단한 예제들을 메소드로 작성하여 응용하는 다음 예제를 살펴보자.

예제 6.2 **세 개의 정수형 데이터 국어, 영어, 수학 성적을 키보드에서 입력받아 최솟값, 최댓값, 평균을 계산하여 인쇄하는 프로그램을 작성하라. 입력되는 데이터의 수는 알 수 없으며 만일 국어 성적이 999이면 프로그램을 종료하라.**

풀이

이 문제는 [예제 4.2]의 프로그램을 최소, 최대, 평균 등의 세 개의 메소드를 포함한 프로그램으로 변형한 것이다. 무한 반복문 while()을 사용했으며 이 반복문은 입력된 값이 999일 때 break 문을 사용하여 멈추게 된다.

```
/*****************************************************************
 * TestMehtod1.java
 * ***************************************************************/

import java.util.Scanner;
public class TestMethod1 {
 // minimum of a,b,c
 public static int mini(int a, int b, int c) {
   int temp;
   if (a < b) temp = a;
   else temp = b;
   if (c < temp) temp = c;
   return temp;
 }
 // maximum of a,b,c
 public static int maxi(int a, int b, int c) {
   int temp;
   if (a < b) temp = b;
   else temp = a;
   if (c > temp) temp = c;
   return temp;
 }
 // average of a,b,c
 public static double mean(int a, int b, int c) {
```

```
    return (double) (a+b+c)/3. ;
  }

  public static void main(String[] args) {
    int kor, eng, math, min, max;
    double average;
    Scanner  in = new Scanner(System.in);

    while (true) {
      System.out.println("Type kor eng math!");
      kor  = in.nextInt();
      if (kor == 999) break;      // 데이터 입력이 끝남을 표시
      eng  = in.nextInt();
      math = in.nextInt();
      min  = mini(kor,eng,math);  // mini 메소드 호출
      max  = maxi(kor,eng,math);  // maxi 메소드 호출
      average = mean(kor,eng,math); // mean 메소드 호출
      System.out.println("Kor: "+kor+" Eng: "+eng+" Math:"+math);
      System.out.println("Min: "+min+" Max: "+max+" Average:"+average);
    }
    System.out.println("Thank you");
    in.close();
  }
}
```

다음과 같이 두 학생의 데이터를 입력하였을 때 프로그램의 실행 결과는 다음과 같다.

```
Type kor eng math!
90 70 80
Kor: 90 Eng: 70 Math:80
Min: 70 Max: 90 Average:80.0
Type kor eng math!
80 90 95
Kor: 80 Eng: 90 Math:95
Min: 80 Max: 95 Average:88.33333333333333
Type kor eng math!
999
Thank you
```

나. 재귀형 메소드

메소드를 이용하면 메소드 안에서 다시 그 메소드를 호출하는 **재귀형**(recursive expression) 호출이 가능하다.

예제 6.3 **(재귀형 메소드 호출) 재귀형 호출로 팩토리얼을 계산하는 프로그램을 작성하라.**

풀이

다음 프로그램의 8번 줄에서 factorial(x-1)로 재귀 호출을 하였음에 주목하라.

```
01 /**************************************************************
02  * TestRecursive.java
03  * *************************************************************/
04  public class TestRecursive {
05
06    public static int factorial(int x) {
07      if (x == 1) return 1;
08      return x*factorial(x-1);
09    }
10   public static void main(String[] args) {
11      int n = 10;
12      System.out.println(n+" factorial = "+factorial(n));
13   }
14 }
```

프로그램의 실행 결과는 다음과 같다.

```
10 factorial =3628800
```

다. 배열을 매개변수로 사용

한 배열변수 전체를 메소드로 전달하여 필요한 계산을 하는 예는 아주 자주 사용된다. 이때 배열의 크기와 배열명을 메소드의 매개변수로 하는데 이 경우 여러 개의 다른 크기 배열에 대해서도 필요한 계산을 할 수 있다.

예제 6.4 **두 개의 정수형 배열 a[], b[]의 초깃값이 다음과 같다. 데이터의 수가 서로 다르다.**

```
int[] a = {1,2,3,4};
int[] b = {2,7,8,9,11,15};
```

한 배열을 매개변수로 받아서(배열의 크기가 다를 수 있음) 그 평균을 구하는 메소드를 작성한 후 이 메소드를 이용하여 a, b의 평균을 각각 계산하는 프로그램을 작성하라.

풀이

```
/**  ArrayParTest.java
 *  배열을 매개변수로 받은 예제 ********************/
public class ArrayParTest {
  public static double mean(int n, int a[]) {
     int tot = 0;
     for (int i=0; i<n; i++){
        tot += a[i];
```

```
    }
    return (double)tot / (double)n;
  }
  public static void main(String[] args){
    int[] a = {1,2,3,4};
    int[] b = {2,7,8,9,11,15};
    System.out.println("Average of a[] = "+mean(a.length,a));
    System.out.println("Average of b[] = "+mean(b.length,b));
  }
}
```

프로그램의 실행 결과는 다음과 같다.

```
Average of a[] = 2.5
Average of b[] = 8.666666666666666
```

라. 반환값이 여러 개인 경우

지금까지의 예제들은 메소드에서 매개변수값을 이용하여 필요한 한 변수값을 계산하여 이를 main에 return하는 형태였다. 그러나 메소드에서 한 개의 값뿐만 아니라 여러 개의 값을 계산하여 이를 main으로 보낼 필요가 많이 있는데 이때는 배열을 이용한다. 즉 main 메소드에서 결과값을 전달받을 배열변수를 매개변수로 하여 메소드를 호출하고, 이 배열변수를 전달받은 메소드에서는 필요한 계산을 하여 이 변수에 넣고 return하는 것이다. 다시 main 메소드에서는 return된 배열변수를 이용하여 계산 결과를 출력한다.

예제 6.5 **[예제 6.4]와 같이 두 개의 정수형 배열 a[], b[]의 초깃값이 다음과 같다. 데이터의 수가 서로 다르다.**

```
int[] a = {1,2,3,4};
int[] b = {2,7,8,9,11,15};
```

한 배열을 매개변수로 받아서(배열의 크기가 다를 수 있음), 데이터의 수, 최솟값, 최댓값, 합계, 평균의 다섯가지 기초통계량을 구하는 메소드를 작성한 후 이 메소드를 이용하여 a, b의 기초통계량을 각각 계산하여 인쇄하는 프로그램을 작성하라.

풀이

메소드에서 return 받을 기초통계량을 저장하는 배열변수를 다음과 같이 먼저 정의한다.

```
x[0] : 데이터의 수
x[1] : 최솟값
x[2] : 최댓값
x[3] : 합계
x[4] : 평균
```

즉 아래 프로그램에서 5개의 배열변수 x[5]를 main에 정의하고(30번 줄) 이 배열을 매개변수로 3번 줄의 통계량을 계산하는 stat 메소드로 전달한다. stat 메소드의 매개변수에는 배열의 크기(n)와 통계량을 구할 배열변수 a[], 계산된 통계량을 main으로 전달할 배열변수 x[], 이렇게 세 개의 매개변수가 있다. stat 메소드에서는 a[]를 이용하여 기초통계량을 구한 후(4번 - 17번 줄) x[]에 저장하여 main으로 return한다. 이때 특정한 값을 return하지 않기 때문에 3번 줄의 데이터형은 void로 선언하고 17번 줄에는 return하는 변수가 없다.

20번 - 25번 줄의 printx(int k, double x[])는 단지 계산된 기초통계량 x[]를 인쇄하는 목적의 메소드이다. String 배열로서 각 통계량의 이름을 지정해 준 방법을 주목하기 바란다.

31번과 34번 줄은 배열 a[]와 b[]의 기초통계량을 구하기 위한 메소드 stat의 호출이다.

```
01 public class MultipleReturn {
02
03   public static void stat(int n, double a[], double x[]) {
04     double min, max, tot = 0;
05     min = a[0];
06     max = a[0];
07     for (int i=1; i<n; i++){
08       if (min > a[i]) min = a[i];
09       if (max < a[i]) max = a[i];
10       tot += a[i];
11     }
12     x[0] = (double) n;   // number of observations
13     x[1] = min; // minimum
14     x[2] = max; // maximum
15     x[3] = tot;
16     x[4] = tot / (double) n;
17     return;
18   }
19
20   public static void printx(int k, double x[]){
21     String[] name={"obs = ","min = ", "max = ","total = ","mean = "};
22     for (int i=0; i<k; i++) {
23       System.out.println(name[i]+x[i]);
24     }
25   }
26
27   public static void main(String[] args){
28     double[] a = {1,2,3,4};
29     double[] b = {2,7,8,9,11,15};
30     double[] x = new double[5];
31     stat(a.length,a,x);
32     System.out.println("Statistics for array a[]");
33     printx(5,x);
34     stat(b.length,b,x);
35     System.out.println("\nStatistics for array b[]");
36     printx(5,x);
37   }
38 }
```

프로그램의 실행 결과는 다음과 같다.

```
Statistics for array a[]
obs = 4.0
min = 1.0
max = 4.0
total = 9.0
mean = 2.25

Statistics for array b[]
obs = 6.0
min = 2.0
max = 15.0
total = 50.0
mean = 8.333333333333334
```

한 메소드에서 여러 개의 값을 계산하여 이를 main으로 보낼 필요가 있을 때는 배열변수를 매개변수로 이용한다.

[예제 6.5]와 같이 배열변수 x[]를 매개변수로 하여 한 메소드를 호출할 경우 그 메소드에 전달되는 값은 5장에서 설명한 Stack 영역의 배열변수명 x에 저장되어 있는 x[0]의 주소이다. 따라서 메소드 내에서 x[]의 값을 변경하면 main에서 바로 이 변경된 값을 이용하여 사용할 수 있다. 바로 이것이 배열변수를 Heap 영역에 x[0], x[1], ... 등을 지정하고 Stack 영역에 배열변수명 x를 지정하고 x[0]이 주소를 저장한 이유이다. 이와 같은 개념을 잘 이해해야 7장 이후의 객체지향 프로그래밍을 잘 할 수 있다.

한 메소드에서 사용된 배열이 아닌 다른 변수의 값을 main에서 사용하는 방법은 return을 통해서만 이루어진다.

배열변수 x[]를 매개변수로 하여 한 메소드를 호출할 경우 그 메소드에 전달되는 값은 Stack 영역의 배열변수명 x에 저장되어 있는 x[0]의 주소이다.

연습문제

6.1 네 개의 정수형 데이터 국어, 영어, 수학, 과학 성적의 합계를 계산하는 메소드를 작성하라. 이 메소드를 이용하여 키보드에서 데이터를 입력받아 합계를 인쇄하는 프로그램을 작성하라. 입력되는 데이터의 수는 알 수 없으며 만일 국어 성적이 999이면 프로그램을 종료하라.

6.2 다음 데이터를 배열에 저장하고 이 배열을 매개변수로 받아 도수분포표를 작성하기 위한 메소드를 작성하라. 도수분포표 결과는 main에서 인쇄하는 Java 코드를 작성하라.

1, 1, 3, 3, 2, 2, 2, 5, 8, 8

6.3 다음과 같은 값을 갖는 배열 a[], b[]를 main에서 정의하라.

a[]: 1, 2, 3, 4, 5, 6, 7, 8, 9, 10
b[]: 2, 1, 3, 5, 4, 8, 6, 9, 8, 10

1) 한 배열을 매개변수로 받아서 그 배열의 평균, 표준편차를 구하는 메소드를 작성하라.
2) 두 배열을 매개변수로 받아서 두 배열의 공분산과 상관계수를 구하는 메소드를 작성하라.
3) 1)과 2)에서 작성한 메소드를 이용하여 a[]의 평균 및 표준편차, b[]의 평균 및 표준편차, a[]와 b[]의 공분산과 상관계수를 구하여 인쇄하는 main Java 코드를 작성하라.

2부

클래스와 객체지향 프로그래밍

7장

Java 클래스와 객체

7.1 클래스와 객체

7.2 객체의 생성

7.3 생성자

7.4 접근제한자

7.5 지정예약어

7.6 내부클래스

학습목표

- 클래스와 객체에 대해 이해하고 객체지향 프로그래밍을 할 수 있도록 한다.
- 객체의 생성 방법을 이해한다.
- 생성자의 다양한 형태에 대하여 이해한다.
- 접근제한자와 지정예약어에 대하여 이해한다.
- 내부클래스에 대하여 이해한다.

7.1 클래스와 객체

2장에서 컴퓨터 기억장치에 숫자나 문자를 저장하는 변수에 대해서 연구하였다. 5장에서는 같은 데이터형의 많은 변수가 필요한 경우 배열변수를 이용하는 효율적인 프로그래밍을 연구하였다. 예를 들어 학생들의 국어, 영어, 수학 성적이 다음과 같다고 하자.

```
 국어  영어  수학
---------------------
  90    80    70
  80    90    90
  80    80    80
```

각 학생의 데이터를 읽어서 저장할 변수는 다음과 같이 정수형 배열변수를 이용할 수 있다.

```
int[] score = new int[3];
```

하지만 위 데이터에 학생의 이름이 다음과 같이 추가되고 각 학생의 평균(실수형)을 계산하여 마지막에 추가한다면 어떨까?

```
 이름    국어  영어  수학
------------------------------
 Kim     90    80    70
 Lee     80    90    90
 Park    80    80    80
```

이 경우에는 정수형 배열변수의 확장만으로는 안 되고 이름을 저장할 String형 변수와 평균을 저장할 float형 변수를 만들어야 한다. 이렇게 서로 다른 데이터형의 변수들이 섞여 있는 경우 하나의 그룹으로 묶어서 효율적인 프로그래밍을 할 수 있도록 고안한 것이 C 언어의 다음과 같은 형태의 **구조체 변수**(structured variable)이다.

```
struct Student {
    String name;
    int[] score = new int[3];
    float avg;
}
```

위와 같이 서로 다른 데이터형을 묶어서 구조체 변수를 만들어 프로그램의 효율을 높인 것이 클래스의 시초이다. 이러한 구조체는 단지 서로 다른 데이터형의 변수들만 모아 놓았을 뿐 어떠한 행위(예를 들면 각 데이터를 읽거나 한 사람의 평균을 계산하는 등)를 할 수는 없었다. 바로 구조체에 어떠한 행위를 할 수 있도록 메소드를 추가한 것이 **클래스**(class)이다([그림 7-1]).

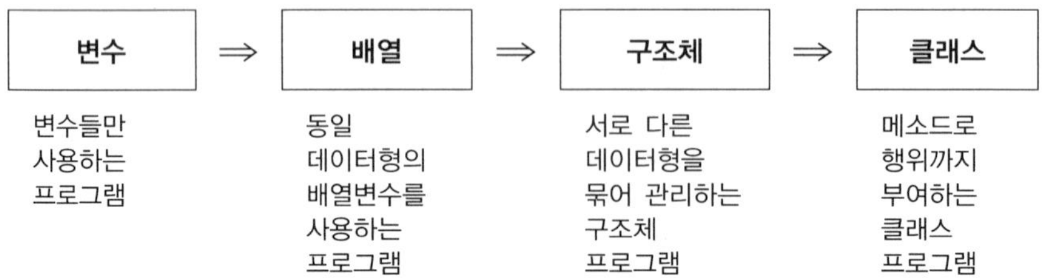

[그림 7-1] 프로그램의 진화 형태

한 클래스는 크게 서로 다른 데이터형의 변수와, 이들의 초깃값을 지정하는 부분(생성자라고 함), 그리고 변수들의 행위를 지정해 주는 메소드로 이루어진다. 이러한 클래스의 속성을 가진 한 대상을 **객체**(object)라고 한다. 앞의 예제에서 한 학생에 대한 클래스는 이름을 저장하는 String 변수와, 국·영·수 성적을 저장하는 정수형 배열변수, 그리고 한 데이터를 읽는 메소드와 성적의 평균을 계산하는 메소드로 설계할 수 있다. 이와 같은 클래스에 첫 번째 학생 데이터를 적용하면 그 학생의 '객체를 만들었다'라고 부른다. 즉 클래스는 데이터를 저장하고 필요한 계산까지 할 수 있는 **틀**(frame)이고, 객체는 이 클래스 틀을 적용받은 대상을 의미한다.

학생 데이터 처리를 위한 Student 클래스를 간단히 설계하면 다음과 같다.

```
class Student {
  String name;
  int[] score = new int[3];
  float avg;
}
```

이 간단한 클래스는 단지 서로 다른 데이터형 변수를 모아 놓은 구조체와 다른 것이 없어서 클래스를 이용하는 장점은 없다. 이 클래스에 성적의 평균을 계산하는 메소드를 추가하면 다음과 같다.

```
class Student {
  String name;
  int[] score = new int[3];
  float avg;
  void calculate() {
    int sum = 0;
    for (int I=0; i < score.length; i++) {
      sum += score[i];
    }
    avg = (float) sum / (float) score.length;
  }
}
```

이 클래스는 구체적인 학생의 이름이나 성적 등의 내용이 없이 변수 또는 배열 변수를 선언하고 이 변수를 이용하여 평균을 계산하는 메소드 calculate()를 가지고 있는 틀이다. 이 클래스를 이용하여 객체를 선언하고 메소드를 이용하는 main 프로그램의 예는 다음과 같다.

예제 7.1 위에서 정의된 클래스를 이용하는 아래의 main 메소드를 분석하라.

```
class Student {
  String name;
  int[] score = new int[3];
  float avg;

  void calculate() {
    int sum = 0;
    for (int i=0; i < score.length; i++) {
      sum += score[i];
    }
    avg = (float) sum / (float) score.length;
  }

  public static void main(String[] ar) {
    Student a = new Student();        // Student 클래스의 객체 a를 생성
    a.name = "KIM";                   // 객체 a 의 name 지정
    a.score[0] = 90;                  // 객체 a 의 score[0] 지정
    a.score[1] = 80;                  // 객체 a 의 score[1] 지정
    a.score[2] = 70;                  // 객체 a 의 score[2] 지정
    a.calculate();                    // 객체 a 의 메소드 calculate 호출
    System.out.println(a.avg);        // 객체 a 의 avg 인쇄
  }
}
```

풀이

클래스의 선언과 main 메소드는 별도의 프로그램에 있을 수 있으나 여기서는 같은 클래스 내에 위치하였다. 15번 줄에서 클래스 Student로 정의된 틀을 이용하는 객체 a를 생성하고 16번에서 19번 줄까지는 이 객체에 초깃값을 지정하였다. 객체에 초깃값을 지정하는 방법은 참조연산자 '.'를 이용한다. 20번 줄은 클래스의 메소드 calculate()를 이용하여 평균을 계산하였고, 21번 줄은 평균을 인쇄하였다. 프로그램의 실행 결과는 다음과 같다.

```
80.0
```

[예제 7.1]과 같이 클래스의 객체를 만들고 이를 이용하여 원하는 결과를 얻는 형태의 프로그램을 **객체지향 프로그래밍**(object oriented programming: OOP)이라고 한다. 간단한 프로그램인 경우는 번거롭다는 생각을 할 수 있지만 문제가 복잡할 경우 객체지향 프로그래밍 방식은 효율적인 프로그램이 가능하다. 특히 Windows 환경 프로그래밍을 위해서는 객체지향 프로그래밍이 반드시 필요하다.

6장까지 살펴본 프로그램은 main 메소드에서는 위에서부터 아래로 한 명령문씩, 그리고 한 명령문 내에서는 왼쪽에서 오른쪽으로 실행되었다. main 메소드의 명령문을 실행하다가 다른 메소드를 만나면 그 메소드를 실행하고 다시 main으로 돌아와 나머지 명령문을 실행하였다. **객체지향 프로그램**도 이러한 큰 실행 흐름은 변하지 않는다. 하지만 그 흐름의 주체가 각각의 프로그램 명령문이 아니라 클래스에서 생성된 **객체**(object) 또는 **인스턴스**(instance)이다.

일반적인 클래스의 형식은 **class**라는 예약어와 네 가지 구성 요소(이를 멤버라 부름)인 **필드**(field), **생성자**(construct), **메소드**(method), **내부클래스**(inner class)로 이루어져 있는데 그 형식은 다음과 같다.

클래스의 형식

```
접근제한자 [지정예약어]  class  클래스명
          extends 상위클래스  implements 상위인터페이스 {
  필드(field);            // 클래스에 필요한 변수 정의
  생성자(construct);      // 각 필드의 초깃값을 부여하는 메소드(7.3절 참조)
  메소드(method);         // 클래스의 행위를 기술하는 함수
  내부클래스(inner class);     // 클래스 내에 다른 클래스가 있는 경우
}

- 접근제한자:      public, private 등(7.4절 참조)
- 지정예약어:      static 등(7.5절 참조)
- 클래스명:        사용자가 임의로 정하는 이름, 대개 대문자로 시작함
- 상위클래스:      클래스의 내용을 수행하기 위해 필요한 상위의 클래스
- 상위인터페이스: 클래스의 내용을 수행하기 위해 필요한 상위의 인터페이스
```

하나의 클래스를 구성할 때 반드시 필요한 것이 class라는 예약어와 **클래스명**이다. 객체지향 프로그램에서는 한 클래스에 대하여 다른 클래스가 접근하는 것을 제한할 수 있는데 이때 class 앞에 사용하는 예약어가 **접근제한자**로서 각각의 클래스 구성 요소에 대한 접근을 제한할 수 있다. 접근제한자의 종류에는 private, protected, package, public의 네 가지가 있는데 7.4절에서 자세히 설명한다. **지정예약어**는 객체들이 공유하는 필드 등을 지정할 때 사용되는데 static, final 등이 있다. 7.5절에서 자세히 설명한다.

예약어 class 뒤에는 외부의 클래스를 현재의 클래스에서 이용할 때 사용하는 extends 예약어와, 외부의 인터페이스를 현재의 클래스내에서 이용할 때 사용하는 implements 예약어가 올 수 있다. 자세한 내용은 8장의 클래스의 상속에서 연구한다.

클래스는 네 종류의 구성 요소인 **멤버**(member)로 구성된다.

```
class = [field] + [construct] + [method] + [nested class]
```

필드(field)는 클래스에서 필요한 변수를 정의하는 부분이다. 변수는 메소드에서도 정의할 수 있어서 클래스의 멤버로 정의되는 변수를 **필드변수**(field variable)라 부르고 각 메소드에서 정의되는 변수를 **지역변수**(local variable)라고 부른다. 클래스에서 정의하는 필드변수는 클래스 내의 어디에서나 사용할 수 있는 **전역변수**(global variable)와 객체가 사용하는 **객체변수**(instance variable)로 나눌 수 있다. 전역변수는 한 클래스 전체에서 하나만 정의될 수 있고 이 전역변수의 값은 같은 클래스의 생성자나 메소드, 그리고 모든 객체에서 공유하는데 변수 앞에 static이라는 지정예약어를 사용한다. 객체변수는 클래스 내의 각 멤버들이 서로 다른 값을 가질 수 있는 변수를 의미한다. 일반적으로 객체변수는 초깃값을 지정하지 않고 선언만 하는데 기본값으로 숫자형 변수는 0, 불린형 변수는 false를 갖는다. 하지만 **메소드 내에 선언하는 지역변수는 초기화하지 않으면 컴파일 에러를 발생시킨다.** 여러 가지 변수형태를 갖는 다음 클래스의 예를 살펴보자.

```
01 class CircleArea {
02   static double PI = 3.141592; // PI는 전역변수
03   double radius;     // radius는 객체가 값을 지정하는 객체변수
04
05   double area() {          // 원의 면적을 계산하는 메소드
06     return PI*radius*radius;
07   }
08
09   public static void main(String[] ar) {
10     double area1, area2; // 지역변수의 선언
11     CircleArea one = new CircleArea(); // 객체 one 생성
12     one.radius = 2.0;      // 객체 one의 radius 초깃값
13     area1 = one.area(); // 객체 메소드로 면적계산후 area1에 저장
14     System.out.println(area1);
15     CircleArea two = new CircleArea();// 객체 two 생성
16     two.radius = 3.0;      // 객체 two의 radius 초깃값
17     area2 = two.area(); // 객체 메소드로 면적계산후 area2에 저장
18     System.out.println(area2);
19   }
20 }
```

이 예에서 2번 줄의 PI는 클래스 내의 어디에서든 사용할 수 있는 전역변수로서 지정예약어 static을 사용하였다. PI는 6번 줄에서 원의 면적 계산에 사용되었다. 3번 줄의 radius는 객체변수로서 main 메소드의 12번 줄과 16번 줄과 같이 값을 다르게 지정할 수 있다. 10번 줄의 area1과 area2는 지역변수로서 13번 줄과 17번 줄과 같이 참조연산자를 이용해 값을 넣어준다.

생성자(construct)는 필드에서 지정한 객체변수들의 초깃값을 부여하는 메소드이다. 생성자가 없을 수도 있고 또는 여러 개의 생성자가 있을 수 있는데 자세한 내용은 7.3절에서 살펴본다.

메소드(method)는 클래스에서 정의된 변수를 이용하여 클래스에 행위(평균 계산 등)를 부여하는 부분이다. 메소드도 변수와 마찬가지로 전역 메소드(지정예약어 static을 사용)와 객체 메소드로 구분할 수 있다. 위의 예에서 5번 줄의 area() 메소드는 객체 메소드로 원의 면적을 계산하여 돌려준다.

내부클래스(nested class)는 클래스 안에서 다른 클래스를 정의할 때 이용된다. 상위클래스와 상위인터페이스는 외부의 클래스를 현재의 클래스에서 사용할 때 이용된다.

클래스는 크게 [표 7.1]과 같이 네 가지 형태로 구분할 수 있다.

[표 7.1] 클래스의 여러 가지 형태

클래스	설명

class Student {
  int a; // 객체변수
  float b, sum; //객체변수
}
	*** 객체변수의 선언만 있는 클래스**
	- 객체변수의 값을 지정하지는 않음
	- 가장 단순한 형태의 클래스임

class Student {
  int a; // 객체변수
  float b, sum; // 객체변수
  Student(int x, float y) { // 생성자
    a = x;
    b = y;
  }
}
	*** 객체변수와 생성자가 있는 클래스**
	- 객체변수에 대한 선언
	
	- 생성자는 필드변수의 값을 초기화 생성자는 여러 개가 있을 수 있다. (7.3절 참조)

class Student {
  int a; // 객체변수
  float b, sum; // 객체변수
  Student(int x, float y) { // 생성자
    a = x;
    b = y;
  }
  void calculate() { // 메소드
    sum = (float) a + b;
  }
}
	*** 객체변수, 생성자, 메소드가 있는 클래스**
	- 객체변수에 대한 선언
	
	- 생성자는 필드변수의 값을 초기화
	
	- 메소드는 합을 계산하는 행위를 부여한다.

class Student {
  int a; // 객체변수
  float b, sum; // 객체변수
  Student(int x, float y) { // 생성자
    a = x;
    b = y;
  }
  void calculate() { // 메소드
    sum = (float) a + b;
  }
  class Student_Inner { // 내부클래스
    int d; // 객체변수
    public int geta(int x) { return x} // 메소드
  }
}
	*** 객체변수, 생성자, 메소드, 내부클래스가 있는 클래스**
	- 바깥쪽 클래스의 필드변수
	- 바깥쪽 클래스의 생성자
	
	- 바깥쪽 클래스의 메소드
	
	- 클래스 내부에 있는 내부클래스
	- 내부클래스의 객체변수
	- 내부클래스의 메소드

7.2 객체의 생성

[예제 7.1]에서 클래스를 만든 후 이를 main 메소드에서 객체를 만들어 사용하는 간단한 방법을 살펴보았다. 객체를 생성하는 일반적인 방법은 다음과 같다.

객체의 생성
클래스명 객체명 = new 클래스_생성자명(매개변수1, ... , 매개변수n);

[예제 7.1]에서는 Student a = new Student(); 라는 명령문으로 객체를 생성하였다. 부호 = 좌측의 Student는 클래스명이고, a는 객체명이며, Student()는 매개변수가 없는 생성자를 호출함을 의미한다. 클래스명과 생성자명이 동일한데 클래스 필드에 초깃값을 부여하는 생성자에 대해서는 7.3절에서 자세히 살펴본다.

생성된 객체를 이용하는 방법은 참조연산자 '.' 로서 a.name, a.score[0] 등과 같이 이용할 수 있다. 참조연산자 '.' 는 클래스 내의 특정 멤버들을 참조하는 연산자로서 최우선순위 연산자이다.

```
a.name = "KIM";
a.score[0] = 90;
```

참조연산자를 사용하여 객체의 변수명을 지정하는 것 이외에는 2장에서 연구한 변수에 값을 지정하는 것과 매우 유사하다.

7.2.1 객체의 생성과 메모리의 변화

객체가 생성되면 컴퓨터 기억장치에 어떠한 일이 발생할까? 5장의 배열에서 컴퓨터 주기억장치는 크게 Constant, Heap, Stack이라는 세 영역으로 구분된다는 것을 알았다. Constant 영역은 전체 프로그램에서 동시에 사용하는 변수를 정의하는 부분이고, Heap 영역은 일반 변수나 배열변수가 위치하는 부분으로 변수의 데이터형에 따라 2byte, 4byte, 8byte 등으로 메모리를 묶어서 값을 저장하는 부분이다. Stack 영역은 배열변수가 시작되는 Heap 영역의 주소를 저장한다.

객체가 생성되었을 때 메모리의 사용은 배열변수가 메모리를 사용하는 것과 유사하다. [예제 7.1]에서 객체 a가 만들어지면 Heap 영역에 name, score[0], score[1], score[2], avg, calculate() 등의 저장장소가 만들어지고 Stack 영역에 a라는 참조변수가 만들어지면서 Heap 영역의 객체가 시작되는 name의 주소를 저장한다.

Constant 영역	Heap 영역	Stack 영역
	String name	4byte a = 'name의 주소'
	score[0]	
	score[1]	
	score[2]	
	avg	
	calculate()	

[그림 7-2] 객체의 생성문 Student a = new Student(); 의 컴퓨터 주기억장치 변화

예제 7.2 아래 프로그램에서 객체의 생성과 컴퓨터 기억장치의 변화를 분석하라.

```
01 class Student2 {
03   int a, b;    // field의 선언
04
05   Student2() { }    // dummy 생성자로서 여기서는 없어도 됨
06
07   int sum() {        // 메소드의 선언
08     return a+b;
09   }
10
11   public static void main(String[] ar) {
12     Student2 one = new Student2();     // Student2 클래스의 객체 one을 생성
13     one.a = 90;                        // 객체 one의 a 값 지정
14     one.b = 80;                        // 객체 one의 b 값 지정
15     System.out.println(one.sum());     // 객체 one의 메소드 호출, sum 인쇄
16     Student2 two = new Student2();     // Student2 클래스의 객체 two를 생성
17     two.a = 60;                        // 객체 two의 a 값 지정
18     two.b = 90;                        // 객체 two의 b 값 지정
19     System.out.println(two.sum());     // 객체 two의 메소드 호출, sum 인쇄
20   }
21 }
```

풀이

이 프로그램은 한 클래스 내에 필드와 생성자 그리고 메소드가 선언되어 있다. 11번 줄의

```
public static void main(String[] ar) {
```

에서는 기억장치 상에 어떠한 공간도 할당되지 않는다. 12번 줄에서 객체를

```
Student2 one = new Student2();
```

과 같이 선언하면 Heap 영역에 이 객체 one에 대한 정수형 변수 a, b와 메소드 sum이 위치하는 공간이 만들어진다. Stack 영역에는 one이라는 참조변수가 만들어지면서 여기에 Heap 영역 객체 one의 a 주소를 저장한다. 13번과 14번 줄에서는 객체 one의 a와 b의 값을 초기화한다.

Constant 영역	Heap 영역	Stack 영역
	객체 one의 a = 90	one = '객체 one의 a 주소'
	객체 one의 b = 80	
	객체 one의 메소드 sum	

15번 줄에서는 메소드 sum을 호출하여 a와 b의 합을 계산한 후 이를 인쇄한다. 16번 줄의

```
Student2 two = new Student2();
```

에서는 Heap 영역에 객체 two의 정수형 변수 a, b, 메소드 sum이 만들어지고 Stack 영역에 two라는 참조변수가 만들어지면서 여기에 Heap 영역 객체 two의 a 주소가 저장된다. 17번과 18번 줄에서는 객체 two의 a와 b의 값을 초기화한다.

Constant 영역	Heap 영역	Stack 영역
	객체 one의 a = 90	one = '객체 one의 a 주소'
	객체 one의 b = 80	two = '객체 two의 a 주소'
	객체 one의 메소드 sum	
	객체 two의 a = 60	
	객체 two의 b = 90	
	객체 two의 메소드 sum	

19번 줄에서는 메소드 sum을 호출하여 객체 two의 a와 b의 합을 계산한 후 이를 인쇄한다. 여기서는 메소드 sum이 각각의 객체들이 모두 만드는 것으로 설명하였으나 실제는 Heap 영역에 하나의 메소드만 만든다. 자세한 것은 7.3.1절에서 설명한다.

프로그램의 실행 결과는 다음과 같다.

```
170
150
```

추가로 Student 클래스의 객체를 만들고 싶으면 Student2 three = new Student2(); 라는 명령문을 사용하면 된다. 기존의 프로그래밍 방식에 비해서 조금 복잡한 감은 있지만 이렇게 한 클래스로서 틀을 만들어 놓으면 필요할 때 재사용하기가 편리하다. 예를 들어 Windows 프로그램에 많이 쓰이는 대화상자(이것은 여러 가지 복잡한 기능을 가지고 있다)를 클래스로 정의하면 단지 객체 선언만으로 많은 수의 대화상자가 쉽게 작동되도록 할 수 있다.

위의 예제에서 살펴보았듯이 필드, 생성자, 메소드 등이 혼합된 어떠한 작업에 대한 틀(클래스)을 만들고 이 틀을 이용하는 객체를 생성하여 원하는 일을 하는 것을 **객체지향 프로그래밍**이라고 한다. 이 예제에서는 Student one = new Student(); 그리고 Student two = new Student(); 로 두 개의 객체를 생성하였다. 특히 메뉴, 대화상자, 스크롤바 등 화면에 다양한 도구가 주어지는 Windows 환경에서 프로그래밍을 위해서는 객체지향 프로그래밍이 반드시 필요하다.

컴퓨터 기억장치에서 객체의 위치

객체도 배열을 저장하는 방법과 유사하다. 한 클래스의 객체가 만들어지면 Heap 영역에 이 객체의 필드, 생성자, 메소드, 내부클래스 등의 저장장소가 만들어지고, Stack 영역에 이 객체의 참조변수가 만들어지면서 Heap 영역에 있는 객체의 저장장소가 시작되는 주소가 저장된다.

Constant 영역	Heap 영역	Stack 영역
	한 객체의 필드들	4byte 객체명 참조변수 = 'Heap 영역 객체시작 주소'
	객체의 생성자들	…
	객체의 메소드들	…
	객체의 내부클래스	
	…	

7.2.2 불필요 메모리 제거(Garbage Collection)

컴퓨터 기억장치 내의 Heap 영역은 객체가 생성되었을 때 사용하는 메모리가 할당되는 부분이다. 한 프로그램에서 객체를 많이 만들면 Heap 영역의 많은 메모리를 차지하게 된다. 불필요한 메모리가 많이 존재하면 프로그램의 속도를 저하시킬 수 있어 이를 관리하는 것이 필요하다. 그래서 C++와 같은 언어에서는 객체를 만든 후 사용하지 않으면 **소멸자**를 이용하여 메모리를 해제시키는 작업을 했었다. 하지만 Java에서는 스스로 불필요한 메모리(garbage)를 삭제한다. 불필요한 메모리(garbage)는 Stack 영역의 참조변수에 의해 더 이상 어떠한 참조도 받지 않는 Heap 영역의 메모리를 의미한다.

예제 7.3 (Garbage Collection) 아래 프로그램에서 불필요한 메모리가 있는지 분석하라.

```
01 class Student3 {
02   int a;                          // 정수형 field의 선언
03   int b;                    // 정수형 field의 선언
04
05   Student3(int x, int y) {   // 두 매개변수가 있는 생성자
06     a = x;
07     b = y;
08   }
09   public static void main(String[] args) {
10     Student3 one = new Student3(90, 80);     // 객체 생성한 후 초기화
11     Student3 two = one;        // 다른 객체를 생성하며 기존 객체 대입
12     one = null;            // 객체 one의 참조변수를 null로 함
13     two = null;            // 객체 two의 참조변수를 null로 함
14   }
15 }
```

풀이

이 프로그램의 10번 줄에서 객체 one이 생성되면 Heap 영역에 정수형 a와 b의 저장장소가 만들어지면서 초깃값이 각각 90과 80으로 저장된다. 이때 Stack 영역에 참조변수 one이 만들어지면서 Heap 영역 객체 one이 시작되는 부분, 즉 a의 주소가 저장된다.

Constant 영역	Heap 영역	Stack 영역
	객체 one의 a = 90	one = '객체 one의 a 주소'
	객체 one의 b = 80	

11번 줄에서 객체 two가 생성되는데 다른 객체 one을 대입하였다. 메모리 내부에서는 Stack 영역에 two라는 참조변수가 만들어지면서 '객체 one의 a 주소'가 저장된다. 즉 Heap 영역의 '객체 one의 a 주소'를 갖고 있는 참조변수가 두 개 있는 상황이다.

Constant 영역	Heap 영역	Stack 영역
	객체 one의 a = 90	one = '객체 one의 a 주소'
	객체 one의 b = 80	two = '객체 one의 a 주소'

12번 줄의 one = null 은 Stack 영역의 참조변수 one의 내용을 'null' (아무 값도 없다는 것을 의미)로 하라는 의미이다. 따라서 현재 Heap 영역의 '객체 one의 a 주소'를 가지고 있는 참조변수는 two 하나이다.

Constant 영역	Heap 영역	Stack 영역
	객체 one의 a = 90	one = 'null'
	객체 one의 b = 80	two = '객체 one의 a 주소'

13번 줄의 two = null은 Stack 영역의 참조변수 two의 내용을 'null' 로 하라는 의미이다. 따라서 현재 Heap 영역의 '객체 one의 a 주소'를 가지고 있는 Stack 영역의 참조변수는 아무것도 없다. 이 상황에서 Heap 영역의 객체 one의 변수 a와 b는 쓸모없게 되고 이를 garbage 메모리라고 부른다.

Constant 영역	Heap 영역	Stack 영역
	객체 one의 a = 90	one = 'null'
	객체 one의 b = 80	two = 'null'

Java는 garbage collector라는 프로그램이 계속 작동되며 Heap 영역에 이러한 garbage 메모리가 있는지 체크하여 제거하는데 이를 **garbage collection**이라고 부른다.

> **불필요 메모리 제거(garbage collection)**
>
> 컴퓨터 내의 Heap 영역은 객체가 생성되었을 때 사용하는 메모리가 할당되는 부분이다. 불필요한 메모리가 있으면 프로그램의 속도를 저하시킬 수 있다. Java에서는 garbage collector라는 프로그램이 항시 작동하여 불필요한 메모리를 제거한다.

7.3 생성자

7.1절과 7.2절에서 살펴본 클래스를 이용한 프로그램에서 생성자를 소개하였는데 이 절에서 자세히 설명한다. 클래스는 변수와 메소드 등이 혼합되어 있는 틀로서 일반적으로 구체적인 객체변수의 값을 부여하지는 않는다. **생성자**(construct)란 단지 한 클래스에서 정의한 객체변수들의 초깃값을 부여하는 메소

드이다. 생성자는 클래스명과 동일한 이름을 갖으나 뒤에 매개변수를 여러 개 가질 수 있는 메소드이다. 생성자는 그 앞에 접근제한자를 가질 수 있는데 자세한 내용은 7.4절에서 연구한다. 생성자의 일반적인 형식은 다음과 같다.

생성자 메소드

접근제한자 클래스명(매개변수1, ... , 매개변수n) throws 예외처리클래스 {
  멤버 필드의 초기화 명령문;
  ...
}
 	
- 접근제한자: public, private 등
- 클래스명: 사용자가 임의로 정하는 이름, 대개 대문자로 시작함
- 예외처리클래스: 예외가 발생할 때 처리해 주는 클래스

생성자는 6장에서 배운 메소드와는 형태와 사용 방법이 다른데 그 특징을 정리하면 다음과 같다.

❶ 생성자는 클래스명과 동일한 이름을 가진다. 대소문자까지도 같아야 한다.

❷ 생성자는 일반적인 메소드와는 다르게 결과를 return 받을 수 없는 메소드이다.

❸ 클래스의 객체가 생성될 때 반드시 생성자가 호출된다. 만일 클래스에 생성자가 선언되어 있지 않으면 스스로 **빈 생성자**(dummy construct)를 만들어 호출한다. 빈 생성자는 클래스명과 동일한 이름의 메소드로서 전혀 명령문이 없는 형태이다. 6장까지 공부하였던 프로그램들은 생성자를 선언하지 않았지만 내부적으로 빈 생성자가 만들어진다. [예제 7.2]에서도 이와 같은 빈 생성자를 정의하였다.

```
class Student {
   int a, b;          // field의 선언
   Student() { }      // dummy 생성자
}
```

❹ 동일한 이름의 생성자가 매개변수의 개수나 데이터형이 다르게 여러 개 있을 수 있다. 이를 생성자 **오버로딩**(overloading)이라고 부르는데 다양한 형태로 필드의 변수에 대한 초깃값을 부여하기 위해 허용되었다. 예를 들어 다음 클래스는 네 개의 생성자를 가지고 있다.

```
class Student {
   int a;                         // 정수형 field의 선언
   float b;                       // 실수형 field의 선언
   Student() { }                  // dummy 생성자
   Student(int x) {               // 정수형 매개변수를 받는 생성자
      a = x;
   }
   Student(float x) {             // 실수형 매개변수를 받는 생성자
      b = x;
   }
   Student(int x, float y) {      // 정수 및 실수 두 개의 매개변수를 받는 생성자
      a = x;
      b = y;
   }
}
```

여러 개의 생성자가 있을 때 메인에서 객체를 생성하면 그 객체의 매개변수 개수와 데이터형에 따라 그에 맞는 생성자를 찾아가게 된다.

```
public static void main(String[] ar) {
   Student one = new Student();          // dummy 생성자 호출
   Student two = new Student(3);         // 정수형 한 매개변수 생성자 호출
   Student three = new Student(2.1);     // 실수형 한 매개변수 생성자 호출
   Student four = new Student(3,2.1);    // 두 매개변수 생성자 호출
}
```

❺ 한 클래스에 생성자가 여러 개 있을 때 한 생성자에서 다른 생성자를 호출할 수도 있다. 호출하는 방법은 **this(매개변수1, ... , 매개변수n)**라는 명령어를 이용한다. this는 효율적으로 한 클래스 필드의 초깃값을 부여하는 데 많이 이용된다. 다음 예를 살펴보자.

```
class Student {
   int a;                         // 정수형 field의 선언
   float b;                       // 실수형 field의 선언
   Student(int x) {               // 정수형 매개변수를 받는 생성자
      a = x;
   }
   Student(int x, float y) {      // 정수 및 실수 두 개의 매개변수를 받는 생성자
      this(x);                    // 생성자 Student(int x)를 호출, 첫 줄에 위치
      b = y;
   }
}
```

생성자의 특징을 요약하면 다음과 같다.

생성자의 특징

생성자는 한 클래스의 필드에 대한 초깃값을 부여하는 메소드로 다음 특징을 갖고 있다.

1) 생성자는 클래스명과 동일한 이름을 가진다. 대소문자까지도 같아야 한다.
2) 생성자는 일반적인 메소드와는 다르게 결과 return 값이 없는 메소드이다.
3) 클래스의 객체가 생성될 때 반드시 생성자가 호출된다. 만일 클래스에 생성자가 선언되어 있지 않으면 스스로 빈 생성자(dummy construct)를 만들어 호출한다.
4) 동일한 이름의 생성자가 매개변수의 갯수나 데이터형이 다르게 여러 개 있을 수 있다.
5) 한 클래스에 생성자가 여러 개 있을 때 한 생성자에서 다른 생성자를 호출할 수도 있다. 호출하는 방법은 this(매개변수1, ... , 매개변수n) 라는 명령어를 이용한다.

예제 7.4 아래 프로그램에서 여러 가지 생성자의 역할을 분석하라.

```
class Student4 {
  int a;                          // 정수형 field의 선언
  float b;                        // 실수형 field의 선언

  Student4() {                    // 매개변수가 없는 dummy 생성자
  }
  Student4(int x) {               // 정수형 매개변수를 받는 생성자
    a = x;
  }
  Student4(float x) {             // 실수형 매개변수를 받는 생성자
    b = x;
  }
  Student4(int x, float y) {      // 정수 및 실수 두 개의 매개변수를 받는 생성자
    this(x);                      // 생성자 Student4(int x)를 호출, 첫 줄에 위치
    b = y;
  }
  float sum() {                   // 합을 계산하는 메소드의 정의
    return (float)a + b;
  }

  public static void main(String[] ar) {
    Student4 one = new Student4();          // 객체 one을 빈 생성자 호출
    one.a = 30;                             // 객체 one의 a 값 지정
    one.b = 40.0f;                          // 객체 one의 b 값 지정
    System.out.println(one.sum());          // 객체 one의 메소드 호출
    Student4 two = new Student4(50);        // 객체 two 생성, 정수값 전달
    two.b = 60.0f;                          // 객체 two의 b 값 지정
    System.out.println(two.sum());          // 객체 two의 메소드 호출
   Student4 three = new Student4(80.0f);    // 객체 three 생성, 실수값 전달
```

```
31      three.a = 70;                              // 객체 three의 a 값 지정
32      System.out.println(three.sum());           // 객체 three의 메소드 호출
33      Student4 four = new Student4(90,100.0f); // 객체 four 생성,
34                                                 // 정수 및 실수값 받는 생성자 호출
35      System.out.println(four.sum());            // 객체 four 메소드 호출
36   }
37 }
```

풀이

이 프로그램은 서로 다른 네 개의 생성자가 선언되어 있다. 매개변수가 없는 생성자(6-7번 줄), 하나의 정수형 매개변수를 받는 생성자(8-10번 줄), 하나의 실수형 매개변수를 받는 생성자(11-13번 줄), 두 개의 매개변수를 받는 생성자(14-17번 줄)의 네 가지가 선언되어 있다. 전달되는 매개변수의 개수나 데이터형을 구분하여 이에 맞는 생성자가 호출되게 된다.

23번 줄은 객체 one을 생성하면서 빈 생성자를 호출하는 경우이다. 이 경우 클래스의 변수값이 전달되지 않기 때문에 클래스의 필드를 24-25번 줄과 같이 초기화해 주어야 한다.

27번 줄은 객체 two를 생성하면서 정수값 50을 전달하는 경우로서 생성자 Student(int x) 가 호출되어 전달된 값은 클래스 변수 a의 초깃값이 된다. 즉 a=50이 되므로 클래스 변수 b의 값은 28번 줄과 같이 초기화해야 한다.

30번 줄은 객체 three를 생성하면서 실수값 80.0을 전달하는 경우로서 생성자 Student (float x)가 호출되어 전달된 값은 클래스 변수 b의 초깃값이 된다. 즉 b=80.0이 되므로 클래스 변수 a의 값은 31번 줄과 같이 초기화해야 한다.

33번 줄은 객체 four를 생성하면서 정수값 90과 실수값 100.0을 전달하는 경우로서 생성자 Student(int x, float y)가 호출되어 전달된 값은 클래스 변수 a와 b의 초깃값이 된다. 즉 a-90; b- 100.0으로 초기화된다.

프로그램의 실행 결과는 다음과 같다.

```
70.0
110.0
150.0
190.0
```

7.3.1 this

클래스 내에 생성자가 여러 개 있을 때 한 생성자에서 다른 생성자를 호출하는 방법으로 **this**라는 예약어를 사용하였다. 하지만 this 예약어는 직접 객체를 지칭하는 방법으로도 이용된다. 다음 예를 살펴보자.

예제 7.5 다음 프로그램은 두 학생의 국어와 영어 성적을 인쇄한다. 두 학생의 객체가 각각 호출하는 show() 메소드의 역할을 분석하라.

```
01 class Student5 {
02    int kor, math;
03
04    Student5(int a, int b) {
05       kor  = a;
06       math = b;
07    }
08    public void show() {
09       System.out.println("kor = "+kor+" math = "+math);
10    }
11
12    public static void main(String[] ar) {
13       Student5 one = new Student5(90, 80);      // 객체 one 생성
14       Student5 two = new Student5(60,90);       // 객체 two 생성
15       one.show();
16       two.show();
17    }
18 }
```

풀이

이 프로그램은 두 학생의 객체 one, two를 만들면서 생성자를 이용해 국어(kor)와 수학(math) 성적을 각각 입력하였다(13-14번 줄). 이 상황에서 컴퓨터의 기억장치에는 다음과 같은 값들이 입력되어 있을 것이다.

Constant 영역	Heap 영역	Stack 영역
	객체 one의 kor = 90	one = '객체 one의 kor 주소'
	객체 one의 math = 80	two = '객체 two의 kor 주소'
	객체 two의 kor = 60	
	객체 two의 math = 90	

15번과 16번 줄에서 메소드 show()를 각각 호출하였는데 프로그램의 실행 결과는 다음과 같다.

```
kor = 90 math = 80
kor = 60 math = 90
```

각 객체의 변수는 Heap 영역에 따로 저장장소를 만들지만 show() 메소드는 하나밖에 없다. 그런데 어떻게 show() 메소드가 정확히 각 객체의 변수값을 인쇄할까? 그 이유는 one.show() 라는 메소드 호출방법이 Stack 영역의 참조변수 one(즉 객체 one의 kor 주소)을 가지고 들어가기 때문이다. 이 참조변수의 값(주소)을 저장하는 곳이 this라는 객체로서 show() 메소드의 눈에 보이지 않는 매개변수(0번째 매개변수)로 이해하면 된다. 즉 9번 줄은 다음을 의미한다.

```
System.out.println("kor = "+this.kor+" math = "+this.math);
```

위의 예제와 같이 this는 한 클래스에서 자기 자신의 객체를 지칭한다. 따라서 한 클래스에 있는 멤버 field는 this.field 형태로 접근할 수 있다. main 메소드에서 클래스에 있는 한 메소드를 호출하는 경우(예 one.show())에는 호출되는 메소드의 0번째 매개변수인 객체 this에 호출하는 객체를 대입하여(즉 this = one) Stack 영역에 있는 객체의 참조변수의 주소를 해당 메소드로 전달한다. Java는 이와 같은 방법으로 메모리 상의 각각의 객체에 해당하는 변수의 위치를 정확하게 알아낸다.

this는 한 클래스에서 자기 자신의 객체를 지칭한다.

1) 한 클래스에서 Heap 영역에 있는 멤버 field는 this.field 형태로 접근할 수 있다.
2) 한 클래스에 있는 멤버 중에서 static으로 선언된 변수나 메소드는 Constant 영역에 있기 때문에 this로 접근할 수 없다.
3) 여러 개의 객체가 만들어질 때 메소드는 Heap 영역에 하나만 만든다. 메소드가 호출되면 this 객체가 메소드의 0번째 매개변수로 전달된다.

위의 예제에서 생성자를 다음과 같이 바꾼다면 어떻게 될까?

```
class Student {
  int kor, math;

  Student(int kor, int math) {
    kor  = kor;
    math = math;
  }
```

이 경우 클래스의 변수와 생성자의 변수명이 같아 에러가 발생하는데 자신의 객체와 매개변수를 다음과 같이 구별하면 실행할 수 있다.

```
class Student {
  int kor, math;

  Student(int kor, int math) {
    this.kor  = kor;
    this.math = math;
  }
```

이렇듯 this라는 객체를 반드시 사용해야만 하는 경우도 있다. 그러나 대부분의 경우는 this를 생략할 수 있다.

7.4 접근제한자

객체지향 프로그램에서는 한 클래스에 대하여 다른 클래스가 접근하는 것을 제한할 수 있는데 이때 사용하는 예약어가 **접근제한자**이다. 한 클래스에 있는 각 멤버(필드, 생성자, 메소드 등)에 대한 접근을 제한할 수도 있다. 접근제한자의 종류에는 [표 7.2]와 같이 네 가지가 있다.

접근제한자는 클래스, 필드, 생성자 그리고 메소드 앞에 각각 지정할 수 있는데 어떠한 경우이든 그 역할은 같다. 단 private와 protected는 클래스와 생성자 앞에는 거의 사용하지 않는다. 주의할 것은 이러한 접근제한자는 한 클래스의 멤버(필드, 생성자, 메소드) 앞에만 사용되는 것이고 그 멤버의 내부 멤버(예를 들어 내부 메소드의 변수)를 선언할 경우에는 사용되지 않는 것이다(사용하면 에러임).

[표 7.2] 접근제한자의 네 가지 형태

접근제한자	설명
private	가장 엄격한 제한자로 자신의 클래스 내부에서만 사용할 수 있다.
protected	자신의 클래스 내부와 상속받은 하위클래스 그리고 동일한 파일 내부에서만 사용할 수 있다.
없는 경우	기본값 설정.
public	객체가 선언되어 있는 곳이면 어디에서든 사용할 수 있다. 즉, 제한을 하지 않는 경우이다.

각각의 접근제한자에 대해서 자세히 살펴보자.

7.4.1 private

private로 선언된 멤버는 동일 클래스 내에서 선언된 멤버들만 사용할 수 있는데 그 형식은 [표 7.3]과 같다.

클래스의 경우에는 다른 클래스에서 이 클래스의 객체를 생성하는 등의 목적으로 작성하는 경우가 많아 private 접근제한자를 거의 사용하지 않는다. 만일 private 접근제한자를 사용한 클래스에 대한 객체를 만들려고 하면 에러가 나타난다. 단 내부클래스(inner class)인 경우 private를 선언하는 것은 종종 있을 수 있다.

[표 7.3] private 접근제한자의 형식

종류	private 형식

클래스	private [지정예약어] class 클래스명 [extends 상위클래스]
	        implements 상위인터페이스 {
	    클래스의 내용 …
	}
	
	* 클래스에서 private를 사용하면 내부클래스가 영향을 받는다.

필드	private [지정예약어] 데이터형(클래스형) 필드명 [= 값];

생성자	private 클래스명(매개변수들) [throws 예외클래스들] {
	    생성자의 내용;
	}

메소드	private [지정예약어] 리턴데이터형(매개변수들) [throws 예외클래스들] {
	    메소드의 내용;
	}

다음 예제는 필드에 대해 private로 선언했을 때 어떠한 영향이 있는지 보여준다. 생성자나 메소드에서도 유사하다.

예제 7.6 아래의 두 프로그램에서 접근제한자 private가 어떻게 역할을 하는지 분석하라.

```
01 // program 1 ? Test private
02 public class ClassTest11 {
03   private int a = 10;
04
05   public static void main(String[] ar) {
06     ClassTest11 one = new ClassTest11();
07     System.out.println(one.a);
08   }
09 }
```

```
01 // program 2 ? Test private
02 class Sample {
03   private int a = 10;
04 }
05 public class ClassTest12 {
06   public static void main(String[] args) {
07     Sample one = new Sample();
08     System.out.println(one.a);
09   }
10 }
```

풀이

첫 번째 프로그램은 한 클래스에 private 변수를 선언하고(a=10) 이를 7번 줄과 같이 같은 클래스의 main 메소드에서 사용하였다. 이 프로그램은 정상적으로 10이라는 숫자를 인쇄한다.

두 번째 프로그램은 두 개의 서로 다른 클래스가 선언되고 처음 클래스 Sample에 private 변수로 a를 정의한 후 두 번째 클래스의 7번 줄에서 a의 내용을 인쇄하려고 시도한 것이다. 이 프로그램은 컴파일 시 오류가 발생한다.

위의 예제와 같이 private 접근제한자로 지정된 멤버는 자신의 클래스 내부에서는 사용할 수 있지만 서로 다른 클래스에서는 사용할 수 없다.

7.4.2 protected

protected로 선언된 멤버는 동일한 클래스나 동일한 파일 혹은 상속관계의 클래스에서 사용할 수 있는데 그 형식은 다음과 같다.

[표 7.4] protected 접근제한자의 형식

종류	protected 형식

클래스	protected [지정예약어] class 클래스명 [extends 상위클래스]
	        implements 상위인터페이스 {
	    클래스의 내용 …
	}
	* 클래스에서 protected는 내부클래스에서만 허용된다.

필드	protected [지정예약어] 데이터형(클래스형) 필드명 [= 값];

생성자	protected 클래스명(매개변수들) [throws 예외클래스들] {
	    생성자의 내용;
	}

메소드	protected [지정예약어] 리턴데이터형(매개변수들) [throws 예외클래스들] {
	    메소드의 내용;
	}

클래스의 경우에는 protected는 내부클래스에서만 허용된다. 상속에 대해서는 차후 설명하기로 한다.

다음 예제는 필드에 대해 protected로 선언했을 때 어떠한 영향이 있는지 보여준다. 생성자나 메소드에서도 유사하다.

예제 7.7 아래의 두 프로그램에서 접근제한자 protected가 어떻게 역할을 하는지 분석하라.

```
// program 1 ? Test private
public class IdentifierTest11 {
```

```
03    protected int a = 10;
04
05    public static void main(String[] ar) {
06       IdentifierTest11 one = new IdentifierTest11();
07       System.out.println(one.a);
08    }
09 }
```

```
01 // program 2 ? Test private
02 class Sample {
03    protected int a = 10;
04 }
05 public class IdentifierTest12 {
06    public static void main(String[] ar) {
07       Sample one = new Sample();
08       System.out.println(one.a);
09    }
10 }
```

풀이

첫 번째 프로그램은 [예제 7.5]에서 private 변수를 protected로 바꾼 것이다. 이 변수를 7번 줄과 같이 같은 클래스의 main 메소드에서 사용하였다. 이 프로그램은 정상적으로 10이라는 숫자를 인쇄한다. 즉 하나의 파일에서는 protected로 선언된 변수의 사용에 문제가 없다.

두 번째 프로그램은 두 개의 서로 다른 클래스를 선언하고 처음 클래스 Sample에 protected 변수로 a를 정의한 후 두 번째 클래스의 8번 줄에서 a의 내용을 인쇄하려고 시도한 것이다. 두 개의 클래스가 같은 폴더에만 있으면 이 프로그램은 정상적으로 작동된다.

위의 예제와 같이 protected 접근제한자로 지정된 멤버는 한 폴더 내에 있는 클래스에서는 사용할 수 있다.

7.4.3 접근제한자 없음

접근제한자가 없으면 protected와 private의 중간 정도의 접근성을 가진다. 접근제한자가 없는 경우 상속이 같은 패키지 안에서는 접근이 가능하고, 다른 패키지에서 상속할 때는 접근이 가능하지 않다([표 7.5] 참조).

7.4.4 public

public 접근제한자로 지정된 멤버는 객체가 선언되어 있는 곳이면 어디에서든 사용할 수 있다. 즉, 제한을 하지 않는 경우이다.

접근제한자에 따른 접근 가능 범위를 요약하면 [표 7.5]와 같다.

[표 7.5] 접근제한자에 따른 접근 범위

	동일 클래스 내	동일 패키지 내	상속 가능	모든 접근 가능
public	O	O	O	O
protected	O	O	O	X
없음	O	O	O/X	X
private	O	X	X	X

7.5 지정예약어

지정예약어는 클래스, 필드, 메소드 앞에 선언하는 것으로 각 멤버의 공유 여부나 수정 여부를 지정하여 준다.

7.5.1 필드의 지정예약어

[표 7.6]은 필드에 대한 지정예약어이다.

[표 7.6] 필드에 대한 지정예약어

필드 지정예약어	설명
static	하나의 클래스로 발생된 모든 객체가 공유하는 필드를 선언할 때 사용한다.
final	한번 필드값을 정하면 그 값을 변경하지 못하도록 필드를 선언할 때 사용한다.
static final	static과 final의 속성을 동시에 갖도록 필드를 선언할 때 사용한다. 즉 모든 객체가 이 필드를 공유하며, 선언된 필드값을 수정하지 못한다.
transient	임시 메모리 필드로 네트워크 전송이나 파일 전송에 사용한다.

static이란 '공유한다'는 의미로서 static으로 지정된 필드는 한 클래스로 생성된 모든 객체가 공유하는 공간이다. static 필드로 지정하여 초기화하는 형식은 다음과 같다.

static 멤버 필드

```
접근제한자 static 데이터형 필드명 [= 값];

- 접근제한자: public, private 등
```

한 클래스에서 멤버변수의 초기화는 일반적으로 생성자를 이용하지만 static으로 선언되는 변수는 반드시 static 선언이나 static 블록을 이용하여 초기화한다. 다음의 예를 살펴보자.

```
- 예: private static int x = 100;
- 예: 블록을 쓰는 경우
     private static int x;
     static {
        x = 100;
     }
```

static 블록은 main() 메소드보다 먼저 실행된다. 이런 이유로 static 필드는 별도의 메모리를 이용하고 이 필드는 this라는 객체를 사용하지 않는다.

Java 프로그램의 실행순서

1) static { } 블록
2) main() 메소드
3) finalize() 메소드

final 필드는 상수 변수를 지정하기 위해 사용하는 예약어이다. 예를 들어 파이(π)값 3.141592를 프로그램의 여러 곳에서 사용하는 경우 매번 정의하는 것은 귀찮을 것이다. 이 경우 다음과 같이 상수로서 지정한다.

```
final double pi =3.141592;
```

이렇게 정해진 변수 pi는 프로그램 내에서 절대 변하지 않고 바꿀 수도 없다. final 변수는 처음 선언 시에 초기화까지 해 주어야 한다. final은 static과 함께 사용할 수 있다. 이 경우 final 변수가 static 속성까지 갖게 되어 클래스 이름으로 접근할 수 있다. 'final static' 이나 'static final' 로 선언해도 상관없다.

```
class Student {
   private static final double pi =3.141592;
}
```

transient는 변수 앞에 사용할 수 있는 예약어로 임시로 사용되는 변수임을 나타낸다. 데이터의 네트워크 전송이나 파일 저장 시에 메모리 자체가 없는 것과 같은 효과를 나타낸다.

7.5.2 메소드의 지정예약어

[표 7.7]은 메소드에 대한 지정예약어이다.

[표 7.7] 메소드에 대한 지정 예약어

메소드 지정예약어	설명
static	static 지정예약어로 선언된 필드의 값을 처리하고자 할 때 사용한다. static 메소드 내부에는 반드시 static 필드나 static 메소드만 사용할 수 있다.
final	한 메소드를 다른 하위클래스에서 수정할 수 없도록 한다. 외부 사용자로부터 프로그램을 보호하려고 할 때 사용된다.
static final	static과 final의 속성을 동시에 같도록 메소드를 선언할 때 사용한다.
abstract	메소드 내용의 정의가 없는 추상 메소드를 선언할 때 사용한다.
synchronized	특정 메소드의 실행이 여러 개의 스레드(작은 단위의 프로그램을 의미)로 인하여 중첩도이 수행되는 것을 방지하는 데 사용한다.
native	다른 언어의 프로그램을 Java 내부 메소드로 사용하기 위하여 이용된다.

메소드에 대한 지정예약어는 대개 public 접근제한자와 같이 사용된다. 지금까지 많이 사용한 main 메소드가 static과 같이 사용되었는데 대표적인 예이다.

```
public static void main(String[] ar) { ... }
```

static 메소드는 static 필드의 값을 처리하기 위한 메소드로 앞에서 설명하였듯이 0번째 매개변수인 this를 가지고 있지 않다. static 메소드는 당연히 객체가 없는 상태에서도 사용할 수 있는데 클래스명으로도 접근할 수 있다. 지금까지 많이 사용해온 println() 메소드가 static 메소드의 대표적인 예이다.

```
System.out.println(); // out은 static field
```

이 메소드는 클래스명(System)으로 접근하였다.

final 메소드는 최종 메소드를 의미하는 것으로 클래스의 상속과 관련이 있다. 한 클래스는 다른 클래스에서 상속받아 메소드를 재정의하여 사용할 수 있는데 이를 **오버라이딩**(overriding)이라고 한다. 만약 메소드 앞에 final이 지정되어 있으면 상속받는 클래스는 오버라이딩을 할 수 없다.

메소드의 기타 지정예약어는 해당 장에서 설명한다.

직접 하나의 클래스를 만들고 그것을 실행시킬 다른 클래스도 만드는 예제를 다루어 보자.

예제 7.8 앞으로 화면에 여러 크기의 원을 그리는 것을 실습하게 될 것이다. 여기서는 세 개의 원이 화면에 위치하는 (x, y) 좌표를 랜덤하게 생성하고 이 원들의 면적을 구하는 프로그램을 작성해 보자. 첫 번째 원은 100*100의 화면의 (x,y) 좌표를 랜덤으로 생성하고 반경도 10 이내에서 랜덤으로 결정한다. 두 번째 원은 첫째 원의 중심을 우측으로 10, 밑으로 10 이동하고 반경은 두 배 키운다. 세 번째 원은 두 번째 원의 중심을 다시 우측으로 10, 밑으로 10 이동하고 반경을 두 배 키운다.

풀이

Math.Random() 함수는 0에서 1까지의 실수를 제공해 주는데 100*100 화면에 들어가는 (x,y) 좌표는 이 값에 100을 곱하여 얻는다(정수값만 취함, 5-6번 줄). 반경을 10 이내로 하기 위해서는 역시 랜덤함수에 10을 곱한다(7번 줄).

```
01 class Circle {
02   static double PI = 3.141592;
03   int x, y, radius;
04   Circle() {
05     x = (int) (100 * Math.random());
06     y = (int) (100 * Math.random());
07     radius = (int) (10 *  Math.random());
08   }
09   Circle(int x, int y, int radius) {
10     this.x = x;
11     this.y = y;
12     this.radius = radius;
13   }
14   double area() { // 원의 면적을 계산하는 메소드
15     return PI*radius*radius;
16   }
17 }
18 public class CircleType {
19   public static void main(String[] ar) {
20        int a, b, c;
21        double area1, area2, area3;
22        Circle one = new Circle();// 객체 one 생성
23        area1 = one.area();// 객체 메소드로 면적계산후 area1에 저장
24        System.out.println("x = "+one.x+" y = "+one.y+" radius = "
          +one.radius+" area = "+area1);
25        a = one.x + 10;
26        b = one.y + 10;
27        c = 2  * one.radius;
28        Circle two = new Circle(a,b,c);// 객체 two 생성
29        area2 = two.area();// 객체 메소드로 면적계산후 area2에 저장
30        System.out.println("x = "+two.x+" y = "+two.y+" radius = "
          +two.radius+" area = "+area2);
31        a = two.x + 10;
32        b = two.y + 10;
33        c = 2  * two.radius;
34        Circle three = new Circle(a,b,c);// 객체 two 생성
35        area3 = three.area();// 객체 메소드로 면적계산후 area3에 저장
36        System.out.println("x = "+three.x+" y = "+three.y+" radius = "
          +three.radius+" area = "+area3);
37   }
38 }
```

위 프로그램은 Circle이라는 클래스와 CircleType라는 두 개의 클래스가 있는데 Circle Type 클래스에 Circle 클래스를 이용한다(22, 28, 34번 줄). Circle 클래스는 두 개의 생성자가 있는데 4-8번 줄은 매개변수가 없는 생성자이고, 9-13번 줄은 세 개의 매개변수가 있는 생성자이다.

CircleType 클래스에서는 먼저 매개변수가 없는 생성자를 불러 객체변수 x, y 좌표와 radius에 값을 준다(22번 줄). 그리고 이 좌표를 이동하고 반경을 확대하여(25-27번 줄) 매개변수가 세 개 있는 생성자를 불러 객체변수 값을 조정한다(28번 줄). 유사한 방법으로 세 번째 원에 대해 값을 조정한다(31-33번 줄).

두 개의 클래스가 같은 폴더에만 있으면 이 프로그램은 정상적으로 작동된다. 프로그램의 출력은 다음과 같다. 랜덤함수의 값이 다를 수 있어 여러분의 컴퓨터는 다른 값을 가질 수 있다.

```
x = 72 y = 33 radius = 1 area = 3.141592
x = 82 y = 43 radius = 2 area = 12.566368
x = 92 y = 53 radius = 4 area = 50.265472
```

7.6 내부클래스

내부클래스(inner class)는 하나의 클래스 내부에 다른 클래스를 만들어 효율적인 관리를 도와준다. 예를 들어 앞 절에서 한 학생의 성적을 관리하기 위한 클래스를 만들어 보았다. 만일 한 학생에 대한 신장 및 체중 등의 개인 정보를 관리해야한다면 별도의 클래스를 만들 수도 있다. 하지만 학생의 성명이나 학번은 공통사항이라 Student라는 클래스 내에 성적과 신체정보를 갖는 두 개의 내부클래스를 다음과 같이 구성할 수 있다.

```
class Student {
  String name;
  String id;

  class Grade {
    int kor = 90;
    int math = 100;
  }
  class Body {
    int height = 180;
    int weight = 70;
  }
}
```

이 내부클래스는 Student라는 **외부클래스**(outer class) 안에 Grade와 Body라는 **내부클래스**가 있는 형태이다. 내부에 중첩되는 클래스는 여러 개가 있을 수도 있다. 다음 예제를 통해 바깥 클래스와 내부클래스의 객체를 생성하는 방법을 알아보자.

예제 7.9 **다음과 같은 중첩된 클래스가 있을 때 메인 메소드에서 객체를 생성하는 방법을 분석하라.**

```
01 class Student {
02   String name;
03   String id;
04
05   class Grade {
06     int kor = 90;
07     int math = 100;
08   }
09
10   class Body {
11     int height = 180;
12     int weight = 70;
13   }
14 }
15
16 public class Student6 {
17   public static void main(String[] ar) {
18     Student one = new Student();
19     Student.Grade onegrade = one.new Grade();
20     Student.Body  onebody  = one.new Body();
21     one.name = "kim";
22     one.id = "1234";
23     System.out.println("Name = "+one.name+"  ID = "+one.id);
24     System.out.println("kor = "+onegrade.kor+"  math = "+onegrade.math);
25     System.out.println("height = "+onebody.height+" weight = "
         +onebody.weight);
26   }
27 }
```

풀이

이 예제는 Student 클래스 내부에 Grade와 Body라는 클래스가 있다. 18번 줄은 외부클래스 Student의 객체를 생성하는 것이고, 19번 줄은 내부클래스 Grade의 객체를 생성하고 20번 줄은 내부클래스 Body의 객체를 생성한다. 이 프로그램의 실행 결과는 다음과 같다.

```
Name = kim  ID = 1234
kor = 90  math = 100
height = 180 weight = 70
```

이 프로그램을 실행하면 다음과 같이 네 개의 클래스 파일이 생성된 것을 확인할 수 있다. 내부클래스는 '외부클래스명$내부클래스명.class' 라는 형태를 가진다.

```
1) Example07_08.class
2) Student.class
3) Student$Grade.class
4) Student$Body.class
```

중첩된 클래스가 있을 때 객체를 생성하는 일반적인 형식은 다음과 같다.

중첩된 클래스의 객체 생성
외부클래스명 객체1 = new 외부클래스명(); 외부클래스명.내부클래스명 객체2 = 객체1.new 내부클래스명() - 객체1: 외부클래스의 객체 - 객체2: 내부클래스의 객체

중첩된 클래스의 내부클래스에서는 외부클래스의 멤버를 이용할 수 있다. 그 반대로 외부클래스에서는 내부클래스의 멤버를 사용할 수는 없다.

이밖에 내부클래스를 static 클래스로 선언하고 그 멤버 필드를 static으로 지정하는 **static 내부클래스**와, 특정한 메소드에 한정적인 용도로 사용하는 **지역 내부클래스**, class라는 예약어와 클래스명을 가지지 않고 단지 객체의 생성과 내용만 정의하는 **익명 내부클래스** 등이 있는데 자주 이용되지 않아 이 책에서는 생략한다. 관심 있는 사람은 참고문헌을 살펴보기 바란다.

연습문제

7.1 연습문제 6.1의 프로그램을 클래스를 이용하는 프로그램으로 변환하라.

7.2 연습문제 6.2의 프로그램을 클래스를 이용하는 프로그램으로 변환하라.

7.3 연습문제 6.3의 프로그램을 클래스를 이용하는 프로그램으로 변환하라.

8장

클래스의 상속

학습목표

- 클래스, 필드, 메소드의 상속에 대해서 이해한다.
- 추상클래스에 대하여 이해한다.
- 인터페이스의 의미와 이용 방법에 대하여 이해한다.
- 패키지에 대하여 이해한다.

8.1 클래스의 상속

클래스는 다양한 형태의 데이터를 처리하거나 복잡한 구조를 갖는 문제에 대한 해결을 하기 위하여 객체지향 형태의 프로그래밍이 가능하도록 할 수 있게 해준다. 잘 만들어진 클래스는 프로그래머 본인만 아니라 다른 사람도 사용할 수 있도록 일반화된 형태로 설계된다. 이미 잘 만들어진 클래스의 재사용을 쉽게 할 수 있도록 '상속'이라는 개념이 나오고 이와 관련된 Java 예약어 **extends**가 만들어졌다. '상속'이라는 개념을 이해하기 위하여 다음 예제를 살펴보자.

```
class A {
   int a = 10;
}
```

누군가 이 클래스 A를 다른 클래스 B에서 사용하고 싶다면 다음과 같이 객체를 선언하여 할 수 있다.

```
class B {
   A aa = new A();
   int b = 20;
}
```

이와 같이 클래스 B 내부에 만든 클래스 A의 객체를 **포함된 객체**(included object)라고 부른다. 만일 클래스 B를 사용하는 클래스 C를 다음과 같이 만들고 이 클래스들을 이용하는 간단한 main() 메소드를 만들어 보자.

```
class C {
   B bb = new B();
   int c = 30;
}

public static void main(String[] ar) {
   C cc = new C();
   System.out.println("a = "+cc.bb.aa.a);
}
```

이 프로그램은 main 메소드에서 클래스 C의 객체를 만든 후 클래스 A에 있는 변수 a를 출력한다. 이것은 다른 클래스의 객체가 포함되어 있는 클래스에서 다른 클래스의 변수를 출력시키는 한 가지 방법이다. 하지만 이 방법은 클래스가 많아지면 어느 클래스에 어떠한 포함 객체가 있는지 항상 경로를 정확하게 기억해야 프로그램의 오류가 발생하지 않는다. 이 경우 프로그램의 효율을 높이기 위해 만든 클래스가 오히려 불편함을 초래하게 된 것이다. 이 문제를 해결하기 위해 클래스의 상속이 가능한 예약어 extends를 만들게 되었다. 상속은 해당 클래스 멤버의 위치를 추적하지 않더라도 쉽게 원하는 멤버를 이용할 수 있게 하여준다. extends는 7장에서 살펴보았듯이 클래스의 일반적인 형식에서 클래스명 다음에 위치한다.

클래스의 상속을 위한 extends 예약어

```
접근제한자 [지정예약어]  class  클래스명
          extends 상위클래스  implements 상위인터페이스 {
   필드(field);              // 클래스에 필요한 변수 정의
   생성자(construct);        // 각 필드의 초깃값을 부여하는 메소드
   메소드(method);           // 클래스의 행위를 기술하는 함수
   내부클래스(nested class);      //클래스 내에 다른 클래스가 있는 경우
}

- 상위클래스:      클래스의 내용을 수행하기 위해 필요한 상위의 클래스
- 상위인터페이스: 클래스의 내용을 수행하기 위해 필요한 상위의 인터페이스
```

위의 예제를 extends 예약어를 이용하여 다시 작성하면 다음과 같다.

```
class A {
   int a = 10;
}

class B extends A {
   int b = 20;
}

class C extends B {
   int c = 30;
}

public static void main(String[] ar) {
   C cc = new C();
   System.out.println("a = "+a);
}
```

이 예제의 main() 메소드를 살펴보면 클래스 A에 정의된 변수 a의 경로를 모

두 밝히지 않아도 a를 출력할 수 있음을 알 수 있는데 클래스 B와 C가 상위의 클래스를 상속하기 때문이다. 이해를 돕기 위해 A를 부모 클래스, 이를 상속받은 B를 자식 클래스, 다시 이를 상속받은 C를 손자 클래스라고 부른다. Java는 기본적으로 상위의 클래스 하나만을 상속받을 수 있는데 이를 **단일 상속**이라고 부른다. 여러 개의 클래스를 동시에 상속받는 것을 **다중 상속**이라고 하는데 이를 위해 Java는 인터페이스(interface)라는 새로운 종류의 클래스를 만들고 implements라는 예약어를 사용하여 다중상속을 한다(8.5절 참조).

8.1.1 모든 프로그램이 상속받는 object 클래스

Java의 모든 클래스는 java.lang 패키지에 있는 Object 클래스를 자동적으로 상속받는다. 즉 Object 클래스는 모든 Java 클래스의 부모 클래스 또는 뿌리 클래스(root class)이다. 이는 Java Documentation에서 Object 클래스를 확인해 보면 알 수 있다([그림 8-1]).

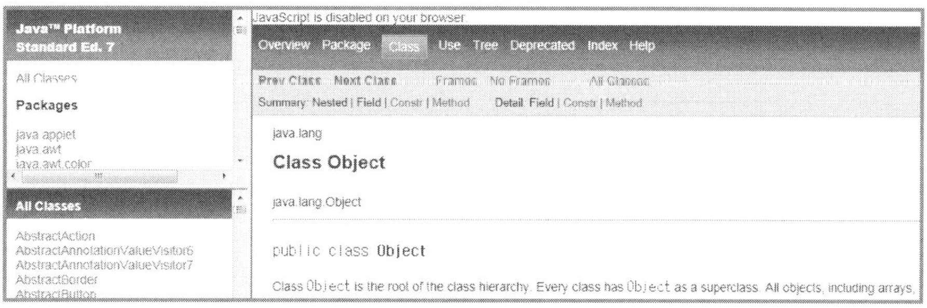

[그림 8-1] Object 클래스의 Documentation

이 그림에서 보면 Class Object는 어떤 클래스도 상속을 받고 있지 않다. 그러나 모든 클래스들은 이 Object 클래스를 상속받는다. 예를 들어 여러 가지 수학 함수를 메소드로 갖고 있는 Math 클래스의 Documentation이 [그림 8-2]와 같다.

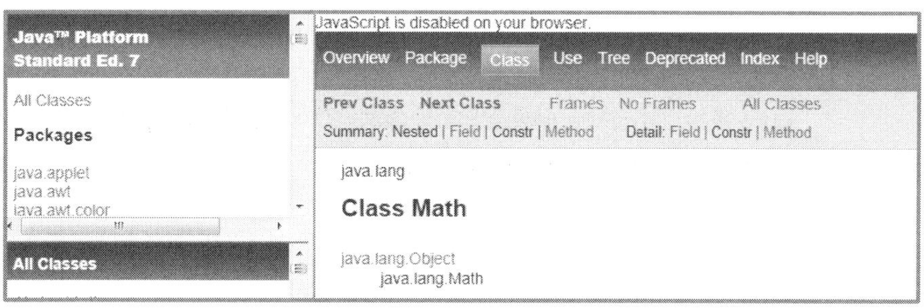

[그림 8-2] Math 클래스의 Documentation

[그림 8-2]에서 보듯이 Math 클래스는 Object 클래스를 상속받고 있다.

```
java.lang.Object
  java.lang.Math
```

따라서 Object 클래스의 메소드는 어디에서든 사용할 수 있다. 다음 예를 살펴보자.

예제 8.1 Object 클래스의 메소드 사용 예

```
01 class Dummy {
02
03 }
04
05 public class DummyTest {
06   public static void main(String[] ar) {
07     Dummy a = new Dummy();    // Dummy 클래스의 객체 a를 생성
08     Dummy b = new Dummy();    // Dummy 클래스의 객체 b를 생성
09     System.out.println("객체의 이름은? "+a.getClass());
10     System.out.println("두 객체가 같은가? "+a.equals(b));
11   }
12 }
```

풀이

이 예제에서 Dummy라는 클래스 내부에는 아무 내용이 없다. 하지만 9번 줄과 같이 객체 a의 한 메소드 a.getClass() 또는 10번 줄과 같이 두 객체를 비교하는 a.equals(b)라는 메소드를 사용할 수 있다. 왜냐하면 Dummy 클래스가 Object 클래스를 자동으로 상속받았기 때문이다.

프로그램의 실행 결과는 다음과 같다.

```
객체의 이름은? class dummy
두 객체가 같은가? false
```

Java에는 Object 클래스의 상속과 같이 생략된 명령어가 여러 가지 있는데 이를 정리하면 다음과 같다.

Java에서 생략된 명령어

- import java.lang.*; // 이 명령문을 적지 않아도 자동으로 import한다.
- dummy 생성자(); // 한 클래스에 생성자가 없는 경우 클래스명과 동일한 내용 없는 생성자가 만들어짐
- this // 자기 자신의 객체를 만든다. static 제외 // 한 메소드의 0번째 매개변수는 this
- Object 클래스의 상속 // extends Object을 지정하지 않아도 자동으로 상속

8.1.2 super 예약어

this는 현재 클래스에서 자기 자신을 의미하는 객체로 사용되는 것을 보았다. super는 상속 관계를 가지는 클래스들이 있을 때 하위클래스에서 상위클래스의 객체를 의미한다.

```
class A {
  int a = 10;
  public void aa() {
    System.out.println("a = "+this.a);
  }
}
```

```
class B extends A {
  int b = 20;
  public void bb() {
    System.out.println("a = "+super.a);
    System.out.println("b = "+this.b);
  }
}
```

8.2 필드의 상속

클래스의 상속이 발생할 때는 상위클래스의 변수와 하위클래스의 변수들 이름이 겹치는 경우 여러 가지 의도하지 않은 결과가 생길 수 있다. 어떤 클래스를 작성할 때 나중에 이 클래스를 상속받아서 작성될 클래스를 고려하여 변수 이름을 미리 적절하게 설정하는 것이 가능하지도 않고, 그러한 노력이 의미도 없다. 따라서 대부분의 경우 한 클래스에서 사용하는 변수 이름은 그 클래스 내에서만 사

용하도록 설정할 필요가 있으며, 이런 경우 변수나 메소드의 속성으로 private를 사용할 수 있다. 만일 private 속성으로 주어지면 해당 변수나 메소드는 다른 클래스에서는 접근할 수도 상속받을 수도 없으며 오직 그 클래스 안에서만 사용가능하다. private 속성은 변수, 메소드뿐만 아니라 클래스도 이 속성을 가질 수 있다.

public은 모든 외부의 클래스에서 접근이 가능하다. protected 접근제한자는 같은 패키지 안에서 접근할 경우와 상속받은 클래스에서만 접근을 허용할 경우 사용한다. 만일 아무 제한자를 사용하지 않으면 같은 클래스와 같은 패키지 안에서만 접근이 가능하며 상속은 되지 않는다.

상속 관계에 있는 클래스에서는 상위클래스의 필드에 사용된 접근제한자에 따라 하위클래스에서 그 사용 가능성이 달라진다. 접근제한자에 따른 접근한계를 [표 8.1]에 정리하였다. 접근제한자가 없는 경우 상속이 같은 패키지 안에서 발생할 때에는 접근이 가능하고, 다른 패키지에서 상속할 때는 접근이 가능하지 않다.

[표 8.1] 접근제한자에 따른 접근 범위

	같은 클래스 내	같은 패키지 내	상속 가능	모든 접근 가능
public	O	O	O	O
protected	O	O	O	X
없음	O	O	O/X	X
private	O	X	X	X

다음 예를 살펴보자.

예제 8.2 아래 프로그램에서 상위클래스의 접근제한자를 여러 가지 사용해 보라.

```
class A {
  int a = 10;
  public void aa() {
    System.out.println("a = "+this.a);
  }
}

class B extends A {
  int b = 20;
  public void bb() {
    System.out.println("a = "+super.a);
    System.out.println("b = "+this.b);
  }
}

public class ExtendTest {
```

```
17  public static void main(String[] ar) {
18    B bobject = new B();
19    bobject.bb();
20  }
21 }
```

풀이

18번 줄에서 하위클래스 B의 객체를 생성하면 Heap 메모리 영역에 b라는 변수와 상위클래스에 있는 변수 a의 메모리가 같이 만들어진다. 만일 상위클래스에서 변수 a를 private로 선언하면(private int a = 10) 11번 줄은 오류가 된다. 즉 private 접근제한자는 자신의 클래스에서만 사용할 수 있다. package 접근제한자는 자신의 클래스와 동일한 패키지에서 사용할 수 있다. protected는 자신의 클래스, 동일한 패키지, 동일한 파일 그리고 상속관계에서 사용할 수 있다. public은 모든 클래스에서 사용 가능하다.

프로그램의 실행 결과는 다음과 같다.

```
a = 10
b = 20
```

필드 상속에서 접근제한자의 권한

- private: 자신의 클래스에서만 사용할 수 있다.
- package: 자신의 클래스, 동일한 패키지, 동일한 파일에서 사용할 수 있다.
- protected : 자신의 클래스, 동일한 패키지, 동일한 파일, 상속관계에서 사용할 수 있다.
- public: 모든 클래스에서 사용가능하다.

※ 접근제한자의 범위: private 〈 package 〈 protected 〈 public

8.3 메소드의 상속

메소드도 상속 관계에 있는 클래스에서는 상위클래스의 메소드에 사용된 접근제한자에 따라 하위클래스에서 그 사용 가능성이 달라진다. private 접근제한자는 자신의 클래스에서만 사용할 수 있다. package 접근제한자는 자신의 클래스와 동일한 패키지에서 사용할 수 있다. protected는 자신의 클래스, 동일한 패키지, 동일한 파일 그리고 상속관계에서 사용할 수 있다. public은 모든 클래스에서 사용 가능하다.

메소드의 상속에서는 동일한 이름의 메소드가 상위클래스와 하위클래스에 동시에 존재하는 경우가 있다. 이 경우 하위클래스의 메소드는 상위클래스의 메소드를 재정의 또는 **오버라이딩**(overriding) 되었다고 한다. 예를 들어서 toString() 이라는 메소드는 상위클래스에도 있는데, 현재의 클래스에서 그 이름을 유지하면서 내용을 바꾸고 싶다고 하자. 이런 경우 메소드 정의 앞에 @Override를 사용한다. @Override를 사용하면 실제 상위클래스에 같은 이름의 메소드가 존재하여 상위클래스의 메소드를 대치하지(override) 않으면 컴파일 때 에러 메시지가 출력되어 프로그래머에게 알려준다. 즉, 실제 override를 하고 싶을 때 정확하게 override가 일어나면 정상적으로 컴파일되며, overide가 발생되지 않으면 컴파일에서 에러 메시지를 출력한다. 큰 프로젝트를 수행할 때 다양한 클래스를 사용하며, 이때 필요에 따라 override가 생길 수 있다. Override할 메소드가 없을 때 발생하는 메시지는

```
method does not override or implement a method from a  supertype
```

로 override할 메소드가 없는데 왜 override라고 하니? 라는 의미로 해석하면 좋겠다. 다음 예를 살펴보자.

예제 8.3 **아래 프로그램에서 메소드의 오버라이딩에 대해서 분석하라.**

```
class A {
  int a = 10;
  public void message() {
    System.out.println("a = "+this.a);
  }
}

class B extends A {
  int b = 20;
  public void message() {
    super.message();   // 클래스 A의 메소드 호출
    System.out.println("b = "+this.b);
  }
}

public class MethodTest {
  public static void main(String[] ar) {
    B bobj = new B();
    bobj.message();
  }
}
```

풀이

이 프로그램은 상위클래스 A와 하위클래스 B에 동일한 메소드 message가 있다. 이때

하위클래스 B의 메소드가 '오버라이딩 되었다'라고 한다. 오버라이딩할 때에는 접근제한자의 범위가 같거나 커야 한다.

프로그램의 실행 결과는 다음과 같다.

```
a = 10
b = 20
```

7장에서 생성자의 **오버로딩**(over loading)이라는 개념을 배웠다. 생성자 메소드의 오버로딩은 클래스 변수의 초깃값을 지정하기 위하여 동일한 메소드 이름을 가진 생성자가 매개변수의 개수와 데이터형이 다른 형태로 여러 개 존재하는 것을 의미한다. 하지만 상속에서의 오버라이딩은 동일한 형태의 메소드를 하위클래스에서 재정의하는 것을 의미한다. 이렇게 상위클래스의 메소드를 오버라이딩하려고 할 때 상위 메소드가 private이면 하위클래스의 오버라이딩 메소드는 private, package, protected, public 네 가지 모두 가능하다. 만일 상위클래스의 메소드가 package이면 하위클래스의 오버라이딩 메소드는 package, protected, public이 가능하다. 만일 상위클래스의 메소드가 protected이면 하위클래스의 오버라이딩 메소드는 protected, public이 가능하다. 만일 상위클래스의 메소드가 public이면 하위클래스의 오버라이딩 메소드는 public만 가능하다.

예제 8.4 **아래 프로그램에서 중복된 이름의 메소드와 변수에 대해 분석하라.**
다음의 SuperClass 클래스는 상위클래스 SuperClass를 정의한 SuperClass.java이다.

```
class SuperClass {
 double[] xx;
 String str = "Super";
 private String pvstr = "private Super";
 protected String ptstr = "protected Super";
 SuperClass() {}

 SuperClass(double[] xx) {
  this.xx = xx;
 }

 double sumIt(double[] xx) {
  double sum = 0.;
  for (int i=0; i < xx.length; i++) sum = sum + xx[i];
  System.out.println("Called by SuperClass");
  return sum;
 }
}
```

이 프로그램에서 2-5번 줄은 xx, str, pvstr, ptstr 변수를 정의한 것이고 6번 줄은 매개변수가 없을 때의 생성자, 8-10번 줄은 매개변수가 있을 때의 생성자이다. 12번 줄에서 시작하는 sumIt 메소드는 xx의 합을 계산하는 메소드인데, 이 메소드가 호출되면 15번 줄에서 SuperClass에서 호출되었다고 인쇄를 한다.

다음은 위의 SuperClass를 상속한 SubClass 클래스의 정의이다(SubClass.java).

```
01 class SubClass extends SuperClass {
02  double[] xx;
03  String str = "Sub";
04
05  SubClass(double[] xx) {
06   this.xx = xx;
07  }
08
09  public static void main(String[] args){
10    double[] x= new double[] {1, 2, 3, 4, 5};
11    SubClass sc = new SubClass(x);
12    sc.run();
13  }
14
15  void run() {
16    System.out.println(super.sumIt(xx)+", "+((SuperClass) this).str);
17    System.out.println(sumIt(xx)+", "+str);
18    System.out.println("Procted var: "+ptstr);
19    //System.out.println("Private var: "+pvstr); // compile time error
20    System.out.println(this.sumIt(xx)+", "+this.str);
21  }
22
23  double sumIt(double[] xx) {
24  double sum = 0.;
25  for (int i=0; i < xx.length; i++) sum = sum + xx[i];
26  System.out.println("Called by SubClass");
27  return sum;
28  }
29 }
```

풀이

이 프로그램의 1번 줄은 SuperClass를 상속하여 SubClass를 정의한다고 되어 있으며 2-3번 줄에서 정의한 xx와 str은 상위클래스에 있는 변수 이름과 중복되게 정의되어 있다. 5-7번 줄의 생성자는 xx를 매개변수로 받아서 클래스 변수 xx로 하였으며 9-13번 줄의 main 메소드는 x 변수값을 정의하고, SubClass 내의 run 메소드를 호출하였다. 15번 줄에서 시작하는 run 메소드는 몇 가지 인쇄가 있다. 23번 줄에서 시작하는 sumIt 메소드는 SuperClass 클래스의 같은 이름의 메소드와 작업 내용이 같다. 다만 26번 줄에서 SubClass에서 호출되었다고 인쇄하도록 하였다.

16번 줄의 super.sumIt 메소드에 의해서 SuperClass의 sumIt 메소드가 호출되고 마찬가지 이유로 ((SuperClass) this).str으로 SuperClass의 str 값이 인쇄된다. SuperClass의 15번 줄에 의해 다음이 출력된다.

```
Called by SuperClass
15.0, Super
```

참고 sumIt과 str 모두 접근제한자 없이 정의되었기에 접근이 가능하려면 Super Class와 SubClass가 같은 패키지 내에(같은 디렉토리 내에) 있어야 한다.

17번 줄은 SubClass의 sumIt과 str이 호출되므로 다음이 출력된다.

```
Called by SubClass
15.0, Sub
```

18번 줄은 상위클래스에서 protected 접근제한자를 가진 변수를 출력하므로 출력이 가능하고 Procted var: protected Super가 인쇄된다.

19번 줄은 상위클래스에서 private 접근제한자를 가진 변수를 출력하고자 하나, 상속이 이루어지지 않아 컴파일할 때 에러가 발생한다.

20번 줄은 this를 사용하였으므로 현재의 클래스, 즉 SubClass의 sumIt과 str을 인쇄하므로 17번 줄의 결과 같은 결과인

```
Called by SubClass
15.0, Sub
```

가 출력된다.

8.4 추상클래스

한 작업을 하기 위해 클래스를 여러 개 만들다 보면 이 클래스를 묶어서 사용할 필요가 생긴다. 이와 같이 여러 개의 클래스를 묶어서 상위클래스를 만들고 하위클래스에서 이를 상속받아 필요한 작업을 할 때 사용하는 예약어가 abstract이다. 클래스 여러 개를 묶어만 놓은 클래스를 추상클래스라고 부른다. 대개 전체 프로그램의 디자인 목적으로 많이 사용된다.

abstract 클래스

```
접근제한자 abstract class 클래스명 extends 상위클래스 implement 상위인터페이스{
  ...
}

- 접근제한자: public, private 등
- 예: abstract class A{
        ...
      }
      class B extend A {
        ...
      }
```

이렇게 선언된 추상클래스는 해당 클래스를 직접 사용할 목적으로 만드는 것이 아니기 때문에 자신의 객체를 만들 수 없다. 추상클래스는 내부에 일반 클래스의 멤버(필드, 생성자, 메소드)를 가질 수 있고 그밖에 **추상 메소드**(abstract method)를 가질 수 있다. 추상 메소드는 하위 메소드에서 오버라이딩되어야 한다.

```
abstract class A {
   public abstract void  aa();
}

class B extends A {
   public void aa() {
      ...
   }
}
```

8.5 인터페이스

지금까지 배운 클래스의 상속은 한 개의 상위클래스를 하위클래스가 상속받는 단일 상속이었다. 하지만 프로그램을 하다 보면 여러 개의 상위클래스를 상속받아야 할 필요가 있다. 이를 위해 Java에서는 새로운 개념의 클래스를 만들었는데 이를 **인터페이스**(interface)라고 부르고 그 형식은 다음과 같다.

interface 형식

접근제한자 interface 인터페이스명 extends 상위인터페이스 {
  ...
}
 	
- 접근제한자: public, private 등
- 예: interface A { … }
      interface B { … }
      interface C extends A, B { … }

인터페이스는 클래스와 유사하게 멤버로 필드, 생성자, 메소드를 갖는다. 하지만 interface는 여러 개의 다른 interface를 상속받을 수 있는 것이 클래스와의 차이점이다.

8.6 패키지

Java는 클래스의 모임으로 구성되어 있다. 이 클래스들은 동등한 수준의 클래스일 수도 있고 상속 관계의 클래스일 수도 있다. 클래스들이 너무 많아서 이를 용도별로 정리하기 위해 만들어진 것이 **패키지**(package)이다. 패키지는 일종의 클래스를 모아놓은 폴더라고 생각하면 된다. Java Documentation API를 열어보면 [그림 8-3]과 같은 첫 화면이 나타나는데 왼쪽 상단에 Package들의 이름, 즉 java.applet, java.awt, ... 등이 나타난다.

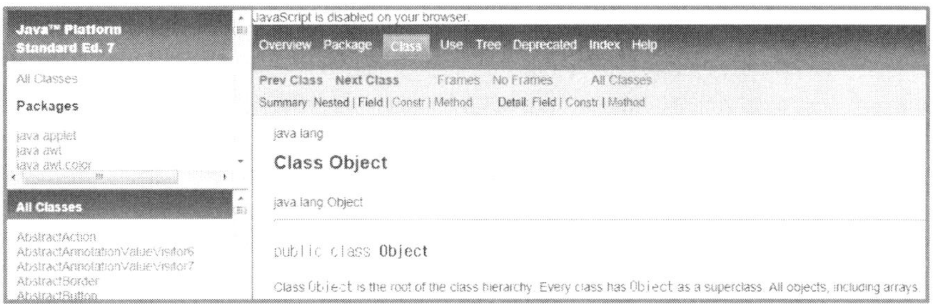

[그림 8-3] Java Documentation의 패키지들

Java를 만든 사람들이 만들어 놓은 패키지에 있는 한 클래스를 사용하려면 그 클래스가 속해 있는 패키지를 프로그램 시작 전에 import해야 한다. 예를 들면 다음은 Applet 패키지와 입출력 관련 패키지(io.*로 표시)를 import한 것이다.

```
import java.applet.Applet;
import java.io.*;
```

8.6.1 사용자 개발 패키지

프로그램이 익숙해지면 사용자도 여러 가지 클래스를 만들어 놓고 이를 다른 프로그램에서 이용하기 위하여 본인의 패키지를 직접 만들 수 있다. 패키지를 작성하려면 특정한 패키지에 들어갈 Java 프로그램 파일의 첫 줄은 모두 package 문을 사용하여

```
package myPackage.anova;
```

와 같이 선언해야 한다. 위의 경우 패키지 이름은 myPackage.anova이다. 이름이 의미하듯이 분산분석을 위한 패키지를 만든다고 하자. 이때 분산분석표 계산,

그룹별 평균 계산 및 유의확률 계산을 각각 Table.java, Means.java 및 Pvalue.java에 의해서 정의된 클래스에서 한다고 가정하자. 이 경우 이들을 모두 하나의 패키지로 묶는다고 하면 세 개의 파일의 구조가 다음과 같이 만들어져야 한다.

```
Table.java 파일은
package myPackage.anova;
public class Table {
    . . .(ANOVA table 작성)
}
```

```
Means.java 파일에서는
package myPackage.anova;
public abstract class Means {
    . . . (그룹별 평균계산)
}
```

```
Pvalue.java 파일은
package myPackage.anova;
public class Pvalue {
    . . .(유의확률 계산)
}
```

위의 모든 Java 파일의 첫 줄에서 사용한 package 문에 같은 이름을 주었으므로 위의 세 파일은 myPackage.anova 패키지의 일부가 된다.

패키지 이름은 java 및 javax로 시작하는 경우 Java 언어에 포함된 패키지이며 그렇지 않은 패키지인 경우 패키지를 개발한 기관의 도메인 주소를 거꾸로 사용한다. 예를 들어 awesomefactory.com에서 만든 패키지라면

```
com.awesomefactory
```

로 시작하는 이름, kakao 톡에서 만든 패키지라면

```
com.kakao
```

로 시작하는 이름을 주는 것이 권장되는(Java 홈페이지의 표현으로는 legal한) 방법이다. Android 기반의 스마트폰의 파일을 검색하다 보면 이와 같은 형식의 이름을 가진 폴더들이 있음을 알 수 있다.

패키지 이름을 이와 같은 형식으로 할 때 도메인 이름의 영역에 숫자로 시작하

는 경우나, float와 같이 Java의 키워드로 예약된 경우가 있을 수 있는데 이런 경우는 _을 추가하거나 _로 바꾼다. 예를 들어 도메인 이름이

```
nice-java.com
```

인 경우 com.nice_java로,

```
123name.com이면 com._123name
```

으로 바꾸는 것이다. 이렇게 패키지 이름을 주고, 각 패키지에 들어갈 클래스의 정의가 들어간 파일의 첫 부분에 package를 선언했다면 이들의 클래스가 필요한 다른 프로그램에서

```
import myPackage.anova.Table;
import myPackage.anova.Means;
import myPackage.anova.Pvalue;
```

와 같이 필요한 클래스를 하나씩 'import' 한다. 모든 패키지를 한 번에 사용하려면

```
import myPackage.anova.*;
```

와 같이 'import'할 수 있다. 패키지 이름에서 사용한 자바 파일들의 위치는 패키지 이름에 포함된 점(.)의 경로를 가진다. 즉 MyPackage.Anova 패키지들은 다음의 경로

```
...\myPackage\anova\
```

에 위치해야 한다. 유닉스, 리눅스 등의 OS에서는 경로구분이 /이므로

```
.../myPackage/anova/
```

에 위치한다. 여기에서 ...은 환경변수 CLASSPATH인 경우가 많다. 또한 위의 경로 안에 해당 클래스 파일들이 있다. 프로그램 소스와 파일을 별도의 위치에 저장하는 경우 위의 자바 소스를 컴파일할 때

```
c:> javac -d ...... Table.java
```

와 같이 d 옵션을 사용하여 생성되는 클래스 파일의 위치를 정해주면 된다. 여기서 d 옵션은 컴파일 결과 생성되는 .class 파일을 저장할 경로를 지정한다는 의미이다. 이때 만들어지는 Table.class의 위치는 다음과 같다.

```
......\mypackage\anova
```

패키지 경로의 앞부분의 .....을 CLASSPATH 환경변수에 설정해 두면 자바가 실행될 때 이 환경변수의 값을 불러들어 적절한 경로에서 클래스들을 찾게 된다. 환경변수의 설정은 1장을 참고하기로 한다. 만일 CLASSPATH가

```
C:\a\bb\cc\classes
```

로 설정되어 있고 만일 패키지 이름이 위와 같이 MyPackage.Anova이면 컴파일러나 JVM(Java Virtual Machine)은 다음의 경로

```
C:\a\bb\cc\classes\myPackage\anova
```

에 각각 class 파일을 생성하거나 찾게 된다. CLASSPATH가 정의된 경우 컴파일할 때 class 파일이 저장될 경로를

```
C:>javac -d %CLASSPATH% Table.java
```

와 같이 d 옵션에 %CLASSPATH%를 사용할 수도 있다.

8.6.2 Eclipse에서 패키지 만들기

Eclipse에서 다음과 같은 절차로 패키지를 만든다.

❶ Eclipse를 시작하여 적당한 Workspace의 디렉토리를 다음 그림과 같이 설정한다. 다음 그림의 경우 D:₩myjava₩TestEcl가 디렉토리이다.

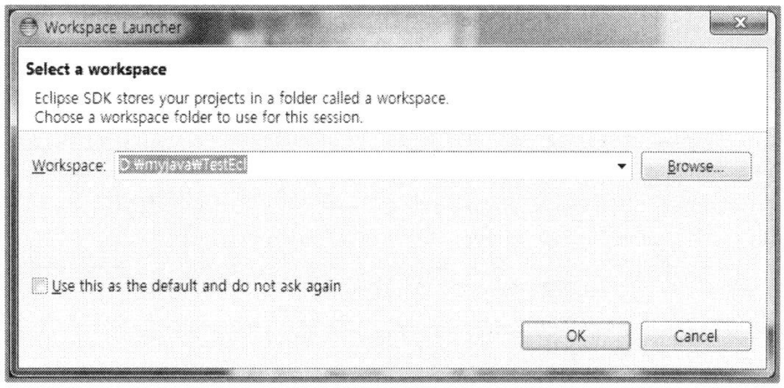

❷ 새 패키지를 만들려면 File → New → Package 순서로 메뉴를 선택하든가 메뉴의 아이콘 중에 를 클릭하면 다음 그림과 같은 대화창이 만들어지는데, 이 그림에 보는 것처럼 Name에 새로 만들 패키지 이름을 설정하고 Finish 버튼을 클릭한다.

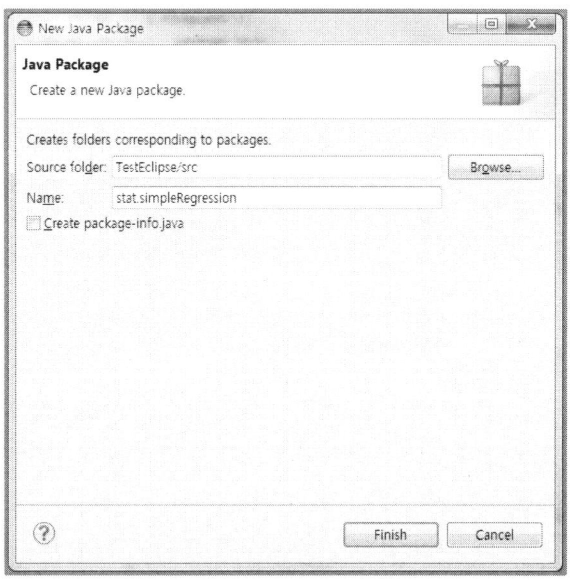

Eclipse 창의 Package Explorer에 다음 그림과 같이 stat.simpleRegression이라는 이름의 패키지가 보이면 패키지 이름은 생성된 것이다.

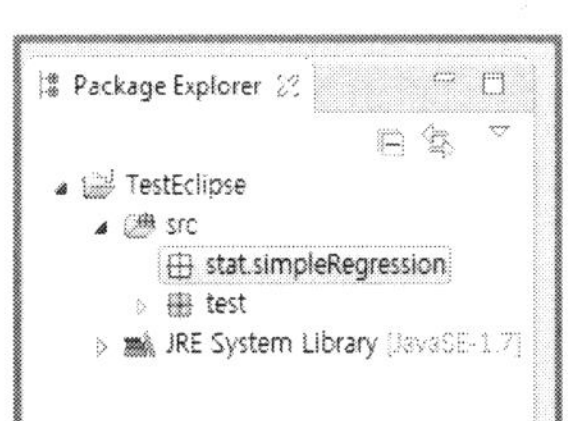

❸ 위에서 본 패키지에 포함될 파일들을 하나씩 만들어 컴파일해 주면 된다. 이를 위해서는 File → New → Class 또는 버튼을 클릭하여 만들어지는 아래의 그림에서 하나씩 프로그램을 만들어 주면 된다. 아래 그림은 UnivarStatPack.java를 만들기 위한 설정이다.

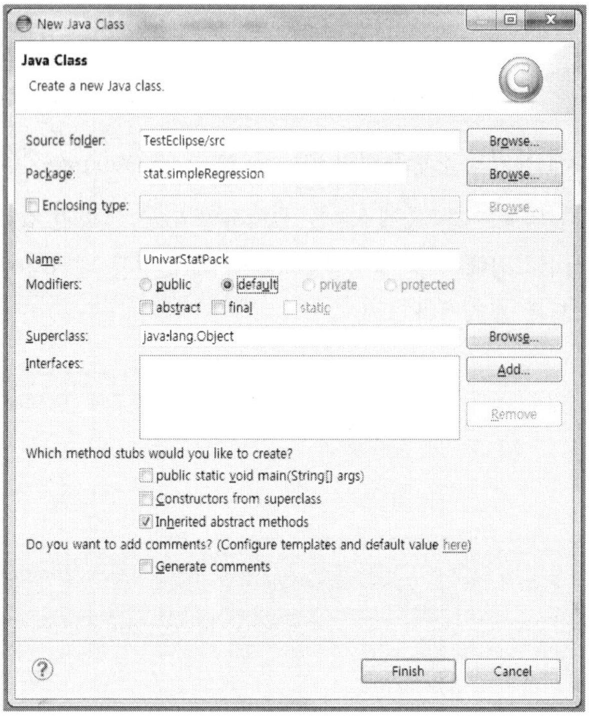

❹ UnivarStatPack.java의 소스를 입력하여 Run을 실행하고, 이 파일을 다음 그림과 같이 UnivarStatPack.java로 저장한다. 나머지 파일들 BivarStat3Pack.java, SRegPack.java, Read2DataExPack.java도 위의 방법으로 만들어준다. 이때 위의 과정을 하나씩 하지 않고 한꺼번에 네 개의 파일을 컴파일해도 된다.

❺ 마지막으로 SRegRun.java를 만들어 실행하면 된다. 이 프로그램은 stat.simpleRegression 패키지의 일부가 아니므로 적당한 위치에 있어도 된다. 다음 그림에서 보는 것과 같이 이 프로그램은 TestEclipse₩src에 위치한다. 이 그림에서 Package 이름은 설정되지 않았다.

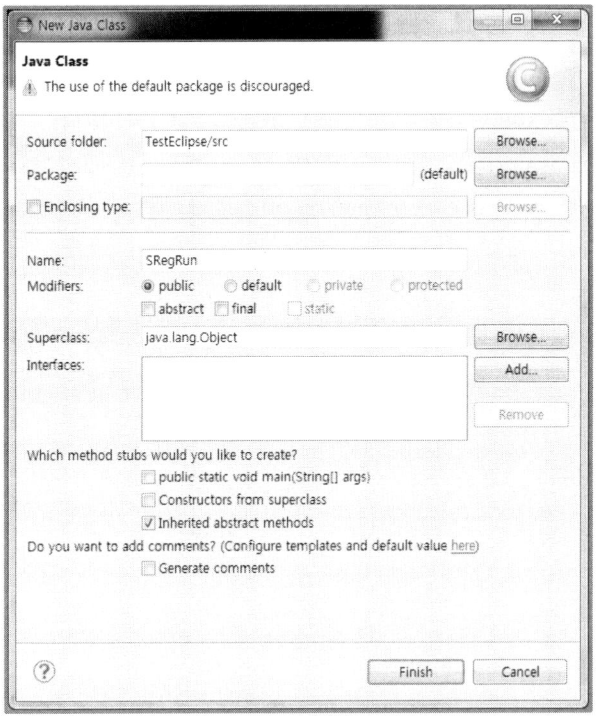

⑥ SRegRun.java는 명령어줄 입력을 받으므로 메뉴에서 Run → Run Configurations 메뉴를 선택하여 다음 그림과 같이 데이터가 포함된 열 번호를 설정한 다음 Apply → Run을 실행한다.

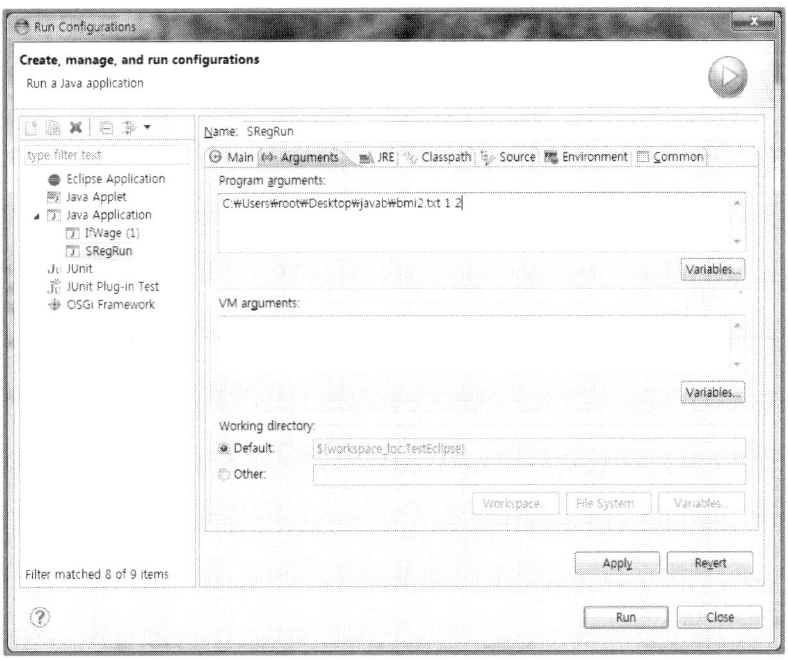

❼ 실행 결과는 다음 그림과 같다. 이 그림의 왼쪽 창을 보면 stat.simple Regression 패키지에 네 개의 클래스가 있음이 보이며, 기본 패키지(default package)에 SRegRun이 있음을 알 수 있다. (참고: 이 그림에서 Read2 DataExPack 및 UnivarStatPack에 경고 메시지가 있는데 이 부분은 사용하지 않은 변수가 선언된 것으로 독자들이 찾아서 지워보기 바란다. 추후 이 프로그램의 내용이 추가될 가능성에 대비하여 남겨 두었음)

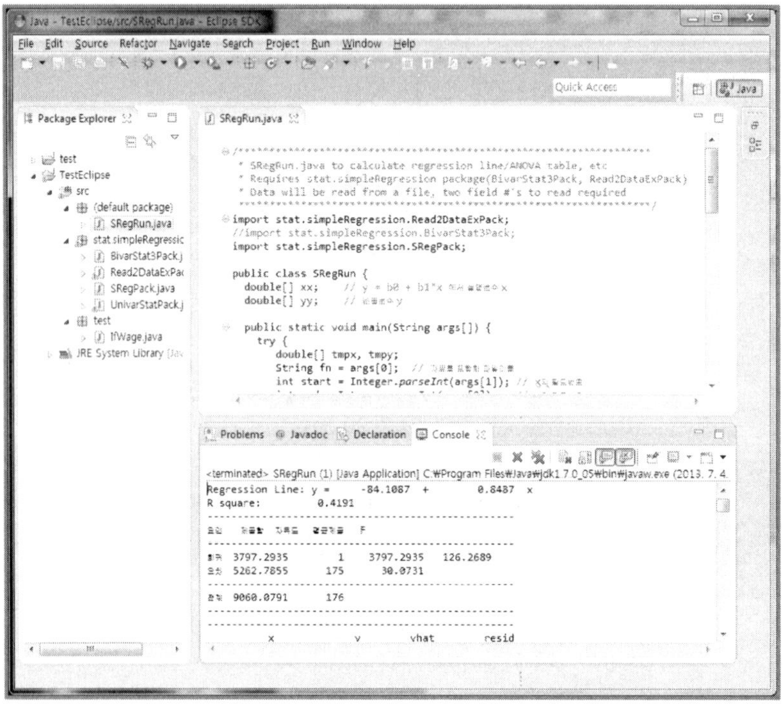

연습문제

8.1 다음과 같은 두 개의 클래스가 있다. 클래스 B를 상속을 이용하여 프로그램으로 바꾸어라.

```
class A {
  int a = 10;
}

class B {
  A aa = new A();
  int b = 20;
}
```

8.2 다음 프로그램의 출력은 무엇인가?

```
class A {
  int a = 10;
  public void  aa() {
   System.out.println("a = "+this.a);
  }
}

class B extends A {
  int b = 20;
  public void bb() {
    System.out.println("a = "+super.a);
    System.out.println("b = "+this.b);
  }
}
```

8.3 생성자의 오버로딩(overloading)과 메소드의 오버라이딩(overriding)에 대해 설명하라.

8.4 추상(abstract)클래스에 대해 설명하라.

8.5 인터페이스(interface)에 대해 설명하라.

8.6 패키지(package)에 대해 설명하라.

9장

클래스를 활용한 수치해석

9.1 비선형 방정식의 해

9.2 수치 적분

9.3 행렬의 연산

9.4 선형 연립방정식

9.5 역행렬 및 행렬식

학습목표

- 비선형 방정식의 해를 구하는 이분법과 뉴톤-라프손법을 이해한다.
- 사다리꼴적분 및 심손 방법에 의한 수치적분을 이해한다. 정규분포표를 작성할 수 있도록 한다.
- 2차원 배열을 이용한 행렬의 연산 방법을 이해한다.
- 선형 연립방정식의 해를 구하는 가우스 소거법과 LU 분해법을 이해한다.
- 역행렬과 행렬식을 구하는 방법을 이해한다.

9.1 비선형 방정식의 해

연속인 비선형 함수 $f(x)$의 해, 즉 $f(x)=0$를 만족하는 x를 찾는 일은 수학의 응용에 자주 나타난다. 함수의 형태가 간단하거나, 인수분해가 가능한 경우는 쉽게 해를 구할 수 있으나 일반적으로 비선형 방정식의 해를 구하는 것은 쉽지 않다. 3.4절에서 간단한 증분법을 소개하였는데 여기서는 연속인 비선형 함수에 적용할 수 있는 이분법과 미분 가능한 함수의 경우에 많이 이용되는 뉴톤-라프슨(Newton-Raphson)법을 소개한다.

9.1.1 이분법

이분법(bisection method)을 이용하면 구간 (l,r)에서 함수 $f(x)$가 다음 두 조건을 만족할 경우 항상 해를 구할 수 있다.

1) 연속
2) $f(l)f(r)<0$

여기서 두 번째 조건은 $f(l)$와 $f(r)$의 부호가 다르므로 $f(l)>0$이고 $f(r)<0$이거나 $f(l)<0$이고 $f(r)>0$이기 때문에 연속인 조건하에서는 반드시 x축을 한 번은 지나게 된다. 예를 들어 [그림 9-1]의 경우 -5에서 0 사이에 적어도 하나의 해가 있음을 알 수 있다,

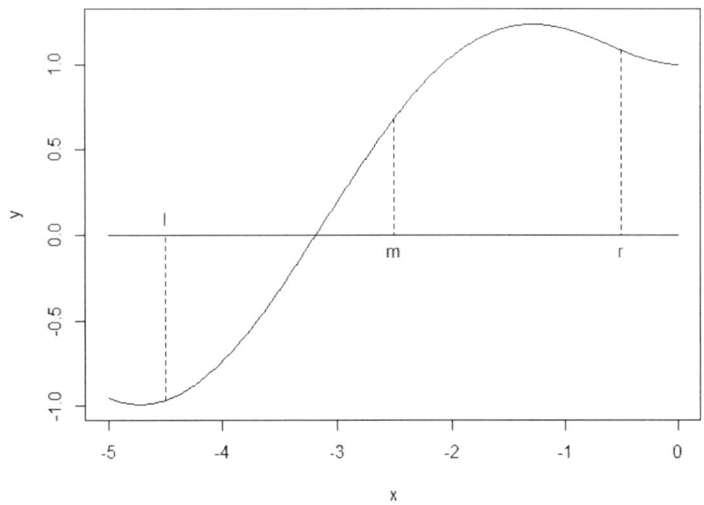

[그림 9-1] Biection 방법

이와 같은 경우에 $f(x)=0$의 해를 구하는 이분법은 다음과 같은 단계로 진행된다.

- 단계 1: 구간 (l,r)의 중간점을 $m=(l+r)/2$이라고 하자.
- 단계 2: 만일 $f(l)f(m)>0$이면 해는 m과 r 사이에 존재하므로[2)] $l \leftarrow m$.
  만일 $f(l)f(m)<0$이면 해는 l과 m 사이에 존재하므로 $r \leftarrow m$.
- 단계 3: l과 r이 차이가 나지 않으면 중지하고 $x=(l+r)/2$ 를 해로 한다.
  아니면 단계 1로 돌아간다.

위의 단계를 알고리즘으로 정리하면 다음과 같다.

알고리즘 9.1 이분법

```
e = 10E-7
while (|r-l| > e) {
    m = (l+r)/2
    if (f(l)f(m) < 0) {
      r = m
    } else {
      l = m
    }
}
return x = (l+r)/2
```

예제 9.1 **(이분법) $f(x)=\exp(x)-\sin(x)$의 해를 −15에서 0 사이에서 이분법을 이용하여 구하라.**

풀이

$\exp(x)-\sin(x)=0$의 해를 이분법으로 구하는 프로그램이 다음과 같다.

```
/**************************************************************
 * Bisection.java to solve f(x) =0  for x by bisection method
 * ************************************************************/
public class Bisection {

 public static void main(String[] args) {
   double left = -15.;   // (left, right) 구간의 해
   double right  = 0.;   // (-15, 0)으로 설정
   Bisection bs = new Bisection(); // 자기자신 개체
```

2) 만일 구간 (l,m)에 두 개 이상의 해가 존재하는 경우는 $f(l)f(m)>0$이면서 해가 l과 m 사이에 존재할 수 있음에 유의하자.

```java
    System.out.println( bs.solve(left,right) ); // 인쇄
  }

  double fn(double x) { // f(x) = 0의 해를 구할 함수
    return Math.exp(x) - Math.sin(x);
  }

  public double solve(double l, double r) { // Bisection 방법
    double precision = 1e-8;  // 오차범위
    double m;                 // 중간값

    while (Math.abs(r-l) > precision) {
      m = (l+r)/2.;
      if (fn(l)*fn(m) < 0) {
        r = m;
      } else {
        l = m;
      } // end if
    } // end while
    double x =(l+r)/2.;
    return x;
  } // end solve
} // end class
```

이 프로그램은 solve 메소드에서 원래의 알고리즘이 한 줄씩 일대일 대응이 되므로 프로그램에 대한 설명은 생략하기로 한다.

9.1.2 뉴톤-라프슨(Newton-Raphson) 방법

만일 함수 $f(x)$가 연속이고 미분 가능하다면 **뉴톤-라프슨(Newton-Raphson) 방법**을 이용하여 비선형 방정식의 해를 빠르게 구할 수 있다. [그림 9-2]와 같이 점 $(x_n, f(x_n))$ 에서의 접선의 방정식을 구하면 다음과 같다.

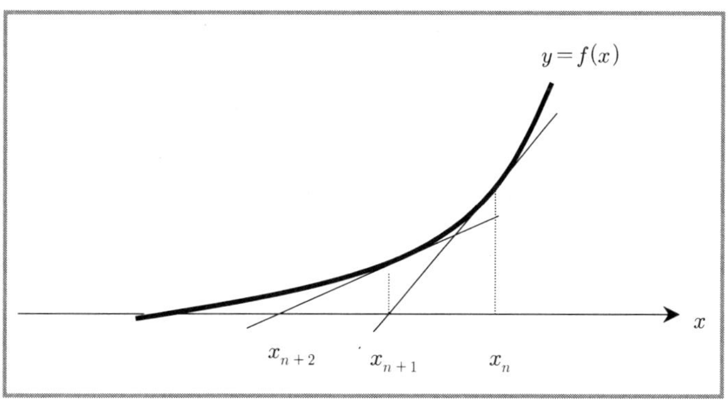

[그림 9-2] Newton-Raphson 알고리즘

$$y = f(x_n) + f'(x_n)(x - x_n) \tag{9.1}$$

이 접선의 방정식은 점 x_n에서의 함수 $f(x)$의 근사식이다. 따라서 접선이 x축과 만나는 점(즉 접선 = 0의 해)은 다음과 같다.

$$x = x_n - \frac{f(x_n)}{f'(x_n)} \tag{9.2}$$

접선의 방정식이 점 x_n에서의 함수 $f(x)$의 근사식이므로 이 점은 $f(x) = 0$인 해의 근삿값으로 간주할 수 있다. 따라서 위의 해를 x_{n+1}이라 놓고 계산을 반복하면 점차적으로 $f(x) = 0$인 해에 접근하게 된다.

알고리즘 9.2 Newton-Raphson 방법

단계 1) 초기 해 x_0와 매우 작은 수 ϵ를 정한다.

단계 2) $f(x_i)$와 $f'(x_i)$를 계산한다.

단계 3) 근사해를 다음과 같이 구한다.

$$x_{i+1} = x_i - \frac{f(x_i)}{f'(x_i)}$$

단계 4) if $|x_i - x_{i+1}| < \epsilon$, x_{i+1}를 해로 하고 stop

else $x_i \Leftarrow x_{i+1}$ 로 놓고 goto 단계 2)

예제 9.2 **(Newton-Raphson 방법) 함수 $f(x) = x^2 - 2$의 해를 뉴톤-라프손(Newton-Raphson) 방법을 이용하여 구하라. 단 초기 해는 2이고 $\epsilon = 10^{-7}$이다.**

풀이

함수 $f(x) = x^2 - 2$의 미분함수는 $f'(x) = 2x$이다. Newton-Raphson 방법으로 방정식의 해를 구하는 알고리즘은 간단히 do-while 문을 사용하면 된다.

```
/**********************************************
 * Newton1.java
 **********************************************/
public class Newton1 {

  public static void main(String[] args) {
    int i=0;
    double x, xn=2.0, fx, fdx;
    double eps = 1E-07;

    do {
      i = i + 1;
      x = xn;
```

```
      fx = x*x - 2.;
      fdx = 2.*x;
      xn = x - fx / fdx;
      System.out.println("i = "+i+"  x = "+ x);
    } while (Math.abs(x - xn) > eps );
  }
}
```

이 프로그램의 결과는 다음과 같다. 단지 몇 번의 반복으로 증분법과 비슷한 해를 구할 수 있음을 알 수 있다.

```
i = 1  x = 2.0
i = 2  x = 1.5
i = 3  x = 1.4166666666666667
i = 4  x = 1.4142156862745099
i = 5  x = 1.4142135623746899
```

9.2 수치 적분

연속인 비선형 함수인 경우 정적분을 구하기 쉽지 않은 경우가 많다. 이러한 경우 사다리꼴이나 사각형 적분법 또는 심슨 적분법을 사용하여 정적분의 값을 구할 수 있다.

9.2.1 사다리꼴과 사각형 적분법

함수 $f(x)$의 구간 (a,b)에서 정적분은 그 함수와 구간으로 둘러싸인 부분의 면적이다. 이 면적의 근삿값을 구하는 방법으로 사다리꼴 및 사각형의 면적을 합하는 방법을 사용할 수 있다. 함수 $f(x)$의 적분을 여러 개의 사다리꼴 면적을 합하여 구하는 방법이 [그림 9-3]에서 왼쪽 그림이고, 여러 개의 사각형의 면적을 합하여 구하는 방법이 오른쪽 그림이다.

구간 (a,b)를 n개로 나눈 점을 $a = x_1 < x_2 < \cdots < x_{n+1} = b$라고 하자. 만일 구간 (a,b)를 균등하게 n개의 구간으로 나눈다면 구간의 너비는 $h = (b-a)/n$가 되고 $x_i = a + h \times (i-1)$, $i = 1,2,...,n+1$이 된다. 구간 (a,b)에서 $f(x)$의 적분과 각 구간에서의 적분을 다음과 같이 표시하자.

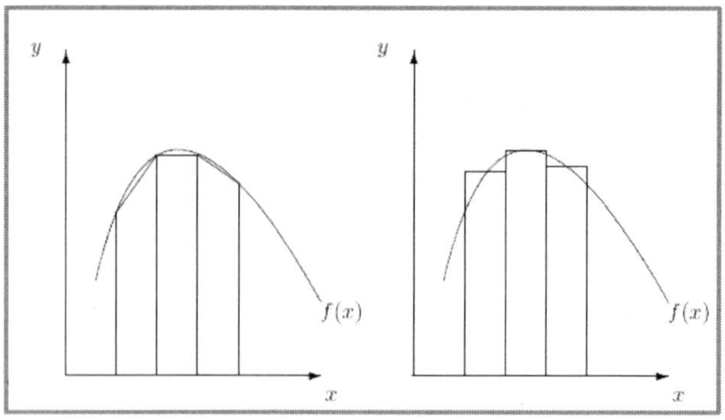

[그림 9-3] 사다리꼴과 사각형법의 적분

$$I = \int_a^b f(x)dx, \qquad I_i = \int_{x_i}^{x_{i+1}} f(x)dx, \ i = 1, 2, ..., n \tag{9.3}$$

적분 공식에 의해 구간 (a, b)에서 $f(x)$의 적분 I는 모든 I_i들의 합이다.

$$I = \sum_{i=1}^{n} I_i \tag{9.4}$$

사다리꼴 적분법(trapezoid integration)은 구간 $[x_i, x_{i+1}]$에서 함수 $f(x)$의 적분값 I_i를 사다리꼴 면적으로 근사한 것이다.

$$I_i \approx \frac{h}{2}\{f(x_i) + f(x_{i+1})\} \tag{9.5}$$

전체 적분은 각 사다리꼴 면적의 합으로 근사시킨다.

$$I \approx \sum_{i=1}^{n} \frac{h}{2}\{f(x_i) + f(x_{i+1})\} \tag{9.6}$$

이러한 계산을 프로그램할 때 i번째 구간 적분에서 사용한 $f(x_{i+1})$는 $(i+1)$번째의 $f(x_i)$가 되므로 함수값을 두 번 계산하지 않도록 하는 것이 효율적인 프로그램이 된다.

사각형 적분법(rectangle rule)은 구간 $[x_i, x_{i+1}]$에서의 적분 I_i의 근삿값을 사각형 면적으로 구한 것이다. 먼저 구간의 중간값 $y_i = (x_i + x_{i+1})/2$에 대한 $f(y_i)$를 구한 후 다음과 같은 사각형 면적을 구한다.

$$I_i \approx hf(y_i) \tag{9.7}$$

따라서 전체 적분은 각 구간의 사각형 면적의 합이다.

$$I \approx \sum_{i=1}^{n} hf(y_i) \tag{9.8}$$

만일 구간 (a,b)를 균등하게 n개의 구간으로 나눈다면 y_i는 다음과 같다.

$$y_i = \frac{x_i + x_{i+1}}{2} = \frac{a + h(i-1) + a + h \cdot i}{2} = a + h \cdot i - \frac{h}{2} \tag{9.9}$$

따라서 사각형법에 의한 적분은 다음과 같이 표시된다.

$$I \approx \sum_{i=1}^{n} hf(y_i) = h \sum_{i=1}^{n} f(a + hi - h/2) \tag{9.10}$$

예제 9.3 **(사다리꼴법과 사각형법을 사용한 적분계산) 사다리꼴법과 사각형법으로 적분을 하는 다음 Java 프로그램을 분석하라. 이 프로그램은 fn, trapezoid 및 rectangle 메소드를 가지고 있다. 이 메소드는 각각 피적분함수, 사다리꼴, 사각형법을 계산하는 메소드들이다.**

```
/*********************************************************
 * IntTR.java for integration by Trapezoid/Rectangle method
 *
 * *******************************************************/
class IntTR {

  public static void main (String[] args) {
    IntTR tr =new IntTR();
    //double areaT = tr.trapezoid(0, Math.PI, 1000);
    //double areaR = tr.rectangle(0, Math.PI, 1000);
    double areaT = tr.trapezoid(0, 1, 100);
    double areaR = tr.rectangle(0, 1, 100);
    System.out.println("Trapezoid: " + areaT);
    System.out.println("Rectanle: " + areaR);
  } // end main

  double fn(double x) {                              // 피적분함수
    //double y = Math.sin(x);
    double y = Math.pow(x,4);
    return y;
  } // end fn

 double trapezoid(double a, double b, int n)    // 사다리꼴법
    double area = 0;
    double h = (b-a)/(double) n;
    double ll, rr;      // left & right point to integrate

```

```
28      ll = fn(a);
29      for (int i=1; i <= n; i++) {
30        rr = fn(a + h * ((double) i));
31        area = area + (ll+rr)/2.;
32        ll = rr;
33      } // end for
34      area = h * area;
35      return area;
36    } // end trapezoid
37
38    double rectangle(double a, double b, int n) {    // 사각형법
39      double area = 0;
40      double h = (b-a)/n;
41      double y;
42
43      for (int i=1; i <= n; i++) {
44        y = a+ h * (double) i - h/2.;
45        area = area + fn(y);
46      } // end for
47      area = h * area;
48      return area;
49    } // end rectangle
50
51  } // end class
```

풀이

이 프로그램은 main 메소드의 8번 줄에서 자신의 객체를 생성하고 11번, 12번 줄에서 사다리꼴과 사각형법으로 적분을 실행하여 그 결과를 얻었다. 9-10번 줄의 주석 처리된 부분은 17번 줄의 fn 메소드에서 정의된 피적분함수가 18번 줄의 $\sin(x)$일 때 적용할 수 있다. 17번 줄은 피적분함수를 정의하고, 이 경우 19번 줄의 $f(x)=x^4$이다.

23번 줄의 trapezoid 메소드는 사다리꼴법을 적용한 것으로 적분할 구간과 구간의 수를 매개변수로 받는다. 이 경우 역시 피적분함수 메소드 fn을 매개변수로 받는 것이 프로그램의 활용성을 높이나 여기서는 다루지 않기로 한다. 24번 줄은 적분결과를 0으로 초기화하였고, 25번 줄은 모든 h_i를 같은 값으로 구간을 n등분하였다. 26번 줄의 ll은 각 구간의 왼쪽 경계의 값으로 사용할 변수이고, rr은 각 구간의 오른쪽 경계의 값으로 사용할 변수이다. 28번 줄에서 왼쪽 값은 a일 때의 값으로 초기화하는 것이고 30번 줄의 rr은 a + h * i로 얻었다. 해당 구간의 면적을 31번 줄에서 얻은 후 오른쪽 경계를 왼쪽으로 바꾸고 계속 반복하였다.

38번 줄의 rectangle 메소드는 사각형법에 의한 적분 식을 그대로 적용한 것이므로 설명을 생략하기로 한다.

9.2.2 심손(Simpson) 적분법

위에서 살펴본 사다리꼴이나 사각형을 이용한 적분 방법은 함수 $f(x)$의 근사식으로 직선, 즉 1차 함수를 사용하여 면적을 구한 것이다. **심손(Simpson)** 적분법은 한 구간에서 함수의 근사식을 2차 함수를 이용하여 적분한 것으로 보다 정

확한 적분 근삿값을 구할 수 있다. 예를 들어 [그림 9-4]의 함수 $f(x)$를 다음과 같은 방법으로 구간 $[-h, h]$에서 적분하여 보자.

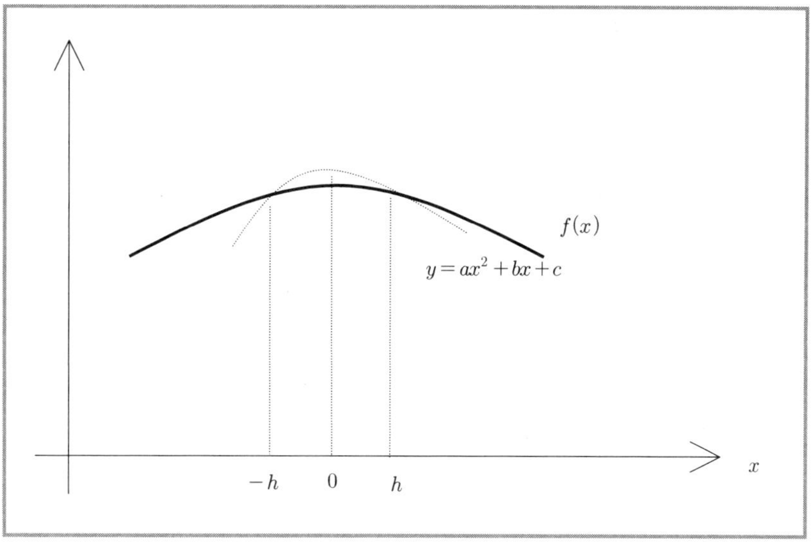

[그림 9-4] Simpson 적분

함수 $f(x)$를 2차 곡선 $y = ax^2 + bx + c$으로 근사하면 구간 $[-h, h]$에서의 적분은 다음과 같다.

$$\int_{-h}^{h} (ax^2 + bx + c)dx = \left[\frac{ax^3}{3} + \frac{bx^2}{2} + cx \right]_{-h}^{h} = \frac{2}{3}ah^3 + 2ch \qquad (9.11)$$

2차 곡선 $y = ax^2 + bx + c$는 세 개의 미지 상수(a, b, c)가 있기 때문에 이를 찾기 위해서는 알고 있는 세 점이 필요한데 점 $(-h, f(-h))$, $(0, f(0)$, $(h, f(h))$은 모두 2차 곡선을 지나야 한다. 여기서 편의상 $f(-h) = y_i$, $f(0) = y_{i+1}$, $f(h) = y_{i+1}$이라고 하면 세 점의 좌표가 $(-h, y_i)$, $(0, y_{i+1}$, (h, y_{i+2})가 되고 다음 식이 성립한다.

$$a(-h)^2 + b(-h) + c = y_i \qquad (9.12)$$

$$a(0)^2 + b(0) + c = y_{i+1} \qquad (9.13)$$

$$a(h)^2 + b(h) + c = y_{i+2} \qquad (9.14)$$

위의 연립방정식을 풀어서 상수 a, b, c를 구하면 다음과 같다.

$$a = \frac{y_i - 2y_{i+1} + y_{i+2}}{2h^2} \tag{9.15}$$

$$b = \frac{y_{i+2} - y_i}{2h} \tag{9.16}$$

$$c = y_{i+1} \tag{9.17}$$

따라서 구간 $[-h, h]$에서의 적분은 다음과 같다.

$$\int_{-h}^{h} (ax^2 + bx + c)dx = \frac{h}{3}(y_i + 4y_{i+1} + y_{i+2}) \tag{9.18}$$

전체 구간 (a,b)를 짝수인 n개로 나눈 점을 $a = x_1 < x_2 < \cdots < x_{n+1} = b$ 이라 하고 각 점에서의 함수값을 $y_1, y_2, \ldots, y_{n+1}$ 이라고 하자. 만일 구간 (a,b)를 균등하게 n개의 구간으로 나눈다면 구간의 너비는 $h = (b-a)/n$가 된다. 전체 구간의 적분은 위와 같은 2차 곡선의 적분에 대한 합으로 다음과 같이 근삿값을 구할 수 있는데 이를 심슨(Simpson) 방법에 의한 적분이라고 한다.

$$\int_a^b f(x)dx \approx \frac{h}{3}(y_1 + 4y_2 + y_3) + \frac{h}{3}(y_3 + 4y_4 + y_5) + \cdots + \frac{h}{3}(y_{n-1} + 4y_n + y_{n+1}) \tag{9.19}$$

예제 9.4 [예제 9.3]의 적분을 Simpson 적분법으로 계산하는 다음 Java 프로그램을 분석하라.

```
/*********************************************************
 * Simpson.java for integration by Simpson method
 *********************************************************/
class Simpson {

  public static void main (String[] args) {
    Simpson si =new Simpson();
    double area = si.integrate(0, Math.PI, 1000);
    //double area = si.integrate(0, 1, 100);
    System.out.println("Simpson Integral: " + area);
  } // end main

  double fn(double x) { // 피적분함수
    double y = Math.sin(x);
    //double y = Math.pow(x,4);
    return y;
  } // end fn

 double integrate(double a, double b, int n) { // Simpson법
```

```
    double area = 0;
    double h = (b-a)/(double) n;
    double ll, rr, mm;   // 함수값을 구할 위치

    ll = fn(a);
    for (int i=1; i <= n; i++) {
      rr = fn(a + h * ((double) i));
      mm = fn(a + h * (double) i - h/2.);
      area = area + (ll+4*mm+rr);
      ll = rr;
    } // end for
    area = h * area / 6.;
    return area;
  } // end integrate

} // end class
```

풀이

이 프로그램은 식 (9.19)를 그대로 구현한 것이므로 설명은 생략하기로 한다.

9.2.3 적분을 이용한 정규분포 확률계산

정규분포는 통계학에서 가장 많이 이용되는 분포이다. 평균이 μ이고 분산이 σ^2인 **정규분포** 확률변수 X의 분포함수는 다음과 같다.

$$f(x) = \frac{1}{\sqrt{2\pi\sigma}} e^{-\frac{(x-\mu)^2}{2\sigma^2}}, \quad -\infty < x < \infty \tag{9.20}$$

이러한 일반적인 정규분포의 특정한 구간에 대한 확률을 구하기 위해 앞에서 연구한 수치적분을 이용할 수 있다. 하지만 평균이 μ이고 분산이 σ^2인 정규분포 확률변수 X는 표준화 변환을 하면 평균이 0이고 분산이 1인 표준정규분포 확률변수 Z를 따르기 때문에 표준정규분포의 구간에 대한 확률을 구할 수만 있으면 된다.

$$P(a < X < b) = P\left(\frac{a-\mu}{\sigma} < Z < \frac{b-\mu}{\sigma}\right) \tag{9.21}$$

일반적으로 통계학 책은 $P(-\infty < Z < z)$, $z = -3.99, -3.98, \ldots, 3.99$까지의 확률을 소수점 4자리까지 표(정규분포표)로서 제공한다. 표준정규분포함수는 다음과 같다.

$$f(z) = \frac{1}{\sqrt{2\pi}} e^{-\frac{z^2}{2}}, \quad -\infty < z < \infty \tag{9.22}$$

예를 들어 $P(-\infty < Z < 1.645) = 0.95$ 인데 이 확률 계산을 앞 절에서 연구한 Simpson 공식을 이용하여 근사적으로 해 보자.

예제 9.5 **표준정규분포에서 (-7, 1.645)까지의 확률이 0.95임을 Simpson 적분법으로 계산하는 다음 Java 프로그램을 분석하라.**

```
01 /*******************************************************
02  * Normal_Simpson.java for integration by Simpson method
03  *******************************************************/
04 class Simpson {
05
06   public static void main (String[] args) {
07     Simpson si =new Simpson();
08     double area = si.integrate(-7, 1.645, 1000);
09
10     System.out.println("Integral for N(0,1) on (-7,1.645: " + area);
11   } // end main
12
13   double fn(double x) { // 피적분함수
14     double y = Math.exp(-x*x/2.) / (Math.sqrt(2.*Math.PI));
15
16     return y;
17   } // end fn
18
19  double integrate(double a, double b, int n) { // Simpson 방법
20     double area = 0;
21     double h = (b-a)/(double) n;
22     double ll, rr, mm;   // 함수값을 구할 위치
23     ll = fn(a);
24     for (int i=1; i <= n; i++) {
25       rr = fn(a + h * ((double) i));
26      mm = fn(a + h * (double) i - h/2.);
27       area = area + (ll+4*mm+rr);
28       ll = rr;
29     } // end for
30     area = h * area / 6.;
31     return area;
32   } // end integrate
33
34 } // end class
```

풀이

이 프로그램은 앞의 Simpson 프로그램을 응용한 것이다. 8번 줄에서 구간을 정의하고, 14번 줄에서 표준정규분포함수를 정의한 것 이 외에는 [예제 9.4]와 같다.

9.3 행렬의 연산

생성자 메소드를 이용하면 다양한 경우에 대한 계산을 용이하게 할 수 있다. 5장에서 2차원 배열을 이용하여 행렬의 연산을 실습하였다. 생성자 메소드를 이용하여 행렬의 합이나 곱을 계산하는 다음 프로그램을 살펴보자.

예제 9.6 메소드를 이용하여 행렬의 합과 곱셈을 구하는 다음 프로그램을 살펴보라.

```
/***************************************************************
 * MatrixOp2.java to demo matrix operation(add)
 *   Also demonatrate inner class in JAVA
 ***************************************************************/

class MatrixOp2 {
 double mtxa[][], mtxb[][];
 double mtxc[][];
 int nrow, ncol; // 행과 열의 수

 MatrixOp2() {
  mtxa = new double[5][5];
  mtxb = new double[5][5];
  mtxc = new double[5][5];
  nrow = mtxa.length;
  ncol=mtxa[0].length;
  for (int i=0; i < mtxa.length; i++) {
     for (int j=0; j < mtxa[0].length ; j++)  {
       mtxa[i][j] = (double) (i+1)*100 ;
       mtxb[i][j] = (double) (j+1)*10 ;
     } // end for j
  } // end for i
 } // end constructor

 public static void main(String args[]) {
  MatrixOp2 mop=new MatrixOp2();
  mop.run();
 }//  end of main

 void run() {
  mtxc = add(mtxa, mtxb);
  printmtx(mtxa);
  printmtx(mtxb);
  printmtx(mtxc);
  mtxc = multiply(mtxa,mtxb);
  printmtx(mtxc);
 }// end run

```

```
39  double[][] add(double[][] a, double[][] b) {
40    double c[][] = new double[nrow][ncol];
41    for (int i=0; i < nrow; i++) {            // 행과
42     for (int j=0; j < ncol; j++)  {          // 열에 대해서
43       c[i][j] = a[i][j] + b[i][j];           // 각 원소 합하기
44     } // end for i
45    } // end for j
46    return c;
47   } // end add
48
49  double[][]  multiply(double[][] a, double[][] b) {
50    double c[][] = new double[nrow][ncol];
51    double sum;
52    for (int i=0; i < nrow; i++) {            // 행과
53     for (int j=0; j < ncol; j++)  {          // 열에 대해서
54       sum = 0.;
55       for (int k=0; k < mtxa[0].length; k++) {
56          sum = sum + a[i][k] * b[k][j];      // 각 원소 합하기
57       } // end for k
58       c[i][j] = sum;
59     } // end for i
60    } // end for j
61    return c;
62  } // end multiply
63
64  void printmtx(double[][] a) {
65    System.out.println("The Matrix elements are:");
66    for (int i=0; i < nrow; i++) {            // 행과
67     for (int j=0; j < ncol ; j++)            // 열에 대해서
68       System.out.print(a[i][j]+ "  ");       // 인쇄
69     System.out.println("");                  // 줄바꾸기
70    }
71  } // end printmtx
72
73 } // end class
```

풀이

이 프로그램은 생성자에서 데이터의 값을 설정하고 main 메소드에서 run 메소드를 부르기만 한다. 그리고 실제 계산은 add나 mulitply 메소드에서 이루어지며 printmtx 메소드를 사용하여 인쇄하였다.

7번 줄의 mtxa와 mtxb는 합하거나 곱해줄 두 행렬이다. 행렬의 곱은 순서에 따라 달라지는데 이 프로그램은 mtxa*mtxb를 계산한다. 8번 줄의 mtxc는 연산 결과를 저장할 배열이며, 9번 줄은 각각 행의 수와 열의 수에 사용할 변수를 설정한 것이다. 11-23번 줄은 mtxa, mtxb의 값을 정해 주는 것으로 실제 연산에서 사용할 값을 입력하였다.

25번 줄의 main 메소드는 자기자신의 객체를 생성한 후 run 메소드를 호출한다. 30번 줄에서 시작하는 run 메소드는 31번 줄에서 합하는 메소드 add 호출하고 원래 행렬 mtxa, mtxa 및 합의 결과인 mtxc를 인쇄한다. 그리고 35-36번 줄에서 mtxc=mtxa * mtxb의 결과를 얻고 인쇄하였다.

49번 줄의 add 메소드는 행렬 A, B에 대해서 C=A+B라고 할 때 C의 (i,j)번째 원소는

$c_{ij} = a_{ij} + b_{ij}$로 계산하였다($i=1,2,\cdots,n;\ j=1,2,\cdots,n$). 만일 이 프로그램에서 빼기 메소드를 추가한다면 add의 43번 줄에서 + 자리에 −만 사용하면 된다.

39번 줄에서 시작하는 multiply 메소드는 행렬의 곱의 연산에서 (i,j)번째 원소인 $c_{ij} = \sum_{k=1}^{n} a_{ik} b_{kj}$를 계산하였다. 이 식에서 보는 것과 같이 k에 대한 합이 필요하므로 for 구문이 한 번 더 추가되었으며, k에 대한 합이 모든 (i, j)에 대해서 필요하기 때문에 i나 j가 바뀔 때마다 sum 값을 0으로 초기화하였다(54번 줄).

9.4 선형 연립방정식

다음과 같은 n원 1차 연립방정식에 대한 해 $x_1, x_2, \cdots x_n$ 을 구하는 가우스 소거법과 LU 분해법을 연구해 보자.

$$\begin{aligned} a_{11}x_1 + a_{12}x_2 + \cdots + a_{1n}x_n &= b_1 \\ a_{21}x_1 + a_{22}x_2 + \cdots + a_{2n}x_n &= b_2 \\ \vdots \quad \vdots \\ a_{n1}x_1 + a_{n2}x_2 + \cdots + a_{nn}x_n &= b_n \end{aligned} \tag{9.23}$$

위의 n원 1차 연립방정식을 행렬과 벡터를 이용하여 표시하면 다음과 같다.

$$\boldsymbol{Ax} = \boldsymbol{b} \tag{9.24}$$

여기서 $\boldsymbol{A} = \begin{bmatrix} a_{11} & a_{12} & \cdots & a_{1n} \\ a_{21} & a_{22} & \cdots & a_{2n} \\ \vdots & \vdots & \vdots & \vdots \\ a_{n1} & a_{n2} & \cdots & a_{nn} \end{bmatrix}$, $\boldsymbol{b} = \begin{bmatrix} b_1 \\ b_2 \\ \vdots \\ b_n \end{bmatrix}$, $\boldsymbol{x} = \begin{bmatrix} x_1 \\ x_2 \\ \vdots \\ x_n \end{bmatrix}$

9.4.1 가우스 소거법

n원 1차 연립방정식의 해를 얻기 위해 많이 사용하는 방법이 **가우스 소거법**(Gaussian elimination method)이다. 가우스 소거법은 연립방정식에서 대각선 아래에 위치한 $a_{ij}(i > j)$ 를 한 행에 적절한 값을 곱해서 다른 행에 더해 주어 0으로 만드는 방법이다. 위의 형태의 방정식에서는 첫 번째 방정식의 첫 번째 행에 a_{21}/a_{11}를 곱한 후 두 번째 행에 더하면 a_{21}이 0이 된다. 이와 같은 방법을 계속 반복하면 위 식은 다음과 같이 **상삼각**(upper triangle) 형태로 변환된다.[3]

3) 여기서 a 대신에 a', b 대신에 b'을 사용한 것은 계산 과정에서 원래의 값이 바뀌기 때문이며, 이 과정을 구현할 때는 원래의 행렬 및 벡터 $\boldsymbol{A}$와 $\boldsymbol{b}$ 값을 변경하지 않으려고 하는 경우를 제외하면 원래 행렬 및 벡터에 변환된 값이 저장된다.

$$
\begin{aligned}
a_{11}x_1 + a_{12}x_2 + \cdots + a_{1n}x_n &= b_1 \\
a_{22}{}' x_2 + \cdots + a'_{2n}x_n &= b'_2 \\
\vdots \qquad\qquad & \quad \vdots \\
a'_{nn}x_n &= b'_n
\end{aligned}
\tag{9.25}
$$

위와 같은 형태로 연립방정식이 변환되면 그 해는 x_n부터 쉽게 차례대로 구할 수 있다. 이를 **후진치환법**(backward substitution method)이라고 한다.

$$x_n = \frac{b'_n}{a'_{nn}} \tag{9.26}$$

$$x_{n-1} = \frac{1}{a'_{n-1,n-1}}(b'_{n-1} - a'_{n-1,n}x_n) \tag{9.27}$$

…

$$x_i = \frac{1}{a'_{ii}}\{b'_i - (a'_{i,i+1}x_{i+1} + \cdots + a'_{1n}x_n)\},\ i = (n-1), (n-2), \cdots, 1 \tag{9.28}$$

연립방정식을 먼저 상삼각 형태로 변환한 후 후진치환법을 이용하여 선형 연립방정식의 해를 구하는 방법을 가우스 소거법이라고 한다.

예를 들어 가우스 소거법으로 다음 연립방정식을 만족하는 해를 구해 보자.

$$
\begin{aligned}
5x_1 + 10x_2 + 9x_3 &= 53 \\
10x_1 + 21x_2 + 25x_3 &= 123 \\
5x_1 + 13x_2 + 34x_3 &= 112
\end{aligned}
\tag{9.29}
$$

먼저 첫 번째 행을 이용해 두 번째 행의 첫 원소(10)를 0으로 만들려면 첫 행에 2배를 한 후 이를 두 번째 행에서 빼주면 된다. 세 번째 행의 첫 원소(5)를 0으로 만들려면 첫 행을 세 번째 행에서 빼주면 된다. 이 결과는 다음과 같다.

$$
\begin{aligned}
5x_1 + 10x_2 + 9x_3 &= 53 \\
x_2 + 7x_3 &= 17 \\
3x_2 + 25x_3 &= 59
\end{aligned}
\tag{9.30}
$$

여기서 세 번째 행의 둘째 원소(3)을 0으로 만들려면 두 번째 행에 3배를 한 후 세 번째 행에서 빼주면 된다. 그 결과는 다음과 같이 상삼각 형태의 연립방정식이 된다.

$$
\begin{aligned}
5x_1 + 10x_2 + 9x_3 &= 53 \\
x_2 + 7x_3 &= 17 \\
4x_3 &= 8
\end{aligned}
\tag{9.31}
$$

상삼각 형태의 연립방정식의 해는 후진치환법을 사용하여 쉽게 구할 수 있다.

$$x_3 = 2 \tag{9.32}$$

$$x_2 = \frac{17 - 7 \times 2}{1} = 3 \tag{9.33}$$

$$x_1 = \frac{53 - (10 \times 3 + 9 \times 2)}{5} = 1 \tag{9.34}$$

이와 같은 가우스 소거법을 미지수가 n개인 일반적인 형태의 1차 연립방정식에 대해 적용해 보자.

1) 두 번째 행의 첫 원소 a_{21}를 소거하기 위해서는 첫 행에 a_{11}과 a_{21}의 비율인 $l_{21} = a_{21}/a_{11}$을 첫 행의 모든 원소에 곱하여 두 번째 행의 모든 원소에서 빼준다. 즉 $a'_{21} = a_{21} - l_{21}a_{11} = 0$, $a'_{22} = a_{22} - l_{21}a_{12}$, … , $a'_{2j} = a_{2j} - l_{21}a_{1j}$ $j = 3,4,\cdots,n$. 또한 b_2에 대해서도 같은 연산을 한다. 즉 $b'_2 = b_2 - l_{21}b_1$를 구한다.
2) 이 과정을 세 번째부터 n번째 행까지 모두 시행한다. 즉 i번째 행에서는 $l_{i1} = a_{i1}/a_{11}$를 이용하여 $a'_{i1} = a_{i1} - l_{i1}a_{11} = 0$, $a'_{ij} = a_{ij} - l_{i1}a_{1j}$, $i = 2,3,,\cdots n$, $j = 2,3,\cdots,n$를 계산한다. 또한 b_i에 대해서도 같은 연산을 한다. 즉 $b'_i = b_i - l_{i1}b_1$, $i = 2,3,\cdots n$ 를 구한다.
3) 현재 두 번째 행에서 n번째 행까지 첫째 열의 원소는 모두 0이다. 위의 1)번과 2)번 과정을 두 번째 열의 원소(대각선 아래 원소)를 0으로 만들기 위해 반복한다. 계속해서 $(n-1)$번째 열의 원소(대각선 아래 원소)를 0으로 만들 때까지 반복한다. 즉,

$$
\begin{aligned}
&l_{ik} = a_{ik}/a_{kk},\ a'_{ij} = a_{ij} - l_{ik}a_{kj} \text{ 및 } b'_i = b_i - l_{ik}b_k, \\
&k = 2,3,\cdots n\ ,\ i = k+1, k+2,\cdots,n,\ j = k+1, k+2,\cdots,n
\end{aligned}
\tag{9.35}
$$

4) 3)번 과정이 끝나면 상삼각 형태의 연립방정식이 된다. 여기서 후진치환법을 적용하여 연립방정식의 해를 구한다.

$$x_n = \frac{b'_n}{a'_{nn}} \tag{9.36}$$

$$x_i = \frac{1}{a'_{ii}}\{b'_i - (a'_{i,i+1}x_{i+1} + \cdots + a'_{1n}x_n)\},\ \ i = n-1, n-2, ..., 1 \tag{9.37}$$

위의 과정을 알고리즘으로 정리하면 다음과 같다.

알고리즘 9.3 가우스 소거법

```
for k = 1 to n
   for i = (k + 1) to n:
      lik =  (A[i, k] / A[k, k])
      B[i] = B[i] - L[i,k] * B[k]
      for j = (k + 1) to n:
       A[i, j] = A[i, j] -  lik * A[k, j]
      end
   end
end

X[n] = B[n]/A[n,n]
for i = (n-1) downto 1
  tmpSum = 0
  for j = (i+1) to n
     tmpSUM = tmpSum + A[i,j] * X[j]
  end
  X[i] = (B[i] - tmpSum)/A[i,i]
end
```

예제 9.7 (가우스 소거법) 가우스 소거법 알고리즘에 대한 다음 프로그램을 분석하라. 이 프로그램은 main과 행렬과 벡터를 인쇄하는 두 개의 메소드와 가우스 소거법을 적용하는 메소드인 solve로 이루어져 있다.

```
/*******************************************************
 * GaussianSolve.java to solve  a linear system ax = b
 * printMtx: 행렬인쇄, printVec: 벡터인쇄, solve: x 계산
 * *****************************************************/
public class GaussianSolve {

  public static void main(String[] args) {
    double[][] mtx = new double[][]                // 계수행렬
```

```
            {{5, 10, 9}, {10, 21, 25}, {5,13, 34}};
    double[] bb = new double[] {53, 123, 112};    // 계수벡터
    double[] xx;              // (mtx)(xx) = bb 해를 저장
    GaussianSolve gs = new GaussianSolve();        // 자기자신
    gs.printMtx(mtx);                              // 계수행렬 인쇄
    gs.printVec(bb);                               // 계수벡터 인쇄
    xx = gs.solve(mtx, bb);                        // 가우스 소거법
    gs.printVec(xx);                               // 해를 인쇄
  } // end main

  public void printMtx(double[][] a) {             // 행렬 a 인쇄
    int n = a[0].length;                           // 행(열)의 수
    System.out.println();                          // 빈 줄 추가
    for (int i=0; i < n; i++) {
      for (int j=0; j <n; j++) {
        System.out.print(a[i][j]+ "\t");
      }
      System.out.println();                        // 줄바꾸기
    }
  } // end printMtx

  public void printVec(double[] b) {               // 벡터 b 인쇄
    int n = b.length;                              // 행(열)의 수
    System.out.println(); // 빈 줄 추가
    for (int i=0; i < n; i++) {
        System.out.print(b[i]+ "\t");
    }
    System.out.println();                          // 줄바꾸기
  } // end print Vec

  public double[] solve(double[][] aa, double[] bb) { // ax =b의 해
    int n = aa[0].length;                          // 행(열)의 수
    double lik = 0;       //
    double tmpsum;                                 // 합하기 위한 임시변수
    double[] x = new double[n];

    double[][] a = new double[n][n];               // 계수행렬(원래값 aa 보존)
    double[] b = new double[n];                    // 계수벡터(원래값 bb 보존)
    for (int i=0; i < n; i++) {
      b[i] = bb[i];
      for (int j=0; j <n; j++) {
        a[i][j] = aa[i][j];
    }} //위는 원래 행렬 aa과 벡터 bb의 값을 유지하기 위한 블록

    for (int k = 0; k < n; k++) {
      for (int i=k+1; i < n; i++) {
        lik = a[i][k]/a[k][k];
        b[i] = b[i] - lik * b[k];
        for (int j=k+1; j < n; j++) {
          a[i][j] = a[i][j] - lik*a[k][j];
        } // end for j
      } // end for i
```

```
61     } // end for k                          // 여기까지 행소거
62
63     x[n-1] = b[n-1]/a[n-1][n-1];
64     for (int i=(n-2); i >= 0; i--) {
65       tmpsum = 0;
66       for (int j=i+1; j <n; j++) {
67          tmpsum = tmpsum + a[i][j]*x[j];
68       } // end for j
69       x[i] = (b[i] -tmpsum)/a[i][i];
70     } // end for i
71     return x;                               // 여기까지 뒤로 풀기
72   } // end solve
73
74 } // end class
```

풀이

8-9번 줄의 mtx와 10번 줄의 bb는 연립방정식의 계수행렬 A과 계수벡터 b이다. 11번 줄의 xx는 해를 구해 저장할 변수이며 12번 줄은 자기 자신의 개체를 생성하였고 13-14번 줄은 계수행렬 mtx(즉 A)와 우측 값 bb를 인쇄하였으며 15번 줄에서 구한 해를 16번 줄에서 인쇄하였다. 19-28번 줄의 printMtx와 30-37번 줄의 printVec 메소드는 행렬과 벡터를 인쇄하는 메소드이다.

39번 줄의 solve 메소드가 실제 가우스 소거법을 구현한 메소드로 계수행렬과 벡터를 매개변수로 받고, 해를 반환받는다. solve 메소드는 가우스 소거 알고리즘이다. 단 45-51번 줄은 원래 알고리즘엔 없었던 부분이 추가된 것으로 생략해도 해를 얻는 데는 문제가 없다. 이 부분을 추가한 이유는 다음과 같다. 5장에서 배열을 비교할 경우 참조변수값이 같은지 비교한다는 것을 알아보았는데, 배열은 매개변수로 선달될 때 값이 전달되는 것이 아니고 참조변수값이 전달된다. 가우스 소거법의 경우, 원래 계수행렬 및 벡터는 값이 연산과정에서 바뀌게 되는데, solve 메소드 안에서 매개변수로 전달받은 값 aa와 bb의 값이 바뀌고, 이 바뀐 값은 그대로 호출한 메소드 main의 mtx와 bb에 적용된다. 따라서 원래의 계수값을 유지하려면 새 변수를 만들어서 값을 저장할 필요가 있으며, 이를 위해서 a와 b를 새로 정의하였다.

9.4.2 LU 분해법

다음과 같은 연립방정식 계수행렬과 계수벡터에 가우스 소거법을 다시 한 번 적용해 보자.

$$\boldsymbol{A}=\begin{bmatrix}5 & 10 & 9\\10 & 21 & 25\\5 & 13 & 34\end{bmatrix},\quad b=\begin{bmatrix}53\\123\\112\end{bmatrix} \tag{9.38}$$

먼저 두 번째 및 세 번째 행의 1열을 0으로 만들기 위해 첫 번째 행에 각각 2와 1을 곱한 후 빼주었다. 그 결과가 다음과 같다.

$$A = \begin{bmatrix} 5 & 10 & 9 \\ 0 & 1 & 7 \\ 0 & 3 & 25 \end{bmatrix}, \quad b = \begin{bmatrix} 53 \\ 17 \\ 59 \end{bmatrix} \tag{9.39}$$

결과로 얻어진 행렬에서 3행 2열을 0으로 만들기 위해서 다시 두 번째 행에 3을 곱한 후 세 번째 행에서 빼준다. 그 결과는 대각선 아래가 모두 0인 **상삼각행렬**(upper triangle matrix)이 되는데 이를 U라고 하자.

$$U = \begin{bmatrix} 5 & 10 & 9 \\ 0 & 1 & 7 \\ 0 & 0 & 4 \end{bmatrix} \tag{9.40}$$

가우스 소거에서 각 원소를 0으로 만들기 위해 사용한 비율 2, 1 및 3을 원래 행렬에서 0으로 만든 원소 위치에 넣고, 대각선은 1, 대각선 위쪽은 모두 0인 **하삼각행렬**(lower triangle matrix)을 만들어 이를 L이라고 하자.

$$L = \begin{bmatrix} 1 & 0 & 0 \\ 2 & 1 & 0 \\ 1 & 3 & 1 \end{bmatrix} \tag{9.41}$$

두 삼각행렬 L, U와 원래 행렬 A 사이에는 항상 $A = LU$인 관계가 성립한다. 이와 같이 행렬 A를 두 삼각행렬 L, U의 곱으로 나눈 것을 LU 분해(decomposition 또는 factorization)하였다고 부른다.

일반적으로 $n \times n$ 정방행렬 A는 하삼각행렬과 상삼각행렬의 곱으로 다음과 같이 분해될 수 있다.

$$A = \begin{bmatrix} a_{11} & a_{12} & \cdots & a_{1n} \\ a_{21} & a_{22} & \cdots & a_{2n} \\ \vdots & \vdots & \vdots & \vdots \\ a_{n1} & a_{n2} & \cdots & a_{nn} \end{bmatrix} = \begin{bmatrix} 1 & 0 & 0 & \cdots & 0 \\ l_{21} & 1 & 0 & \cdots & 0 \\ & & \vdots & & \\ l_{n1} & l_{n2} & l_{n3} & \cdots & 1 \end{bmatrix} \begin{bmatrix} u_{11} & u_{12} & u_{13} & \cdots & u_{1n} \\ 0 & u_{22} & u_{23} & \cdots & u_{2n} \\ & & \vdots & & \\ 0 & 0 & 0 & \cdots & u_{nn} \end{bmatrix} = LU \tag{9.42}$$

앞 절에서 연구한 가우스 소거법은 다른 의미에서는 계수행렬 A를 LU 분해하는 한 가지 방법으로 볼 수 있다. 즉, 가우스 소거법의 알고리즘에서 l_{ik}를 행렬로 따로 저장하면 이 행렬이 L이 되고 소거법의 최종 결과로 얻어진 행렬의 대각선과 대각선 위쪽의 값을 따로 행렬로 받으면 U가 된다.

프로그램을 할 때는 행렬 L과 U의 대각선 아래 또는 위쪽의 원소들이 모두 0이므로 이 두 행렬을 따로 저장하지 않고 다음과 같이 하나의 행렬로 저장하는 것이 메모리를 적게 차지한다.

$$\begin{bmatrix} u_{11}\, u_{12}\, u_{13} \cdots u_{1n} \\ l_{21}\ u_{22}\, u_{23} \cdots u_{2n} \\ l_{31}\ \ l_{32}\ u_{33} \cdots u_{3n} \\ \cdots \\ l_{n1}\ \ l_{n2}\ \ l_{n2} \cdots u_{nn} \end{bmatrix} \tag{9.43}$$

원래 행렬 $\boldsymbol{A}$의 값을 보존할 필요가 없으면 알고리즘이 진행되며 연산되는 값들을 원래 행렬 $\boldsymbol{A}$에 덮어 쓰기도 한다. 덮어쓰는 경우 가우스 알고리즘에서 원래 행렬의 대각선 아래쪽은 연산을 하지 않으므로 대각선 아래의 $\boldsymbol{A}$의 원소는 l_{ik}로 채우고 가우스 소거법을 실행하면 대각선 및 대각선 위쪽의 원소는 자동으로 u_{ij}가 채워지게 된다. 이와 같은 방법으로 $\boldsymbol{LU}$ 분해 알고리즘을 정리하면 다음과 같다.

알고리즘 9.4 LU 분해법

```
for k = 1 to n
   A[i,k] =  (A[i, k] / A[k, k])
   for i = (k + 1) to n:
      B[i] = B[i] - A[i,k] * B[k]
      for j = (k + 1) to n:
         A[i, j] = A[i, j] -  A[i,k] * A[k, j]
      end
   end
end
```

예제 9.8 (LU 분해법) 위의 알고리즘에 대한 다음 프로그램을 분석하라.

```
/************************************************************
 * LUDecomposition.java for LU decomposition of a mtx
 * ********************************************************/
public class LUDecomposition {

 public static void main(String[] args) {
   double[][] mtx = new double[][]                     // 분해할 행렬
          {{5, 10, 9}, {10, 21, 25}, {5,13, 34}};
          //{{2, -4, 2}, {4, -9, 7}, {2, 1, 3}};
   double[][] lu;                                      // LU 분해 결과를 저장할 행렬
   LUDecomposition lud = new LUDecomposition(); // 자신 생성
   lud.printMtx(mtx);                                  // 행렬인쇄
   lu = lud.decompose(mtx);                            // LU 분해
   lud.printMtx(lu);                                   // 결과 인쇄
```

```
15  } // end main
16
17  public void printMtx(double[][] a) {              //행렬을 인쇄
18    int n = a[0].length;                             // 행(열)의 수
19    System.out.println();                            // 빈 줄 추가
20    for (int i=0; i < n; i++) {
21      for (int j=0; j <n; j++) {
22        System.out.print(a[i][j]+ "\t");
23      }
24      System.out.println();                          // 줄바꾸기
25    }
26  } // end printMtx
27
28  public double[][] decompose(double[][] aa) {  // LU 분해
29    int n = aa[0].length;                            // 행(열)의 수
30    double[][] a = new double[n][n];                 // 원래값 저장/LU 결과 저장
31    for (int i=0; i < n; i++) {
32       for (int j=0; j <n; j++) {
33         a[i][j] = aa[i][j];
34    }} //위는 원래 행렬 aa 값을 유지하기 위해 a 사용
35
36    for (int k = 0; k < n; k++) {
37      for (int i = k + 1; i < n; i++) {
38         a[i][k] = a[i][k]/a[k][k];
39      } // l_ij 계산하여 행렬에 저장
40      for (int i=k+1; i < n; i++) {
41        for (int j=k+1; j < n; j++) { // u_{ij} 계산
42          a[i][j] = a[i][j] - a[i][k]*a[k][j];
43        } // end j
44      } // end i
45    } // end k
46    return a;
47  } // end decompose
48
49 } // end class
```

풀이

이 프로그램에서 7-9번 줄은 분해할 행렬(주석 처리된 행렬도 분해해 보기 바람)의 계수값을 주었으며 10번 줄은 분해한 행렬을 저장할 행렬 lu를 지정하였다. 11번 줄은 자신의 개체를 생성하고, 12번 줄에서 원래 행렬의 값을 인쇄하고(printMtx 메소드는 앞의 가우스 소거법에서 사용한 메소드와 같으므로 그 메소드를 사용할 수 있다. 자세한 것은 클래스의 상속, 패키지 등을 다룬 8장을 참고하기 바란다), 13번 줄에서 LU 분해를 하여 이를 14번 줄에서 인쇄하였다. 17-26번 줄의 행렬인쇄는 설명을 생략하기로 한다.

28번 줄의 decompose 메소드에서 실제 행렬의 분해가 이루어지는데, 매개변수로 분해할 행렬을 aa로 받았다. 30번 줄에서 a를 새로 만든 것은 가우스 소거법에서와 같은 이유로 aa가 decompose 메소드 안에서 값이 바뀌므로 원래 행렬의 값을 보존하기 위해서이다. 이 부분은 원래 행렬의 값이 바뀌어도 상관이 없다면 없어도 된다. 31-34번 줄은 aa의 값을 a로 넘겨주기 위해 값을 복사하는 과정이다. 36-45번 줄은 위의 알고리즘과 차이가 없으므로 자세한 설명은 알고리즘 설명으로 대체하기로 한다. 한 가지 주의할 점은

Java에서는 인덱스가 0에서부터 시작하므로 이에 대한 수정이 적용되었다는 것이다.

$\boldsymbol{LU}$ 분해를 이용해서도 연립방정식 $\boldsymbol{Ax=b}$의 해를 구할 수 있다. $\boldsymbol{A=LU}$이므로 $\boldsymbol{Ax=b}$는 $\boldsymbol{LUx=b}$로 쓸 수 있으며, 다시 $\boldsymbol{Ux=y}$라고 하면 $\boldsymbol{Ly=b}$로 적을 수 있다. 따라서 $\boldsymbol{Ly=b}$ 의 해 $\boldsymbol{y}$를 구한 후 이를 이용하여 $\boldsymbol{Ux=y}$의 해를 구하면 원래 연립방정식의 해 $\boldsymbol{x}$를 구할 수 있다. 즉, $\boldsymbol{LU}$ 분해에 의한 연립방정식 $\boldsymbol{Ax=b}$의 해는 다음과 같은 순서로 구할 수 있다.

1) $\boldsymbol{A=LU}$로 분해한다.
2) $\boldsymbol{Ly=b}$를 풀어 $\boldsymbol{y}$를 얻는다.
3) 2)에서 얻은 $\boldsymbol{y}$를 사용하여 $\boldsymbol{Ux=y}$를 $\boldsymbol{x}$에 대해 풀어서 해를 얻는다.

위의 알고리즘에서 2번 단계를 구체적으로 풀어보면 $\boldsymbol{L}$의 i번째 행은 다음과 같다.

$$l_{i1}y_1 + l_{i2}y_1 + \cdots + l_{i,i-1}y_{i-1} + y_i = b_i \tag{9.44}$$

따라서 y_1부터 차례로 해를 쉽게 구할 수 있는데 이를 **전진치환법**(forward substitution)이라고 부른다.

$$y_1 = b_1 \tag{9.45}$$

$$y_i = b_i - (l_{i1}y_1 + l_{i2}y_1 + \cdots + l_{i,i-1}y_{i-1}),\ \ i = 2,3,\cdots,n \tag{9.46}$$

3번 단계는 $u_{nn}x_n = y_n$이고 i번째 행은 다음과 같다.

$$u_{ii}x_i + u_{i,i+1}x_{i+1} + \cdots + u_{i,n}x_n = y_i \tag{9.47}$$

따라서 x_n부터 역방향 후진치환법으로 해를 구할 수 있다(가우스 소거법에서 이미 적용).

$$x_n = y_n / u_{nn} \tag{9.48}$$

$$x_i = \frac{1}{u_{ii}}\{y_i - (u_{i,i+1}x_{i+1} + \cdots + u_{i,n}x_n)\},\ \ i = (n-1),(n-2),\cdots,1 \tag{9.49}$$

알고리즘 9.5 LU 분해에 의한 연립방정식의 해

단계 1: 계수행렬 $\boldsymbol{A}$를 LU 분해하여 $\boldsymbol{L}$과 $\boldsymbol{U}$를 얻는다.

단계 2: $y_1 = b_1,\ y_i = b_i - \sum_{j=1}^{i-1} l_{ij} y_j$ 로 $\boldsymbol{Ly} = \boldsymbol{b}$를 $\boldsymbol{y}$에 대해서 푼다.

```
y[1] = b[1];
for i=2 to n
   tmpsum = 0;
   for j= to i
      tmpsum = tmpsum + l[i,j]*y[j];
   end
   y[i] = b[i] - tmpsum;
end
```

단계 3: $x_n = y_n / u_{nn},\quad x_i = \frac{1}{u_{ii}}\left(y_i - \sum_{j=i+1}^{n} u_{ij} x_j\right)$ 로 $\boldsymbol{Ux} = \boldsymbol{y}$를 $\boldsymbol{x}$에 대해서 푼다.

```
x[n] = y[n]/u[n,n];
for (int i=n-1 downto 1
   tmpsum = 0;
   for j=i+1 to n
      tmpsum = tmpsum + u[i,j]*x[j];
   end
   x[i] = (y[i] - tmpsum)/u[i,i];
end
```

예제 9.9 (LU 분해법) 위의 알고리즘에 대한 다음 프로그램을 분석하라.

```
/*****************************************************************
 * LUSolve.java to solve a lin. system Ax =b.
 * REQUIRES: LUDecomposition.java
 * ***************************************************************/
 public class LUSolve {

  public static void main (String[] args) {
    double[][] mtx = new double[][]       // 행렬 A의 값
               {{5, 10, 9}, {10, 21, 25}, {5,13, 34}};
    double[] bb = new double[] {53, 123, 112}; // 계수 b의 값
    double[] xx;   // 해를 저장할 벡터
    LUDecomposition lud = new LUDecomposition();
    double[][] lu = lud.decompose(mtx); // mtx의 LU 분해결과
    LUSolve sol = new LUSolve();                         // 자기자신 개체
    xx = sol.solve(lu,bb);                               // LU 분해를 이용한 해
    for (int i=0; i < xx.length; i++) System.out.print(xx[i]+"\t");
    System.out.println();                                // 결과 인쇄
  } // end main
```

```
19
20   public double[] solve(double[][] lu, double[] b) {  // LUx =b 풀기
21      int n = b.length;
22      double[] x = new double[n];                       // 해의 값
23      double[] y = new double[n];                       // Ux = y에 사용할 y
24      double tmpsum;                                    // 합에 사용할 임시변수
25
26      y[0] = b[0];
27      for (int i=1; i < n; i++) {
28         tmpsum = 0.;
29         for (int j=0; j < i; j++) {
30            tmpsum = tmpsum + lu[i][j]*y[j];
31         }
32         y[i] = b[i] - tmpsum;
33      } // end forward
34
35      x[n-1] = y[n-1]/lu[n-1][n-1];
36      for (int i=n-2; i >= 0; i--) {
37         tmpsum = 0.;
38         for (int j=i+1; j < n; j++) {
39            tmpsum = tmpsum + lu[i][j]*x[j];
40         }
41         x[i] = (y[i] - tmpsum)/lu[i][i];
42      } // end backward
43      return x;
44   } // end solve
45
46 } // end class
```

풀이

이 프로그램에서 8-10번 줄은 $\boldsymbol{Ax}=\boldsymbol{b}$에서 $\boldsymbol{A}$와 $\boldsymbol{b}$의 계수값들이며 11번 줄의 xx는 해를 저장할 벡터이다. 앞에서 $\boldsymbol{LU}$ 분해를 이미 구현하였으므로 따로 구현할 필요 없이 앞에서 만든 클래스 LUDecomposition의 개체를 생성하여 이를 lud라고 하였다(12번 줄). 이 lud의 메소드인 decompose를 호출하여 분해 결과를 lu라고 하였다. lu의 대각선 아래는 $\boldsymbol{L}$의 원소가, 대각선과 위쪽은 $\boldsymbol{U}$의 원소가 저장된 행렬이다. 16-17번 줄은 결과를 인쇄하는 줄로 앞의 가우스 소거법의 printVec 메소드와 같은 일을 한다.

20번 줄에서 시작하는 solve 메소드는 $\boldsymbol{LU}$ 분해가 저장된 행렬 lu와 계수벡터 b를 매개변수로 받아 해를 얻는 메소드이다. 21-24번 줄은 방정식의 차수, 해를 저장할 변수, $\boldsymbol{Ly}=\boldsymbol{b}$에서 사용할 $\boldsymbol{y}$ 및 합 계산에서 사용할 임시변수를 설정하였다. 26-33번 줄의 forward substitution과 35-42번 줄의 backward substitution은 위의 알고리즘과 같다. 다만 30, 39, 41번의 lu는 원래 알고리즘에서 l[i,j], u[u,j]로 구분하였으나 실제 lu는 두 행렬이 모두 포함되어 있으므로 구분할 필요가 없다. 한편, Java에서는 인덱스가 0에서부터 시작하므로 이에 대한 수정이 적용되었음을 유의해야 한다.

9.5 역행렬 및 행렬식

정방행렬 $\boldsymbol{A}$의 역행렬과 행렬식을 구하는 문제를 생각해 보자.

9.5.1 역행렬

$n \times n$차원의 정방행렬 $\boldsymbol{A}$의 역행렬을 다음과 같이 표시하자.

$$\boldsymbol{A}^{-1} = \boldsymbol{B} = [\boldsymbol{b}_1 \ \vdots \ \boldsymbol{b}_2 \ \vdots \cdots \vdots \ \boldsymbol{b}_n] = \begin{bmatrix} b_{11} & b_{12} & \cdots & b_{1n} \\ b_{21} & b_{22} & \cdots & b_{2n} \\ \vdots & \vdots & \vdots & \vdots \\ b_{n1} & b_{n2} & \cdots & b_{nn} \end{bmatrix} \tag{9.50}$$

즉, $\boldsymbol{A}$의 역행렬을 $\boldsymbol{B}$라고 하고 $\boldsymbol{B}$의 각 열을 $\boldsymbol{b}_1, \boldsymbol{b}_2, \cdots, \boldsymbol{b}_n$이라고 하자. 또한 9.4절의 $\boldsymbol{LU}$ 분해를 이용하여 행렬 $\boldsymbol{A}$가 $\boldsymbol{A} = \boldsymbol{LU}$로 분해되었다면 다음의 식이 성립한다.

$$\boldsymbol{AA}^{-1} = \boldsymbol{LUB} = \boldsymbol{I} = \begin{bmatrix} 1 & 0 & \cdots & 0 \\ 0 & 1 & \cdots & 0 \\ \vdots & \vdots & \vdots & \vdots \\ 0 & 0 & \cdots & 1 \end{bmatrix} = [e_1 \ \vdots \ e_2 \ \vdots \cdots \vdots \ e_n] \tag{9.51}$$

여기서 e_i는 단위행렬 $\boldsymbol{I}$의 i번째 열이다. 위 식은 다음과 같이 적을 수 있다.

$$\boldsymbol{LUb}_i = e_i, i = 1, 2, \cdots, n \tag{9.52}$$

따라서 행렬 $\boldsymbol{A}$의 역행렬의 i번째 열 b_i는 $\boldsymbol{LU}$ 분해를 이용하여 앞 절에서 연구한 후진치환 및 전진치환법으로 쉽게 구할 수 있다.

1) $\boldsymbol{A} = \boldsymbol{LU}$로 분해한다.
2) $\boldsymbol{y}_i = \boldsymbol{Ub}_i$로 두고 $\boldsymbol{Ly}_i = e_i$를 풀어 $\boldsymbol{y}_i$를 구한다. $i = 1, 2, \ldots, n$
3) 2)에서 구한 $\boldsymbol{y}_i$를 사용하여 $\boldsymbol{Ub}_i = \boldsymbol{y}_i$를 $\boldsymbol{y}_i$에 대해서 풀어서 해를 얻는다.

$\boldsymbol{LUb}_i = e_i$를 $\boldsymbol{b}_i$에 대해서 푸는 것은 이미 앞 절에서 구현하였으므로 이를 메소드로 따로 호출한다고 가정하고 역행렬 알고리즘을 적으면 다음과 같다.

알고리즘 9.5 역행렬의 계산

```
e = (0,0,0,0,0)
for i=1 to n
  e = (0,0,0,0,0) // 초깃값 모두 0
   e[i] = 1.;        // e_i
   b = (LUb = e)의 해
   for (int j=0; j <n; j++) {
     inv[j][i] = b[j];
   end
end
```

예제 9.10 (역행렬) 역행렬 알고리즘에 대한 다음 프로그램을 분석하라.

```
/******************************************************************
* InverseM.java to calculate inverse matrix by LU decomposition
* REQUIRES: LUDecomposition.java, which calculate LU Decomp.
*          LUSolve.java, which solve LUx = b
* ****************************************************************/
public class InverseM {

 public static void main (String[] args) {
   double[][] mtx = new double[][]                    // 역행렬 구할 행렬
     {{5, 10, 9}, {10, 21, 25}, {5,13, 34}};
   double[][] invmtx;  // 역행렬 저장
   InverseM im = new InverseM();                      // 자신의 개체 생성
   invmtx = im.invert(mtx);                           // 역행렬 계산
   LUDecomposition lud = new LUDecomposition();       // 인쇄하기 위함
   lud.printMtx(invmtx);                              // 인쇄
 } // end main

 public double[][] invert(double[][] a) {
   int n = a[0].length;
   double[][] inv = new double[n][n];                 // 역행렬 저장할 행렬
   double[][] lu = new double[n][n];                  // a의 lu 분해 저장
   double[] e = new double[n];                        // elementary vector
   LUDecomposition lud = new LUDecomposition();
   lu = lud.decompose(a);                             // LU 분해
   LUSolve lus = new LUSolve();                       // LU 분해를 이용한 해

   for (int i=0; i < n; i++) {
      for (int j=0; j <n; j++) {e[j]=0.;}             // elementary 벡터
      e[i] = 1.;                                      // e의 i번째 원소는 1
      double[] b = lus.solve(lu, e);                  // LU b =e 의 해
      for (int j=0; j <n; j++) {
        inv[j][i] = b[j];                             // 역행렬의 i번째 열
```

```
33        } // end for j
34      } // end for i
35      return inv;
36    } // end invert
37
38  } // end class
```

풀이

이 프로그램에서 9-10번 줄은 역행렬을 구할 행렬의 값을 주고, 11번 줄은 역행렬을 저장할 배열을 선언하였다. 12번 줄에서 자신의 객체를 생성한 후 13번 줄에서 invert 메소드를 호출하여 그 결과를 저장하였다. 행렬의 인쇄는 앞에서 작성한 LUDecomposition에 printMtx 메소드가 있으므로 이를 이용하기 위해 14번 줄에서 LUDecomposition 객체를 생성하고, 15번 줄에서 인쇄를 하였다.

18번 줄에서 시작하는 invert 메소드는 19번 줄에서 행 또는 열의 개수를 n이라고 하였다. 그리고 역행렬을 저장할 배열과 LU 분해를 저장할 배열을 각각 20, 21번 줄에서 선언하고, 22번 줄에서는 $\boldsymbol{e}_i$로 사용할 벡터를 배열로 선언하였다. 23번 줄에서는 앞의 LU 분해를 이용하기 위해 LUDecomposition 객체를 생성하고, 24번 줄에서 LU 분해의 결과를 얻었다. LU 분해를 이용한 $\boldsymbol{LUI}=\boldsymbol{A}^{-1}$의 해를 각 열별로 얻기 위해 앞에서 만든 LUSolve 객체를 25번 줄에서 생성하였다. 28번 줄에서 $\boldsymbol{e}_i$를 0 벡터로 만든 후 29번 줄에서 i번째 원소를 1로 설정하여 $\boldsymbol{e}_i$를 만들었다. 그 다음 30번 줄에서 $\boldsymbol{LUb}=\boldsymbol{e}_i$의 해 $\boldsymbol{b}$를 구하여 이를 이용해 $\boldsymbol{A}^{-1}$의 i번째 열을 31-33번째 줄의 for 루프에서 구하였다.

9.5.2 행렬식

$\boldsymbol{A}=\boldsymbol{LU}$로 분해된 하삼각행렬($\boldsymbol{L}$)이나 상삼각행렬($\boldsymbol{U}$)의 경우 행렬식(determinant)의 값은 대각선의 곱이다.

$$\det(\boldsymbol{L})=\prod_{i=1}^{n} l_{ii}= 1 \quad , \quad \det(\boldsymbol{U})=\prod_{i=1}^{n} u_{ii} \tag{9.53}$$

두 정방행렬 $\boldsymbol{A}$와 $\boldsymbol{B}$의 곱에 대한 행렬식은 각 행렬식의 곱이다.

$$\det(\boldsymbol{AB})=\det(\boldsymbol{A})\det(\boldsymbol{B}) \tag{9.54}$$

따라서 $\boldsymbol{A}=\boldsymbol{LU}$로 분해가 되었다면 $\det(\boldsymbol{A})$는 다음과 같이 구할 수 있다.

$$\det(\boldsymbol{A})=\det(\boldsymbol{LU})=\det(\boldsymbol{L})\det(\boldsymbol{U})=\prod_{i=1}^{n} u_{ii} \tag{9.55}$$

행렬식을 계산하는 프로그램은 $\boldsymbol{LU}$ 분해가 이루어졌다면 아주 간단하지만(실질적으로는 한 줄의 프로그램), 기본적으로 들어가는 내용이 있어서 생각보다는 길다.

예제 9.11 **(행렬식) 위의 행렬식 알고리즘에 대한 다음 프로그램을 분석하라.**

```
01 /*************************************************************
02  * Determinant.java to calculate determinant of a matrix
03  * REQUIRES: LUDecomposition.java
04  * *********************************************************/
05 public class Determinant {
06
07   public static void main (String[] args) {
08     double[][] mtx = new double[][]                  // 행렬식 구할 행렬
09         {{5, 10, 9}, {10, 21, 25}, {5,13, 34}};
10     Determinant  det = new Determinant();           // 자신의 개체 생성
11     double d = det.calculate(mtx);
12     System.out.println("Determinant: "+ d);        // 인쇄
13   } // end main
14
15   public double calculate(double[][] a) {
16     int n = a[0].length;
17     double dt = 1.;                                  // 초깃값 1
18     double[][] lu = new double[n][n]; // a의 lu 분해 저장
19     LUDecomposition lud = new LUDecomposition();
20     lu = lud.decompose(a);                           // LU 분해
21     for (int i=0; i <n; i++) {
22       dt = dt*lu[i][i];
23     } // end i
24     return dt;
25   } // end calculate
26
27 } // end class
```

풀이

이 프로그램에서 8-9번 줄은 역행렬을 얻을 행렬의 값을 지정하고, 10번 줄에서 자기 자신의 객체를 생성했다. 그리고 11번 줄에서 calculate 메소드를 호출하여 행렬식을 계산하고, 12번 줄에서 인쇄한다.

15번 줄에서 시작하는 calculate 메소드는 16번 줄에서 행 또는 열의 수를 얻고, 17번 줄은 행렬식의 값을 1로 초기화한다. 18번 줄에서 LU 분해를 저장할 행렬을 lu라고 하였다. 19번 줄에서는 앞에서 만든 LUDecomposition 클래스의 객체를 생성하여 20번 줄에서 LU 분해의 결과를 얻었다. 21-23번 줄의 for 반복은 u_{ii}의 곱을 계산하고, 그 결과를 24번 줄에서 반환한다.

연습문제

9.1 다음 함수의 근을 이분법을 이용하여 구간 [0, 4]에서 구하는 Java 클래스 프로그램을 작성하라. 단, $\epsilon = 10^{-5}$.

$$f(x) = ax^3 + bx^2 + cx + d$$

9.2 위 문제를 뉴톤(Newton-Raphson) 방법을 이용하여 근을 구하는 Java 클래스 프로그램을 작성하라.

9.3 연이율이 r인 적금을 n년 동안 넣는다고 하자. 매년 초에 a원씩 n년 동안 불입하면 n년 후에는 원리금이 다음과 같다.

$$S_n = a(1+r)^n + a(1+r)^{n-1} + \cdots + a(1+r)$$

어떤 사람이 목돈 만들기 계획으로 10년 후 1억을 만들려고 한다.

1) 위 식의 S_n을 간단히 하라.
2) 이율이 5%($r = 0.05$)이면 매년 초에 얼마씩 불입해야 10년 후 1억이 되는지 클래스를 사용하여 Java 프로그램을 구현하라. 즉, a, r와 n의 함수인 S_n을 r과 n이 정해졌을 때 $S_n(a) = 100{,}000{,}000$을 풀어라.

9.4 다음 적분을 사다리꼴법을 이용하여 구하라. 구간의 수를 변화시키면서 실제 값과 비교하라.

$$\int_0^1 x^2 dx$$

9.5 위 문제를 심손(Simpson) 법을 이용하여 구간의 수를 변화하면서 실제 값과 비교하라.

9.6 다음 선형 연립방정식을 가우스 소거법을 이용하여 구하는 프로그램을 작성하라.

$$\begin{aligned} 5x_1 + 10x_2 + 9x_3 &= 53 \\ 10x_1 + 21x_2 + 25x_3 &= 123 \\ 5x_1 + 13x_2 + 34x_3 &= 112 \end{aligned}$$

9.7 위 문제의 선형 연립방정식을 $\boldsymbol{LU}$ 분해법을 이용하여 구하는 프로그램을 작성하라.

9.8 문제 9.6의 계수행렬 $\boldsymbol{A}$의 역행렬을 구하는 프로그램을 작성하라.

9.9 문제 9.6의 계수행렬 A의 행렬식을 구하는 프로그램을 작성하라.

9.10 [예제 9.4]의 GaussianSolve의 45-51줄을 삭제하고 main 메소드에서 15번 줄의

```
xx = gs.solve(mtx, bb);
```

이후에

```
gs.printMtx(mtx);
gs.printVec(bb);
```

를 넣어 13-14번 줄의 계수행렬 및 벡터의 출력 결과와 비교해 보라. 이런 결과가 나오는 이유를 설명하라.

10장

클래스를 활용한 통계계산

학습목표

- 확률분포의 난수 생성 방법을 이해하고 분포함수 클래스를 만든다.
- 기초통계량 계산을 위한 클래스를 만든다.
- 도수분포표를 구하는 클래스를 이해한다.
- 공분산 및 상관계수를 구하는 클래스를 이해한다.
- 단순 회귀분석 패키지에 대하여 이해한다.

10.1 확률분포 난수의 생성

확률분포 난수의 생성이란 특정한 확률분포를 따르는 데이터를 랜덤하게 만드는 것을 의미한다. 확률분포 난수의 생성 방법은 여러 가지가 있으나 누적분포의 **역변환법**(inverse transformation method)이 많이 이용된다. 이 방법은 개념적으로 간단한 방법이며 이산형이나 연속형 확률분포 모두에 사용할 수 있다. 하지만 확률분포에 따라서는 누적분포의 역변환을 할 수 없는 경우가 있어 모든 경우에 적용되지는 않는다.

확률변수 X의 분포함수가 $f(x)$이고 그 누적분포함수가 $F(x)$라고 하자. 예를 들어 동전을 두 개 던졌을 때 {앞면}의 횟수에 대한 분포함수와 누적분포함수는 다음과 같다. [그림 10-1]은 누적분포함수 $F(x)$의 그림이다.

$$f(x)=\begin{cases}\frac{1}{4}, x=0\\ \frac{2}{4}, x=1\\ \frac{1}{4}, x=2\end{cases}, \qquad F(x)=\begin{cases}0 \quad , x<0\\ \frac{1}{4}, 0\leqq x<1\\ \frac{3}{4}, 1\leqq x<2\\ 1 \quad , x\geqq 2\end{cases} \tag{10.1}$$

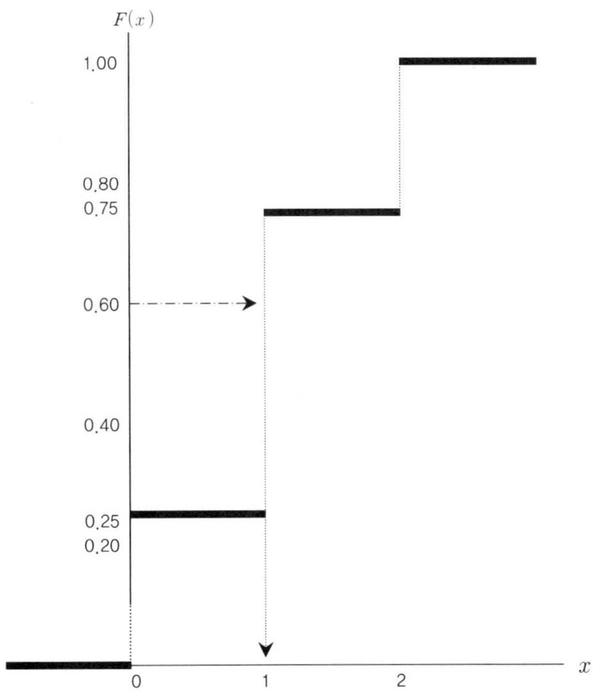

[그림 10-1] 동전을 2개 던졌을 때 {앞면}의 횟수 누적분포함수

누적 확률 $F(x)$는 0과 1 사이의 값을 가지므로 이를 이용하여 확률분포 난수를 생성한다. 즉 만일 0과 1 사이의 랜덤한 난수를 구할 수 있다고 하자. 이러한 랜덤한 수는 난수표를 이용하여 구할 수도 있고, 10.1.1의 방법으로 컴퓨터를 이용하여 구할 수도 있다. 예를 들어 구한 난수가 0.6일 경우 역변환법은 $F(x)$ 그림의 y축에서 0.6을 읽은 후 오른쪽 누적분포함수와 교차하는 점을 찾고 이 교차점에 해당하는 x값을 적는 것이다. 즉 이 경우 x=1이 확률분포 난수이다. 같은 방법으로 랜덤 난수를 여러 개 구하면 이에 해당하는 확률분포 난수를 찾을 수 있다(예, [표 10.1]).

[표 10.1] 확률분포 난수의 생성 예

(0,1) 균등분포 난수	확률분포 난수
0.6	1
0.3	1
0.2	0
0.9	2
0.4	1

이와 같이 확률분포 난수를 많이 생성하여 각 x값이 나타난 확률을 구하면 원래의 $f(x)$에 근접하게 된다. 경험적 이산형 확률분포인 경우 누적분포를 구하여 위와 같이 역변환법으로 난수를 발생시킨다.

역변환법은 연속형 누적확률분포의 함수 형태를 알고 있는 경우에 유사하게 적용할 수 있다. 예를 들어 지수분포함수가 $f(x)$이고 누적분포함수를 $F(x)$라고 하면 그 함수식은 다음과 같다.

$$f(x)=\begin{cases}0 & ,x<0\\ \lambda e^{-\lambda x} & ,x\geqq 0\end{cases},\qquad F(x)=\begin{cases}0 & ,x<0\\ 1-e^{-\lambda x} & ,x\geqq 0\end{cases} \tag{10.2}$$

[그림 10-2]는 지수분포의 누적분포함수 그림이다. 역변환법으로 지수분포 난수를 생성하는 것은 [표 10.1]과 같은 이산형인 경우와 유사하다. 예를 들어 랜덤 난수 0.6일 경우 역변환법은 $F(x)$ 그림의 y축에서 0.6을 읽은 후 오른쪽 누적분포함수와 교차하는 점을 찾고 이 교차점에 해당하는 x값을 적는다. 즉 수학식으로 정리하면 다음의 방정식에서 x값을 찾는 것과 같다.

$$0.6 = 1 - e^{-\lambda x} \qquad \Rightarrow \qquad x=-\frac{1}{\lambda}ln(1-0.6) \tag{10.3}$$

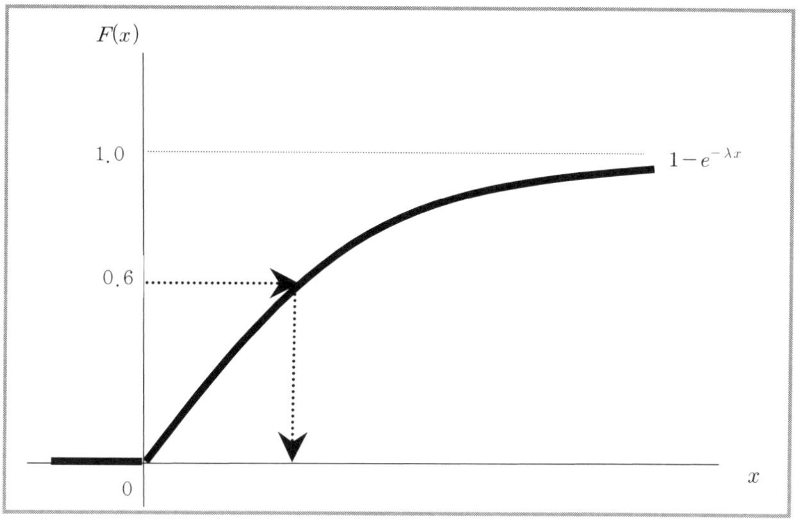

[그림 10-2] 지수분포의 누적분포함수를 이용한 난수 생성

일반적으로 랜덤 난수가 R일 경우 지수분포 난수 생성을 위한 식은 다음과 같다.

$$x = -\frac{1}{\lambda} ln(1-R) \qquad (10.4)$$

위의 지수분포와 같이 누적분포함수의 역변환함수를 구할 수 있는 경우에 역변환법은 매우 유용하다. 하지만 확률분포에 따라서는 누적분포의 역변환을 구할 수 없는 경우가 있어 역변환법은 모든 분포함수에 적용되지는 않는다.

0에서 1 사이의 랜덤한 값을 찾는 방법, 즉 균등분포의 난수값은 난수표를 이용하거나 수작업을 이용하여 할 수 있다. 하지만 컴퓨터를 이용하여 균등분포 난수를 찾는 방법이 오랜 기간 연구되어 왔다. 10.1.1절에서 자세히 살펴보자.

10.1.1 균등분포 난수 생성

위에서 설명한 역변환법에서도 0과 1 사이의 **균등분포**($U(0,1)$) 난수가 필요하였다. 이러한 균등분포 난수는 컴퓨터를 이용한 각종 모의실험(simulation)에 많이 이용된다. 이러한 필요성 때문에 컴퓨터를 이용하여 균등분포 난수를 찾는 방법이 오랜 기간 연구되어 왔다. 현재 Java를 포함한 모든 컴퓨터 언어는 0과 1 사이의 균등분포 난수를 발생시키는 함수를 제공하고 있다. Java에서는 Random이라는 클래스가 있다. 이 절에서는 컴퓨터를 이용하여 균등분포 난수를 발생하는 중앙제곱(midsquare) 알고리즘과 선형합동(linear congruential) 알고리즘을 소개한다. 중앙제곱 알고리즘은 단지 컴퓨터를 이용한 난수 생성이 무엇인지 소개하는 것이고, 선형합동 알고리즘이 대부분의 컴퓨터 언어에서 채택하고 있는 방법이다.

가. 중앙제곱 알고리즘(Midsqure Algorithm)

이 방법은 초기 숫자(seed)를 주고 이 수를 제곱하여 얻은 숫자의 중앙부분에 있는 숫자를 난수로 사용한다. 난수로 사용된 숫자를 다시 제곱하여 얻은 숫자의 중앙부분을 다음의 난수로 사용하는 과정을 되풀이한다.

예를 들어 초기 숫자를 X_0 = 5497이라고 하자. X_i는 중앙부분의 숫자를 나타내고 R_i는 난수를 나타낸다. 연속적으로 난수를 발생시키는 방법은 다음과 같다.

$$X_0 = 5497$$

$$X_0^2 = (5497)^2 = 30,217,009 \quad \Rightarrow \quad X_1 = 2170, \quad R_1 = 0.2170$$

$$X_1^2 = (2170)^2 = 4,708,900 \quad \Rightarrow \quad X_2 = 7089, \quad R_2 = 0.7089$$

$$X_2^2 = (7089)^2 = 50,253,921 \quad \Rightarrow \quad X_3 = 2539, \quad R_3 = 0.2539$$

$$\cdots$$

즉 초기 숫자 5497을 사용하면 0.2170, 0.7089, 0.2539, ... 등의 난수가 발생되는 것을 알 수 있다. 이와 같은 알고리즘에 의해 난수가 생성되는 방법은 다음과 같은 문제점이 나타날 수 있다.

1) 초깃값이 주어지면 계속 같은 순서로 난수들이 발생한다.
2) 일정한 주기로 같은 난수가 발생할 수 있다.
3) 0에 가까운 난수가 발생하면 그 다음에 발생하는 난수는 모두 0에 가깝다.

위와 같은 문제점은 컴퓨터를 이용한 모든 난수 발생 알고리즘에 나타날 수 있다. 1)번과 같이 초깃값에 따라 계속 같은 순서로 난수가 발생되기 때문에 컴퓨터를 이용하여 발생된 난수를 **모조난수**(pseudo random number)라고 부른다. 2)번의 주기성도 피할 수 없는 문제이다. 3)번의 문제는 생성된 난수들이 균등분포를 따르는지 검정할 필요성을 제기한다. 이와 같이 초깃값, 주기성, 균등분포 적합성 등의 문제를 해결하기 위하여 많은 사람들이 노력하였는데 최근 가장 많이 사용되는 알고리즘이 선형합동 알고리즘이다.

나. 선형합동 알고리즘(Linear Congruential Algorithm)

선형합동 알고리즘(Lehmer, 1951)은 다음과 같다.

알고리즘 10.1 선형합동 알고리즘

- 초기 숫자를 X_0라고 하자.
- 다음 식에 의해 $X_1, X_2, \ldots$를 발생시킨다.

$$X_n = (aX_{n-1} + c) \mod m, \quad n = 1,2,\ldots$$

- 다음 식으로 구한 값을 0과 1의 난수로 사용한다.

$$R_n = \frac{X_n}{m}, \quad n = 1,2,\ldots$$

예를 들어 초기 숫자를 $X_0 = 27$, $a = 17$, $c = 43$, $m = 100$이라고 하자. 선형합동법으로 난수를 발생시키면 다음과 같다.

$$X_1 = (17 \times 27 + 43) \mod 100 = 2 \Rightarrow R_1 = 0.02$$
$$X_2 = (17 \times 2 + 43) \mod 100 = 77 \Rightarrow R_2 = 0.77$$
$$X_3 = (17 \times 77 + 43) \mod 100 = 52 \Rightarrow R_3 = 0.52$$
$$\cdots$$

이 방법은 Java를 포함한 다양한 프로그램 언어 및 운영체계에서 사용하는 0에서 1 사이의 균등분포 난수 발생 알고리즘이다. 이 방법은 초깃값 X_0의 선택에 따라서 난수의 주기가 길 수도 짧을 수도 있다. 초깃값으로 바람직한 값은 가능한 큰 값이면서 소수(prime number)인 것이 좋다. 그리고 이 알고리즘은 상수 a, c 및 m의 값에 의해 주기성 및 적합성이 좌우될 수 있어 많은 사람들이 각 컴퓨터에 알맞은 상수값을 찾았는데 이것을 [표 10.2]에 정리하였다.

[표 10.2] 각 컴퓨터 언어에서 선형합동 알고리즘에 사용되는 상수

언어/OS	m	a	c
glibc (gcc에서 사용)	2^{31}	1103515245	12345
ANSI C: Watcom, Digital Mars, CodeWarrior, IBM VisualAge C/C++	2^{31}	1103515245	12345
Borland Delphi, Virtual Pascal	2^{32}	134775813	1
Microsoft Visual/Quick C/C++	2^{32}	214013	2531011
Microsoft Visual Basic (6 이전)	2^{24}	1140671485	12820163
Native API RtlUniform	$2^{31}-1$	2147483629	2147483587
Apple CarbonLib IBM 360	$2^{31}-1$	16807	0
java.util.Random	2^{48}	25214903917	11

예제 10.1 0과 1 사이의 균등분포 난수를 선형합동 알고리즘을 이용하여 프로그램하라. 초깃값과 상수는 본인이 지정하라.

풀이

다음은 0과 1 사이의 균등분포 난수를 선형합동 알고리즘으로 구현한 것이다. 상수 a와 c는 Microsoft Visual/Quick C/C++에서 이용한 a = 214013, c =2531011를 사용하였다. 음수는 양수로 변환하고(45번 줄), 0과 1 사이의 값으로 변환하기 위해 가장 큰 값으로 나누었다(64번 줄).

```
01 /** Runiform.java to generate U(0,1) by multiplicative and
02  * congruential method. main gets one/two parameter(s) to pass
03  * the specific method.
04  *    @param seed the seed for generator
05  *    @param nn number of random numbers to generate.
06  * As in main you can pass system time nanoTimes() or
07  * currentTimeMillis()
08  ***************************************************************/
09  public class Runiform {
10   public static void main(String[] args) {
11     int n  = Integer.parseInt(args[0]);          // 발생할 난수의 수
12     //long seed = Integer.parseInt(args[1]);  // seed를 받음
13     long seed = System.nanoTime();              // seed를 시스템 시간
14     Runiform ru = new Runiform();               // 자기 자신
15     double[] x = ru.mRandom(seed, n);           // 난수 발생 multiplicative
16     double[] y = ru.cRandom(seed, n);           // 난수 발생 congruential
17 
18     double sumx1 = 0; double sumx2 = 0;         // x의 평균분산 계산
19     double sumy1 = 0; double sumy2 = 0;         // y의 평균분산 계산
20     for (int i=0; i < n; i++) {
21        sumx1 = sumx1 + x[i];
22        sumx2 = sumx2 + x[i]*x[i];
23        sumy1 = sumy1 + y[i];
24        sumy2 = sumy2 + y[i]*y[i];
25     }
26     double meanx = sumx1/n;
27     double varx = (sumx2 - meanx*meanx*n)/(n-1);
28     double meany = sumy1/n;
29     double vary = (sumy2 - meany*meany*n)/(n-1);
30     System.out.println("meanx: "+ meanx + "  varx: "+varx);
31     System.out.println("meany: "+ meany + "  vary: "+vary);
32   } // end main
33 
34   /*********** Multiplicative uniform random number generator
35    * @param seed initial seed value
36    * @param nn number of random numbers
37    * @return double array of random numbers
38    * ***********************************************************/
39   public double[] mRandom(long seed, int nn) {
40     double[] rn = new double[nn];
41     long x;
42     for (int i=0; i < nn; i++) {
```

```
        x = 16807 * seed;
        seed = x;
        if (x <0) x = -x;  // or Math.abs
        rn[i] = (double) x/ (double) Long.MAX_VALUE;
    } // end for
    return rn;
  } // end mRandom

  /*********** congruential uniform random number generator
   * @param seed initial seed value
   * @param nn number of random numbers
   * @return double array of random numbers
   *******************************************************/
  public double[] cRandom(long seed, int nn) {
    double[] rn = new double[nn]; // stores random numbers
    long x;
    long a = 214013; long c =2531011;
    for (int i=0; i < nn; i++) {
        x = a * seed +c;
        seed = x;
        if (x <0) x = -x;  // or Math.abs
        rn[i] = (double) x/ (double) Long.MAX_VALUE;
    } // end for
    return rn;
  } // end cRandom
} // end class
```

구간 (a,b)에 정의된 균등분포는 다음과 같다.

$$f(x) = \frac{1}{b-a}, \quad a < x < b \tag{10.5}$$

0과 1 사이의 균등분포 난수가 R이라면 구간 (a,b)에 정의된 균등분포의 난수는 다음과 같이 발생시킬 수 있다.

$$a + (b-a) \times R \tag{10.6}$$

10.1.2 정규분포 난수

평균이 0이고 분산이 1인 표준정규분포 $N(0,1)$을 갖는 난수를 발생하는 방법 중에서 고전적으로 많이 알려진 방법은 Box-Muller 변환이 있다. 이 방법은 균등분포 $U(0,1)$에서 두 개의 난수 U_1과 U_2를 얻은 후 다음과 같은 변환을 한다.

$$Z_1 = \sqrt{-2\log(U_1)}\cos(2\pi U_2) \tag{10.7}$$

$$Z_2 = \sqrt{-2\log(U_1)}\sin(2\pi U_2) \tag{10.8}$$

Z_1과 Z_2는 서로 독립이고 각각이 표준정규분포를 따름을 증명할 수 있다(여기서 log는 자연로그이다).

예제 10.2 표준정규분포 난수를 Box-Muller 변환을 이용하여 발생시키는 프로그램을 작성하라.

풀이

Box-Muller 변환을 Java로 구현해 보면 다음과 같다. 이 프로그램에서 main은 난수를 생성한 후 평균과 분산을 계산하여 출력하는 것을 포함한다. 난수의 생성은 generate 메소드에서 이루어진다.

```
/** Rnormal.java to generate N(0,1) by Box-Muller transformation.
 * main gets one/two parameter(s) to pass to the specific method.
 *   @param seed the seed for generator
 *   @param nn number of random numbers to generate.
* As in main you can pass system time nanoTimes() or currentTimeMillis()
 ************************************************************ **/
 public class Rnormal {
  public static void main(String[] args) {
    int n  = Integer.parseInt(args[0]);          // 발생할 난수의 수
    //long seed = Integer.parseInt(args[1]);   // seed를 받음
    long seed = System.nanoTime();               // seed를 시스템 시간으로 넣음
    Rnormal rnorm = new Rnormal();               // 자기 자신
    double[] x = rnorm.generate(seed, n);        // 난수 발생

    double sumx1 = 0; double sumx2 = 0;
    for (int i=0; i < n; i++) {
       sumx1 = sumx1 + x[i];                     // x의 합
       sumx2 = sumx2 + x[i]*x[i];                // x^2의 합
    }
    double meanx = sumx1/ (double) n;                  // 평균
    double varx = (sumx2 - meanx*meanx*n)/(n-1);       // 분산
    System.out.println("meanx: "+ meanx + "  varx: "+varx);
   } // end main

  /**** Generate N(0,1) random numbers by Box-Muller transform
   *   @param seed the seed for generator
   *   @param nn number of random numbers to generate.
   ************************************************************/
   public double[] generate(long seed, int nn) {
    double[] rn = new double[nn];                      // 정규 난수 저장 변수
    //Random rn = new Random();                        // U(0,1)을 만들기 위해
    Runiform ru = new Runiform();                      // U(0,1)을 만들기 위해
```

```
33     double[] unum = ((nn % 2) == 0)                            // U(0, 1) 난수
34           ? ru.cRandom(System.nanoTime(), nn)
35           : ru.cRandom(System.nanoTime(), nn+1);
36
37     int nloop = ((nn % 2) == 0) ? nn/2 : (nn-1)/2;    // 반복수
38
39     if (nn != 1) {  // 두 개 이상 생성하는 경우
40       for (int i=0; i < nloop; i++) {
41         double aa =  Math.sqrt(-2.*Math.log(unum[2*i]));
42         rn[i*2] = aa * Math.cos(2*Math.PI*unum[2*i+1]);
43         rn[i*2+1] = aa * Math.sin(2*Math.PI*unum[2*i+1]);
44       } // end for
45     } else { // 한 개만 만드는 경우
46         rn[0] =  Math.sqrt(-2.*Math.log(unum[0])) *
47                 Math.cos(2*Math.PI*unum[1]);
48     } // end if
49
50     if ((nn % 2) != 0 && nn > 1) { // 홀수개인 경우
51       rn[nn-1] = Math.sqrt(-2.*Math.log(unum[nn-2])) *
52                 Math.cos(2*Math.PI*unum[nn-1]);
53     }  // end if
54     return rn;
55   } // end generate
56 }
```

이 프로그램 main의 9번 줄에서는 발생할 난수의 개수를 매개변수로 받았음을 알 수 있으며 난수의 초깃값 seed는 nanoTimes()를 이용한 현재의 시간으로 사용할 예정이다(11번 줄). 필요하면 주석 처리된 10번 줄과 같이 seed를 매개변수로 받을 수도 있다. 15-22번 줄은 발생한 난수 배열 x의 평균과 분산을 계산하고 인쇄한다.

난수의 발생은 29번 줄의 generate 메소드에서 이루어지며 seed와 난수의 수 nn이 매개변수로 설정되어 있다. 30번 줄의 rn은 정규난수를 저장하기 위한 배열이며 주석 처리된 31번 줄은 Java의 클래스 Random을 사용하여 $U(0,1)$으로부터의 난수를 생성할 수도 있음을 상기하기 위해 남겼다. 32번은 앞에서 본 multiplicative나 congruential generator를 사용한 균등분포 난수를 만든 Runiform 개체를 생성하였으며 이 개체에서 congruential 방법인 cRandom 메소드를 사용하고자 한다.[4] 33-35번 줄은 필요한 난수의 개수가 짝수인 경우에는 $U(0,1)$ 난수를 nn개 만들고, 홀수이면 (nn+1)개를 만들어 이를 unum 배열에 저장하였다. 37번 줄의 nloop은 반복을 몇 번 할지 정하는 값으로 Box-Muller 변환이 한 번에 두 개의 정규난수를 생성하므로 nn이 짝수이면 nn/2로, 홀수이면 (nn-1)/2로 이 값을 설정하였다. 39-44번 줄에서는 nn이 1이 아닌 경우 nloop 만큼 반복하여 두 개씩의 정규난수를 생성하고, 만일 nn=1이면 45-47번 줄에서 한 개의 난수를 생성하였다. nn이 홀수이면 한 개 더 만들어야 하므로 51-52번 줄에서 난수를 한 개 더 발생시켰다.

4) 이 경우 Runiform.java의 컴파일된, class 파일은 같은 디렉토리에 있거나 %CLASSPATH%에 있어야 한다.

표준정규분포 난수가 Z일 때 평균이 μ이고 분산이 σ^2인 일반적인 정규분포 $N(\mu, \sigma^2)$를 갖는 난수 X의 생성은 다음 식으로 할 수 있다.

$$X = \mu + \sigma Z \tag{10.9}$$

10.1.3 감마분포와 카이제곱분포

모수가 (α, β)인 **감마분포**의 확률밀도함수는 다음과 같다.

$$f(x) = \frac{1}{\Gamma(\alpha)\beta^{\alpha}} x^{\alpha-1} e^{-x/\beta}, \quad x > 0 \tag{10.10}$$

α가 자연수일 때 서로 독립이고 기댓값이 β인 지수분포 확률변수 α개를 합했을 때 감마분포가 됨을 보일 수 있다. 그리고 $U_1, U_2, \cdots, U_\alpha$가 독립인 균등분포 $U(0,1)$을 따르면

$$X = -\beta \log\left(\prod_{i=1}^{\alpha} U_i\right) \tag{10.11}$$

의 분포는 모수가 (α, β)인 감마분포를 따른다. 이 성질을 이용하여 감마분포 난수를 만들 수 있다. 하지만 이 방법은 α가 자연수일 때만 사용할 수 있고 α가 큰 값이면 시간이 많이 걸린다는 단점이 있다. 감마분포에서 α가 자연수일 때는 Erlang 분포라고 하기도 한다.

자유도가 ν인 **카이제곱분포**는 독립인 표준정규분포로부터의 확률변수 $Z_1, Z_2, \cdots, Z_\nu$에서 얻는 제곱합 $X = Z_1^2 + Z_2^2 + \cdots + Z_\nu^2$의 분포이다. 따라서 ν개의 독립인 표준정규분포 난수의 제곱합으로 난수를 얻을 수 있다.

감마분포에서 모수 α, β가 각각 $\alpha = \nu/2$ 및 $\beta = 1/2$인 특수한 경우가 카이제곱분포이므로 자유도가 짝수인 경우 감마분포에서 카이제곱분포의 난수를 발생시킬 수 있다. 만일 자유도가 홀수이면 $\alpha = (\nu - 1)/2$, $\beta = 1/2$에서 난수를 만들어 이를 Y라고 한 후, Y와 독립인 표준정규분포 확률변수 Z에 대해 $X = Y + Z^2$라고 하면 X의 분포는 자유도가 ν인 카이제곱분포가 된다.

10.1.4 t 분포와 F 분포

확률변수 Z가 표준정규분포를 따르고 χ가 자유도가 ν인 카이제곱분포를 따르고 이 둘이 독립이면 자유도가 ν인 t 확률변수는 다음과 같다.

$$t = \frac{Z}{\sqrt{\chi/\nu}} \tag{10.12}$$

이를 이용하여 다음과 같이 t **분포**를 따르는 확률난수를 구할 수 있다.

- 표준정규분포를 따르는 난수를 Z를 얻는다.
- 자유도가 ν인 카이제곱분포를 따르는 난수 χ를 독립적으로 생성한다.
- $\dfrac{Z}{\sqrt{\chi/\nu}}$는 t 분포를 따르는 확률 난수이다.

t 확률분포함수는 다음과 같다.

$$f(x) = \frac{\Gamma((\nu+1)/2)}{\sqrt{\nu\pi}\,\Gamma(\nu/2)} \frac{1}{(1+x^{2/\nu})^{(\nu+1)/2}} \tag{10.13}$$

F **분포**는 Y_1과 Y_2가 독립이고 각각 자유도가 ν_1, ν_2인 카이제곱분포를 따르면 자유도가 (ν_1, ν_2)인 F 확률변수는 다음과 같다.

$$F = \frac{Y_{1/}\nu_1}{Y_2/\nu_2} \tag{10.14}$$

F 확률분포함수는 다음과 같다.

$$f(x) = \frac{\Gamma((\nu_1+\nu_2)/2)}{\Gamma(\nu_1/2)\Gamma(\nu_2/2)} \left(\frac{\nu_1}{\nu_2}\right)^{\nu_1/2} \frac{x^{\nu_1/2-1}}{(1+\nu_1 x/\nu_2)^{(\nu_1+\nu_2)/2}} \tag{10.15}$$

따라서 다음과 같이 F 분포를 따르는 난수를 만들 수 있다.

- Y_1 과 Y_2를 각각 $\chi^2_{\nu_1}$, $\chi^2_{\nu_2}$ 분포에서 독립적으로 얻는다.
- $X = \dfrac{Y_1/\nu_1}{Y_2/\nu_2}$를 F_{ν_1,ν_2}에서의 난수로 취한다.

10.2 정규분포함수의 확률계산과 백분위수

통계학에서 가장 많이 이용되는 분포함수는 정규분포이다. 확률변수 X가 평균이 μ이고 분산이 σ^2인 일반적인 정규분포 $N(\mu, \sigma^2)$를 따를 때 확률 $P(a < X < b)$의 계산은 다음과 같이 표준정규분포의 누적확률을 이용한다.

$$\begin{aligned} P(a < X < b) &= P\left(\frac{a-\mu}{\sigma} < \frac{X-\mu}{\sigma} < \frac{b-\mu}{\sigma}\right) \\ &= P\left(Z < \frac{b-\mu}{\sigma}\right) - P\left(Z < \frac{a-\mu}{\sigma}\right) \end{aligned} \tag{10.16}$$

표준정규분포의 누적확률 계산은 9장에서 살펴본 심손의 적분법을 이용하여 구할 수 있다. 그러나 자주 사용하거나 잘 알려진 함수의 경우 해당 함수의 특성을 분석하여 좀 더 정확한 알고리즘을 적용하는 경우가 많다. 여기서는 표준정규분포함수의 누적확률과 백분위수 계산을 함수의 근사를 사용하여 구하는 방법을 소개한다. 통계학에서 자주 사용하는 분포의 근사방법 및 알고리즘은 Press 등(1992) 등을 참고하기 바란다.

10.2.1 표준정규분포의 누적확률밀도함수

Z가 표준정규분포를 따르는 확률변수라고 하면 누적확률밀도함수 $\Phi(z)$는 다음과 같다.

$$\Phi(z) = \Pr[Z \le z] = \int_{-\infty}^{z} \frac{1}{\sqrt{2\pi}} e^{-x^2/2} dx \tag{10.17}$$

이 적분을 계산하기 위해서는 공학에서 많이 알려진 오차함수(error function)를 사용한다. 오차함수는 $z > 0$인 z에 대해서 다음과 같이 정의된다.

$$erf(z) = \frac{2}{\sqrt{\pi}} \int_{0}^{z} e^{-t^2} dt \tag{10.18}$$

$$erfc(z) = \frac{2}{\sqrt{\pi}} \int_{z}^{\infty} e^{-t^2} dt = 1 - erf(z) \tag{10.19}$$

이 함수의 계산은 많은 컴퓨터 언어로 개발되어 있으며 일부 언어는 내장함수로 가지고 있기도 하다. 자바의 경우 기본 패키지에는 포함되어 있지 않다. 오차

함수가 계산되었다면 $\Phi(z)$는 다음과 같이 표시될 수 있다.

$$\Phi(z)=\begin{cases}\dfrac{1+erf(z/\sqrt{2})}{2}, & z\geq 0\\ \dfrac{erfc(-z/\sqrt{2})}{2}, & z<0\end{cases} \tag{10.20}$$

오차함수는 다음과 같이 근사할 수 있다(Kennedy와 Gentle(1980)).

$$\begin{aligned} erf(z) &\approx zR_1(z), & 0<z\leq 0.5\\ erfc(z) &\approx e^{-z^2}R_2(z), & 0.46875\leq z\leq 4\\ erfc(z) &\approx (\frac{e^{-z^2}}{z})(\frac{1}{\sqrt{\pi}}\frac{R_3(z^{-2})}{z^2}) & z\geq 4\end{aligned} \tag{10.21}$$

여기서

$$R_1(z)=\frac{\sum_{j=0}^{3}p_j z^{2j}}{\sum_{j=0}^{3}q_j z^{2j}}, 0<z\leq 0.5 \tag{10.22}$$

$$R_2(z)=\frac{\sum_{j=0}^{7}r_j z^{j}}{\sum_{j=0}^{7}s_j z^{j}}, 0.46875<z\leq 4 \tag{10.23}$$

$$R_3(z)=\frac{\sum_{j=0}^{4}t_j z^{-2j}}{\sum_{j=0}^{4}u_j z^{-2j}}, z\geq 4 \tag{10.24}$$

위에서 사용한 p_j, q_j, r_j, s_j, t_j 및 u_j는 함수를 근사한 상수로 Kennedy와 Gentle (1980)을 참고하거나 아래에서 소개한 자바 소스 프로그램을 참고하기로 한다. 함수의 근사에 대한 이론적인 부분은 생략하고 위의 근사를 알고리즘으로 적용하면 다음 예제와 같다.

예제 10.3 표준정규분포의 누적확률을 구하는 다음 프로그램을 분석하라.

```
/** NormalCDF.java ****************************************
 * INPUT: p value to get F(x) = p, F=normal cdf
 * OUTPUT: x value with F(x) = p
 * *******************************************************/
import java.util.*;
public class NormalCDF{
 final double[][] R1 = {
  {2.4266795523053175e2, 2.1505887586986120e2},
  {2.1979261618294152e1, 9.1164905404514901e1},
  {6.9963834886191355,   1.5082797630407787e1},
  {-3.5609843701815385e-2, 1.0000000000000000} };
 final double[][] R2 = {
  {3.004592610201616005e2, 3.004592609569832933e2},
  {4.519189537118729422e2, 7.909509253278980272e2},
  {3.393208167343436870e2, 9.313540948506096211e2},
  {1.529892850469404039e2, 6.389802644656311665e2},
  {4.316222722205673530e1, 2.775854447439876434e2},
  {7.211758250883093659,  7.700015293522947295e1},
  {5.641955174789739711e-1, 1.278272731962942351e1},
  {-1.368648573827167067e-7, 1.000000000000000000} };
 final double[][] R3 =  {
  {-2.99670707703542174e-3, 1.06209230528467918e-2},
  {-4.94730940623250734e-2, 1.91308926107829841e-1},
  {-2.26956593539686930e-1, 1.05167540706793207},
  {-2.78661308609647788e-1, 1.98733201817135256},
  {-2.23192459734184686e-2, 1.00000000000000000} };
 double sumr1, sumr2, sumr3, erfx, erfcx;

 public double calculate(double x){
  return (1.+erf(x/Math.sqrt(2)))/2.;
 }

 public double erf(double x){
  double sumrp1=0, sumrq1=0, sumrp2=0, sumrq2=0, sumrp3=0, sumrq3=0;
  for (int i=0; i< R1.length; i++){
   for (int j=0; j < R1[i].length; j++){
     if (j == 0) sumrp1 += R1[i][j]*Math.pow(x,2*i);
     else sumrq1 += R1[i][j]*Math.pow(x,2*i);
    } // end for j
   } // end for i

  for(int i=0; i < R2.length; i++){
   for(int j=0; j < R2[i].length; j++){
     if (j == 0) sumrp2 += R2[i][j]*Math.pow(x,i);
     else sumrq2 += R2[i][j]*Math.pow(x,i);
   } // end for  j
  } // end for i

  for (int i=0; i< R3.length; i++){
   for (int j=0; j< R3[i].length; j++){
```

```
52      if (j == 0) sumrp3 += R3[i][j]*Math.pow(x,4*i);
53      else sumrq3 += R3[i][j]*Math.pow(x,4*i);
54    } // end for j
55   } // end for i
56
57   sumr1 = sumrp1 / sumrq1;
58   sumr2 = sumrp2 / sumrq2;
59   sumr3 = sumrp3 / sumrq3;
60   if(x > 0 && x < 0.46875){
61     erfx = x*sumr1;
62     erfcx = 1-erfx;
63   }
64   else if(x >= 0.46875 && x <= 4.0) {
65     erfcx = Math.pow(Math.E,-x*x)*sumr2;
66     erfx = 1-erfcx;
67   }
68   else if(x > 4) {
69    erfcx = Math.pow(Math.E,-x*x)/x*
70            (Math.pow(Math.PI,-1/2)+Math.pow(x,-2)*sumr3);
71    erfx = 1-erfcx;
72   }
73   else if(x == 0){
74     erfx = 0;
75     erfcx = 1 - erfx;
76   }
77   else {}
78   return erfx;
79  } // end method erf
80
81  public static void main(String arg[]){
82   NormalCDF ncdf = new NormalCDF();
83   double quan = Double.valueOf(arg[0]);
84   double result;
85   if(quan < 0) {
86     quan = -quan;
87     result = 1-ncdf.calculate(quan);
88     System.out.println("CDF Value of Normal Distrigution is "+result);
89   } else {
90     result = ncdf.calculate(quan);
91     System.out.println("CDF Value of Normal Distrigution is "+result);
92   } // end if-else
93  } // end main
94 } // end class
```

풀이

이 프로그램의 7번, 12번 및 21번 줄의 R1, R2 및 R3는 근사에 사용된 상수값이며 이는 위의 근사식에서 p_j, q_j, r_j, s_j, t_j 및 u_j에 해당하는 값이다. 29번 줄의 calculate 메소드는 오차함수를 사용하여 정규분포의 누적확률값을 얻어 반환하는 것이며 33번 줄의 erf 메소드는 오차함수의 값을 계산하는 메소드이다. 이 메소드 내의 알고리즘은 위에서 설명된 근사를 사용한다. 81번 줄의 main 메소드는 입력을 읽어서 그 값이 양수이면 위의 calculate 메소드를 그대로 호출하고, 만일 음수이면 양수로 변환하여 위의 함수를 얻은 후 1에서 그 결과값을 빼주는 방식으로 계산하였다. 이는 정규분포가 0에 대해 대칭이므로 예를 들어 $\Phi(1)$의 값을 안다면 $\Phi(-1)$은 $1-\Phi(1)$로 얻을 수 있음을 이용한 것이다.

10.2.2 표준정규분포의 백분위수

표준정규분포의 p 백분위수는 연분수근사(continued fraction approximation 또는 rational fraction approximation)를 사용하는 알고리즘을 소개한다[참고 Kennedy와 Gentle (1980)]. x_p를 표준정규분포의 p 백분위수라고 하면 x_p는 $0 < p < 1$인 p에 대해 다음을 만족하는 값이다.

$$x_p = \Phi^{-1}(p) \text{ 또는 } \Phi(x_p) = p \tag{10.25}$$

연분수근사를 사용하여 x_p의 근삿값 $\hat{x_p}$를 계산하는 방법 중의 하나는 $0 < p \le 0.5$인 p와 $y = \sqrt{-2\ln(p)}$에 대해서

$$\hat{x_p} = y + \frac{(((yp_4 + p_3)y + p_2)y + p_1)y + p_0}{(((yq_4 + q_3)y + q_2)y + q_1)y + q_0} \tag{10.26}$$

로 백분위수를 얻는 것이다. 이 식에서 p_i와 $q_i(i = 0, 1, \cdots, 4)$는 근사에 사용한 상수들이며 이 상수의 값은 Kennedy와 Gentle(1980) 또는 아래의 알고리즘에서 확인할 수 있다. 이 알고리즘의 정밀도는 참값과 근삿값의 차이가 $|x_p - \hat{x_p}| < 10^{-7}$인 것으로 알려져 있다.

p가 0.5보다 큰 경우 표준정규분포가 0을 기준으로 좌우 대칭이므로 p 대신에 $1-p$를 사용하여 위의 알고리즘으로 계산한 후 얻은 근삿값의 부호를 바꾸면 된다. 다음 예제는 위의 근사를 자바를 사용하여 근사한 것이다.

예제 10.4 표준정규분포의 백분위수를 구하는 다음 프로그램을 분석하라.

```
/* NormalPercentile,java ****************************************
 * 표준정규분포의 Quantile/percentile 구하기
 * INPUT: real number between 0 and 1
 * OUTPUT: Normal percentile ************************************/
public class NormalPercentile {

 final double lim = Math.pow(10,-20);      // 필요한 상수 정의
 final double p0  = -0.322232431088;
 final double p1  = -1.0;
```

```
final double p2  = -0.342242088547;
final double p3  = -0.0204231210245;
final double p4  = -0.0000453642210148;
final double q0  =  0.0993484626060;
final double q1  =  0.588581570495;
final double q2  =  0.531103462366;
final double q3  =  0.103537752850;
final double q4  =  0.0038560700634;
double y, xp, p; // p: 입력받은 백분율, xp: 백분위수, y: 임시변수

public double gauinv(double p){
 int icase = 0; //  0 < p < 0.5               // 읽기 쉽게 switch-case 문 사용
 if (0.5 < p && p < 1.0) icase = 1;           // 하기 위해 icase 정의
 if (p > 1 || p < 0 ) icase = 2;
 if (p == 0.5) icase = 3;
 if (p == 1) icase = 4;
 if (p == 0) icase = 5;

 switch (icase) {
  case 0: //  0  < p < 0.5
    y = Math.sqrt(Math.log(1/Math.pow(p,2)));
    xp = y + ((((y*p4 + p3)*y + p2)*y + p1)*y + p0) /
         ((((y*q4 + q3)*y + q2)*y +q1)*y + q0);
    xp = -xp;
    break;
  case 1: // 0.5 < p < 1
    p = 1. - p;
    y = Math.sqrt(Math.log(1/Math.pow(p,2)));
    xp = y + ((((y*p4 + p3)*y + p2)*y + p1)*y + p0) /
         ((((y*q4 + q3)*y + q2)*y +q1)*y + q0);
    break;
  case 2: // p > 1 or p < 0
    System.out.println("Invalid Argument");
    System.exit(0);
    break;
  case 3: // p=0.5
    xp = 0;
    break;
  case 4: // p = 1
    xp = Double.POSITIVE_INFINITY;
    break;
  case 5: // p = 0
    xp = Double.NEGATIVE_INFINITY;
    break;
 } // end switch
 return xp;
} // end gauinv

public static void main (String arg[]){
 NormalPercentile np = new NormalPercentile();
 double q1=Double.valueOf(arg[0]);
 System.out.println("Percentile is  "+ np.gauinv(q1));
```

```
62  } // end main
63 } // end class
```

풀이

이 프로그램에서 7번 줄은 입력 받을 값의 한계를 설정한 것이며 8-17번 줄은 근사에 사용한 식의 상수값 p_i, q_i의 값이다. 20번 줄에서 시작하는 gauinv 메소드에서 실질적인 계산이 이루어진다. 이 함수에서 21-26번 줄은 입력받은 p의 값에 따라 각 경우를 분리한 것이다. 28번 줄에서 각 경우에 해당하는 값을 계산하거나 비정상인 값이 입력될 경우 에러 메세지를 출력한다. 29번 줄에서 p가 0과 1/2 사이일 때 앞의 알고리즘대로 계산하고 이를 반환하며 35번 줄의 icase값이 1인 경우 1-p 값을 사용하여 위의 알고리즘을 적용한 후 그 결과값의 부호를 바꾸었다. 45번 줄의 경우 p=0.5이면 근삿값이 아닌 정확한 값 0.5를 반환한다.

41번 줄의 case 문은 입력값 p가 0보다 작거나 1보다 크면 계산이 불가능하므로 에러 메세시를 출력한다. 48번 및 51번 줄의 case 문은 입력값이 0인 경우 및 1인 경우이므로 이 경우 자바의 내부값 Double.POSITIVE_INFINITY 및 Double.NEGATIVE_INFINITY를 반환한다.

10.3 기초통계량

표본 데이터 $x_1, x_2, \ldots, x_n$이 있을 때 통계학에서 많이 이용되는 기초통계량은 다음과 같다.

$$\text{합} = \sum_{i=1}^{n} x_i \qquad (10.27)$$

$$\text{제곱합} = \sum_{i=1}^{n} x_i^2 \qquad (10.28)$$

$$\text{표본평균}(\overline{x}) = \frac{1}{n}\sum_{i=1}^{n} x_i \qquad (10.29)$$

중앙값: 데이터를 순서대로 배열할 때 중앙에 위치하는 값
데이터 수가 홀수이면 $(n+1)/2$번째 값
데이터 수가 짝수이면 $n/2$번째와 $(n+2)/2$번째 값의 평균값

$$\text{표본분산}(s_x^2) = \frac{1}{n-1}\sum_{i=1}^{n}(x_i - \bar{x})^2 = \frac{1}{n-1}\left(\sum_{i=1}^{n}x_i^2 - n\bar{x}^2\right) \tag{10.30}$$

$$\text{표본표준편차}(s) = \sqrt{s_x^2} \tag{10.31}$$

클래스를 이용하여 기초통계량을 구하는 다음의 예를 살펴보자.

예제 10.5 **(기초통계량 계산) 클래스를 이용하여 평균, 분산, 중앙값 등의 기초통계량을 계산하는 다음 프로그램을 살펴보라. 데이터는 자바의 내부클래스인 Random을 사용하여 생성한 표준정규분포에서의 난수를 사용하였으며, 데이터의 수는 명령어줄 입력으로 받는다.**

```
/*****************************************************************
 * UnivarStat2.java to calculate univariate stats.
 * ***************************************************************/
import java.util.Arrays;
import java.util.Random;

class UnivarStat2 {
  private int nn;
  private double xx[];

  public UnivarStat2(double[] x) {                // 실수형 배열변수로 데이터 받는 생성자
    this.nn = x.length;                           // 데이터의 크기
    this.xx = x;
  }

  public UnivarStat2(int n) {                     // N(0,1) 데이터 만드는 생성자
    this.nn = n;                                  // 데이터의 크기
    xx = new double[nn];
    Random rn = new Random();                     // (0,1) 랜덤 객체 선언
    for (int i=0; i < nn; i++) {
       xx[i] = rn.nextGaussian();                 // N(0,1)에서 nn개 생성
       //xx[i] = i+1.;                            // x가 1부터 nn인 데이터
    } // end for
  }

  public UnivarStat2() {                          // 빈 생성자
  }

  public static void main(String[] args) {
    int n  = Integer.parseInt(args[0]);           // 데이터 개수 입력
    UnivarStat2 us = new UnivarStat2(n);
    us.run();                                     // 실행
   } // end main

  void run() { // Inner 클래스 호출 후 인쇄
    System.out.println("n: \t"+xx.length);
    System.out.println("합: \t"+sumx(xx));
```

```
    System.out.println("평균: \t"+meanx(xx));
    System.out.println("분산: \t"+variancex(xx));
    System.out.println("중앙값: \t"+medianx(xx));
    System.out.println("표준편차: \t"+stdevx(xx));
    System.out.println("제곱합: \t"+sumx2(xx));
  } // end run

  public double sumx (double[] x) {          // x의 합
    double sum = 0;
    for (int i=0; i < x.length; i++) {
      sum = sum + x[i];
    }
    return sum;
  } // end sumx

  public double meanx(double[] x) {          // x의 평균
     double m = sumx(x)/x.length;
     return m;
  } // end meanx

  public double sumx2(double[] x) {          // x^2의 합
    double sum = 0;
    for (int i=0; i < x.length; i++)
      sum = sum + Math.pow(x[i],2);
    return sum;
  } // end sum2

  public double variancex(double[] x) {    // x의 분산
    nn = x.length;
    double s2 = sumx2(x) -nn*Math.pow(meanx(x),2);  // 분산의 간편식
    s2 = s2/(nn-1.);
    return s2;
  }  // end variancex

  public double stdevx(double[] x) {         // 표준편차
    double s = Math.sqrt(variancex(x));      // 분산의 양의 제곱근
    return s;
  }  // end stdev

  public double medianx(double[] x){         // 중앙값
    nn = x.length;
    double md;
    Arrays.sort(x);                          // x를 오름차순으로 정렬
    if (nn % 2 == 0) {                       // 데이터의 수가 짝수개인 경우
       md = (x[nn/2-1] + x[nn/2])/2.;        // NOTE: index begins with 0
    } else {                                 // 데이터의 크기 nn이 홀수인 경우
       md = x[(nn+1)/2-1];
    }
    return md;
  } // end medianx

} // end UnivarStat2
```

풀이

이 프로그램은 오름차순 정렬 및 난수발생을 위해서 Arrays 및 Random 클래스를 import 하였다(4-5번 줄). 클래스 변수 nn은 데이터의 수, 배열변수 xx는 데이터의 값을 저장하기 위한 배열로 선언하였다(8-9번 줄). 이 클래스는 세 개의 생성자가 선언되었는데 11-14번 줄의 첫 번째 생성자는 데이터를 저장한 배열을 전달받을 때 사용하고, 16-24번 줄의 두 번째 생성자는 데이터의 수를 전달받아 그 수만큼 표준정규분포 난수를 발생시킬 때 사용한다(21번 줄). 주석 처리된 22번 줄과 같이 데이터를 1부터 nn까지의 값으로도 할 수 있다. 26-27번 줄의 생성자는 이 클래스가 피상속될 때(클래스의 상속은 8장 참조) 사용할 수 있도록 빈 생성자를 선언하였다.

29-33번 줄의 main 메소드는 데이터의 수를 명령어줄 입력으로 받고, 이를 정수로 전환한 후 16-24번 줄의 생성자를 호출하여 객체 us를 만들고, run 메소드를 호출하였다. 35-43번 줄의 run 메소드는 아래에서 정의된 각 메소드를 호출하고 그 값을 인쇄하는 메소드이다.

sumx (45-51번 줄) $\sum x_i$ 데이터의 합으로 분산이나 평균 등의 계산에 사용.

meanx (53-56번 줄) $\bar{x}$의 계산. sumx를 호출하고 데이터수로 나눔.

sumx2 (58-63번 줄) $\sum x_i^2$ 데이터의 제곱합. 분산 계산에서 사용.

variancex (65-70번 줄) 분산 s_x^2의 계산. $s_x^2 = \frac{1}{n-1}\left(\sum x_i^2 - n\bar{x}^2\right)$

67번 줄에서 $\sum x_i^2 - n\bar{x}^2$을 먼저 계산한 후 다음 줄에서 $(n-1)$로 나눔.

stdevx (72-75번 줄) 표준편차 계산으로 분산의 양의 제곱근임.

medianx (77-87번 줄) 중앙값을 계산하는 메소드. 중앙값은 데이터를 순서대로 배열할 때 중앙에 위치하는 값이므로 먼저 80번 줄에서 순서대로 배열을 하였다. 81번 줄에서 데이터 크기가 짝수인지 홀수인지 판별하고, 짝수인 경우에 중앙에 위치한 두 값의 평균을 계산한다. Java에서는 배열이 0부터 시작하므로 가운데 위치한 두 값의 인덱스가 n/2-1과 n/2임에 유의하자. 데이터의 크기가 홀수인 경우 중앙에 위치한 (n+1)/2-1번째의 값이 중앙값이다. 배열이 0부터 시작하므로 교과서에서 보는 공식인 (n+1)/2가 아니라 (n+1)/2-1번째 데이터이다.

10.4 도수분포표

도수분포표는 데이터의 서로 다른 값에 대한 빈도수를 표로 작성한 것이다. 5장에서 1차원 배열의 한 원소에 대한 빈도수를 구하는 프로그램을 살펴보았다. 이를 확장하여 일반적인 도수분포표를 계산하는 알고리즘은 다음과 같다.

알고리즘 10.2 도수분포표

한 배열 x[]에 데이터가 입력되어 있다고 하자.

1) 데이터를 오름차순으로 정렬한다.
2) x[0]를 하나의 계급값으로, x[0]에 해당하는 빈도수는 1이라고 한다.
3) x[i]가 x[i-1]과 같으면 x[i-1]에 해당하는 도수에 1을 더해준다.
   그렇지 않으면 x[i]에 해당하는 계급값을 추가하고, 도수는 1이라고 한다.
4) 3)을 배열의 끝까지 반복한다.

다음 프로그램은 생성자 메소드를 이용하여 도수분포표의 알고리즘을 구현한 것이다.

예제 10.6 일반적인 도수분포를 구하는 다음 프로그램을 살펴보라.

```
/***************************************************************
 * FreqD.java for frequency tables (cconti & discrete)
 * NOTE: Usually, HashMap is preferred method for a frequency table.
 *       This code an exercise of for and Vector class as well as
 *       java constructor in different ways.
 ***************************************************************/
import java.util.*; // Arrays, Random, Vector are used

class FreqD {
 String[] xx;       // 원데이터
 int nn;            // 원데이터의 길이
 Vector<String> key = new  Vector<String>();        // 도수분포표의 계급값
 Vector<Integer> count = new Vector<Integer>();    // 도수

 FreqD(int n) {    // 생성자: 데이터가 숫자(0-last)사이의 난수 n개
   nn = n;
   int last = 10;  // 0-last(0 포함, last 미포함)
   xx = new String[nn];
   Random rd = new Random();
   for (int i = 0; i < nn; i++) {
      xx[i] = String.valueOf(rd.nextInt(last));      // 0-last 사이의 자연수
   }
 }

  FreqD() {  // 생성자 문자열 from java nextInt nextGaussian manual
   xx = new String[]{"Returns", "the", "next", "pseudorandom", "uniformly",
      "distributed", "double", "value", "between", "0.0", "and", "1.0",
      "from", "this", "random", "number", "generator", "sequence",
      "Returns", "the", "next", "pseudorandom", "Gaussian", "(normally)",
      "distributed", "double", "value", "with", "mean", "0.0", "and",
      "standard", "deviation", "1.0", "from", "this", "random", "number",
       "generator", "sequence"};
```

```
33     nn = xx.length;
34   }
35
36   public static void main(String args[]) {
37     //FreqD fr = new FreqD();          // 둘 중의 하나로 시도
38     FreqD fr = new FreqD(100);
39     fr.run();                          // 계급값과 빈도 계산
40     fr.show();                         // 인쇄
41   }
42
43   void run() {
44     nn = xx.length;
45     Arrays.sort(xx);                   // 먼저 원데이터 sort (ascending order)
46     key.addElement(xx[0]);             // 제일 작은 값은 하나의 범주
47     count.addElement((int) 1);         // 제일 작은 값 빈도 1
48
49     for (int i=1; i <nn; i++) {
50       int keyidx = key.size();         // 범주의 수
51       if (xx[i-1].equals(xx[i])) {  // 현재와 다음의 데이터값이 같은 경우
52         int newcnt = count.get(keyidx-1) +1;          // 현재의 빈도 + 1
53         count.setElementAt(newcnt, keyidx-1) ;        // 지금 범주에 빈도 1 추가
54       } else { // 현재와 다음 데이터의 값이 다른 경우
55         key.addElement(xx[i]);         // 범주 추가
56         count.addElement((int) 1); // 추가된 범주 빈도수 = 1
57       } // end if
58     } // end for
59   } // end of run
60
61   void show() { // to print the result
62     for (int i=0; i < key.size(); i++) {
63       String s = String.format("%-20s", key.get(i));
64       System.out.print(s);
65       System.out.print(count.get(i));
66       System.out.println();
67     }
68   } // end show
69
70 } // end of class
```

풀이

10, 11번 줄은 도수분포표를 작성할 데이터의 배열과 그 배열의 크기를 저장할 변수의 설정이다. 12-13번 줄에서는 key와 count라는 Vector 객체를 생성하였는데, key는 String을 원소로, count는 Integer 객체를 원소로 갖는다. Vector 클래스는 java.util 패키지에 포함된 클래스이다. Vector 클래스는 배열의 원소가 모두 몇 개인지 모르는 배열을 만들고 이를 다룰 수 있다. 배열은 반드시 배열의 길이를 알아야 하는 데 반해 Vector 클래스를 이용하면 배열의 길이를 미리 정하지 않아도 된다. 또한 배열의 원소도 모든 객체를 사용할 수 있다.

15-34번 줄은 현재의 클래스를 생성하는 생성자로서 매개변수로 n(데이터크기)을 주거나(15-23번 줄) 매개변수가 없는 상태로 호출할 수 있다(25-34번 줄). 각각의 경우 n개의 정수형 균등분포(0부터 9 사이의 자연수)로부터 생성하거나, 문자열을 데이터로 사용한다.

36-41번 줄의 main 함수는 자기 자신의 객체를 두 가지 방법 중 하나를 사용하여(37-38번 줄, 주석 처리된 줄을 살리고 그 아래 줄을 주석 처리해서 실행해 볼 것) 생성하고 run 메소드 및 show 메소드를 호출하였다. 이 두 메소드는 각각 도수분포표의 계급값 및 빈도수를 계산하고, 그 결과를 출력하는 메소드이다.

43번 줄에서 시작하는 run 메소드는 45번 줄에서 sort 메소드를 사용하여 원데이터 xx를 오름차순으로 정렬하였다. 46번 줄에서 xx[0]를 key 값의 하나로 추가하였으며, count 값에 1을 설정하였다. 49번부터 58번 줄 사이의 for 구문은 xx[i-1]와 xx[i]가 같으면 현재의 계급값이 바뀌지 않으므로 count에 1을 더해주고(52-53번 줄) 그렇지 않으면 새 계급값 xx[i]를 만들고, count는 1로 설정한다.

61번 줄의 show 메소드는 key의 길이만큼 for 구문을 사용하여 인쇄를 한다.

10.5 공분산 및 상관계수

두 확률변수 X와 Y에 대한 표본 데이터 $(x_1, y_1), (x_2, y_2), \dots, (x_n, y_n)$가 있을 때 구하는 통계량은 다음과 같다.

$$x_i \text{ 합} = \sum_{i=1}^{n} x_i, \qquad y_i \text{ 합} = \sum_{i=1}^{n} y_i, \tag{10.32}$$

$$x_i \text{ 제곱합} = \sum_{i=1}^{n} x_i^2, \qquad y_i \text{ 제곱합} = \sum_{i=1}^{n} y_i^2 \tag{10.33}$$

$$x_i \text{ 표본평균}(\overline{x}) = \frac{1}{n}\sum_{i=1}^{n} x_i, \qquad y_i \text{ 표본평균}(\overline{y}) = \frac{1}{n}\sum_{i=1}^{n} y_i, \tag{10.34}$$

$$x_i \text{ 표본분산}(s_x^2) = \frac{1}{n-1}\sum_{i=1}^{n}(x_i - \overline{x})^2 = \frac{1}{n-1}\left(\sum_{i=1}^{n} x_i^2 - n\overline{x}^2\right) \tag{10.35}$$

$$y_i \text{ 표본분산}(s_y^2) = \frac{1}{n-1}\sum_{i=1}^{n}(y_i - \overline{y})^2 = \frac{1}{n-1}\left(\sum_{i=1}^{n} y_i^2 - n\overline{y}^2\right) \tag{10.36}$$

$$\text{표본공분산}(s_{xy}) = \frac{1}{n-1}\sum_{i=1}^{n}(x_i - \overline{x})(y_i - \overline{y}) = \frac{1}{n-1}\left(\sum_{i=1}^{n} x_i y_i - n\overline{x}\,\overline{y}\right) \tag{10.37}$$

$$\text{표본상관계수}(r) = \frac{s_{xy}}{\sqrt{s_x^2 s_y^2}} \tag{10.38}$$

공분산 및 상관계수를 내부클래스, 별도의 클래스, 그리고 클래스 상속을 이용하는 세 가지 방법으로 계산해 보자.

가. 내부클래스를 이용한 계산

내부클래스를 이용하여 이변량 통계량인 표본공분산 및 표본상관계수를 계산하는 방법에 대해서 살펴보자.

예제 10.7 **(공분산과 상관계수의 계산) 내부클래스를 사용하여 공분산과 상관계수를 계산하는 다음 프로그램을 살펴보라. 이 클래스 이름은 Corr이며, 41번 줄에서 시작하는 내부클래스의 이름은 BivarStat이다. 프로그램은 크게 다음과 같이 구성되어 있다.**

```
Corr 클래스(전체 클래스)
  생성자
  main 메소드
  run 메소드
    BivarStat 클래스(내부클래스)
    생성자
    sumx 등의 메소드들( main 메소드 없음)
```

```
01 /*****************************************************************
02  * Corr.java for Bivariate Statiticsfor Bivariate Statistics 데이터는
03  * 이변량정규분포 m1=m2=0, v1=v2=1, 상관계수 rho인 난수를 발생함.
04  * INPUT: 커맨드라인 입력 상관계수값. (프로그램을 간단히 하기 위해
05  *         이상한 상관계수값을 확인하는 과정이 생략되어 있음)
06  * OUTPUT: 상관계수, 공분산.
07  *****************************************************************/
08 import java.util.Random;
09
10 class Corr {
11   double[] xx;
12   double[] yy;
13   int nn; // size of data
14   double rho;
15
16   Corr(double r) {
17     this.rho = r;
18     nn = 100;
19     xx = new double[nn];
20     yy = new double[nn];
21     Random rn = new Random();
22     for (int i = 0; i < nn; i++) {
```

```
      xx[i] = rn.nextGaussian();
      yy[i] = xx[i] * rho + Math.sqrt(1-rho*rho)*rn.nextGaussian();
    }
  }

  public static void main(String[] args) {
    Corr corr = new Corr(Double.valueOf(args[0]));
    corr.run();
  } // end main

  void run() {
    BivarStat bs = new BivarStat(xx, yy);
    double cov = bs.covariance(xx,yy);
    double r = bs.corcoef(xx,yy);
    System.out.println("cov=" + cov);
    System.out.println("corr=" + r);
  }

/**************** Virtual End of class Corr ********************
* BivarStat은 배열 x, y를 매개변수로 받아서 이 두 변수에 대한
* 기초통계량 및 상관계수계산에 필요한 통계량 계산하는 메소드로 구성.
* *************************************************************/
 class BivarStat {
  //int nn; double[] xx, yy; // 별도의 클래스인 경우 필요

  BivarStat(double[] x, double[] y) {
    nn = x.length;
    xx = x;
    yy = y;
  } // end construtor

  double sumx (double[] x) {
    nn = x.length;
    double sum = 0;
    for (int i = 0; i < nn; i++) {
        sum = sum + x[i];
    }
    return sum;
  } // end sumx

  double sumx2(double[] x) { // sum x^2
    nn = x.length;
    double sum = 0;
    for (int i = 0; i < nn; i++) {
        sum = sum + x[i]*x[i];
    }
    return sum;
  } // end sumx2

  double sumxy(double[] x, double[] y) { // sum x*y
    nn = x.length;
    double sum = 0;
```

```
75      for (int i = 0; i < nn; i++) {
76        sum = sum + x[i]*y[i];
77      }
78      return sum;
79    } // end sumxy
80
81    double variance(double[] x) {                 // 분산 계산
82      double varx = (sumx2(x)-Math.pow(sumx(x),2)/nn)/(nn-1.);
83      return varx;
84    } // end varx
85
86    double covariance(double[] x, double[] y) {   //공분산
87      double cov;
88      cov = sumxy(x, y) - sumx(x)*sumx(y)/nn;
89      cov = cov/(nn-1.);
90      return cov;
91    } // end cov
92
93    double corcoef(double[] x, double[] y) {      // 상관계수(Pearson)
94      double r;
95      r = covariance(x,y)/Math.sqrt(variance(x)*variance(y));
96      return r;
97    } // end corcoef
98   } // end innerclass BivarStat
99  } // end class Corr
```

풀이

이 프로그램에서 'import'한 Random 클래스(8번 줄)는 데이터로 사용할 난수를 생성하기 위한 것이며 실제 계산에서는 사용하지 않는다.

11-14번 줄의 xx, yy, nn 및 rho는 두 변수 데이터 저장에 사용할 배열들과, 데이터의 크기, 생성할 난수의 모상관계수에 대한 선언이다. 16-26번 줄은 데이터를 Corr 객체의 생성자로서 상관계수 rho 값을 매개변수로 받고 nn은 100으로 지정하였으며 xx와 yy의 결합확률분포의 상관계수가 rho인 이변량정규분포 난수 100개를 생성한다. 평균이 μ_1, μ_2이고 분산이 σ_1^2, σ_2^2이며 상관계수가 ρ인 이변량정규분포의 난수의 생성을 위해서는 먼저 $N(\mu_1, \sigma_1^2)$인 난수 x_1를 생성한다(23번 줄에서 μ_1=0, σ^2=1인 난수를 생성한다(rn.nextGaussian()). x_1이 주어졌을 때 Y의 조건부 확률분포는 다음의 정규분포를 따른다.

$$Y|_{x_1} \sim \mathrm{N}\left(\mu_1 + \rho\sigma_2 \frac{x_1 - \mu_1}{\sigma_1},\ \sigma_2^2(1-\rho^2)\right)$$

μ_1=0, μ_2=0, σ^2=1 이라면 $Y|_x \sim \mathrm{N}\left(\rho x_1, (1-\rho^2)\right)$ 가 된다. 따라서 변수 y의 난수는 먼저 $N(0,1)$에서 난수 x_2를 구한 후 $\rho x_1 + \sqrt{1-\rho^2}\,x_2$ 로 구할 수 있다. 즉, 24번 줄의 표준정규분포 난수(rn.nextGaussian())에 표준편차를 곱하고(Math.sqrt(1-rho*rho)) 그 결과에 평균(xx[i] * rho)을 더해서 생성한다.

28-31번 줄이 main 메소드인데, 이 메소드는 커맨드라인 입력으로 상관계수를 입력받아 이 값으로 Corr 객체를 생성하고(29번 줄), 실제 실행 프로그램인 run 메소드를 호출한다(30번 줄).

33-39번 줄의 run 메소드는 데이터 xx, yy를 매개변수로 45번-98번 줄 이하에 있는

내부클래스 BivarStat의 객체를 생성하고(34번 줄), 공분산과 상관계수를 각각 이 객체의 메소드 covriance와 corcoef를 이용하여 얻었다(35-36번 줄). 37-38번 줄은 계산 결과의 출력이다.

41번 줄부터 시작되는 내부클래스 BivarStat의 46번 줄의 주석은 추후 이 내부클래스를 별도의 클래스로 사용할 때 nn, xx, yy가 설정되지 않는 것을 미리 넣어둔 것이다. 48-52번 줄의 BivarStat의 생성자는 이변량 통계량을 각각의 배열로 매개변수로 받아서 xx, yy 및 nn의 값을 정하였다. BivarStat에서 제공하는 메소드는 다음과 같다.

sumx (54-61번 줄) $\sum x_i$ 데이터의 합.

sumx2 (63-70번 줄) $\sum x_i^2$ 데이터의 제곱합.

sumxy (72-79번 줄) $\sum x_i y_i$ 데이터의 곱의 합. 공분산 계산에서 사용함.

variance (81-84번 줄) 분산 = $\frac{1}{n-1}\left(\sum x_i^2 - (\sum x)^2/n\right)$ 을 계산.

covariance (86-91번 줄) 공분산의 계산. 88번 줄에서 $\sum x_i y_i - (\sum x_i)(\sum y_i)/n$를 먼저 계산한 후 $(n-1)$로 나누어 줌(89번 줄).

corcoef (93-97번 줄) 표본상관계수 $\frac{s_{xy}}{\sqrt{s_x^2 s_y^2}}$를 계산.

나. 별도의 클래스를 이용한 계산

[예제 10.7]은 내부클래스를 이용하여 상관계수 및 공분산 계산하는 프로그램을 작성하였다. 내부클래스를 사용하는 경우 장점도 있지만 매번 바깥 쪽 클래스 파일에 포함시켜야 하는 불편함이 있고 별도로 작성된 바깥쪽 클래스에 내부클래스를 포함시킬 경우 예상하지 않았던 변수 이름의 충돌 등의 문제가 발생할 수 있다. 또한 프로그램이 점점 커질 경우 안에 포함해야 할 내부클래스가 점점 많아질 수 있다. 그리고 단순통계량 계산이나 이변량 통계량 계산에 사용한 UnivarStat이나 BivarStat과 같은 클래스는 많은 통계 계산에서 사용할 개연성이 있기 때문에 별도의 클래스로 작성하고, 필요한 많은 프로그램에서 이를 공유하는 것이 좋을 것이다.

다음 예제는 [예제 10.7]의 상관계수와 공분산 계산에 사용한 내부클래스 UnivarStat을 별도의 클래스로 분리하고 이를 상관계수 계산에서 사용하는 프로그램으로 재작성한 것이다. 실질적으로 계산의 내용은 차이가 없으나 별도의 클래스로 분리하기 위해 약간의 수정이 필요하다. 수정된 바깥쪽 클래스는 Corr2.java에, 수정된 BivarStat 클래스는 BivarStat2.java에 담기로 한다. 즉, 이 경우는 두 개의 클래스가 다음과 같이 완전히 분리된다. 이 두 개의 클래스가 하나의 파일에 있어도 되고, 별도의 파일에 있어도 된다.

Corr2 클래스(전체 클래스)
    생성자
    main 메소드
    run 메소드에서 BivarStat2 객체 생성후 BivarStat2에서 정의한 메소드 사용

BivarStat2 클래스(내부클래스)
    생성자
    sumx 등의 메소드들(main 메소드 없음)

예제 10.8 별도의 클래스를 이용한 다음 공분산과 상관계수의 계산 프로그램을 분석하라.

```
/*****************************************************************
 * Corr2.java for Bivariate Statistics 데이터는 이변량정규분포 m1=m2=0,
 * v1=v2=1, 상관계수 rho인 난수를 발생함.
 * Requires BivarStat2.class(별개의 파일 BivarStat2.java)
 * INPUT: 커맨드라인 입력 상관계수값. (프로그램을 간단히 하기 위해
 *        이상한 상관계수값을 확인하는 과정이 생략되어 있음)
 * OUTPUT: 상관계수, 공분산.
 *****************************************************************/
import java.util.Random;

class Corr2 {
  double[] xx;
  double[] yy;
  int nn; // size of data
  double rho;

  Corr2(double r) {
    this.rho = r;
    nn = 100;
    xx = new double[nn];
    yy = new double[nn];
    Random rn = new Random();
    for (int i = 0; i < nn; i++) {
      xx[i] = rn.nextGaussian();
      yy[i] = xx[i] * rho + Math.sqrt(1-rho*rho)*rn.nextGaussian();
    } // end for
  } // end constructor

  public static void main(String[] args) {
    double r = Double.valueOf(args[0]);
    Corr2 corr = new Corr2(r);
```

```
    corr.run();
  } // end main

  void run() {
   BivarStat2 bs = new BivarStat2(xx, yy);
   double cov = bs.covariance(xx,yy);
   double r = bs.corcoef(xx,yy);
   System.out.println("cov=" + cov);
   System.out.println("corr=" + r);
  } // end main
} // end class
```

```
/*************************************************************
 * BivarStat2.java for elemenaray caculations: x, x*y, x^2 등의
 * 합, 분산, 공분산, 상관계수 계산.
 * Call by BivarStat2(double x, double y) 임. Corr2가 사용함.
 *************************************************************/
 public class BivarStat2 {
  int nn; double[] xx, yy;

  BivarStat2(double[] x, double[] y) {
    nn = x.length;
    xx = x;
    yy = y;
  }

  double sumx (double[] x) { // x의 합
    double sum = 0;
    for (int i = 0; i < nn; i++) {
        sum = sum + x[i];
    }
    return sum;
  } // end sumx

  double sumx2(double[] x) { // sum x^2
    double sum = 0;
    for (int i = 0; i < nn; i++) {
        sum = sum + x[i]*x[i];
    }
    return sum;
  } // end sumx2

  double sumxy(double[] x, double[] y) { // sum x*y
    double sum = 0;
    for (int i = 0; i < nn; i++) {
        sum = sum + x[i]*y[i];
    }
    return sum;
  } // end sumxy

  double variance(double[] x) { // 분산의 계산
```

```
40     double varx = (sumx2(x)-Math.pow(sumx(x),2)/nn)/(nn-1.);
41     return varx;
42   } // end variance
43
44   double covariance(double[] x, double[] y) {     // 공분산 계산
45     double cov;
46     cov = sumxy(x, y) - sumx(x)*sumx(y)/nn;
47     cov = cov/(nn-1.);
48     return cov;
49   } // end covariance
50
51   double corcoef(double[] x, double[] y) {        // 상관계수
52     double r;
53     r = covariance(x,y)/Math.sqrt(variance(x)*variance(y));
54     return r;
55   } // end corcoef
56 } // end BivarStat2
```

풀이

이 프로그램은 Corr.java에서 내부클래스가 시작하기 직전에 Corr2 클래스를 끝내기 위해 } 로 프로그램을 끝낸 것을 제외하면 Corr.java와 차이가 없다. 다만 관련된 클래스의 이름이 바뀌었으므로 11번 줄, 17번 줄, 31번 줄에서 Corr 대신에 Corr2를 사용하였으며, 36번 줄에서 BivarStat 대신에 BivarStat2 객체를 생성하였다.

BivarStat2의 6번 줄에서 클래스의 식별자(identifier)로 public을 사용하였다. public이 선언되지 않으면 다른 패키지(자바에서 패키지라고 하면 같은 디렉토리에 있는 .class 파일들을 의미하기도 한다. 8.6절의 패키지 작성 참고)에서 이 클래스를 사용할 수 없다. 이 경우 변수(7번 줄), 생성자(9번 줄) 및 모든 메소드(15, 23, 31번 줄 등)도 다른 패키지에서 사용할 수 있도록 하려면 public을 사용해야 한다.

7번 줄에서 클래스 변수를 정의하였다. Corr.java에서는 바깥쪽 클래스에서 이 변수들이 선언되었기 때문에 따로 선언할 필요가 없었으나 이 경우는 클래스 변수로 선언하는 것이 유리하다. 데이터의 수 nn이 필요한 일부 메소드에서는 Corr.java의 내부클래스로 사용한 BivarStat 클래스에서 nn을 따로 계산하였으나, 별도의 클래스로 잡히는 BivarStat2 클래스에서는 클래스 변수로 이 값을 선언하고, 생성자에서 이 값을 이미 정하였으므로(10번 줄) 각 메소드에서 이 값을 따로 얻을 필요가 없다.

이와 같이 두 개의 클래스가 정의되었다면 각각의 파일을 컴파일하여 클래스 파일을 만든다. 이 경우 BivarStat2 클래스의 생성자 및 메소드들이 public이 아니므로 두 클래스 파일은 반드시 같은 디렉토리에 있어야 한다. 즉, 다음과 같이 각각 컴파일하고 실행한다.

```
c:\>javac -d %CLASSPATH% BivarStat2.java
c:\>javac -d %CLASSPATH% Corr2.java
c:\>java Corr2 -.5
```

결과는 다음과 같다.

```
cov=-0.7375527542281887
corr=-0.5743244897231239
```

이 출력은 데이터가 난수이므로 실행할 때마다 공분산과 상관계수의 값이 다름에 유의

하자. 만일 별도로 만든 BivarStat2 클래스가 다른 프로그램, 예를 들어 IndependenttTest.java에서 사용된다면 IndependenttTest.java는 컴파일해야 하지만 BivarStat2.java는 다시 컴파일하지 않는다(컴파일해도 상관은 없음).

다. 클래스 상속을 이용한 계산

별도의 클래스를 이용하여 상관계수를 계산하기 위해 사용한 BivarStat2.java에서 일변량에서 필요한 계산까지 모두 해주었다. 여기서는 [예제 10.5]의 일변량 통계량 계산에 사용한 UnivarStat2 클래스를 main 등의 메소드를 삭제하고 계산 메소드만 포함하는 별도의 클래스로 분리하여 UnivarStat 클래스를 만든다. 이러한 일변량 계산 클래스를 상속받아서 이변량 통계량 계산 프로그램 BivarStat3.java를 만들고, 이를 호출하여 상관계수 등의 계산을 하고자 한다. 이를 그림으로 표현하면 다음과 같다.

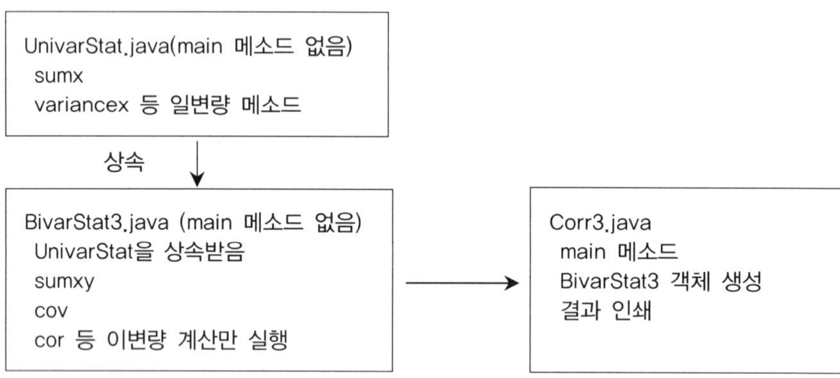

[그림 10-3] 클래스 상속을 이용한 상관계수 계산 프로그램의 구조

예제 10.9 **상속을 이용한 다음의 공분산과 상관계수 계산 프로그램에 대해서 분석하라.**

```
/*************************************************************
 * UnivarStat.java to calculate univariate stats.
 * ***********************************************************/
import java.util.Arrays;

class UnivarStat {
  private int nn;
  private double xx[];

  public UnivarStat(double[] x) {          // 데이터를 받음
```

```
      this.nn = x.length;                       // 데이터의 크기
      this.xx = x;
    }

    public UnivarStat() {                       // 이 클래스가 피상속될 때
    }

    public double sumx (double[] x) {           // x의 합
      double sum = 0;
      for (int i=0; i < x.length; i++) {
        sum = sum + x[i];
      }
      return sum;
    } // end sumx

    public double meanx(double[] x) {           // x의 평균
       double m = sumx(x)/x.length;
       return m;
    } // end meanx

    public double sumx2(double[] x) {           // x^2의 합
      double sum = 0;
      for (int i=0; i < x.length; i++)
            sum = sum + Math.pow(x[i],2);
      return sum;
    } // end sum2

    public double variance(double[] x) {        // x의 분산
      nn = x.length;
      double s2 = sumx2(x) -nn*Math.pow(meanx(x),2);  // 분산의 간편식
      s2 = s2/(nn-1.);
      return s2;
    }  // end variance

    public double stdevx(double[] x) {          // 표준편차
      double s = Math.sqrt(variance(x));        // 분산의 양의 제곱근
      return s;
    }  // end stdev

    public double medianx(double[] x){          // 중앙값
      nn = x.length;
      double md;
      Arrays.sort(x);                           // x를 오름차순으로 정렬
      if (nn % 2 == 0) {                        // 데이터의 수가 짝수개인 경우
         md = (x[nn/2-1] + x[nn/2])/2.;         // NOTE: index begins with 0
      } else {                                  // 데이터의 크기 nn이 홀수인 경우
         md = x[(nn+1)/2-1];
      }
      return md;
    } // end medianx

} // end UnivarStat
```

이 프로그램은 기본적으로는 [예제 10.7] 및 [예제 10.8]과 같다. 다만 4번 줄에서 필요한 import 명령을 추가하였고, xx와 nn에 접근제한자 private을 추가하였으며, 추후 이 클래스를 상속받거나 독립적으로 호출될 가능성에 대비하여 10-16번 줄의 두 방법의 생성자 모두 public 접근제한자를 추가하였다. 이 클래스의 메소드를 사용하기 위해 매개변수 없이 상속이 가능하도록 15-16번 줄에 두 번째 생성자를 추가하였다. 26번 줄부터의 메소드와 그 계산은 모두 [예제 10.7]의 설명과 동일하다. 그러나 추후 다른 곳에서 접근이 가능하도록 모든 메소드에 public 접근제한자를 추가하였다.

[예제 10.7]에서 사용한 BivarStat2.java에서 중복되는 일변량 계산을 위의 UnvarStat 클래스에서 상속하기 위해 이 부분을 생략하여 BivarStat2.java를 다음과 같이 수정하여 BivarStat3.java를 만들었다.

```
01 /*************************************************************
02  * BivarStat3.java for elemenaray caculations: x, x*y, x^2 등의
03  * 합, 분산, 공분산, 상관계수 계산.
04  * Call by BivarStat3(double x, double y) 임. Corr2가 사용함.
05  ************************************************************/
06  public class BivarStat3 extends UnivarStat {
07   private int nn;
08   private double[] xx, yy;
09
10   public BivarStat3(double[] x, double[] y) {
11     this.nn = x.length;
12     this.xx = x; this.yy = y;
13   } // end constructor
14
15   public BivarStat3() {
16   } // 매개변수 없이 피상속되는 경우 대비함.
17
18   @Override  // 상위클래스의 같은 이름의  메소드를 대체
19   public double sumx (double[] x) {                      // x의 합
20     double sum = 0;
21     for (int i = 0; i < nn; i++) {
22         sum = sum + x[i];
23     }
24     return sum;
25   } // end sumx
26
27   public double sumxy(double[] x, double[] y) {          // sum x*y
28     double sum = 0;
29     for (int i = 0; i < nn; i++) {
30         sum = sum + x[i]*y[i];
31     }
32     return sum;
33   } // end sumxy
34
35   public double covariance(double[] x, double[] y) {   // 공분산 계산
36     double cov;
37     cov = sumxy(x, y) - sumx(x)*sumx(y)/nn;
38     cov = cov/(nn-1.);
```

```
39     return cov;
40   } // end covariance
41
42   public double corcoef(double[] x, double[] y) {        // 상관계수
43     double r;
44     r = covariance(x,y)/Math.sqrt(variance(x)*variance(y));
45     return r;
46   } // end corcoef
47 } // end BivarStat3
```

풀이

BivarStat3 클래스에서 6번 줄은 extends를 사용하여 UnivarStat을 상속받음을 알리고 있다. 7-8번 줄의 두 변수는 private으로 접근제한자를 사용하였으며 10번 및 15번 줄의 생성자는 추후 다른 클래스에서의 접근이 가능하도록 public으로 접근제한자를 추가하고, 15-16번 줄에서는 매개변수 없이 메소드들만 상속받을 경우에 대비한 생성자를 추가하였다. 18-25번 줄의 sumx 메소드는 상속받을 UnivarStat에 같은 이름의 메소드가 있어서 없어도 상관없는 부분이나 @Override의 사용을 알아보기 위해 두었다. 이 경우 @Override가 있는 sumx 메소드는 UnivarStat의 같은 이름의 메소드를 대체하므로 컴파일에서 에러메세지가 나오지 않는다. 27-46번 줄은 원래의 BivarStat2.java에 비해 줄어들어 세 개의 메소드만 남기고 나머지는 모두 삭제하였다. 다만 다른 클래스에서도 접근이 가능하도록 public 접근제한자를 세 개의 메소드 모두에 추가하였다.

[예제 10.8]의 상관계수를 구하는 Corr2.java의 run 메소드 안에서(36번 줄)

BivarStat2 bs = new BivarStat2(xx, yy);

대신에 BivarStat3 bs = new BivarStat3(xx, yy);를 사용하면 정확하게 같은 작업을 수행하는 프로그램이 된다.

10.6 단순회귀분석

단순회귀분석은 두 확률변수 X와 Y에 대한 표본 데이터 $(x_1,y_1),(x_2,y_2),\ldots,(x_n,y_n)$가 주어졌을 때 이 데이터의 관계식 $y_i=\beta_0+\beta_1 x_i$을 가장 잘 표현하는 β_0, β_1을 찾는 것이다. 일반적으로 β_0, β_1의 추정은 최소제곱방법(least squares method)를 이용하는데 그 추정값은 다음과 같다.

$$\widehat{\beta_1}=\frac{S_{xx}}{S_{xy}},\quad S_{xx}=\sum(x_i-\overline{x})^2,\quad S_{xy}=\sum(x_i-\overline{x})(y_i-\overline{y}) \tag{10.39}$$

$$\widehat{\beta_0}=\overline{y}-\widehat{\beta_1}\overline{x} \tag{10.40}$$

추정된 $\widehat{\beta_0}$, $\widehat{\beta_1}$의 값을 이용한 y값의 예측(이를 $\widehat{y_i}$로 표시)은 다음과 같다.

$$\widehat{y_i} = \widehat{\beta_0} + \widehat{\beta_1} x_i \tag{10.41}$$

데이터에서의 y_i값과 추정된 값 $\hat{y}_i$의 차이를 잔차(residual)라고 하며 e_i로 주로 표시한다.

$$e_i = y_i - \widehat{y_i} \tag{10.42}$$

회귀직선이 얼마나 잘 적합되었는지 조사하기 위한 방법 중의 하나로 다음과 같은 분산분석표를 작성하여 통계적 검정을 한다.

요인	제곱합	자유도	평균제곱	F
회귀	SSR	1	MSR	F_val
오차	SSE	n−2	MSE	
전체	SST	n−1		

여기서 세 개의 제곱합은 다음과 같다.

$$\text{SST} = \sum (y_i - \overline{y})^2 \ , \quad \text{SSE} = \sum (y_i - \widehat{y_i})^2 \ , \quad \text{SSR} = \sum (\widehat{y_i} - \overline{y})^2 = \widehat{\beta_1^2} S_{xx} \tag{10.43}$$

이 세 제곱합은 항상 다음 관계를 만족한다.

$$\text{SST} = \text{SSR} + \text{SSE} \tag{10.44}$$

평균제곱은 각 제곱합을 해당 자유도로 나눈 값으로 각각 MSR=SSR/1과 MSE=SSE/(n−2)으로 얻는다. F−val의 값은 F_val = MSR/MSE로 계산한다.

결정계수 R^2은 다음과 같이 전체변동(SST) 중에서 회귀방정식에 의해서 설명되는 변동(SSR)의 비율로서 항상 0과 1 사이의 값을 갖는다.

$$R^2 = \frac{\text{SSR}}{\text{SST}} \tag{10.45}$$

때로는 회귀식에서 β_0가 0임을 가정하는 경우가 있다. 이런 경우 $y_i = \beta_1 x_i$ 회귀모형이 되며 최소제곱법에 의한 β_1의 추정은 다음과 같다.

$$\widehat{\beta_1} = \frac{\sum x_i^2}{\sum x_i y_i} \tag{10.46}$$

이 모형에서 추정된 $\hat{\beta}_1$의 값을 이용하여 y_i값의 예측($\hat{y}_i$)은 $\hat{y}_i = \hat{\beta}_1 x_i$가 된다. 절편이 없는 회귀모형에서의 분산분석표는 다음과 같다.

요인	제곱합	자유도	평균제곱	F
회귀	SSR	1	MSR	F_val
오차	SSE	n−1	MSE	
전체	SST	n		

여기서 세 개의 제곱합은 각각 다음과 같다.

$$\text{SST} = \sum y_i^2 \ , \quad \text{SSE} = \sum (y_i - \hat{y}_i)^2 \ , \quad \text{SSR} = \sum \hat{y}_i^2 = \hat{\beta}_1^2 \sum x_i^2 \qquad (10.47)$$

절편이 없는 경우도 항상 SST = SSR + SSE 가 성립한다. 평균제곱은 각 제곱합을 해당 자유도로 나눈 값으로 각각 MSR=SSR/1 및 MSE=SSE/(n−1)으로 얻는다. F−val의 값은 F_val = MSR/MSE로 계산한다.

이쯤에서 우리는 단순 회귀분석에서 필요한 모든 계산이 [예제 10.8]의 상관계수 계산에서 별개의 클래스로 만든 BivarStat2 클래스에서 모두 가능하다는 것을 알았을 것이다. 따라서 회귀분석을 위한 프로그램에서 많은 계산이 이미 되어 있으므로 추가로 필요한 계산만 하면 되겠다. 또한 위의 작업을 수행하기 위해 파일에서 데이터를 읽어서 이 데이터의 정해진 두 열의 데이터를 사용하여 회귀분석의 결과를 계산하는 프로그램을 패키지로 작성해 보자. 이를 위해서 먼저 파일의 데이터를 읽어 올 프로그램이 필요하다. 따라서 이 패키지에는 다음과 같은 클래스가 포함된다([그림 10−4] 참조).

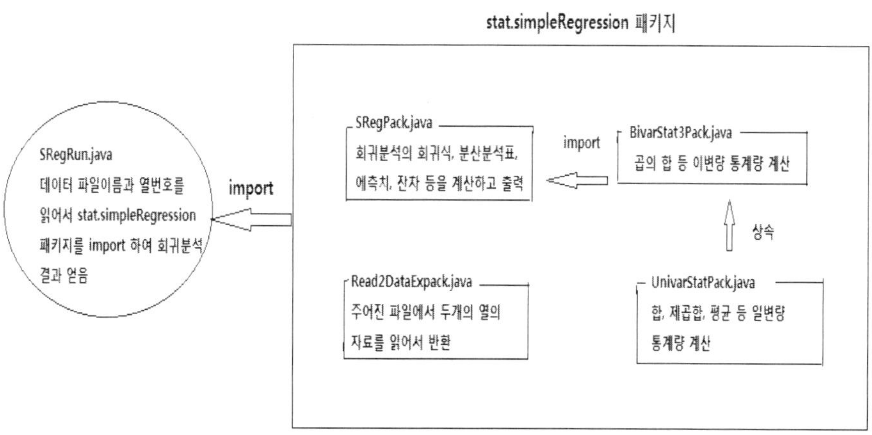

[그림 10−4] 회귀분석 패키지 프로그램의 구조

- Read2DataExPack.java: Read2DataEx.java를 수정하여 패키지에서 사용할 수 있도록 별개의 클래스로 변환. 주된 작업은 파일에서 (x, y)의 값을 읽음.
- BivarStat3Pack.java: BivarStat2.java를 패키지로 묶기 위해 약간 수정하여 곱의 합, 상관계수 등 이변량 통계량을 계산하며, 이 과정에서 필요한 일변량 통계량 계산은 아래의 UnivarStatPack.java를 import하여 처리함.
- SRegPack.java: (x, y) 값을 받아서 분산분석표 및 원데이터 x, y 및 y의 예측값, 잔차 등을 인쇄하며 이 계산을 위해 BivarStat2Pack 클래스 사용.
- SRegRun.java: Read2DataExPack 클래스를 사용하여 데이터를 읽고, 이 데이터를 매개변수로 SRegPack 호출하고 필요한 값 인쇄. 이 파일은 패키지의 일부가 아니라도 상관이 없음.
- UnivarStatPack.java: 합, 제곱합, 평균 등 일변량 통계량 계산을 하며 BivarSTat2Pack.java가 import 함.

예제 10.10 **(단순회귀분석 패키지) 단순회귀분석을 패키지를 이용하여 개발하라.**

풀이

[그림 10-4]의 자바 프로그램은 다음과 같이 구성된다. 먼저 Read2DataExPack.java는 다음과 같다.

```
/*****************************************************************
 * Read2DataExPack.java to get two variables from a data file
 * Read2DataEx.java와 같으나 package edu.stat.SimpleRegression로 묶음.
 * 1. 읽을 파일은 bmi2.txt
 * 2. 한 줄씩 읽어 각 변수의 값으로 분리(분리 기준: 하나 이상의 빈칸)
 * INPUT: data file name,
 *        two(2) field numbers of the file from which we read.
 *        (만일 파일의 1, 5번 변수인 경우 1, 5
 ****************************************************************/
package stat.simpleRegression;
import java.io.LineNumberReader;//파일이 몇 줄인지 파악(다음줄 중복)
import java.io.*;

public class Read2DataExPack {
  private FileReader fr;
  private BufferedReader br;
  private LineNumberReader lnr;
  private String s;
  private String[] rows;      // 파일의 한 줄을 문자열 배열 rows로
  private double xydata[][]; // 출력을 저장할 배열
  private String filename;   // 읽을 파일 이름
  private int xloc, yloc;    // filename의 xloc 및 yloc 번째 변수 읽음

```

```
public Read2DataExPack(String filename, int xloc, int yloc) {
  this.xloc = xloc; this.yloc = yloc;
  this.filename = filename;
}

public int nlines() {                              // 전체 라인 수
  int nl;
  try {
     fr = new FileReader(filename);
     lnr = new LineNumberReader(fr);
     lnr.skip(Long.MAX_VALUE);                     // 최댓값만큼 읽기 시도, EOF에서 정지
     nl = lnr.getLineNumber();                     // 라인 수
     return nl;
   } catch(FileNotFoundException e) {
     nl = -1;
     return nl;
   } catch(IOException e) {
     nl = -2;
     return nl;
   } finally {
     try {
      if (fr != null) fr.close();
     } catch (IOException e) { }
   } // end try-catch-finally
} // end nlines

public double[][] getxyData() { //
  try (FileReader fr = new FileReader(filename);
     BufferedReader br = new BufferedReader(fr); ) {
     int nrows = nlines();                   // 파일이 없거나 읽을 때 문제면 음수
     xydata = new double[nrows][2];          // NegativeArraySizeException 가능
     int ii = 0;                             // 데이터의 행번호 인덱스
     while((s = br.readLine()) != null) {
       s = s.trim(); // 읽어서 앞뒤의 빈칸 삭제
       while (s.contains("  ")) {            // 두 개 이상의 빈칸을 하나로
          s = s.replace("  ", " ");
       }
       rows = s.split(" ");                  // 빈칸을 경계로 하나씩 분리하여 배열로 잡음
       xydata[ii][0] = Double.valueOf(rows[xloc-1]);     // 인덱스 0부터
       xydata[ii][1] = Double.valueOf(rows[yloc-1]);     // 인덱스 0부터
       // 위의 두 줄에서 ArrayIndexOutOfBoundsException 가 가능
       ii++; // 줄번호 증가
     } // end of while
     return xydata;
   } catch(FileNotFoundException e) {          // 파일이 없음
     xydata = null;
     return xydata;
   } catch(IOException e) {                    // 디렉토리이거나 읽기 권한 등의 문제
     xydata = null;
     return xydata;
   } catch(NumberFormatException e) {          // 데이터에 문자가 있음
     xydata = null;
```

```
76         return xydata;
77       } catch(ArrayIndexOutOfBoundsException e) {     // 파일에 열이 충분하지 않음
78         xydata = null;
79         return xydata;
80     } catch(NegativeArraySizeException e) { // nrows <0, 파일이 없거나 읽지 못함
81         xydata = null;
82         return xydata;
83       } // end try-catch
84     } // end of getxyData
85 } //end class
```

10번 줄에서 보는 것과 같이 이 프로그램은 stat.simpleRegression 패키지의 한 프로그램이다.

11 및 17번 줄에서 보는 것과 같이 LineNumberReader 패키지를 사용한다. 그 외에도 FileReader 등이 필요하므로 12번 줄은 11번 줄을 포함한다. LineNumberReader 클래스는 이름이 의미하는 것과 같이 줄번호에 관련된 작업을 수행하는 클래스이다. 생성자는

LineNumberReader(Reader in) 또는 LineNumberReader(Reader in, int sz)

로 하며 Reader 객체(FileReader, BufferedReader 등) in을 buffer 크기 sz로 생성한다. 사용할 수 있는 메소드는 다음과 같다.

```
- int getLineNumber() 현재의 줄번호 반환
- void mark(int readAheadLimit) 현재 위치 표시함. 아래의 reset 메소드 참고.
- int read() 한 문자 읽음. 읽기 스트림의 끝이면 -1 반환임.
- int read(char[] cbuf, int off, int len) off에서 시작하여 len개의 문자를
  읽어 배열 cbuf에 저장함.
- String readLine() 한 줄 읽음. 읽기 스트림의 끝이면 null 반환.
- void reset() 가장 최근의 마크로 이동(위의 mark 메소드로 표시)
- void setLineNumber(int lineNumber) 현재 위치 줄번호를 lineNumber로 지정.
  실제 줄번호가 바뀌는 것이 아니고, getLineNumber 메소드에 반환할 값을 지정하는 것임.
- long skip(long n) n개의 문자 건너뛰기
```

15-17번 줄에서는 파일에서 RufferedReader로 읽기, 및 줄번호 관련 객체 생성이며 18-19번 줄의 s는 한 줄을 읽은 문자열, rows는 s를 빈칸으로 분리하여 저장할 배열이다. 20번 줄의 xydata는 21번 줄의 filename에서 22번 줄의 xloc 및 yloc번째 열을 저장할 배열이다.

24-27번 줄의 생성자는 filename과 xloc, yloc을 매개변수로 넘겨 받아 이 값을 클래스 변수에 저장하였다.

29번 줄의 nlines 메소드는 파일의 전체 줄의 수를 계산하는 메소드로 파일 읽기와 관련된 예외를 무시하기 위해서 throws IOException을 넣었다.

32번 줄에서 FileReader 객체를 생성하고 33번에서 LineNumberReader 객체를 생성하였다. 34번 줄에서 Long.MAX_VALUE($2^{63}-1$)만큼 문자를 계속 읽는다. 파일의 끝이면 중단될 것이다. 35번 줄에서 getLineNumber 메소드를 호출하여 전체의 줄이 몇 줄인지 반환 받는다.

50번 줄의 getxyData 메소드는 두 줄을 읽어서 이를 이차원 배열로 반환하는 메소드로 53번 줄에서 전체 줄 수를 nrows로 하고, 54번 줄에서 반환할 배열의 크기를 (nrows × 2)인 행렬로 하였다. 56-61번을 줄은 4장에서 다룬 파일 읽기와 동일한 방법으로 한 줄을

읽어 두 개 이상의 빈칸은 하나로 하고, 빈칸 기준으로 분리하여 rows에 저장하였다. 62-63번 줄은 전달받은 xloc번째와 yloc번째의 열의 값을 xydata 배열에 저장한다. 인덱스가 0부터 시작하므로 (xloc-1) 및 (yloc-1)번째 인덱스 값을 취한다. 67번 줄에서 이렇게 얻은 xydata를 반환한다. 68-83번 줄은 파일을 읽을 때 예외가 발생하면 xydata의 값을 null로 반환하도록 각각의 예외를 catch한 것이다.

이 파일을 다음과 같이 컴파일하면

```
c:₩>javac -d %CLASSPATH% Read2DataExPack.java
```

환경변수 CLASSPATH에 준 경로 아래의 stat₩simpleRegression 폴더에 Read2DataExPack. class가 만들어진다.

마찬가지로 회귀분석의 계산에서 필요한 UnivarStat.java 및 BivarStat3.java([예제 10.9])를 패키지에 사용하기 위해 수정한 결과는 다음과 같은데, 수정 내용은 앞에서와 마찬가지로 package 문을 추가하고 필요한만큼 접근제한자를 두는 것이다. UnivarStat.java는 원래 피상속의 가능성을 염두에 두고 작업하였으므로 이를 수정한 아래의 UnivarStatPack.java는 4번 줄이 추가된 것과 파일이름이 바뀌어서 7, 11, 16번 줄의 이름을 바꾼 것 이외는 변동이 없다.

```
01 /***************************************************************
02  * UnivarStatPack.java to calculate univariate stats.
03  * ************************************************************/
04 package stat.simpleRegression;
05 import java.util.Arrays;
06
07 class UnivarStatPack {
08   private int nn;
09   private double xx[];
10
11   public UnivarStatPack(double[] x) {    // 데이터를 받음
12     this.nn = x.length;                  // 데이터의 크기
13     this.xx = x;
14   }
15
16   public UnivarStatPack() {              // 이 클래스가 피상속될 때
17   }
18
19   public double sumx (double[] x) {      // x의 합
20     double sum = 0;
21     for (int i=0; i < x.length; i++) {
22       sum = sum + x[i];
23     }
24     return sum;
25   } // end sumx
26
27   public double meanx(double[] x) {      // x의 평균
28      double m = sumx(x)/x.length;
29      return m;
30   } // end meanx
31
32   public double sumx2(double[] x) {      // x^2의 합
```

```
    double sum = 0;
    for (int i=0; i < x.length; i++)
      sum = sum + Math.pow(x[i],2);
    return sum;
  } // end sum2

  public double variance(double[] x) {      // x의 분산
    nn = x.length;
    double s2 = sumx2(x) -nn*Math.pow(meanx(x),2); // 분산의 간편식
    s2 = s2/(nn-1.);
    return s2;
  }  // end variance

  double stdevx(double[] x) {               // 표준편차
    double s = Math.sqrt(variance(x));      // 분산의 양의 제곱근
    return s;
  }  // end stdev

  double medianx(double[] x){               // 중앙값
    nn = x.length;
    double md;
    Arrays.sort(x);                         // x를 오름차순으로 정렬
    if (nn % 2 == 0) {                      // 데이터의 수가 짝수개인 경우
      md = (x[nn/2-1] + x[nn/2])/2.;        // NOTE: index begins with 0
    } else {                                // 데이터의 크기 nn이 홀수인 경우
      md = x[(nn+1)/2-1];
    }
    return md;
  } // end medianx

} // end UnivarStatPack
```

이 파일의 컴파일은 다음과 같이 한다.

c:₩>javac -d %CLASSPATH% UnivarStatPack.java

컴파일의 결과 CLASSPATH 경로 아래의 stat₩simpleRegression 폴더에 UnivarStat Pack.class가 만들어진다.

BivarStat3Pack.java도 이미 상관계수나 회귀분석에서 사용하기 위해 변수나 메소드의 접근제한자가 적절하게 수정된 상태로 아래의 6번 줄이 추가된 것과 클래스의 이름이 바뀐 것(8, 11, 16번 줄)은 위와 같다. 이 경우 앞의 보기에서는 @Override를 설명하기 위해 sumx 메소드를 가지고 있었으나 실질적으로 UnivarStat 클래스의 같은 이름의 메소드와 중복이므로 sumx 메소드는 삭제하였다. 수정된 BivarStat3Pack.java는 다음과 같다.

```
01 /**************************************************************
02  * BivarStat3Pack.java for elemenaray caculations: x, x*y, x^2 등의
03  * 합, 분산, 공분산, 상관계수 계산.
04  * Call by BivarStat3Pack(double x, double y) 임. Corr2가 사용함.
05  *************************************************************/
06  package stat.simpleRegression;
07
```

```
public class BivarStat3Pack extends UnivarStatPack {
 public int nn; public double[] xx, yy;

 public BivarStat3Pack(double[] x, double[] y) {
   this.nn = x.length;
   this.xx = x; this.yy = y;
 } // end constructor

   public BivarStat3Pack() {
 } // 매개변수 없이 피상속되는 경우 대비함.

 public double sumxy(double[] x, double[] y) {          // sum x*y
   double sum = 0;
   for (int i = 0; i < nn; i++) {
       sum = sum + x[i]*y[i];
   }
   return sum;
 } // end sumxy

 public double covariance(double[] x, double[] y) {     // 공분산 계산
   double cov;
   cov = sumxy(x, y) - sumx(x)*sumx(y)/nn;
   cov = cov/(nn-1.);
   return cov;
 } // end covariance

 public double corcoef(double[] x, double[] y) {        // 상관계수
   double r;
   r = covariance(x,y)/Math.sqrt(variance(x)*variance(y));
   return r;
 } // end corcoef
} // end BivarStat3Pack
```

이 파일의 컴파일은 다음과 같이 한다.

c:₩>javac -d %CLASSPATH% BivarStat3Pack.java

컴파일의 결과 CLASSPATH 경로 아래의 stat₩simpleRegression 폴더에 BivarStat3 Pack. class가 만들어진다.

이제 파일에서 데이터를 읽고, 기본적인 일변량 및 이변량 계산을 위한 프로그램이 준비되었으므로 회귀분석에 직접 관련된 계산을 할 프로그램을 만들면 된다. 이 프로그램은 SRegPack. java로 다음과 같다.

```
/*************************************************************
 * SRegPack.java to calculate regression line/ANOVA table, etc
 * Requires BivarStat3Pack
 *************************************************************/
package stat.simpleRegression;
import stat.simpleRegression.BivarStat3Pack;

public class SRegPack {
 private double[] xx;         // y = b0 + b1*x 에서 설명변수 x
```

```
private double[] yy;          // 반응변수 y
public double[] yhat;         // 회귀식을 얻은 후 예측값
public double[] resid;        // 잔차
private int nn;               // size of data
public double b0, b1, SSE, SST, SSR, MSE, MSR, Fvalue, Rsq;
public int dfE, dfR, dfT; // degrees of 무료dom
private boolean intercept=true;

public SRegPack(boolean bzero, double[] xx, double[] yy) {
  intercept=bzero;  // indicator weather beta_0 is zero
  this.nn = xx.length;
  this.xx = xx;
  this.yy = yy;
  this.yhat = new double[nn];
  this.resid = new double[nn];
  calculate();
}

public SRegPack(double[] xx, double[] yy) {
  this.nn = xx.length;
  this.xx = xx;
  this.yy = yy;
  this.yhat = new double[nn];
  this.resid = new double[nn];
  calculate();
}

void calculate() {
 BivarStat3Pack bs = new BivarStat3Pack(xx, yy); // import됨
 if (intercept) {                                  // 절편이 있는 회귀분석
   dfT = nn-1;  dfE=nn-2;  dfR = 1;
   double meanx = bs.sumx(xx)/nn;                  // x 평균
   double meany = bs.sumx(yy)/nn;                  // y 평균
   double sxx = bs.sumx2(xx) - nn*Math.pow(meanx,2);
   // sxx = sum(x_i -bar{x})^2
   SST = bs.sumx2(yy) - nn*Math.pow(meany,2);
   // SST = syy = sum(y_i -bar{y})^2
   double sxy = bs.sumxy(xx, yy) - nn*meanx*meany;
   b1 = sxy/sxx;
   b0 = meany - b1* meanx;
   SSR = Math.pow(b1,2)*sxx;
   SSE = SST - SSR;
   MSR = SSR/dfR;  MSE = SSE/dfE;
 } else { // 절편 beta_0가 0인 경우
   dfT = nn;  dfE=nn-1;  dfR = 1;
   b0 = 0;
   b1 =  bs.sumxy(xx, yy)/bs.sumx2(xx);
   SSR = Math.pow(b1,2)*bs.sumx2(xx);
   SST = bs.sumx2(yy);
   SSE = SST-SSR;
   MSR = SSR/dfR;  MSE = SSE/dfE;
 }// end if-else
```

```
62    Rsq = SSR/SST;          // 결정계수값
63    Fvalue = MSR/MSE;       // 검정통계량 F
64  }// end calculate
65
66  public void printAnova() {
67    System.out.println(String.format("%-20s %,12.4f %3s %12.4f %-2s",
68        "Regression Line: y =",  b0, " + ",  b1, " x"));
69    System.out.println(String.format("%-10s %,12.4f","R square:  ", Rsq));
70    System.out.println ("---------------------------------------------------");
71    System.out.println("요인       제곱합  자유도     평균제곱      F  ");
72    System.out.println("----------------------------------------- ---------");
73    System.out.println(String.format("%-4s %10.4f %8d %12.4f %10.4f",
74                      "회귀", SSR, dfR, MSR, Fvalue));
75    System.out.println(String.format("%-4s %10.4f %8d %12.4f",
76                      "오차", SSE, dfE, MSE));
77    System.out.println("--------------------------------------- -----------");
78    System.out.println(String.format("%-4s %10.4f %8d ", "전체", SST, dfT));
79    System.out.println("---------------------------------------- ----------");
80   } // end printAnova
81
82   public void printxys() {
83    System.out.println("----------------------------------------- ---------");
84    System.out.println("       x           y       yhat       resid");
85    System.out.println("----------------------------------------- ---------");
86    for (int i=0; i < nn; i++) {
87      yhat[i] = b0+b1*xx[i];
88      resid[i] = yy[i] - yhat[i];
89      String s = String.format("%,12.4f %,12.4f %,12.4f %,12.4f",
90                        xx[i],  yy[i], yhat[i], resid[i]);
91      System.out.println(s);
92    } //  end for
93    System.out.println("----------------------------------------- --------");
94   } // end printxys
95
96  } // end class
```

이 프로그램의 5번 줄은 stat.simpleRegression 패키지의 일부라는 것을 알 수 있으며, 6번 줄에서 앞에서 작성한 BivarStat3Pack을 import하여 그 프로그램에서 정의된 함수들을 사용함을 알 수 있다. 8, 18, 28번 줄의 생성자에서 public 한정자를 사용하여 다른 패키지에서도 이 클래스를 사용할 수 있도록 하였다. 9-15번 줄의 일부 변수는 private, 일부 변수는 public으로 접근제한자를 설정하였는데 SST, F값 등과 같이 추후 여기서 값을 가져 갈 필요가 있을 가능성이 있는 경우는 public, 그렇지 않은 경우는 private으로 하였다. 즉, SST, yhat이나 resid 등을 반환하는 메소드를 따로 작성하지 않았으나, 상수들이 public으로 선언되어 있기 때문에(11-12, 14-15번 줄) 이 값들은 모두 개별적으로 반환 받을 수 있다. 즉, 다른 프로그램에서 이 클래스 또는 패키지를 'import' 한 후에

```
SRegPack srp  = new SRegPack(true, tmpx, tmpy);
```

으로 객체를 생성하면 srp.SST로 SST의 값만 따로 반환 받을 수 있다. 〈이를 확인하기 위해서 아래에서 볼 SRegPack 클래스를 호출하는 SRegRun.java에서 이 줄을 추가하여 실행하여 보아라.〉 (실제로는 하나의 값을 반환하더라도 메소드를 작성하는 것이 바람직

하다). 16번 줄의 intercept는 회귀분석에서 절편을 포함할지 설정하는 논리값으로, 기본값은 true이며 절편을 포함하는 회귀분석을 실행한다.

18번 줄에서 시작하는 두 개의 생성자 선언은 절편 포함 여부를 매개변수로 받는 생성자(18-26번 줄)와 매개변수로 넘겨받지 않는 생성자(28-35번 줄, 이 경우 분석에 절편이 포함됨)를 선언하였다. 이 둘의 생성자에서 모두 calculate 메소드를 25번 줄 및 34번 줄에서 호출하였는데, 이 메소드에서 필요한 모든 계산이 이루어지며 인쇄는 printAnova와 printxys 메소드에서 하도록 하였다.

calculate 메소드는 37번 줄에서부터 64번 줄까지인데 이 메소드 안에서 필요한 모든 계산을 하도록 하였다. 먼저 앞의 BivariateStat3Pack 클래스의 객체를 38번 줄에서 생성하여 이변량 계산에 필요한 메소드를 불러 올 수 있도록 하였다.

39번 줄의 if에서 intercept가 참이면 절편이 있는 회귀분석을 하여 자유도, xx와 yy의 평균을 BivarStat3 객체에서 불러오기, S_{xx}, S_{yy} 및 S_{xy} 등의 계산을 BivarStat3 객체의 메소드를 통해 얻으며 이들 값을 사용하여 b1, b0, 각 제곱합 및 평균제곱합을 얻는다.

intercept가 거짓이면 53번 줄에서 원점을 지나는 회귀를 하여 b0=0로 설정하고, b1의 값은 BivarStat3의 계산값을 이용하여 얻고, 자유도, 제곱합, 평균제곱합 등을 얻는다.

66번 줄의 printAnova는 위의 계산 결과를 사용하여 회귀식(67-68번 줄) 및 분산분석표를 인쇄하는 프로그램이다.

82번 줄에서 시작하는 printxy 메소드는 원데이터 x, y 및 y의 추정치 및 잔차를 인쇄하는 프로그램이다. 89번 줄부터 원데이터, 예측값, 잔차들을 출력한다. 이 부분이 복잡해 보이나(사실 출력의 모양을 만드는 것이 시간과 노력이 많이 들기도 함) 내용은 분산분석표와 데이터값 출력이다.

만일 resid, yhat을 printxys 메소드를 호출하지 않고도 다른 클래스에서 이들 값을 받고 싶으면 86번 줄부터 시작하는 for 구문 내의 87-88번 줄의 yhat 및 resid 계산을 calculate 메소드 안에 두는 것이 좋다. 이 경우 printxys를 호출하지 않아도 이들 둘을 계산하므로 이들을 인쇄하지도, resid나 yhat을 따로 불러내지도 않고, 분산분석표만 인쇄할 경우는 불필요한 계산을 하는 문제도 있기 때문에 어느 한쪽의 방법이 반드시 더 좋다고 하기는 어렵다. 필요하면 getResid, getYhat 등의 메소드로 이들 배열을 반환하는 메소드를 작성하는 것도 하나의 방법이다.

이 파일의 컴파일은

```
c:₩>javac -d %CLASSPATH% SRegPack.java
```

으로 하며 이 컴파일의 결과 CLASSPATH 경로 아래의 stat₩simpleRegression 폴더에 SReg Pack.class가 만들어진다.

이제 만들어진 패키지에 포함된 네 개의 클래스 UnivarStatPack, Read2DataExPack, BivarStat3Pack 및 SRegRun을 이용하여 실제 회귀분석을 실행할 프로그램을 작성해 보자. 이 프로그램은 SRegRun.java인데 길어 보이지만 예외처리, 사용자 입력오류처리 등의 문제를 제외하면 실제 프로그램은 5-6줄이다.

```
/*****************************************************************
 * SRegRun.java to calculate regression line/ANOVA table, etc
 * Requires stat.simpleRegression package fir BivarStat2Pack,
 Read2DataExPack
 * Data will be read from a file, two field #'s to read required
 *****************************************************************/
```

```
import stat.simpleRegression.Read2DataExPack;
//import stat.simpleRegression.BivarStat3Pack;
import stat.simpleRegression.SRegPack;

public class SRegRun {
  double[] xx;                                  // y = b0 + b1*x 에서 설명변수 x
  double[] yy;                                  // 반응변수 y

  public static void main(String[] args) {
    try {
       double[] tmpx, tmpy;
       String fn = args[0];                        // 데이터를 포함한 파일 이름
       int start = Integer.parseInt(args[1]);      // x의 필드번호
       int end = Integer.parseInt(args[2]);        // y의 필드번호
       int err = 0;                                // 오류없음
       if (start < 1 || end < 1) err =1;           // 필드번호에 음수/0
       if (start == end) err = 2;                  // 필드번호가 같음
       Read2DataExPack r2d = new Read2DataExPack(fn, start, end);
                                                   // 데이터 읽기
       int nrows = r2d.nlines();                   // 데이터의 수
       if (nrows <2) err = 3;                      // 데이터는 최소한 2개 이상
       if (nrows == -1 || nrows == -2) err =4;     // 파일이 없거나 읽지 못함
       double[][] tmpxy = r2d.getxyData();         // 읽은 데이터 가져오기
       if (err == 0 && tmpxy == null) err=5;

       switch(err) {
         case 0: // 오류없음
          tmpx = new double[nrows]; tmpy= new double[nrows];
                                                   // 데이터는 행렬
          for (int i=0; i < nrows; i++) {          // 행렬을 각각 x와 y로 저장
             tmpx[i] = tmpxy[i][0];
             tmpy[i] = tmpxy[i][1];
          } // end for
          SRegPack srp  = new SRegPack(true, tmpx, tmpy);
          srp.printAnova();
          srp.printxys();
         break;
        case 1:
         System.out.println("열번호는 정수로 입력하십시오!!");
         break;
        case 2:
         System.out.println("열번호는 달라야 합니다!!");
         break;
        case 3:
         System.out.println("데이터의 수는 최소 2!!");
         break;
         case 4:
         System.out.println("파일이 없거나 읽지 못함!");
         break;
        case 5:
         System.out.println("파일에 열의 개수가 충분하지 않거나 다른 문제가 있음");
         break;
```

```
56          default:
57        } // end case
58      } catch(ArrayIndexOutOfBoundsException e) {
59          System.out.println("입력이 없거나 모자랍니다!");
60      } catch(NumberFormatException e) {
61          System.out.println("열번호는 정수로 입력하십시오!!");
62      } // end try-catch
63    } // end main
64
65  } // end of class
```

이 프로그램의 6-8번 줄의 import 명령을 보면 위의 세 가지 클래스 SRegPack, BivarStat3Pack 및 Read2DataExPack가 'import'되었음을 알 수 있다. 실제로 이 경우 BivarStat3Pack 클래스는 이 프로그램에서 직접 사용하지 않고 SRegPack 클래스에서 사용하므로 BivarStat2Pack 클래스는 'import'하지 않아도 된다. 또 위의 세 패키지를 각각 import하는 대신에 import stat.simpleRegression.*; 로 *를 사용하여 패키지 전체를 import할 수도 있다.[5] 위의 프로그램에서 SRegRun이 실제로 하고자 하는 일은 커맨드라인에서 읽을 파일 이름, x에 해당하는 열 번호, y에 해당하는 열 번호를 명령어줄 입력으로 입력 받고 (17-19번 줄), 입력받은 이름의 파일에서 주어진 두 개의 열 번호에 해당하는 데이터를 읽어서(23번 줄), 데이터의 수를 파악하고(24번 줄), 배열로 받은 값을 벡터로 분리하였다(32-36번 줄).

SRegPack 클래스를 호출하여 anovaTable과 원데이터, 예측치, 잔차 등을 인쇄하는 것(37-39번 줄)이 전부이다.

20번 줄부터 28번 줄 사이의 err 변수는 최초에 20번 줄에서 오류 없음을 설정하고 21번 줄에서는 입력한 열 번호가 0 이하일 때 오류를 설정하고, 22번 줄은 두 열의 번호가 같은 경우 오류번호 2번을 설정하며 25번 줄에서 데이터의 수가(파일의 행의 수) 2개 이하일 때 오류번호 3을 설정하였다. 26번 줄에서 데이터의 수가 음수인 경우(이 경우는 파일이 없거나 읽지 못한 경우임) 오류번호 4를, 28번 줄에서 읽은 데이터가 null인 경우(이 경우는 Read2DataPack. java에서 여러 가지 예외 상황 중 하나임) 오류번호 5를 설정하였다. 오류가 없다면 23번 및 27번 줄에서 fn으로 정의된 파일 이름의 start 번째 및 end 번째 열을 읽어 tmpxy에 저장하게 된다.

30에서 57번 줄에서는 이 err 값이 0인 경우 SRegPack.java의 객체를 생성(37번 줄)하여 printAnova 및 printxy 메소드를 호출하여 회귀직선 및 추정치, 잔차 출력 등을 실행한다(실제 23, 27번 줄 및 이 부분이 프로그램의 전부이며 나머지는 예외 및 오류처리임).

41번 줄부터는 err의 값에 따른 오류 메시지 또는 예외처리에 따른 오류 메시지를 인쇄한다.

이 파일의 경우 패키지에 포함된 파일이 아니므로(첫 줄에 package 구문이 없음) 다음의 명령으로 컴파일하면

```
c:₩>javac -d %CLASSPATH% SRegRun.java
```

.class 파일이 %CLASSPATH%에 또는 현재의 작업디렉토리에 생성된다.

실제로 이 프로그램을 실행해 보면 다음과 같이 회귀분석 결과를 얻는다.

---

5) 주의: 이와 같이 개인적인 패키지를 구성한 뒤에 *를 사용하는 경우 CLASSPATH에서 경로가 하나만 정확하게 주어져야 하는 경우가 있으니 주의. 개별 클래스를 'import'할 경우 전체 경로가 주어져서 문제가 없으나 패키지 전체를 'import'할 때 CLASSPATH의 경로가 둘 이상이면 동작에 문제가 발생할 수 있음(Windows 7, Java버전 7.0*).

```
C:\Users\root\Desktop\javab>java SRegRun bmi2.txt 1

Regression Line: y =     -84.1087  +        0.8487
R square:         0.4191
--------------------------------------------------
요인      제곱합   자유도    평균제곱       F
--------------------------------------------------
회귀   3797.2935        1   3797.2935   126.2689
오차   5262.7855      175     30.0731
--------------------------------------------------
전체   9060.0791      176
--------------------------------------------------
--------------------------------------------------
         x          y       yhat       resid
--------------------------------------------------
   167.0000    68.0000     57.6311     10.3689
   162.0000    49.0000     53.3874     -4.3874
   158.0000    50.0000     49.9924      0.0076
   165.0000    56.0000     55.9336      0.0664
   160.0000    52.0000     51.6899      0.3101
   162.0000    52.0000     53.3874     -1.3874
   162.0000    50.0000     53.3874     -3.3874
   167.0000    61.0000     57.6311      3.3689
   156.0000    44.0000     48.2950     -4.2950
   157.0000    55.0000     49.1437      5.8563
```

이 경우 읽을 파일의 이름은 bmi2.txt이고 데이터로 사용할 두 열은 1번 및 2번 열이다.

위의 경우 각종 가능한 오류 및 예외처리가 들어가 있어서 프로그램이 길어 보이지만 실제 앞의 프로그램으로 패키지가 구성되면 실제 회귀분석 문제는 아주 쉽게 처리된다. 예를 들어 실제데이터가 있다면 파일 안에 포함시켜 다음과 같이 간단하게 몇 줄 작성할 수 있다(파일 이름 SregRun2.java).

```
import stat.simpleRegression.SRegPack;
class SRegRun2 {
 public static void main(String[] args) {
   double[] xx = new double[] {0, 1, 2, 3, 4, 5, 6, 7, 8, 9,10};
   double[] yy = new double[] {1, 0, 4, 4, 8,11,12,13,16,17,20};
   SRegPack srp = new SRegPack(xx, yy);
   srp.printAnova();
   srp.printxys();
 } // end main
}
```

이 프로그램을 실행하면 다음과 같은 결과를 얻는다.

```
C:\Users\root\Desktop\javab>java SRegRun bmi2.txt 1

Regression Line: y =     -84.1087  +        0.8487
R square:         0.4191
--------------------------------------------------
요인      제곱합   자유도    평균제곱       F
```

```
--------------------------------------------------
회귀   3797.2935       1   3797.2935   126.2689
오차   5262.7855     175     30.0731
--------------------------------------------------
전체   9060.0791     176
--------------------------------------------------
--------------------------------------------------
        x           y         yhat        resid
--------------------------------------------------
    167.0000    68.0000     57.6311     10.3689
    162.0000    49.0000     53.3874     -4.3874
    158.0000    50.0000     49.9924      0.0076
    165.0000    56.0000     55.9336      0.0664
    160.0000    52.0000     51.6899      0.3101
    162.0000    52.0000     53.3874     -1.3874
    162.0000    50.0000     53.3874     -3.3874
    167.0000    61.0000     57.6311      3.3689
    156.0000    44.0000     48.2950     -4.2950
    157.0000    55.0000     49.1437      5.8563
```

또한 파일에서 특정한 열을 읽어서 회귀분석을 하는 상황이라면 오류 및 예외처리를 제외하고 다음과 같이(파일 이름: SRegRun3.java) 회귀분석을 할 수 있다.

```
import stat.simpleRegression.SRegPack;
import stat.simpleRegression.Read2DataExPack;
class SRegRun3 {
 public static void main(String[] args) {
   Read2DataExPack rd = new Read2DataExPack("bmi2.txt", 1, 2);
   double[] xx = new double[rd.nlines()];
   double[] yy = new double[rd.nlines()];
   for (int i=0; i < rd.nlines(); i++) {
      xx[i] = rd.getxyData()[i][0];
      yy[i] = rd.getxyData()[i][1];
   }
   SRegPack srp = new SRegPack(xx, yy);
   srp.printAnova();
   srp.printxys();
 } // end main
}
```

이 프로그램의 실행 결과는 앞의 SRegRun.java의 실행 결과와 같다.

사족: SRegRun3.java를 만들다 보니 파일로부터 배열로 x, y값을 부르는 경우 사용자가 for 문으로 x, y를 추출하게 하는 번거로움이 있어서 Read2DataExPack을 약간 수정하여 Read1DataExPack.java를 만들었다. 이 클래스는 파일 이름과 열 번호를 받아서 주어진 파일 이름에서 해당 열을 가져오는 것으로 한 열만 가져오기 때문에 좀 더 간단하다. 여기서 수정한 것은 xydata를 2차원이 아닌 1차원 배열로 바꾸고 이름을 xdata로 한 부분이다(21번 줄 및 원래 xydata가 있었던 부분 전부 변경). 61번 줄에서는 x와 y 두 개가 아닌 하나만 가져오므로 y값 가져오는 부분은 삭제되고 한 줄만 남았다. 메소드의 이름도 getxData로 바꾸고 반환하는 값이 1차원 배열이므로 double[]로 수정하였다(48번 줄).

```
/*************************************************************
 * Read1DataExPack.java to get one variable from a data file
 * Read2DataEx.java와 같으나 한 변수만 읽음
 * 패키지에 속함. 이름: edu.stat.SimpleRegression
 * 1. 읽을 파일은 bmi2.txt
 * 2. 한 줄씩 읽어 각 변수의 값으로 분리(분리 기준: 하나 이상의 빈칸)
 * INPUT: data file name,
 *        one field number of the file from which we read.
 *        (만일 파일의 5번 변수인 경우  5)
 ************************************************************/
package stat.simpleRegression;
import java.io.LineNumberReader;          // 파일이 몇 줄인지 파악(다음 줄 중복)
import java.io.*;

public class Read1DataExPack {
  FileReader fr;
  BufferedReader br;
  LineNumberReader lnr;
  String s;
  String[] rows;                          // 파일의 한 줄을 문자열 배열 rows로
  double xdata[];                         // 출력을 저장할 배열
  String filename;                        // 읽을 파일 이름
  int xloc;                               // filename의 xloc 번째 변수 읽음

  public Read1DataExPack(String filename, int xloc) {
    this.xloc = xloc;
    this.filename = filename;
  }

  public int nlines() {                   // 전체 라인 수
    int nl;
    try {
       fr = new FileReader(filename);
       lnr = new LineNumberReader(fr);
       lnr.skip(Long.MAX_VALUE);          // 최댓값만큼 읽기 시도, EOF에서 정지
       fr.close();
       nl = lnr.getLineNumber();          // 라인 수
       return nl;
    } catch(FileNotFoundException e) {
       nl = -1;
       return nl;
    } catch(IOException e) {
       nl = -2;
       return nl;
    } // end try-catch
  } // end nlines

  public double[] getxData() { //
    try {
       int nrows = nlines();            // 파일이 없거나 읽을 때 문제면 음수
       xdata = new double[nrows];       // NegativeArraySizeException 가능
       int ii = 0;                      // 데이터의 행번호 인덱스
       fr = new FileReader(filename);
```

```
      br = new BufferedReader(fr);
      while((s = br.readLine()) != null) {
        s = s.trim();                          // 읽어서 앞뒤의 빈칸 삭제
        while (s.contains("  ")) {         // 두 개 이상의 빈칸을 하나로
          s = s.replace("  ", " ");
        }
        rows = s.split(" ");                // 빈칸을 경계로 하나씩 분리하여 배열로 잡음
        xdata[ii] = Double.valueOf(rows[xloc-1]); // 인덱스 0부터
        // 위의 두 줄에서 ArrayIndexOutOfBoundsException 가 가능
        ii++; // 줄번호 증가
      } // end of while
      fr.close(); br.close();
      return xdata;
    } catch(FileNotFoundException e) {      // 파일이 없음
      xdata = null;
      return xdata;
    } catch(IOException e) {                // 디렉토리이거나 읽기 권한 등의 문제
      xdata = null;
      return xdata;
    } catch(NumberFormatException e) {      // 데이터에 문자가 있음
      xdata = null;
      return xdata;
    } catch(ArrayIndexOutOfBoundsException e) { // 파일에 열이 충분하지 않음
      xdata = null;
      return xdata;
   } catch(NegativeArraySizeException e) { // nrows <0, 파일이 없거나 읽지 못함
      xdata = null;
      return xdata;
    } // end try-catch
  } // end of getxData
} //end class
```

이 프로그램을 위에서와 같이

c:₩>javac -d %CLASSPATH% Read1DataExPack.java

으로 컴파일하면 CLASSPATH 경로 아래의 stat₩simpleRegression 폴더에 Read1 DataEx Pack.class가 만들어진다. 이제 파일에서 두 개의 열을 읽어 회귀분석을 하려면 다음과 같이 간단한 프로그램 작성으로 할 수 있다(Read1DataExPack 사용에 유의, 파일 이름은 SRegRun4.java).

```
import stat.simpleRegression.SRegPack;
import stat.simpleRegression.Read1DataExPack;
//import stat.simpleRegression.*;
class SRegRun4 {
 public static void main(String[] args) {
   Read1DataExPack rd = new Read1DataExPack("bmi2.txt", 1);
   double[] xx = rd.getxData();
   rd = new Read1DataExPack("bmi2.txt", 2);
   double[] yy = rd.getxData();

   SRegPack srp = new SRegPack(xx, yy);
   srp.printAnova();
   srp.printxys();
 } // end main
}
```

참고문헌

Kennedy and Gentle(1980) *Statistical Computing,* Marcel Dekker Inc, New York.

Press, W.H., Teukolsky, S.A. Vetterling W.T. and Flannery, B.P. (1992) *Numerical Recipes in C,* Cambridge University Press, London.

연습문제

10.1 배열에 있는 데이터의 산술평균, 조화평균, 기하평균을 구하는 Java 클래스를 작성하라.

10.2 t 분포의 난수를 구하는 Java 프로그램을 작성하라.

10.3 카이제곱분포의 난수를 구하는 Java 프로그램을 작성하라.

10.4 F 분포의 난수를 구하는 Java 프로그램을 작성하라.

10.5 표본의 크기가 30인 (0–1) 균등분포 난수를 100 세트 발생시켜 중심극한정리를 설명하는 프로그램을 작성하라.

3부
그래픽 사용자 환경(GUI) 프로그래밍

11장 AWT를 이용한 GUI 프로그래밍

12장 AWT 컴포넌트의 이벤트 처리

13장 AWT Graphics

14장 Swing을 이용한 GUI 프로그래밍

15장 Swing 고급 프로그래밍

11장

AWT를 이용한 GUI 프로그래밍

학습목표

- 그래픽 사용자 환경(GUI)이 무엇인지 이해하고 Java에 어떠한 GUI 패키지가 있는지 살펴본다.
- AWT의 Frame 클래스와 그 구성 요소에 대해 이해한다.
- AWT의 레이아웃 매니저를 이용하여 프레임 화면 설계를 연구한다. Panel 클래스를 이용하여 섬세한 화면 설계 방법을 이해한다.
- AWT의 각 컴포넌트 사용 방법에 대하여 이해한다.

11.1 Java의 GUI 패키지

지금까지 배운 Java 프로그램은 데이터의 입력을 키보드나 디스크에서 받아서 여러 가지 계산을 한 후 그 결과의 출력을 화면 또는 디스크에 텍스트 형태로 받았다. 이를 **텍스트 사용자 환경**(text user interface)이라고 한다. 하지만 최근에 생산되는 컴퓨터 모니터의 해상도는 매우 높다. 이러한 고해상도의 모니터를 활용하여 사용자가 편리하게 그래픽 형태의 입·출력을 가능하게 할 수 있는데 이를 **그래픽 사용자 환경**(graphic user interface: GUI)이라고 한다. 구체적으로 GUI 응용 프로그램은 화면에 사각형 형태의 프레임 창이 나타나고, 선택하는 버튼이나 메뉴가 있으며, 마우스로 컴포넌트를 선택하여 프로그램의 결과를 얻는다. 최근 대부분의 응용 프로그램은 GUI 형태의 프로그램들이며 예쁜 그래프나 사진을 볼 수도 있다.

이 장에서는 Java를 이용하여 어떻게 이러한 GUI 프로그램을 작성하는지를 연구한다. Java에서는 GUI 프로그램을 위해서 많은 클래스를 만들어 패키지 형태로 제공한다. 처음 Java가 만들어졌을 때는 **AWT**(Abstract Window Toolkit) 패키지를 이용하여 GUI 프로그램을 하였다. 하지만 최근에는 AWT에서 발전된 JFC(Java Foundation Class), 일명 Swing을 이용하여 GUI 프로그램을 한다.

[표 11.1] Java의 GUI 프로그램을 위한 패키지

패키지 종류	패키지명	비고
AWT 관련 패키지	java.applet, java.awt, java.awt.color, java.awt.datatransfer, java.awt.dnd, java.awt.event, java.awt.font, java.awt.geom, java.awt.im, java.awt.im.sp, java.awt.image, java.awt.image.renderable, java.awt.print	기본적인 GUI 프로그램의 이해를 위해 일부만 설명
JFC 관련 패키지 (일명 swing)	javax.swing, javax.swing.border, javax.swing.colorchooser, javax.swing.event, javax.swing.filechooser, javax.swing.plaf, javax.swing.plaf.basin, javax.swing.plaf.metal, javax.swing.plaf.multi, javax.swing.table, javax.swing.text, javax.swing.text.html, javax.swing.text.html.parser, javax.swing.text.rtf, javax.swing.tree, javax.swing.undo	최근의 대부분의 GUI 프로그램에 이용됨
기타 연관 패키지	java.lang, java.sql, java.text, java.util, javax.print, javax.print.attribute, javax.print.attribute.standard, javax.print.event, javax.sound.midi, javax.sound.midi.spi, javax.sound.sampled, javax.sound.sampled.spi, javax.sql	데이터베이스용 프로그램을 위해 사용됨

7장에서 클래스를 소개하고 8장에서 클래스의 상속 등을 연구한 이유는 이러한 패키지들의 클래스를 상속받아 효율적인 GUI 프로그램을 작성하기 위한 것이다. 이 장에서는 기본적인 GUI 프로그램의 이해를 돕기 위해 먼저 AWT 패키지에 있는 클래스의 사용법을 11장과 12장에서 연구한다. 13장에서는 JFC 일명 swing 패키지를 이용한 고급 GUI 프로그래밍을 연구한다.

11.2 AWT Frame 클래스

GUI 응용 프로그램은 대부분 사각형 형태의 창(frame, 프레임이라 부름)을 화면에 띄워 시작한다. 이 프레임은 java.awt 패키지의 Frame 클래스를 이용하면 되는데 Documentation API를 살펴보면 다음과 같은 Frame 클래스의 상속관계를 알 수 있다.

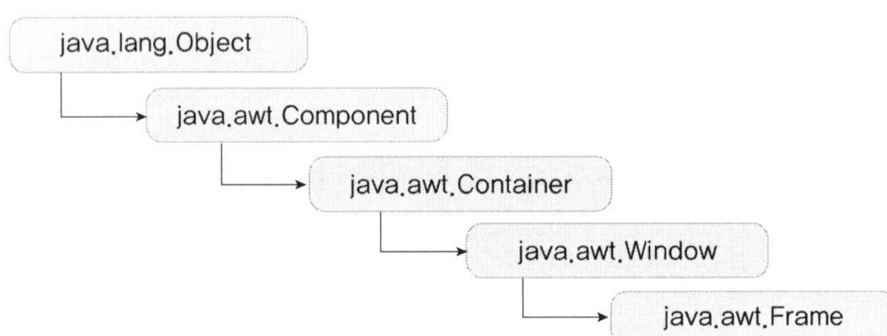

[그림 11-1] java.awt 패키지의 Frame 클래스 상속관계

제일 상위는 java.lang.Object 클래스로서 모든 클래스의 조상이라고 볼 수 있다. 이를 java.awt.Component 클래스가 상속받고, 다시 java.awt.Container 클래스가 상속받으며, 다시 java.awt.Window 클래스가 상속받고, 이를 java.awt.Frame 클래스가 상속받는다. 8장에서 연구하였듯이 상속관계에 있는 클래스들은 상위클래스의 필드나 메소드를 모두 사용할 수 있다. 이렇게 상속받는 모든 필드와 메소드를 자세히 설명할 수는 없고 많이 이용되는 메소드에 대하여 설명하게 될 것이다. 독자들은 Documentation API를 수시로 참조하여 필요한 메소드를 찾아보는 습관을 가지는 것이 좋다.

java.awt라는 패키지를 불러오고 여기에 있는 Frame 클래스를 이용하여 화면에 프레임을 띄우는 다음 프로그램을 살펴보자.

예제 11.1 **모니터 화면에 프레임을 띄우는 다음 프로그램을 분석하라.**

```
01  /** FrameTest.java *********/
02  import java.awt.*;    // java.awt 패키지를 불러옴
03  public class FrameTest {
04    public static void main(String[] ar) {
05       Frame f = new Frame();   // 프레임 객체 f 생성
06       f.setVisible(true);     // 프레임 객체를 화면에 보이게 하는 메소드 호출
07       f.setSize(300, 200);    // 프레임 크기 지정
08    }
09  }
```

풀이

화면에 프레임을 만드는 Frame 클래스는 java.awt 패키지에 있는데 이를 1번 줄과 같이 import한다. 메인 메소드의 5번 줄은 Frame 클래스의 객체를 생성하는 것이고, 6번 줄은 Frame 클래스에 있는 메소드 setVisible()에 매개변수 true를 전달하여 화면에 이 프레임이 나타나게 한다. 7번 줄은 화면에 만든 프레임의 크기를 가로 300픽셀, 세로 200픽셀로 만들어주는 메소드이다. 이 예제는 6장과 7장에서 배운 클래스의 객체 생성이나 메소드의 활용 방법에 대한 간단한 실습에 불과하다.

프로그램을 실행하면 화면 왼쪽 상단에 아래와 같은 프레임이 나타난다. 이 프레임의 크기는 가로 300픽셀, 세로 200픽셀이고, 상단에 아이콘이나 단축키를 배치할 수 있는 영역에 파란 띠가 나타나고 프레임 내부는 비어 있다. 화면에 보이는 프레임은 우측 상단의 ⊠을 아직은 명령처리를 하지 않아 이용할 수 없다. 만일 없애고 싶다면 Eclipse에서 아래쪽 콘솔 영역의 우측 빨간색 네모 버튼을 클릭한다.

화면에 보이는 프레임을 없애고 싶다면?

- Eclipse에서 아래쪽 콘솔 영역의 우측 빨간색 네모 버튼을 클릭한다.

[예제 11.1]에서 만든 프레임을 직접 사용자가 프로그램을 이용해서 만들 수는 있지만 많은 노력이 필요하다. 범용으로 많이 쓰이는 프레임과 같은 형태는 클래스를 만들어 놓고 사용자는 단지 필요한 필드와 메소드를 호출하며 쉽게 프로그램할 수 있도록 도와주는 것이 객체지향 프로그래밍이다.

컴퓨터의 모니터는 만든 제조회사에 따라 해상도(resolution)가 800×600, 1280×960, 1680×1050 등 서로 다르고 같은 모니터라도 사용자가 해상도를 조

절할 수 있다. 해상도의 단위는 픽셀(pixel)이라고 하고 색을 나타낼 수 있는 조그만 점으로 생각하면 된다. 해상도 800×600의 모니터는 총 480,000개의 픽셀로서 화면을 구성하고 있다는 의미이다. 각각의 픽셀은 [그림 11-2]와 같은 (x,y) 좌표를 갖는데 수학의 축좌표 체계와 달리 화면 좌측 상단이 (0,0)이고, 우측 하단이 (xmax,ymax)이다. xmax와 ymax의 값은 모니터의 종류나 설정에 따라 다르다.

[그림 11-2] 모니터 화면의 좌표체계

[예제 11.1]에서 생성한 프레임은 (0, 0)을 좌측 상단으로 하여 가로가 300픽셀, 세로가 200픽셀인 프레임을 만든 것이다. 만일 이 프레임을 화면의 원하는 위치에 띄우려면 Frame 클래스의 메소드인 setLocation(xpos, ypos)을 이용한다. 예를 들어 위 예제 프로그램의 마지막 행에 다음 명령문을 추가하자.

```
f.setLocation(100, 100);
```

그러면 프레임의 좌측 상단이 화면 좌표 (100, 100)에 위치하면서 크기가 300×200인 프레임을 만든다. 만일 해상도가 800×600인 모니터의 정 중앙에 위치하려면 어떻게 하면 될까? f.setLocation(400, 300)을 이용하면 프레임의 좌측 상단이 중앙에 위치하므로 프레임 전체는 모니터 중앙보다 약간 우측 밑으로 위치하게 된다. 모니터 화면의 해상도가 (xmax × ymax)일 때 프레임의 정 중앙이 모니터의 중앙에 위치하기 위한 좌표 계산은 다음과 같다.

```
xpos = xmax/2 - 300/2
ypos = ymax/2 - 200/2
```

모니터는 기종과 사용자의 선택에 따라 해상도가 다를 수 있는데 Dimension이라는 클래스를 이용하면 모니터의 크기와 프레임의 크기를 자동으로 계산하여 준다. 따라서 프레임을 화면 중앙에 위치하게 하는 좌표계산은 다음과 같다.

```
Dimension dimen = Toolkit.getDefaultToolkit().getScreenSize();
Dimension dimen1 = f.getSize();
int xpos = (int)(dimen.getWidth() / 2 - dimen1.getWidth() / 2);
                                // (화면 넓이) / 2 - (Frame 넓이) / 2
int ypos = (int)(dimen.getHeight() / 2 - dimen1.getHeight() / 2);
                                // (화면 높이) / 2 - (Frame 높이) / 2
f.setLocation(xpos, ypos);   // 프레임 위치 지정
```

예제 11.2 모니터 화면 중앙에 프레임을 생성하는 클래스 형태의 일반적인 다음 프로그램을 분석하라.

```
/** FrameTest2.java *********/
import java.awt.*;    // java.awt 패키지를 불러옴
public class FrameTest2 {
  public static void main(String[] ar){
    StandardFrame one = new StandardFrame();
  }
}

class StandardFrame extends Frame {
   private Dimension dimen, dimen1;
   private int xpos, ypos;
   public StandardFrame() {
     super("프레임 이름");                    // 상위클래스의 객체를 이용하여 이름 지정
     this.init();                          // init() 메소드 호출
     this.start();                         // start() 메소드 호출
     this.setSize(300, 200); // 현재 프레임의 크기
     dimen = Toolkit.getDefaultToolkit().getScreenSize();
     dimen1 = this.getSize();
     xpos = (int)(dimen.getWidth() / 2 - dimen1.getWidth() / 2);
     ypos = (int)(dimen.getHeight() / 2 - dimen1.getHeight() / 2);
     this.setLocation(xpos,ypos);      // 현재 프레임의 위치
     this.setVisible(true);
   }

   public void init() {
     // 화면 구성 넣을 부분
   }

   public void start() {
     // 이벤트 처리할 부분
   }

}
```

풀이

3-7번 줄까지는 이 프로그램의 메인 메소드가 있는 곳으로 표준 프레임의 객체를 생성한다. 9번 줄에서 33번 줄까지는 표준 프레임을 만드는 클래스로서 10번, 11번 줄은 멤버 필드의 선언이고, 12-23번 줄은 생성자이고 두 개의 메소드 init()와 start()를 갖는다. 생성자 내부에서 이 두 메소드를 호출하는데 init()는 앞으로 배울 화면 구성을 넣을 메소드이고, start는 화면의 이벤트 처리할 부분이다. 13번 줄은 프레임의 명칭을 부여하기 위해 상위클래스의 객체를 호출하였다.

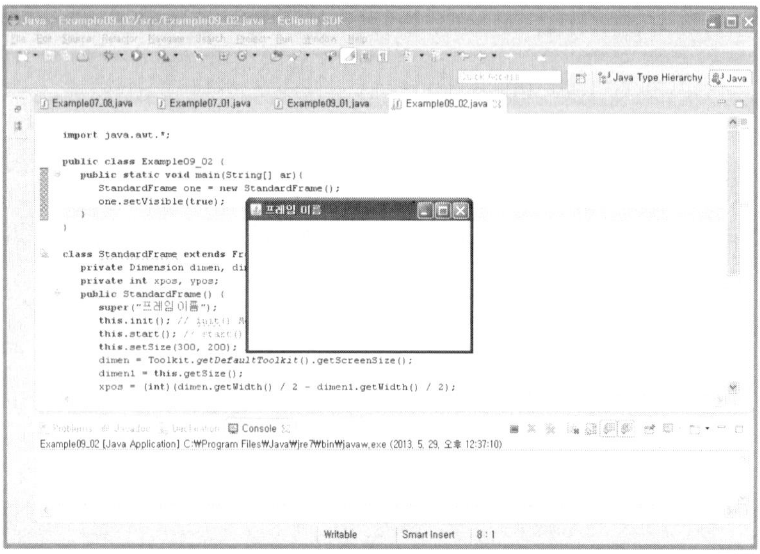

11.3 AWT Frame 내부의 구성

11.2절에서 모니터 화면에 한 프레임을 띄우는 방법에 대해 연구하였다. 이 프레임 위에 여러 가지 작업을 할 수 있다. 프로그램으로도 이 작업을 할 수 있지만 이미 만들어진 틀(클래스)을 이용하면 편리하다. AWT 패키지가 가지고 있는 프레임 위에 놓을 수 있는 틀을 **컴포넌트**(component)라고 부르는데 [표 11.2]와 같이 16개의 형태가 있다. AWT에서 더욱 발전된 Swing 패키지는 수십 가지 형태의 다양한 컴포넌트를 제공한다(14장 참조). 대부분의 GUI 응용 프로그램은 이러한 컴포넌트를 사용하기 때문에 소프트웨어 모양과 사용 방법이 서로 유사하다.

[표 11.2] 프레임 내부를 구성하는 AWT 컴포넌트들

AWT 컴포넌트	예
Label	문자를 넣을 수 있는 라벨
Button	전화번호 키와 같은 버튼
Checkbox	여러 항목 중 복수 선택
CheckboxGroup	여러 항목 중 하나 선택
Choice	연도를 여러 개 나열한 후 하나 선택
List	목록을 나열한 후 선택
TextField	한 행에 문자열 입력
TextArea	노트패드와 같은 문자 편집기
Dialog	대화상자
FileDialog	파일 목록에서 한 파일 선택
MenuBar	메뉴바
Menu	메뉴
MenuItem	메뉴 아이템
CheckboxMenuItem	체크 표시를 할 수 있는 메뉴 아이템
ScrollPane	스크롤
PopupMenu	팝업메뉴

각 컴포넌트를 프레임 내부에 넣는 방법에 대해서는 11.6절에서 자세히 설명한다.

컴포넌트는 프레임 내부에 좌표를 지정하면서 원하는 위치에 배치할 수 있다. 하지만 컴포넌트의 위치를 좌표로 지정하는 방법은 프레임의 크기를 마우스로 조절하였을 때 전체 프레임에서 그 컴포넌트가 위치하는 구도가 변하기 때문에 마음에 들지 않을 수 있다. 그래서 전체 프레임에 비례해서 적절하게 컴포넌트를 배치하는 여러 가지 구도의 컴포넌트 배치방법(Layout이라고 함)이 연구되었다. AWT는 [표 11.3]과 같이 5개의 컴포넌트 배치방법에 대한 클래스를 가지고 있다. 예를 들어 BorderLayout은 프레임을 동·서·남·북·중앙의 다섯 영역으로 화면을 분할하고 원하는 영역에 컴포넌트를 배치한다. Layout 클래스의 자세한 내용은 11.4절에서 설명한다.

[표 11.3] AWT의 Layout 클래스의 종류

AWT Layout 클래스	설명
FlowLayout	프레임에 컴포넌트를 차례로 배치
GridLayout	프레임을 격자형태의 셀(Grid)로 나누어 컴포넌트 배치
BorderLayout	프레임을 동·서·남·북·중앙의 다섯 영역으로 분할
CardLayout	프레임에 여러 개의 카드를 얹어 놓은 듯이 컴포넌트 배치
GridBagLayout	프레임에 컴포넌트의 폭과 크기를 정하여 배치

이러한 Layout 클래스를 이용하여 프로그램을 하다 보면 어느 영역을 다시 분할해서 프레임 화면 디자인을 할 필요성이 있는데 이때 사용하는 것이 Panel 클래스이다. 11.5절에서 자세히 설명한다.

Frame은 여러 개의 상위클래스 java.awt.Component, java.awt.Container, java.awt.Window 등을 상속받는다. 프레임 화면을 잘 구성하기 위해서는 이들 상위 클래스의 필드와 메소드에 대해 연구해야 한다.

프레임을 구성하는 컴포넌트는 원하는 색을 지정할 수도 있고, 컴포넌트 내부에 넣는 문자의 폰트나 크기를 조절할 수도 있다. 이와 관련된 클래스에 대해서 살펴보자.

11.3.1 Color 클래스

Color 클래스는 각 컴포넌트의 색을 지정해 준다. 많이 이용되는 생성자는 다음과 같이 red, green, blue의 색상 혼합을 나타내는 형태이다.

```
Color(int r, int g, int b)
```

여기서 매개변수 r, g, b는 0에서 255까지의 정수로서 각 색상의 혼합비율을 의미한다. 즉 r이 0이면 이 색상은 red는 전혀 섞지 않았다는 것이고 255는 완전히 빨간 red의 색상을 섞었다는 의미이다. 따라서 Color(255, 0, 0)은 빨강, Color(0, 255, 0), Color(0, 0, 255)은 각각 녹색 및 파랑이 되며 Color(0, 0, 0)은 검정, Color(255,255,255)은 흰색이 된다.

이름이 알려진 색들 중에서 일부 색은 다음과 같이 Color 클래스의 필드명으로 색을 지정할 수 있다. 색의 이름은 소문자를 사용해도 된다.

```
Color.BLACK          Color.BLUE
Color.CYAN           Color.DARK_GRAY
Color.LIGHT_GRAY     Color.GRAY
Color.MAGENTA        Color.ORANGE
Color.PINK           Color.RED
Color.WHITE          Color.YELLOW
```

Color 클래스는 실수형 매개변수를 갖는 다음과 같은 생성자도 가지고 있다.

```
public Color(float r, float g, float b)
public Color(float r, float g, float b, float a)
```

이 경우 r, g, b, a는 모두 0.0과 1.0 사이의 값을 사용할 수 있으며 각각 Red, Green, Blue, 알파 채널(alpha channel)의 농도를 설정한다. 예를 들면 Color(0.0, 0.0, 1.0)은 파란색이다. a는 알파 채널(alpha channel)을 지정하는데 투명색으로 사용할 색의 농도를 의미한다.

Color 클래스를 적용할 때 자주 사용되는 메소드는 다음과 같다.

```
setBackground(Color c)
setForeground(Color c)
```

예를 들어 Label 컴포넌트 lb의 색을 다음과 같이 지정할 수 있다. 구체적인 사용 방법은 11.4절과 11.5절의 예제를 통해서 알아본다.

```
...
private Label lb = new Label("Hello");
...
public void init() {
   this.setBackground(Color.YELLOW);
   FlowLayout flow = new FlowLayout();
   this.setLayout(flow);
   lb.setBackground(Color.YELLOW);
   lb.setForeground(Color.CYAN);
   this.add(lb);
}
```

11.3.2 Font 클래스

Font 클래스는 각 컴포넌트에 사용되는 텍스트 문자의 폰트 형태를 지정한다. 많이 이용되는 생성자는 다음과 같다.

```
Font(String name, int style, int size)
```

여기서 매개변수 String name에는 "Dialog", "Dialog_Input", "Monospaced", "Serif", "Sans_Serif", "Times Roman", "Default" 등을 사용할 수 있다. style에는 다음과 같은 Font 클래스의 필드명을 사용한다.

```
Font.BOLD       // 굵은 글씨체
Font.ITALIC     // 이태리체
Font.PLAIN      // 기본
```

매개변수 size는 10, 20 등의 폰트 크기에 대한 정수를 지정하면 된다.

예를 들어 Label 컴포넌트 lb의 폰트를 다음과 같이 지정할 수 있다. 구체적인 사용 방법은 11.5절의 예제를 통해서 알아본다.

```
...
private Label lb = new Label("Hello");
...
public void init() {
  Font font = new Font("SANS_SERIF", Font.BOLD, 20);
  FlowLayout flow = new FlowLayout();
  this.setLayout(flow);
  lb.setFont(font);
  lb.setBackground(Color.YELLOW);
  this.add(lb);
}
```

11.4 AWT 레이아웃 매니저

AWT의 Layout 클래스는 작업 영역인 프레임을 분할할 수 있도록 도와주는데 크게 다섯 가지로 나누어지며 FlowLayout, GridLayout, BorderLayout, CardLayout, GridBagLayout 등이 있다. 프레임에 어떤 레이아웃을 적용하느냐에 따라 배치되는 컴포넌트의 형태는 매우 다른데 프로그래머의 디자인 감각에 따라 예쁜 화면을 구성할 수도 있다.

[예제 11.2]는 프레임을 사용하는 프로그램의 표준이라고 볼 수 있는데 이 프로그램의 init() 메소드에 화면 구성을 설계한다. 이해를 돕기 위해 Label 컴포넌트를 이용하여 다섯 가지 레이아웃을 소개한다. 프레임에 특정 레이아웃을 적용시키려면 java.awt.Container 클래스의 setLayout() 메소드를 이용한다.

11.4.1 FlowLayout

FlowLayout은 프레임에 각 컴포넌트를 지정된 크기로 차례로(즉 왼쪽부터 오른쪽 방향으로) 배치하는 형태이다. 다음과 같은 두 개의 생성자를 가지고 있다.

```
FlowLayout()          // CENTER에 위치
FlowLayout(int pos)   // pos = CENTER, LEFT, RIGHT
```

첫 번째 생성자를 이용하면 컴포넌트가 프레임 중앙에 위치한다. 두 번째 생성자를 이용하면 컴포넌트를 중앙, 왼쪽 정렬, 오른쪽 정렬 형태로 배치한다. 프레임에 세 개의 Label을 배치하는 다음 예제를 살펴보자.

예제 11.3 프레임에 세 개의 Label을 FlowLayout으로 배치하는 다음 프로그램을 분석하라. 선택사항인 CENTER, LEFT, RIGHT를 바꾸어 가면서 Label의 배치가 어떻게 달라지는지 살펴보라.

```
/** FrameTest3.java *********/
import java.awt.*;                          // java.awt 패키지를 불러옴
public class FrameTest3 {
  public static void main(String[] ar){
    FlowFrame one = new FlowFrame();
  }
}

class FlowFrame extends Frame {
   private Dimension dimen, dimen1;
   private int xpos, ypos;
   private Label lb1 = new Label("Aaa");
   private Label lb2 = new Label("Bbb");
   private Label lb3 = new Label("Ccc");

   public FlowFrame() {
      super("Flow 프레임");                  // 상위클래스의 객체를 이용하여 이름 지정
      this.init();                          // init() 메소드 호출
      this.start();                         // start() 메소드 호출
      this.setSize(300, 200);               // 현재 프레임의 크기
      dimen = Toolkit.getDefaultToolkit().getScreenSize();
      dimen1 = this.getSize();
      xpos = (int)(dimen.getWidth() / 2 - dimen1.getWidth() / 2);
      ypos = (int)(dimen.getHeight() / 2 - dimen1.getHeight() / 2);
      this.setLocation(xpos,ypos);          // 현재 프레임의 위치
      this.setVisible(true);
   }

   public void init() {                     // 화면 구성 넣을 부분
     FlowLayout flow = new FlowLayout();
     this.setLayout(flow);
     lb1.setBackground(Color.yellow);
     lb2.setBackground(Color.red);
     lb3.setBackground(Color.blue);
     this.add(lb1);
     this.add(lb2);
     this.add(lb3);
   }

   public void start() {
      // 이벤트 처리할 부분
   }
}
```

풀이

12-14번 줄은 세 개의 Label 컴포넌트를 정의하는 부분이다. 16번 줄에서 27번 줄까지의 FlowFrame 생성자는 [예제 11.2]와 다른 것이 거의 없는 표준 프레임이다. 30번 줄에서는 FlowLayout의 객체가 매개변수가 없는 생성자를 호출하였는데 이 생성자는 프레임 중앙에 컴포넌트를 배치한다.

32-34번 줄은 setBackgroud() 메소드를 이용하여 각 Label의 배경색을 지정하였다. 35-37번 줄은 프레임에 Label 컴포넌트를 추가하기 위하여 add() 메소드를 사용하였다.

프로그램의 실행 결과는 다음과 같다.

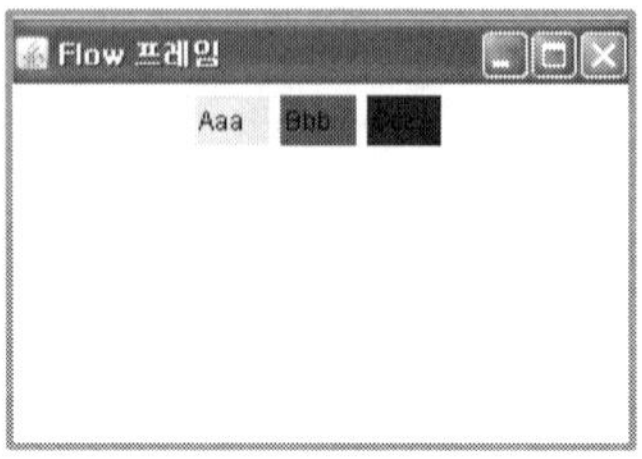

만일 프레임의 컴포넌트를 왼쪽 정렬 또는 오른쪽 정렬을 하고 싶으면 정렬에 관한 매개변수가 있는 FlowLayout(int pos) 생성자를 이용하여 실행하면 된다.

```
FlowLayout flow = new FlowLayout(FlowLayout.LEFT);
FlowLayout flow = new FlowLayout(FlowLayout.RIGHT);
```

프레임에서 라벨들이 왼쪽 정렬된 형태와 오른쪽 정렬된 형태가 아래 그림과 같다. 만일 프레임의 크기가 축소되면 정해진 규칙에 의해 다음 줄에 라벨이 인쇄된다.

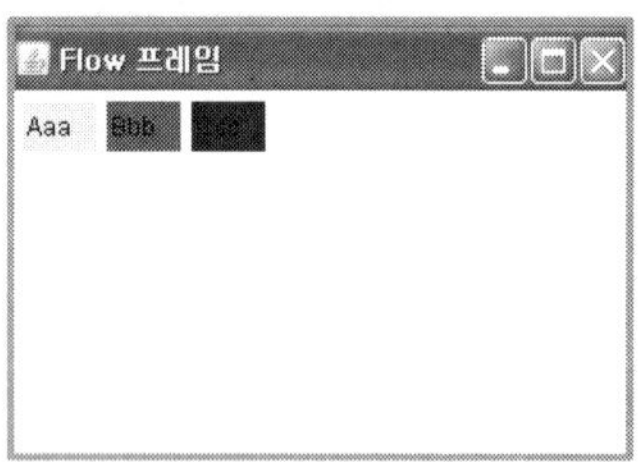

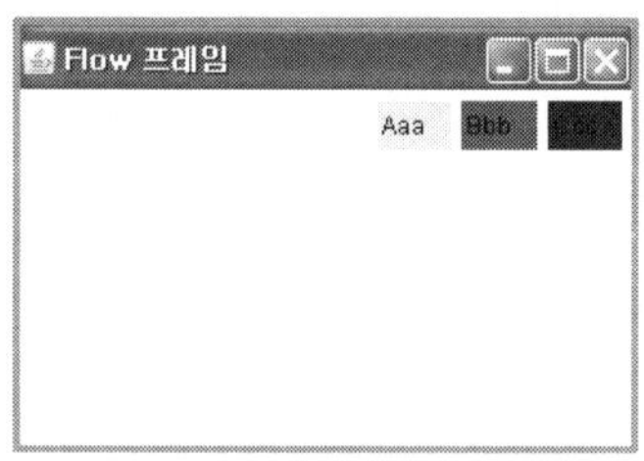

11.4.2 GridLayout

GridLayout은 프레임을 행과 열로 구분되는 격자(grid)로 나누어 각 컴포넌트를 차례로 배치하는 형태이다. 다음과 같은 두 개의 생성자를 가지고 있다.

```
GridLayout(int x, inty y)                    // x 행, y 열의 격자를 만듦
GridLayout(int x, int y, int xgap, int ygap)
        // x 행, y 열의 격자를 만들면서 격자간의 간격을 xgap, ygap만큼 둠
```

첫 번째 생성자를 이용하면 프레임을 x행, y열의 격자로 나눈 후 컴포넌트를 차례로 배치한다. 두 번째 생성자를 이용하면 x행, y열의 격자로 나누면서 격자

간의 간격을 x축으로는 xgap, y축으로는 ygap 만큼 만든 후 컴포넌트를 차례로 배치한다. 다음 예제를 살펴보자.

예제 11.4 프레임에 여섯 개의 Label을 GridLayout으로 배치하는 다음 프로그램을 분석하라. 선택사항인 x, y, xgap, ygap을 바꾸어 가면서 프레임이 어떻게 달라지는지 살펴보라.

```
/** FrameTest4.java *********/
import java.awt.*;    // java.awt 패키지를 불러옴
public class FrameTest4 {
  public static void main(String[] ar){
     GridFrame one = new GridFrame();
  }
}

class GridFrame extends Frame {
   private Dimension dimen, dimen1;
   private int xpos, ypos;
   private Label lb1 = new Label("A");
   private Label lb2 = new Label("B");
   private Label lb3 = new Label("C");
   private Label lb4 = new Label("D");
   private Label lb5 = new Label("E");
   private Label lb6 = new Label("F");
   public GridFrame() {
      super("Grid 프레임");                  // 상위클래스의 객체를 이용하여 이름 지정
      this.init();                          // init() 메소드 호출
      this.start();                         // start() 메소드 호출
      this.setSize(300, 200);               // 현재 프레임의 크기
      dimen = Toolkit.getDefaultToolkit().getScreenSize();
      dimen1 = this.getSize();
      xpos = (int)(dimen.getWidth() / 2 - dimen1.getWidth() / 2);
      ypos = (int)(dimen.getHeight() / 2 - dimen1.getHeight() / 2);
      this.setLocation(xpos,ypos);          // 현재 프레임의 위치
      this.setVisible(true);
   }

   public void init() {                     // 화면 구성 넣을 부분
     GridLayout grid = new GridLayout(2,3,5,10);
     this.setLayout(grid);
     lb1.setBackground(Color.yellow);
     lb2.setBackground(Color.red);
     lb3.setBackground(Color.blue);
     lb4.setBackground(Color.cyan);
     lb5.setBackground(Color.gray);
     lb6.setBackground(Color.green);
     this.add(lb1);
     this.add(lb2);
     this.add(lb3);
     this.add(lb4);
```

```
44      this.add(lb5);
45      this.add(lb6);
46    }
47
48    public void start() {
49      // 이벤트 처리할 부분
50    }
51  }
```

풀이

12-17번 줄은 여섯 개의 Label 컴포넌트를 정의하는 부분이다. 18번 줄에서 29번 줄까지의 GridFrame 생성자는 [예제 11.2]와 다른 것이 거의 없는 표준 프레임이다. 32번 줄에서는 GridLayout의 객체로 갭이 있는 생성자를 호출하였다.

34-39번 줄은 setBackgroud() 메소드를 이용하여 각 Label의 배경색을 지정하였다.

40-45번 줄은 프레임에 Label 컴포넌트를 추가하기 위하여 add() 메소드를 사용하였다. 프로그램의 실행 결과는 다음과 같다.

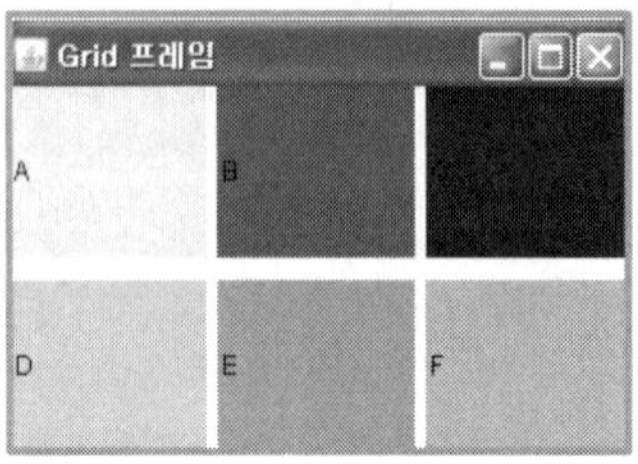

11.4.3 BorderLayout

BorderLayout은 프레임을 [그림 11-3]과 같이 Center, North, South, East, West의 다섯 영역으로 분할하고 각 컴포넌트를 원하는 위치에 배치하는 형태이다.

[그림 11-3] Border 레이아웃의 영역 배치

컴포넌트의 크기는 프레임의 크기에 의해 좌우되며 다음과 같은 두 개의 생성자를 가지고 있다.

```
BorderLayout()
BorderLayout(int xgap, ygap)
```

첫 번째 생성자는 영역간의 간격(gap)이 없는 형태이고 두 번째 생성자는 영역 사이의 xgap과 ygap을 지정한 형태이다. 각 영역에 컴포넌트를 다 채울 필요는 없다. 만약 Center 영역에 컴포넌트가 없다면 그 자리는 비게 되지만 다른 영역이 비어 있다면 Center 영역이 그 자리를 차지한다.

예제 11.5 **프레임에 다섯 개의 Label을 BorderLayout으로 배치하는 다음 프로그램을 분석하라. 선택사항을 변화시키면서 어떻게 달라지는지 살펴보라.**

```
/** FrameTest5.java *********/
import java.awt.*;                                // java.awt 패키지를 불러옴
public class FrameTest5 {
  public static void main(String[] ar){
    BorderFrame one = new BorderFrame();
  }
}

class BorderFrame extends Frame {
   private Dimension dimen, dimen1;
   private int xpos, ypos;
   private Label lb1 = new Label("A");
   private Label lb2 = new Label("B");
   private Label lb3 = new Label("C");
   private Label lb4 = new Label("D");
   private Label lb5 = new Label("E");

   public BorderFrame() {
      super("Border 프레임");                    // 상위클래스의 객체를 이용하여 이름 지정
      this.init();                               // init() 메소드 호출
      this.start();                              // start() 메소드 호출
      this.setSize(300, 200);                    // 현재 프레임의 크기
      dimen = Toolkit.getDefaultToolkit().getScreenSize();
      dimen1 = this.getSize();
      xpos = (int)(dimen.getWidth() / 2 - dimen1.getWidth() / 2);
      ypos = (int)(dimen.getHeight() / 2 - dimen1.getHeight() / 2);
      this.setLocation(xpos,ypos);               // 현재 프레임의 위치
      this.setVisible(true);
   }

   public void init() {                          // 화면 구성 넣을 부분
     BorderLayout border = new BorderLayout(5,10);
     this.setLayout(border);
     lb1.setBackground(Color.yellow);
     lb2.setBackground(Color.red);
     lb3.setBackground(Color.blue);
     lb4.setBackground(Color.cyan);
     lb5.setBackground(Color.gray);
     this.add("Center",lb1);
     this.add("North",lb2);
```

```
41      this.add("South",lb3);
42      this.add("East",lb4);
43      this.add("West",lb5);
44    }
45
46    public void start() {
47      // 이벤트 처리할 부분
48    }
49  }
```

풀이

12-16번 줄은 여섯 개의 Label 컴포넌트를 정의하는 부분이다.

18-29번 줄까지의 BorderFrame 생성자는 [예제 11.2]와 다른 것이 거의 없는 표준 프레임이다.

32번 줄에서는 BorderLayout의 객체로 갭이 있는 생성자를 호출하였다.

34-38번 줄은 setBackgroud() 메소드를 이용하여 각 Label의 배경색을 지정하였다.

39-43번 줄은 프레임에 Label 컴포넌트를 추가하기 위하여 add() 메소드를 사용하였는데 이때 각 컴포넌트가 위치하는 영역을 지정하였다.

프로그램의 실행 결과는 다음과 같다.

11.4.4 CardLayout

CardLayout은 프레임에 카드를 엎어서 포개 놓은 듯이 배치하는 형태이다. 다음과 같은 두 개의 생성자를 가지고 있다.

```
CardLayout()
CardLayout(int hgap, int vgap)
```

프레임에 CardLayout을 적용하면 그 프레임에 추가되는 컴포넌트가 계속 겹쳐서 카드처럼 쌓이게 된다. 따라서 별도의 프로그램이 없으면 마지막 컴포넌트만 화면에 보이게 되므로 특정 컴포넌트를 보이게 하려면 CardLayout 클래스의 show()라는 메소드를 이용해야 한다. 두 번째 생성자를 이용하면 컴포넌트 주변의 간격을 조절할 수 있다.

프레임에 세 개의 Label을 CardLayout으로 배치하는 다음 예제를 살펴보자.

이 예제에서는 지금까지 사용하지 않은 **Thread** 클래스의 sleep()라는 메소드를 이용하여 한 컴포넌트를 잠시 보여 준 후, 시간을 두고 다음 컴포넌트를 보여 준다.

Thread 클래스

Thread는 프로그램을 분할하여 각 프로그램이 별도로 작동하는 데 사용하는 시분할(time sharing) 개념의 클래스이다. 움직이는 화면을 구성할 때 많이 이용한다.

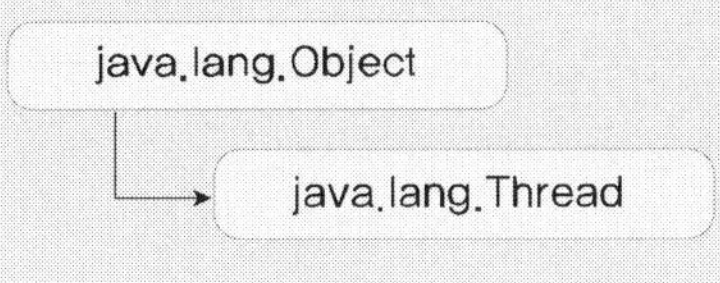

예제 11.6 프레임에 세 개의 Label을 CardLayout으로 배치하는 다음 프로그램을 분석하라.

```
/** FrameTest6.java *********/
import java.awt.*;                          // java.awt 패키지를 불러옴
public class FrameTest6 {
  public static void main(String[] ar){
     CardFrame one = new CardFrame();
  }
}

class CardFrame extends Frame {
   private Dimension dimen, dimen1;
   private int xpos, ypos;
   private Label lb1 = new Label("A");
   private Label lb2 = new Label("B");
   private Label lb3 = new Label("C");
   private CardLayout card = new CardLayout(5,10);

   public CardFrame() {
      super("Card 프레임");                  // 상위클래스의 객체를 이용하여 이름 지정
      this.init();                          // init() 메소드 호출
      this.start();                         // start() 메소드 호출
      this.setSize(300, 200);               // 현재 프레임의 크기
      dimen = Toolkit.getDefaultToolkit().getScreenSize();
      dimen1 = this.getSize();
      xpos = (int)(dimen.getWidth() / 2 - dimen1.getWidth() / 2);
      ypos = (int)(dimen.getHeight() / 2 - dimen1.getHeight() / 2);
      this.setLocation(xpos,ypos);          // 현재 프레임의 위치
      this.setVisible(true);
      try{
        Thread.sleep(1000);
      } catch(InterruptedException e) { }
      card.show(this,"aaa");
      try{
        Thread.sleep(1000);
```

```
34      } catch(InterruptedException e) { }
35      card.show(this,"bbb");
36      try{
37        Thread.sleep(1000);
38      } catch(InterruptedException e) { }
39      card.show(this,"ccc");
40    }
41
42    public void init() {                    // 화면 구성 넣을 부분
43      lb1.setBackground(Color.yellow);
44      lb2.setBackground(Color.red);
45      lb3.setBackground(Color.blue);
46      this.setLayout(card);
47      this.add("aaa",lb1);
48      this.add("bbb",lb2);
49      this.add("ccc",lb3);
50    }
51
52    public void start() {
53      // 이벤트 처리할 부분
54    }
55  }
```

풀이

12-14번 줄은 세 개의 Label 컴포넌트를 정의하는 부분이다. 앞의 예제와는 달리 15번 줄에서 먼저 CardLayout의 객체를 생성하였다.

17번 줄에서 40번 줄까지는 CardFrame 생성자로서 27번 줄까지는 [예제 11.2]와 다른 것이 거의 없다. 하지만 28-39번 줄까지는 세 개의 독립 Thread를 이용하여 세 가지 Label 컴포넌트를 시차를 가지고 보여 주는 프로그램이다.

43-45번 줄은 setBackgroud() 메소드를 이용하여 각 Label의 배경색을 지정하였다.

47-49번 줄은 프레임에 Label 컴포넌트를 추가하기 위하여 add() 메소드를 사용하였다. 프로그램의 실행 결과는 처음에 노란색의 라벨이 보이다가 빨간색으로 바뀌고 이어서 파란색의 라벨이 나타난다.

11.4.5 GridBagLayout

GridBagLayout은 프레임의 좌측 상단을 기준으로 폭과 크기를 정하여 각 컴포넌트를 배치하는 형태로서 하나의 생성자를 가지고 있다.

```
GridBagLayout()
```

GridBagLayout은 단독으로 사용하기보다는 GridBagConstraints라는 클래스의 도움을 받아 사용한다. GridBagConstraints 클래스의 객체가 지정할 수 있는 멤버 필드는 [표 11.4]와 같다.

[표 11.4] GridBagConstraints 클래스의 멤버 필드

GridBagConstraints 클래스의 필드	설명
gridx, gridy	컴포넌트의 상대 위치
gridwidth, gridheight	컴포넌트의 기본 크기에 대한 폭과 높이의 배율
weightx, weighty	컴포넌트의 각 영역 크기 비율
anchor	영역 내부에서의 컴포넌트 위치
fill	영역을 채우기 위한 속성 지정
insets	컴포넌트 영역 내부에서의 여백
ipadx, ipady	컴포넌트의 크기 추가

GridBagLayout 배치에서 GridBagConstraints 클래스를 사용하는 다음 예제를 살펴보자.

예제 11.7 프레임에 다섯 개의 Label을 GridBagLayout으로 배치하는 다음 프로그램을 분석하라.

```
/** FrameTest7.java *********/
import java.awt.*;                            // java.awt 패키지를 불러옴
public class FrameTest7 {
  public static void main(String[] ar){
     GridBagFrame one = new GridBagFrame();
  }
}

class GridBagFrame extends Frame {
   private Dimension dimen, dimen1;
   private int xpos, ypos;
   private Label lb1 = new Label("A");
   private Label lb2 = new Label("B");
   private Label lb3 = new Label("C");
   private Label lb4 = new Label("D");
   private Label lb5 = new Label("E");

   public GridBagFrame() {
      super("GridBag 프레임");                // 상위클래스의 객체를 이용하여 이름 지정
      this.init();                            // init() 메소드 호출
      this.start();                           // start() 메소드 호출
      this.setSize(300, 200);                 // 현재 프레임의 크기
      dimen = Toolkit.getDefaultToolkit().getScreenSize();
      dimen1 = this.getSize();
      xpos = (int)(dimen.getWidth() / 2 - dimen1.getWidth() / 2);
```

```
26      ypos = (int)(dimen.getHeight() / 2 - dimen1.getHeight() / 2);
27      this.setLocation(xpos,ypos);     // 현재 프레임의 위치
28      this.setVisible(true);
29    }
30
31    public void init() {                      // 화면 구성 넣을 부분
32      GridBagLayout gridbag = new GridBagLayout();
33      GridBagConstraints gc = new GridBagConstraints();
34      this.setLayout(gridbag);
35      lb1.setBackground(Color.yellow);
36      lb2.setBackground(Color.red);
37      lb3.setBackground(Color.blue);
38      lb4.setBackground(Color.cyan);
39      lb5.setBackground(Color.gray);
40      gc.gridx = 0; gc.gridy = 0;
41      gridbag.setConstraints(lb1, gc); this.add(lb1);
42      gc.gridx = 1; gc.gridy = 1; gc.gridwidth =2; gc.gridheight =2;
43      gridbag.setConstraints(lb2, gc); this.add(lb2);
44      gc.gridx = 2; gc.gridy = 3; gc.weightx = 1;
45      gridbag.setConstraints(lb3, gc); this.add(lb3);
46      gc.weightx=1;gc.weighty=2; gc.anchor=GridBagConstraints.
        NORTHEAST;
48      gridbag.setConstraints(lb4, gc); this.add(lb4);
49      gc.weightx = 3; gc.weighty = 3; gc.fill = GridBagConstraints.
        VERTICAL;
50      gridbag.setConstraints(lb5, gc); this.add(lb5);
51    }
52
53    public void start() {
54      // 이벤트 처리할 부분
55    }
56  }
```

풀이

12-16번 줄은 다섯 개의 Label 컴포넌트를 정의하는 부분이다.

18-29번 줄까지의 GridBagFrame 생성자는 [예제 11.2]와 다른 것이 거의 없는 표준 프레임이다. 32번 줄에서는 GridBagLayout의 객체를 생성하고 33번 줄에서는 GridBag Constraints 객체를 생성한다.

35-39번 줄은 setBackgroud() 메소드를 이용하여 각 라벨의 배경색을 지정하였다.

40-50번 줄은 GridBagConstraints 의 객체에 대해 여러 가지 필드 값을 지정하고 프레임에 Label 컴포넌트를 추가하기 위하여 add() 메소드를 사용하였다.

프로그램의 실행 결과는 다음과 같다.

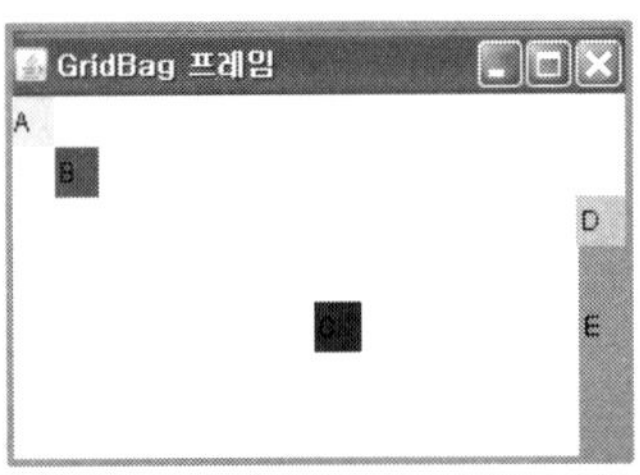

11.5 AWT Panel 클래스

11.4절에서 프레임에 컴포넌트를 배치하는 기본적인 방법을 연구하였다. 하지만 어느 경우에는 각 레이아웃의 한 영역에 두 가지 이상의 컴포넌트를 배치할 필요가 있다. 이때 사용하는 것이 **Panel 클래스**인데 패널은 프레임처럼 단독으로 사용할 수 없고 두 가지 이상의 컴포넌트를 묶어 프레임의 한 영역에 넣을 때 사용한다. 예를 들어 아래와 같은 BorderLayout 형태에서 South 영역을 둘로 South 1과 South 2로 나눈 형태의 디자인에 패널이 사용될 수 있다.

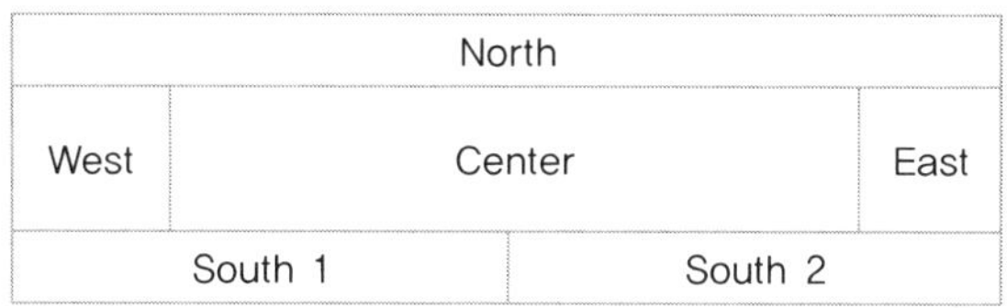

[그림 11-4] Panel을 이용한 Border 레이아웃의 South 영역 분할

각각의 패널은 스스로 앞 절의 레이아웃 구조를 지닐 수 있어 아주 다양한 프레임을 설계할 수 있다. Panel 클래스는 다음과 같은 두 개의 생성자를 가지고 있다.

```
Panel()
Panel(LayoutManager mgr)
```

이중 두 번째 생성자가 패널안에 다른 레이아웃을 넣어 배치하는 형태이다. 다음 예제를 살펴보자.

예제 11.8 두 개의 Label을 패널에 넣은 후 BorderLayout 프레임의 South에 배치하는 다음 프로그램을 분석하라.

```
/** FrameTest8.java to test BorderLayout ********************/
import java.awt.*;
public class FrameTest8 {
  public static void main(String[] args){
    BorderFrame one = new BorderFrame();
  }
} // end FrameTest8
```

```
08
09 class BorderFrame extends Frame {
10   private Dimension dimen, dimen1;
11   private int xpos, ypos;
12   private Label lb1 = new Label("South1");
13   private Label lb2 = new Label("South2");
14
15   public BorderFrame() {
16     super("Border-Panel 프레임");         // 상위클래스의 객체로 이름 지정
17     this.init();                         // init() 메소드 호출
18     this.start();                        // start() 메소드 호출
19     this.setSize(300, 200);              // 현재 프레임의 크기
20     dimen = Toolkit.getDefaultToolkit().getScreenSize();
21     dimen1 = this.getSize();
22     xpos = (int)(dimen.getWidth() / 2 - dimen1.getWidth() / 2);
23     ypos = (int)(dimen.getHeight() / 2 - dimen1.getHeight() / 2);
24     this.setLocation(xpos,ypos);         // 현재 프레임의 위치
25     this.setVisible(true);
26   }                                      // end constructor
27
28   public void init() {                   // 화면 구성 넣을 부분
29    BorderLayout border = new BorderLayout(5,10);
30    this.setLayout(border);
31    lb1.setBackground(Color.yellow);
32    lb2.setBackground(Color.red);
33    GridLayout grid = new GridLayout(1,2);
34    Panel p = new Panel();
35    p.setLayout(grid);
36    p.add(lb1);
37    p.add(lb2);
38    this.add("South",p);
39    } // end init
40
41   public void start() {
42     // 이벤트 처리할 부분
43   }
44 } // end class BorderFrame
```

풀이

위의 프로그램은 [예제 11.5]에서 살펴본 BorderLayout 프로그램과 거의 유사하다. 하지만 33번 줄에서 GridLayout 객체 grid를 생성하고 34번 줄에서는 Panel 객체 p를 생성한 후 lb1과 lb2를 이 패널에 넣었다(35–37번 줄). 그리고 38번 줄에서 이 패널 p를 Border 레이아웃 구조의 South에 배치하였다.

프로그램의 실행 결과는 다음과 같이 프레임의 South 영역이 이등분되어 나타난다.

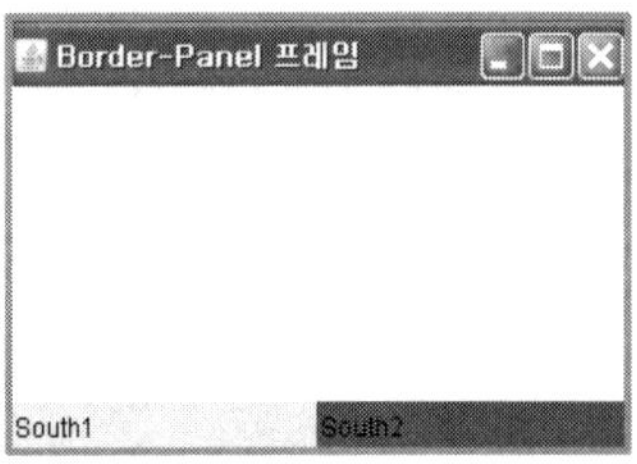

만일 위의 예제에서 South2 영역을 다시 위 아래로 분할하여 South21과 South22 라벨을 주고 싶다면 어떻게 할까? 먼저 12번 13번 줄을 세 개의 라벨을 정의하는 것으로 바꾼다.

```
private Label lb1 = new Label("South1");
private Label lb21 = new Label("South21");
private Label lb22 = new Label("South22");
```

그리고 2행 1열의 GridLayout 형태의 패널 p2를 하나 더 만들어 여기에 lb21과 lb22를 배치한 후 lb1과 이 패널 p2를 South 영역에 다음과 같이 배치한다.

```
public void init() {    // 화면 구성 넣을 부분
   BorderLayout border = new BorderLayout(5,10);
   this.setLayout(border);
   lb1.setBackground(Color.yellow);
   lb21.setBackground(Color.red);
   lb22.setBackground(Color.cyan);
   GridLayout grid1 = new GridLayout(1,2);
   Panel p1 = new Panel();
   GridLayout grid2 = new GridLayout(2,1);
   Panel p2 = new Panel();
   p2.setLayout(grid2);
   p2.add(lb21);
   p2.add(lb22);
   p1.setLayout(grid1);
   p1.add(lb1);
   p1.add(p2);
   this.add("South",p1);
}
```

수정된 프로그램을 실행한 결과는 다음과 같다.

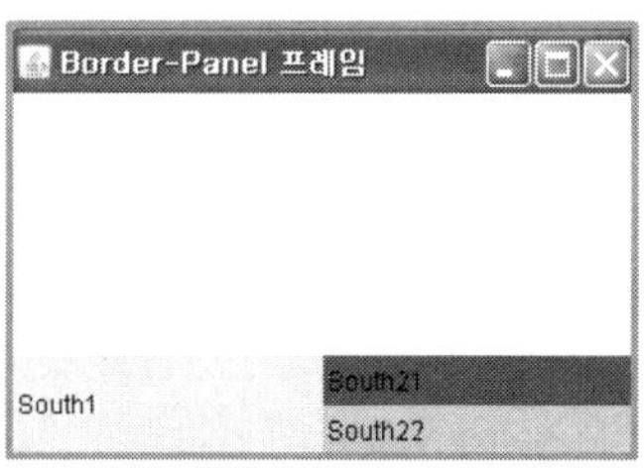

11.6 AWT 컴포넌트

11.4절과 11.5절에서는 다양한 레이아웃 구조로 프레임을 설계하는 방법을 연구하였다. 하지만 프레임 위에 사용된 컴포넌트는 단지 Label뿐이었다. 11.2절에서 설명하였듯이 AWT는 [표 11.2]와 같은 16개의 컴포넌트를 이용하여 다양한 프레임을 설계할 수 있다. 이 절에서는 각 컴포넌트 클래스에 대해 자세히 살펴본다.

11.6.1 Label 클래스

Label은 11.5절의 레이아웃을 연구하면서 많이 사용한 사각형 모양에 텍스트 문자를 배치하는 컴포넌트로서 다음과 같은 상속 관계와 필드, 생성자, 메소드를 가지고 있다.

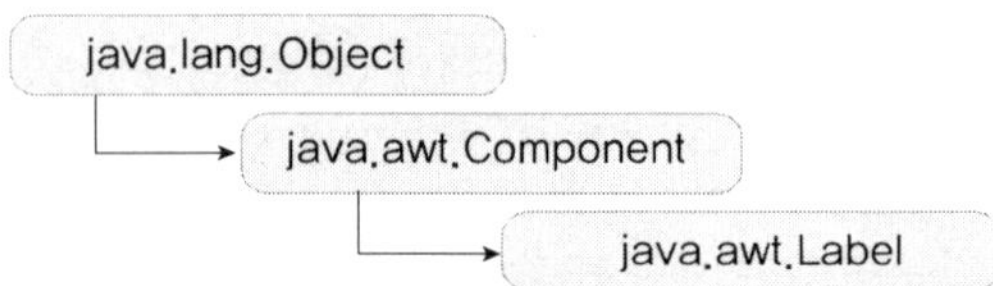

필드

데이터형	이름	내용
static final int	CENTER	중앙에 텍스트 배치
static final int	LEFT	왼쪽에 텍스트 배치
static final int	RIGHT	오른쪽에 텍스트 배치

생성자

생성자 형태	내용
Label()	기본 라벨
Label(String text)	텍스트를 지정하는 라벨
Label(String text, int alignment)	텍스트와 정렬 형태까지 지정하는 라벨 alignment: 0:왼쪽, 1:중앙, 2:오른쪽

메소드

메소드 이름	내용
int getAlignment()	지정된 텍스트 배치 방법의 값을 가져오기
String getText()	Label의 텍스트를 가져오기
void setAlignment(int alignment)	텍스트의 배치 방법을 지정
void setText(String text)	Label의 텍스트를 지정

다음 예제는 [예제 11.3]을 위의 몇 가지 메소드를 이용하여 변형시킨 것이다. 메소드 이용 방법을 이해하기 바란다.

예제 11.9 **프레임에 세 개의 라벨을 FlowLayout으로 배치한 후 그 라벨의 내용과 텍스트 배치 방법을 변형시키는 다음 프로그램을 분석하라.**

```
/** FrameTest9.java to test alignment  *************************/
import java.awt.*;
public class FrameTest9 {
  public static void main(String[] ar){
    FlowFrame one = new FlowFrame();
  }
}

class FlowFrame extends Frame {
  private Dimension dimen, dimen1;
  private int xpos, ypos;
  private Label lb1 = new Label("Aaa");
  private Label lb2 = new Label("Bbb");
  private Label lb3 = new Label("Ccc");

  public FlowFrame() {
    super("Flow 프레임");                    // 상위클래스의 객체를 이용하여 이름 지정
    this.init();                            // init() 메소드 호출
    this.start();                           // start() 메소드 호출
    this.setSize(300, 200);                 // 현재 프레임의 크기
    dimen = Toolkit.getDefaultToolkit().getScreenSize();
    dimen1 = this.getSize();
    xpos = (int)(dimen.getWidth() / 2 - dimen1.getWidth() / 2);
    ypos = (int)(dimen.getHeight() / 2 - dimen1.getHeight() / 2);
    this.setLocation(xpos,ypos);            // 현재 프레임의 위치
    this.setVisible(true);

    try{
      Thread.sleep(1000);
    } catch(InterruptedException e) {}
    String str = lb1.getText();
    lb1.setText(str+" Left");
    lb1.setAlignment(Label.LEFT);
    str = lb2.getText();
    lb2.setText(str+" Center");
    lb2.setAlignment(Label.CENTER);
    str = lb3.getText();
    lb3.setText(str+" Right");
    lb3.setAlignment(Label.RIGHT);
  }

  public void init() {                      // 화면 구성 넣을 부분
   FlowLayout flow = new FlowLayout();
```

```
44      this.setLayout(flow);
45      lb1.setBackground(Color.yellow);
46      lb2.setBackground(Color.red);
47      lb3.setBackground(Color.blue);
48      this.add(lb1);
49      this.add(lb2);
50      this.add(lb3);
51    }
52
53    public void start() {
54      // 이벤트 처리할 부분
55    }
56 }
```

풀이

28-40번 줄이 [예제 11.3]과 달라진 부분이다. 프로그램은 먼저 라벨 세 개를 텍스트가 왼쪽으로 배치된 형태로 프레임에 보여 준다. 잠시 후에 Thread를 이용하여 라벨1의 텍스트를 getText() 메소드로 받아들인 후(31번 줄), 여기에 'Left'라는 텍스트를 추가하고(32번 줄), 이 라벨1의 텍스트 배치 방법을 왼쪽 정렬로 바꾼다(33번 줄). 같은 방법으로 라벨2는 중앙배치(34-36번 줄), 라벨3은 우측정렬(37-39번 줄)로 바꾼다.

프로그램의 실행 결과는 다음과 같다.

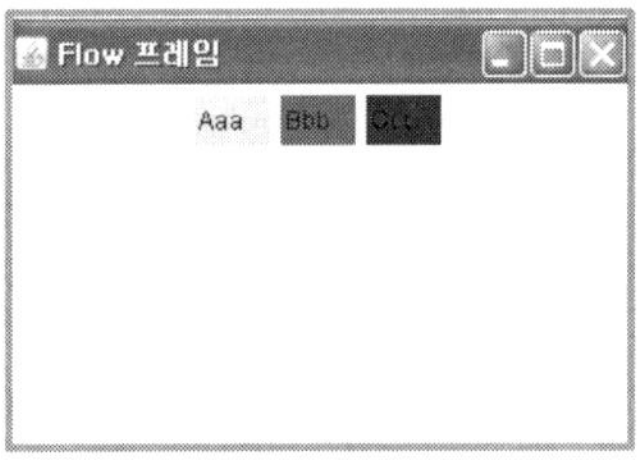

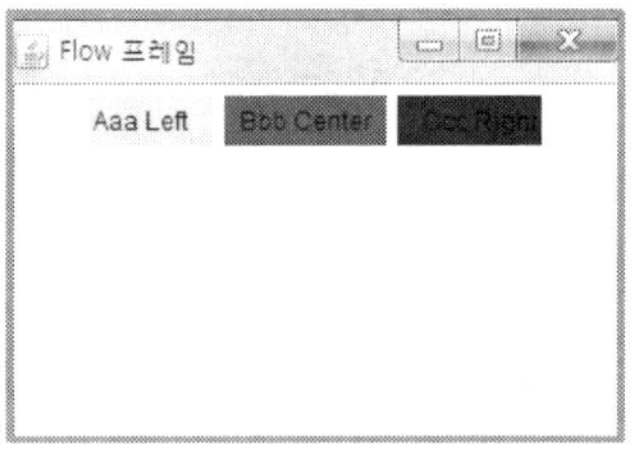

11.6.2 Button 클래스

Button은 각종 GUI 응용 프로그램에서 '확인', 또는 '취소' 등과 같이 어떤 행위를 지정하고자 할 때 사용되는 컴포넌트이다. 다음과 같은 상속 관계와 생성자, 메소드를 가지고 있다.

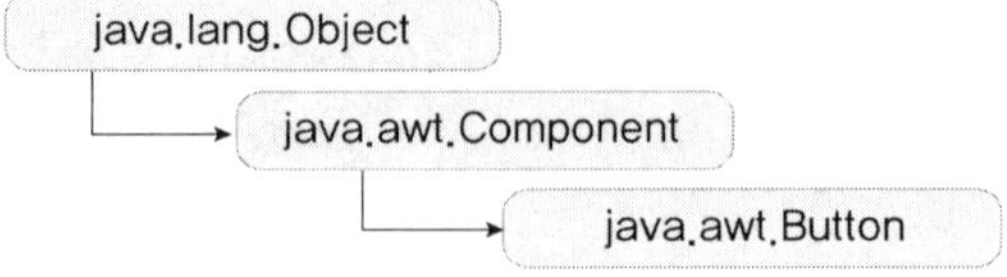

생성자

생성자 형태	내용
Button()	기본 버튼
Button(String text)	버튼 내부에 텍스트를 지정

메소드

메소드 이름	내용
Stirng getActionCommand()	현재 버튼의 대한 Action 가져오기
String getLabel()	버튼의 텍스트를 가져오기
void setActionCommand(String command)	현재 버튼에 Action 지정
void setLabel(String label)	버튼의 텍스트를 지정

예제 11.10 버튼을 이용한 다음 전화기 자판 프로그램을 분석하라.

```
/** ButtonTest.java to test Button Class **********************/
import java.awt.*;
public class ButtonTest {
  public static void main(String[] ar){
    GridFrame one = new GridFrame();
  }
} // end ButtonTest

class GridFrame extends Frame {
  private Dimension dimen, dimen1;
  private int xpos, ypos;
  private Button[] bt = new Button[12]; // 버튼 객체 배열

  public GridFrame() {
    super("전화기자판");                // 상위클래스의 객체를 이용하여 이름 지정
    this.init();                      // init() 메소드 호출
    this.start();                     // start() 메소드 호출
    this.setSize(300, 400);           // 현재 프레임의 크기
    dimen = Toolkit.getDefaultToolkit().getScreenSize();
    dimen1 = this.getSize();
    xpos = (int)(dimen.getWidth() / 2 - dimen1.getWidth() / 2);
    ypos = (int)(dimen.getHeight() / 2 - dimen1.getHeight() / 2);
    this.setLocation(xpos,ypos);      // 현재 프레임의 위치
    this.setVisible(true);
  } // end constructor

  public void init() {                // 화면 구성 넣을 부분
   GridLayout grid = new GridLayout(4,3,5,5);
   this.setLayout(grid);
   Font font = new Font("TimesRoman",Font.BOLD,40);
  String[] str = {"1","2","3","4","5","6","7","8","9","*","0","#"};
```

```
32      Color[] col = new Color[12];
33      for (int i=0; i < 12; i++){
34        bt[i] = new Button(str[i]);
35        bt[i].setFont(font);
36        col[i] = new Color(32+i*8,96+i*8,160+i*8);
37        bt[i].setBackground(col[i]);
38        this.add(bt[i]);
39      } // end for
40    } // end init
41
42    public void start() {
43       // 이벤트 처리할 부분
44    }
45 } // end class GridFrame
```

풀이

이 프로그램은 [예제 11.4]의 GridFrame을 변형한 것으로 14-25번 줄은 프레임의 크기만 다르고 같다.

전화기 자판을 위해 12번 줄에서 Button 객체 배열 12개를 생성하고, 28번 줄에서 4행 3열의 GridLayout 객체를 생성하였다.

30번 줄은 전화기 자판을 위한 폰트의 선정이고, 31번 줄은 자판에 들어갈 문자이다.

32번 줄은 배경색을 지정하기 위한 Color 객체를 12개 생성하고 36번 줄에서 색을 지정하였다.

프로그램의 실행 결과는 다음과 같다.

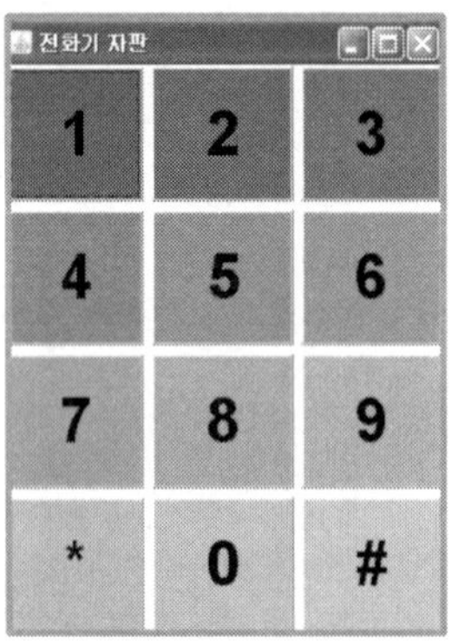

11.6.3 Checkbox와 CheckboxGroup 클래스

Checkbox는 프레임에 여러 가지 선택사항을 나열하고 이 중 원하는 것을 복수로 선택할 때 사용되는 컴포넌트로서 다음과 같은 상속 관계와 생성자, 메소드를 가지고 있다.

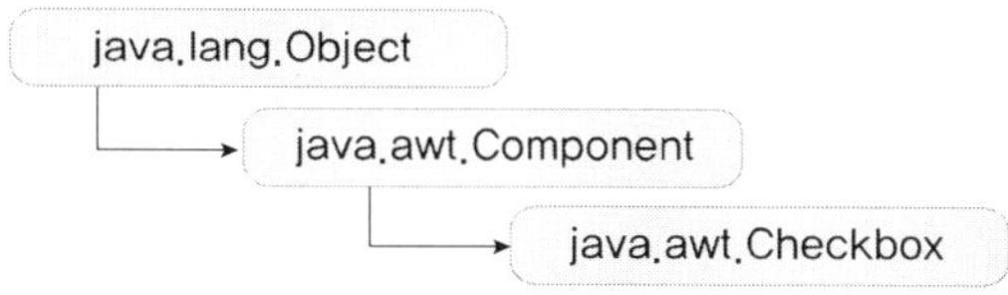

생성자

생성자 형태	내용
Checkbox()	기본 체크박스
Checkbox(String label)	체크박스 내부에 라벨을 지정
Checkbox(String label, boolean state)	체크박스 라벨을 지정하고 체크 상태 표시
Checkbox(String label, boolean state, CheckboxGroup group)	체크박스 그룹으로 지정

메소드

메소드 이름	내용
String getLabel()	체크박스의 문자열 가져오기
boolean getState()	체크박스의 체크 상태 가져오기
void setLabel(String label)	체크박스의 문자열 지정
void setState(boolean state)	체크 상태 지정

CheckboxGroup은 Checkbox와 유사하나 여러 가지 선택사항 중 하나만 선택할 수 있는 컴포넌트로서 주요 생성자와 메소드는 다음과 같다.

생성자

생성자 형태	내용
CheckboxGroup()	기본 체크박스

메소드

메소드 이름	내용
Checkbox getSelectedCheckbox()	선택된 체크박스의 객체 가져오기
void setSelectedCheckbox(Checkbox box)	특정 체크박스 선택 지정

예제 11.11 Checkbox를 이용하는 다음 프로그램을 분석하고 CheckboxGroup으로 바꾸어 보라.

```
/** CheckboxTest.java to make checkboxes *********************/
import java.awt.*;
public class CheckboxTest {
  public static void main(String[] ar){
    BorderFrame one = new BorderFrame();
```

```
06    }
07 } // end CheckboxTest
08
09 class BorderFrame extends Frame {
10    private Dimension dimen, dimen1;
11    private int xpos, ypos;
12    private Label lb = new Label(" 좋아하는 운동은");
13    private Checkbox cb1 = new Checkbox(" 달리기");
14    private Checkbox cb2 = new Checkbox(" 수영");
15    private Checkbox cb3 = new Checkbox(" 테니스");
16    private Checkbox cb4 = new Checkbox(" 배드민턴");
17    private Checkbox cb5 = new Checkbox(" 탁구");
18    private Button bt1 = new Button("확인");
19    private Button bt2 = new Button("취소");
20
21    public BorderFrame() {
22      super("Checkbox 프레임");
23      this.init();                            // init() 메소드 호출
24      this.start();                           // start() 메소드 호출
25      this.setSize(300, 200);                 // 현재 프레임의 크기
26      dimen = Toolkit.getDefaultToolkit().getScreenSize();
27      dimen1 = this.getSize();
28      xpos = (int)(dimen.getWidth() / 2 - dimen1.getWidth() / 2);
29      ypos = (int)(dimen.getHeight() / 2 - dimen1.getHeight() / 2);
30      this.setLocation(xpos,ypos);            // 현재 프레임의 위치
31      this.setVisible(true);
32    } // end constructor
33
34    public void init() {                      // 화면 구성 넣을 부분
35      BorderLayout border = new BorderLayout(5,10);
36      this.setLayout(border);
37      this.add("North",lb);
38
39      GridLayout grid = new GridLayout(5,1);
40      Panel p = new Panel(grid);
41      p.add(cb1); p.add(cb2); p.add(cb3); p.add(cb4); p.add(cb5);
42      this.add("Center",p);
43
44      FlowLayout flow = new FlowLayout(FlowLayout.RIGHT);
45      Panel q = new Panel(flow);
46      q.add(bt1); q.add(bt2);
47      this.add("South",q);
48    } // end init
49    public void start() {
50       // 이벤트 처리할 부분
51    }
52 } // end class BorderFrame
```

풀이

이 프로그램은 [예제 11.5]의 BorderLayout 프레임을 변형한 것으로 12-19번 줄까지 필요한 라벨과, 체크박스, 버튼을 지정하였다. 34-48번 줄의 init() 메소드에서 먼저 라벨

을 North에 배치하고(37번 줄), Center에는 패널을 5행 1열의 GridLayout 형태로 만들어 넣은 후 체크박스 다섯 개를 배치하였다(39-42번 줄). South에는 FlowLayout 형태로 패널을 만든 후 버튼 두 개를 넣어 배치하였다.

프로그램의 실행 결과는 다음과 같다.

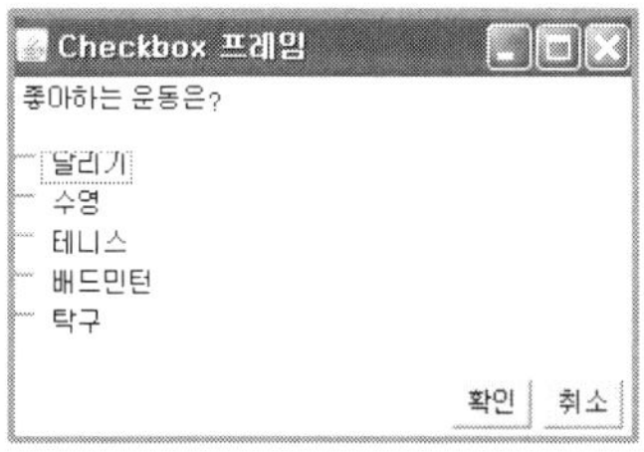

만일 CheckboxGroup으로 하여 하나만 선택하고 싶다면 13-17번 줄을 다음과 같이 수정하면 된다.

```
private CheckboxGroup cg = new CheckboxGroup();
private Checkbox cb1 = new Checkbox(" 달리기", true, cg);
private Checkbox cb2 = new Checkbox(" 수영", false, cg);
private Checkbox cb3 = new Checkbox(" 테니스", false, cg);
private Checkbox cb4 = new Checkbox(" 배드민턴", false, cg);
private Checkbox cb5 = new Checkbox(" 탁구", false, cg);
```

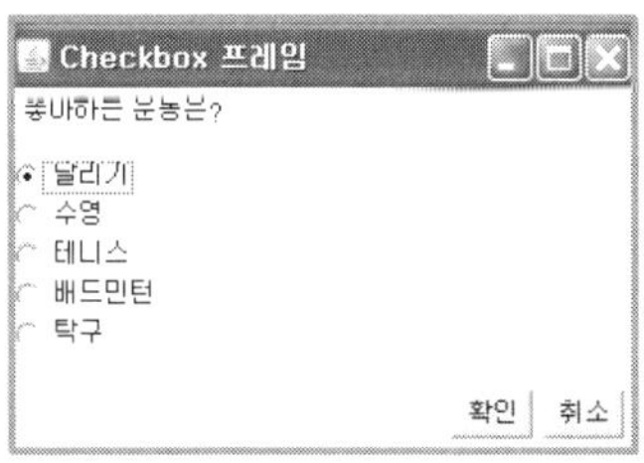

11.6.4 Choice 클래스

Choice는 각종 GUI 응용 프로그램에서 생년월일의 선택에 많이 이용되는 컴포넌트이다. 다음과 같은 상속 관계 및 생성자, 메소드를 가지고 있다.

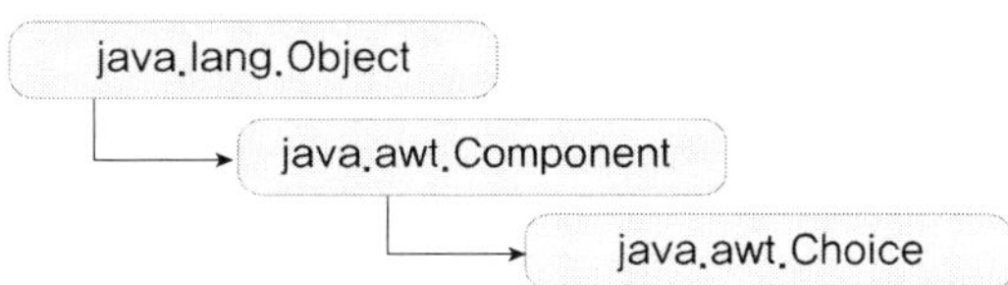

생성자

생성자 형태	내용
Choice()	기본 Choice 객체 생성

메소드

메소드 이름	내용
void add(String item)	Choice에 item 문자열 추가
String getitem(int index)	특정 위치의 item 가져오기
int getitemCount()	현 Choice의 item 개수 가져오기
int getSelectedIndex()	선택된 위치 값 가져오기
String getSelecteditem()	현재 선택된 item 가져오기
void insert(String item, int index)	index 위치에 item 넣기
void remove(int index)	index 위치의 item 제거하기
void remove(String item)	item가 같은 이름의 item 제거하기
void select(int pos)	pos 위치의 item을 선택
void select(String str)	str과 같은 item을 선택

예제 11.12 초이스를 이용한 생년월일을 입력받는 다음 프로그램을 분석하라.

```
/** ChoiceTest.java test Choice *********************************/
import java.awt.*;
public class ChoiceTest {
  public static void main(String[] args){
    FlowFrame one = new FlowFrame();
  }
} // end ChoiceTest

class FlowFrame extends Frame {
  private Dimension dimen, dimen1;
  private int xpos, ypos;
  private Label lb1 = new Label("생년월일");
  private Label lb2 = new Label("년");
  private Label lb3 = new Label("월");
  private Label lb4 = new Label("일");
  private Choice ch1 = new Choice();
  private Choice ch2 = new Choice();
  private Choice ch3 = new Choice();

  public FlowFrame() {
    super("Choice 프레임");              // 상위클래스의 객체를 이용하여 이름 지정
    this.init();                         // init() 메소드 호출
    this.start();                        // start() 메소드 호출
    this.setSize(400, 200);              // 현재 프레임의 크기
    dimen = Toolkit.getDefaultToolkit().getScreenSize();
    dimen1 = this.getSize();
    xpos = (int)(dimen.getWidth() / 2 - dimen1.getWidth() / 2);
    ypos = (int)(dimen.getHeight() / 2 - dimen1.getHeight() / 2);
    this.setLocation(xpos,ypos);        // 현재 프레임의 위치.
    this.setVisible(true);
```

```
31    } // end constructor
32
33    public void init() {                    // 화면 구성 넣을 부분
34      FlowLayout flow = new FlowLayout(FlowLayout.CENTER);
35      this.setLayout(flow);
36      for (int i = 2013; i >= 1980; i--) ch1.add(String.valueOf(i));
37      for (int i = 1; i <= 12; i++) ch2.add(String.valueOf(i));
38      for (int i = 1; i <= 31; i++) ch3.add(String.valueOf(i));
39
40      this.add(lb1);
41      this.add(ch1);
42      this.add(lb2);
43      this.add(ch2);
44      this.add(lb3);
45      this.add(ch3);
46      this.add(lb4);
47   } // end inti
48
49    public void start() {
50      // 이벤트 처리할 부분
51    }
52 } // end FlowFrame
```

풀이

이 프로그램은 [예제 11.3]의 FlowLayout 프레임을 변형한 것으로 12-18번 줄까지 필요한 라벨과 초이스를 지정하였다.

33-47번 줄의 init() 메소드에서 먼저 초이스에 필요한 문자열을 만든 후(36-38번 줄) 차례로 FlowLayout 형태로 배치하였다(40-46번 줄).

프로그램의 실행 결과는 다음과 같다.

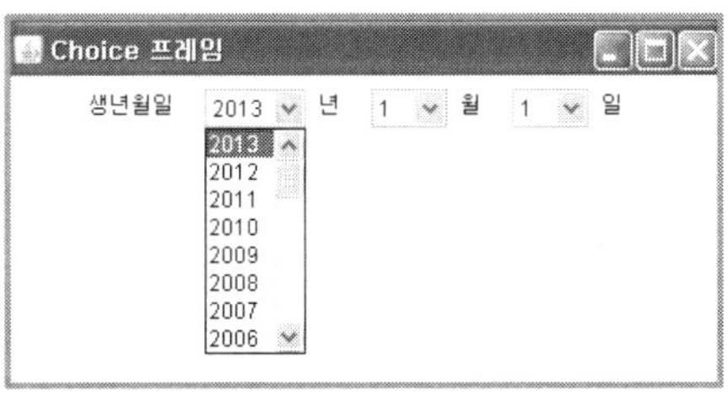

11.6.5 List 클래스

List는 각종 GUI 응용 프로그램에서 여러 항목의 목록을 보여 준 후 마우스로 그 중에서 원하는 항목을 선택할 때 이용하는 컴포넌트이다. 다음과 같은 상속 관계 및 생성자, 메소드를 가지고 있다.

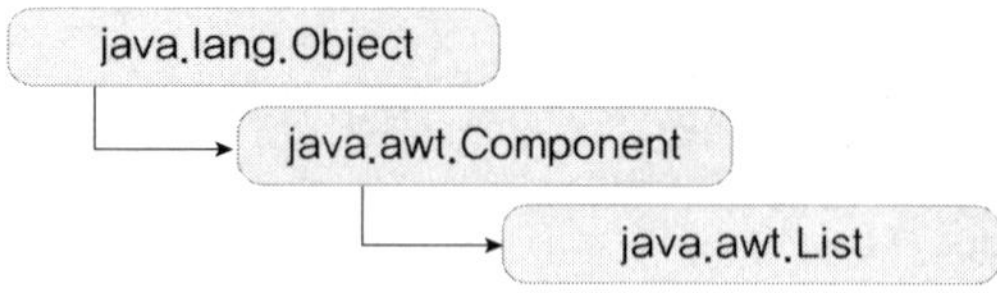

생성자

생성자 형태	내용
List()	기본 List 객체 생성
List(int row)	프레임에 표시되는 행의 수를 정해줌
List(int row, boolean multipleMode)	표시되는 행과 다중 선택 유무를 정해줌

메소드

메소드 이름	내용
void add(String item)	List 마지막 행에 item 문자열 추가
void add(String item, int index)	index 위치의 item 가져오기
void deselect(int index)	index 위치의 item 선택을 해제
String getitem(int index)	index 위치의 item 가져오기
int geitemCount()	List의 item 총 개수 가져오기
String[] getitems()	List의 item을 배열로 가져오기
int getRows()	List의 행의 수
int getSelectedIndex()	선택된 item의 위치 가져오기
int[] getSelectedIndex()	선택된 item들의 위치를 배열로 가져오기
String getSelecteditem()	선택된 item 가져오기
String[] getSelectedItem()	선택된 item들을 배열로 가져오기
boolean isindexSelected(int index)	특정 위치가 선택 여부
boolean isMultipleMode()	다중 선택 모드 여부
void makeVisible(int index)	지정된 index의 항목 표시
void remove(int pos)	pos의 item 삭제
void removeAll()	모든 item 삭제
void replaceitem(String str, int index)	index 위치의 item을 str로 교체
void select(int index)	index 위치 선택
void setMultipleMode(boolean b)	다중 선택 모드 설정

예제 11.13 List를 이용한 다음 프로그램을 분석하라.

```
/** ListTest.java to test Lsit class ********************/
import java.awt.*;
public class ListTest {
```

```
    public static void main(String[] args){
        GridBagFrame one = new GridBagFrame();
    }
} // end ListTest

class GridBagFrame extends Frame {
    private Dimension dimen, dimen1;
    private int xpos, ypos;
    private Button bt1 = new Button("=>");
    private Button bt2 = new Button("<=");
    private List list1 = new List(5, true);       // 다중선택모드
    private List list2 = new List(5);

    public GridBagFrame() {
        super("List 프레임");
        this.init();
        this.start();
        this.setSize(300, 200);
        dimen = Toolkit.getDefaultToolkit().getScreenSize();
        dimen1 = this.getSize();
        xpos = (int)(dimen.getWidth() / 2 - dimen1.getWidth() / 2);
        ypos = (int)(dimen.getHeight() / 2 - dimen1.getHeight() / 2);
        this.setLocation(xpos,ypos);                  // 현재 프레임의 위치
        this.setVisible(true);
    } // end constructor

    public void init() {                              // 화면 구성 넣을 부분
      GridBagLayout gridbag = new GridBagLayout();
      GridBagConstraints gc = new GridBagConstraints();
      this.setLayout(gridbag);

      String[] str = {"A","B","C","D","E","F","G"};
      for (int i=0; i < str.length; i++) list1.add(str[i]);

      gc.insets = new Insets(0,0,0,10);
      gridbag.setConstraints(list1, gc);
      list1.select(0); list1.select(2);
      this.add(list1);
      GridLayout grid = new GridLayout(2,1,0,20);
      Panel p = new Panel(grid);
      p.add(bt1); p.add(bt2);
      gc.insets = new Insets(0,0,0,0);
      gridbag.setConstraints(p, gc);
      this.add(p);

      gc.insets = new Insets(0,10,0,0);
      gridbag.setConstraints(list2, gc);
      this.add(list2);
    } // end init

    public void start() {
        // 이벤트 처리할 부분
```

```
56   }
57 } // end class GridBagFrame
```

풀이

이 프로그램은 [예제 11.7]의 GridBagLayout 프레임을 변형한 것으로, 12-15번 줄까지 필요한 버튼과 리스트를 지정하였다.

30-52번 줄의 init() 메소드에서 먼저 리스트에 필요한 문자열을 만든 후(35-36번 줄) 38-41번 줄에서 첫 번째 리스트를 완성하였다. 첫째와 셋째 item은 선택된 것으로 하였다.

42-47번 줄은 GridLayout을 이용한 버튼을 만든 것이고, 49-51번 줄은 두 번째 리스트를 내용 없이 만들었다.

프로그램의 실행 결과는 다음과 같다.

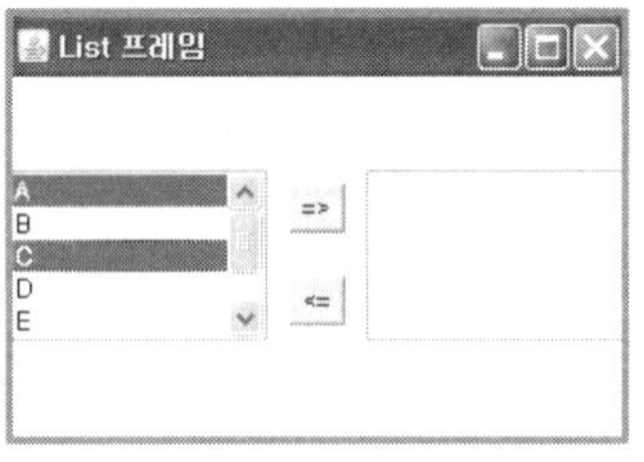

11.6.6 TextField와 TextArea 클래스

TextField는 문자열을 한 행에서 입력 받는 컴포넌트이고 TextArea는 일종의 간단한 문자 편집기 기능을 가지고 있는 컴포넌트로서 서로 유사하다. 두 클래스 모두 java.awt.TextComponent 클래스를 상속받는다.

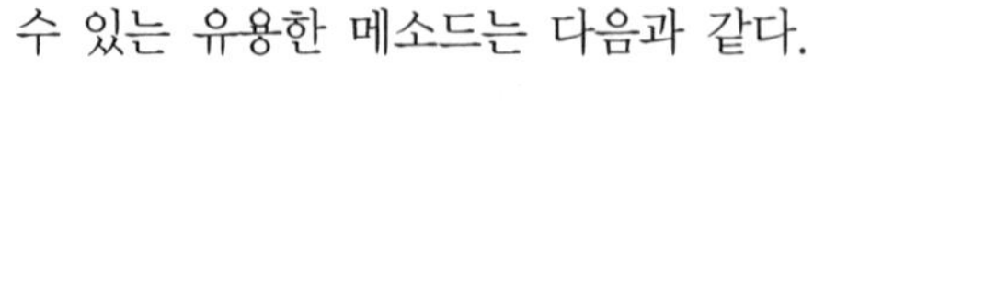

TextField나 TextArea 클래스가 TextComponent 클래스에서 상속받아 사용할 수 있는 유용한 메소드는 다음과 같다.

메소드

메소드 이름	내용
int getCarePosition()	현재 커서의 위치 가져오기
String getSelectedText()	선택된 문자열 가져오기
int getSelectionStart()	선택된 문자열의 시작 위치 가져오기
int getSelectionEnd()	선택된 문자열의 끝 위치 가져오기
String getText()	전체 문자열 가져오기
boolean isEditable	텍스트 수정 가능 여부
void select(int start, int end)	선택 영역 지정
void selectAll()	전체 문자열 선택
void setCarePosition(int pos)	커서의 위치 설정
void setEditable(boolean b)	텍스트 수정 가능 여부 설정
void selectionStart(int start)	선택할 문자열이 시작 위치 설정
void selectionEnd(int end)	선택할 문자열이 끝 위치 설정
void setText(String str)	문자열 설정

TextField의 상속 관계 및 생성자, 메소드는 다음과 같다.

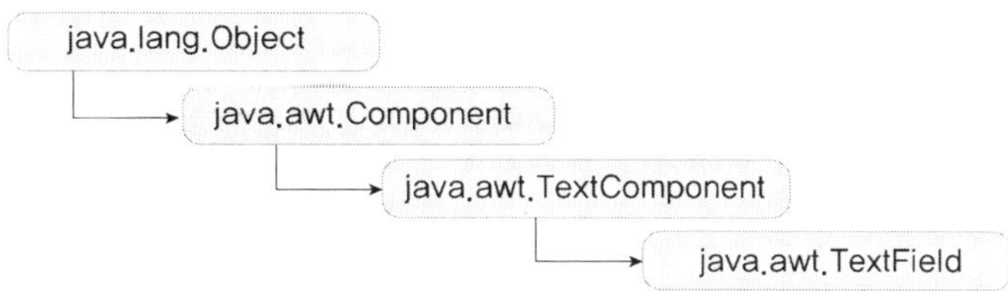

생성자

생성자 형태	내용
TextField()	기본 객체
TextField(int column)	TextField의 길이를 지정하는 생성자
TextField(String text)	TextField의 문자열을 지정하는 생성자
TextField(String text, int column)	TextField의 길이와 문자열을 지정하는 생성자

메소드

메소드 이름	내용
int getColumns()	TextField의 길이 가져오기
void setColumns(int column)	TextField의 길이 설정
boolean echoCharisSet()	에코 문자 설정 여부
char getEchoChar()	설정된 에코 문자 가져오기
void setEchoChar(char c)	에코 문자를 c로 설정

예제 11.14 TextField를 생성하는 다음 프로그램을 분석하라.

```
01 /** TextFieldTest.java to test TextField class ***********/
02 import java.awt.*;
03 public class TextFieldTest {
04   public static void main(String[] args){
05     FlowFrame one = new FlowFrame();
06   }
07 } // end TextFieldTest
08
09 class FlowFrame extends Frame {
10   private Dimension dimen, dimen1;
11   private int xpos, ypos;
12   private Label lb = new Label("문자를 입력하세요");
13   private TextField tf = new TextField(20);
14
15   public FlowFrame() {
16     super("TextField 프레임");
17     this.init();
18     this.start();
19     this.setSize(300, 200);
20     dimen = Toolkit.getDefaultToolkit().getScreenSize();
21     dimen1 = this.getSize();
22     xpos = (int)(dimen.getWidth() / 2 - dimen1.getWidth() / 2);
23     ypos = (int)(dimen.getHeight() / 2 - dimen1.getHeight() / 2);
24     this.setLocation(xpos,ypos);        // 현재 프레임의 위치
25     this.setVisible(true);
26   } // end constructor
27
28   public void init() {                  // 화면 구성 넣을 부분
29     FlowLayout flow = new FlowLayout(FlowLayout.CENTER);
30     this.setLayout(flow);
31     this.add(lb);
32     this.add(tf);
33   } // end init
34
35   public void start() {
36     // 이벤트 처리할 부분
37   }
38 } // end FlowFrame
```

풀이

이 프로그램은 FlowLayout 프레임에 간단한 TextField 컴포넌트를 보여 주는 것이다. 12번과 13번 줄에서 필요한 Label과 TextField를 지정하였다.

28-33번 줄의 init() 메소드에서 Label과 TextField를 프레임에 올려 넣는다.

프로그램의 실행 결과는 다음과 같다.

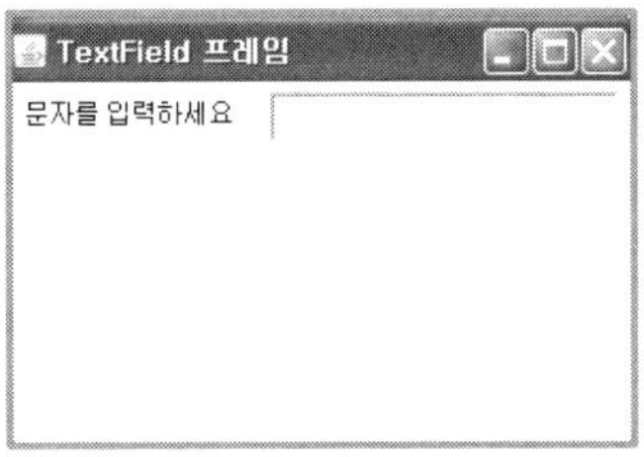

TextArea는 TextField를 확장하여 한 행 이상의 문자열을 편집할 수 있는 컴포넌트로서 그 상속 관계 및 생성자와 메소드는 다음과 같다.

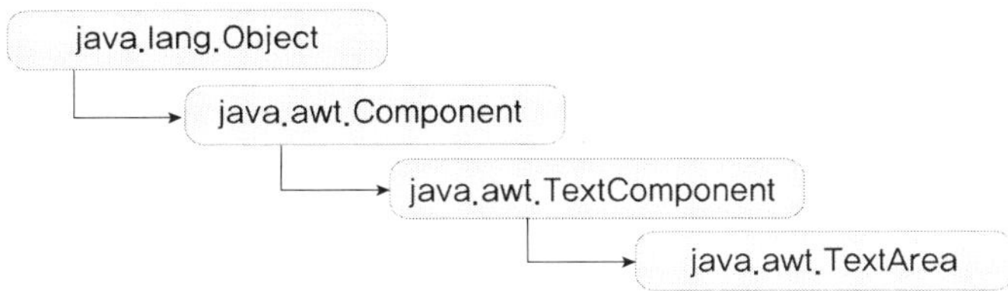

필드

데이터형	이름	내용
static final int	SCROLLBARS_NONE	스크롤바 없음
static final int	SCROLLBARS_BOTH	가로 세로 스크롤바 모두 있음
static final int	SCROLLBARS_HORIZONTAL_ONLY	가로 스크롤바
static final int	SCROLLBARS_VERTICAL_ONLY	세로 스크롤바

생성자

생성자 형태	내용
TextArea()	기본 객체
TextArea(int rows, int columns)	행과 열을 지정하는 생성자
TextArea(String text)	문자열을 지정하는 생성자
TextArea(String text, int rows int columns)	문자열, 행, 열을 지정하는 생성자
TextArea(String text, int rows int columns, int scrollbars)	문자열, 행, 열, 스크롤바를 지정

메소드

메소드 이름	내용
int getColumns()	열의 수 가져오기
int getRows()	행의 수 가져오기
void setColumns(int column)	열 길이 설정
void setRows(int rows)	행 길이 설정
void append(String str)	TextArea에 문자열 str 추가
void insert(String str, int pos)	pos 위치에 문자열 str 추가
void replaceRange(String str, int s, int e)	s에서 e까지의 문자열을 str로 바꾸기

[예제 11.14]에서 13번 줄의 TextField를 TextArea로 바꾸고 BorderLayout 구조로 해서 lb를 North 영역에 인쇄하고 TextArea를 Center 영역에 인쇄하는 프로그램으로 수정하여 실행하면 다음과 같은 문자 편집창이 나타난다. 이곳에 원하는 문자를 입력할 수 있다.

11.6.7 Dialog 클래스

Dialog는 프레임 내부에 다른 축소된 프레임을 나타낼 수 있는 컴포넌트이다. 프레임과 유사한 여러 가지 작업을 할 수는 있으나 독립적으로 존재할 수는 없고 프레임 위에서 사용자에게 필요한 정보를 주는 데 많이 이용된다. 프레임과 달리 우측 상단의 확대/축소/최소화 버튼이 없으며 다음과 같은 상속 관계 및 생성자, 메소드를 가지고 있다.

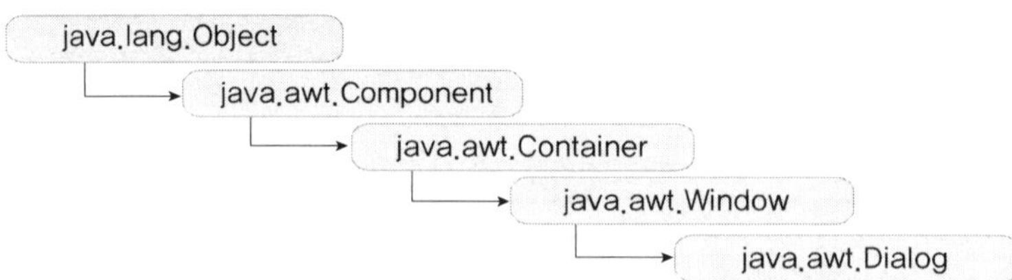

생성자

생성자 형태	내용
Dialog(Dialog owner)	Dialog owner에게 종속된 객체 생성
Dialog(Dialog owner, String title)	owner에게 종속되고 title 제목의 객체 생성
Dialog(Dialog owner, String title, boolean modal)	owner에게 종속되고 title 제목의 객체 생성 modal이 true이면 다이알로그가 종료되어야 다른 작업을 할 수 있다.
Dialog(Frame, owner)	Frame owner에게 종속된 객체 생성
Dialog(Frame, owner, boolean modal)	owner에게 종속되고 modal 지정
Dialog(Frame, owner, String title)	owner에게 종속되고 title 제목의 객체 생성
Dialog(Frame, owner, String title, boolean modal)	owner에게 종속되고 title 제목의 modal을 가짐

생성자 매개변수에서 불린 변수 modal이 true이면 다이알로그가 종료되어야 다른 작업을 할 수 있다.

메소드

메소드 이름	내용
String getTitle()	Dialog의 title 가져오기
boolean isModal()	Modal 속성
boolean isResizable()	크기 변경 여부
boolean isUndecorated()	꾸미기 기능 사용 여부
void setModal(boolean modal)	Modal 속성 설정
void setResizable(boolean b)	크기 변경 설정
void setTitle(String title)	Dialog의 title 설정
void setUndecorated(boolean b)	꾸미기 기능 설정

예제 11.15 Dialog를 이용한 다음 프로그램을 분석하라.

```
/** DialogTest.java to test Dialog class ******************/
import java.awt.*;
public class DialogTest {
  public static void main(String[] ar){
    DialogFrame one = new DialogFrame();
  }
} // end DialogTest

class DialogFrame extends Frame {
  private Dimension dimen, dimen1;
  private int xpos, ypos;
  private Label lb = new Label("대화상자내용부!!!");
  private Dialog dlg = new Dialog(this,"Dialog",false);

  public DialogFrame() {
    super("Frame");
    this.init();
    this.start();
    this.setSize(300, 200);
    dimen = Toolkit.getDefaultToolkit().getScreenSize();
    dimen1 = this.getSize();
    xpos = (int)(dimen.getWidth() / 2 - dimen1.getWidth() / 2);
    ypos = (int)(dimen.getHeight() / 2 - dimen1.getHeight() / 2);
    this.setLocation(xpos,ypos);      // 현재 프레임의 위치
    this.setVisible(true);

    try {
      Thread.sleep(1000);
```

```
29      } catch(InterruptedException e) {}
30      dlg.setVisible(true);
31    } // end constructor
32
33    public void init() {                        // 화면 구성 넣을 부분
34      dimen = Toolkit.getDefaultToolkit().getScreenSize();
35      BorderLayout border = new BorderLayout();
36      dlg.setLayout(border);
37      dlg.add("North",lb);
38      dlg.setSize(100,80);
39      Dimension dlgdim = dlg.getSize();
40      xpos = (int)(dimen.getWidth() / 2 - dlgdim.getWidth() / 2);
41      ypos = (int)(dimen.getHeight() / 2 - dlgdim.getHeight() / 2);
42      dlg.setLocation(xpos,ypos);
43    } // end init
44
45    public void start() {
46      // 이벤트 처리할 부분
47    }
48 } // end class DialogFrame
```

풀이

이 프로그램은 하나의 프레임을 화면에 먼저 띄운 뒤 1초 후 프레임 위에 다른 대화상자가 나타나도록 만든 것이다. 12-13번 줄은 필요한 Label과 Dialog를 지정하였다.

27-30번 줄이 1초 후에 대화상자 객체가 나타나도록 해 주는 부분이다. 대화상자는 Border Layout 구조로 하여(35-36번 줄) North에 라벨을 배치하고(37번 줄), 크기는 100×80 픽셀로 하였다.

39-42번 줄은 화면의 중앙부에 대화상자가 위치하도록 필요한 좌표 계산을 한다.

프로그램의 실행 결과는 다음과 같다.

11.6.8 FileDialog 클래스

FileDialog는 디스크에서 파일을 불러올 때 사용하는 클래스로서 Dialog 클래스를 상속받는다. 다음과 같은 상속 관계 및 생성자와 메소드를 가지고 있다.

java.lang.Object
→ java.awt.Component
→ java.awt.Container
→ java.awt.Window
→ java.awt.Dialog
→ java.awt.FileDialog

필드		
데이터형	이름	내용
static final int	LOAD	열기 속성의 파일 다이알로그
static final int	SAVE	저장 속성의 파일 다이알로그

생성자	
생성자 형태	내용
FileDialog(Frame parent)	parent 프레임에 종속된 FileDialog 생성
FileDialog(Frame p, String title)	parent에 종속되고 title을 가짐
FileDialog(Frame p, String t, int mode)	parent에 종속되고 title을 가지며 LOAD, SAVE 등의 mode 지정

메소드	
메소드 이름	내용
String getDirectory()	디렉토리 가져오기
String getFile()	파일명 가져오기
int getMode()	mode 가져오기
void setDirectory(String dir)	디렉토리 설정
void setFile(String file)	선택된 파일 설정
void setMode(int mode)	모드 설정

FileDialog는 일반 다이얼로그와 달리 내용부를 구성할 필요도 없고 크기도 지정할 필요가 없이 단지 객체만 생성하면 된다. 다음 예제를 살펴보자.

예제 11.16 FileDialog를 이용한 다음 프로그램을 분석하라.

```
/** FileDialogTest.java to test FileDialog class ************/
import java.awt.*;
public class FileDialogTest {
  public static void main(String[] args){
    FileDialogFrame one = new FileDialogFrame();
  }
} // end FileDialogTest
```

```java

class FileDialogFrame extends Frame {
  private Dimension dimen, dimen1;
  private int xpos, ypos;
  private Label lb1 = new Label("directory = ");
  private Label lb2 = new Label("file = ");
  private FileDialog fdlg = new FileDialog(this,"File Dialog",
                              FileDialog.LOAD);

  public FileDialogFrame() {
    super("Frame");
    this.init();
    this.start();
    this.setSize(300, 200);
    dimen = Toolkit.getDefaultToolkit().getScreenSize();
    dimen1 = this.getSize();
    xpos = (int)(dimen.getWidth() / 2 - dimen1.getWidth() / 2);
    ypos = (int)(dimen.getHeight() / 2 - dimen1.getHeight() / 2);
    this.setLocation(xpos,ypos);      // 현재 프레임의 위치
    this.setVisible(true);

    try{
      Thread.sleep(1000);
    } catch(InterruptedException e) {}
    fdlg.setVisible(true);
    String dir = fdlg.getDirectory();
    String file = fdlg.getFile();
    lb1.setText(lb1.getText().trim() + dir);
    lb2.setText(lb2.getText().trim() + file);
  } // end constructor

  public void init() {                    // 화면 구성 넣을 부분
    GridBagLayout gridbag = new GridBagLayout();
    GridBagConstraints gc = new GridBagConstraints();
    this.setLayout(gridbag);
    gc.weightx = 1;
    gc.fill = GridBagConstraints.HORIZONTAL;
    gc.gridwidth = GridBagConstraints.REMAINDER;
    gc.insets = new Insets(0,0,10,0);
    gridbag.setConstraints(lb1, gc);
    this.add(lb1);
    gridbag.setConstraints(lb2, gc);
    this.add(lb2);
  } // end init

  public void start() {
    // 이벤트 처리할 부분
  }
} // end FileDialogFrame
```

풀이

이 프로그램은 하나의 프레임을 화면에 띄운 후 1초 후에 프레임 위에 File 대화상자가 나

타나고 이어서 파일을 선택하면 그 파일의 디렉토리와 파일명이 나타나도록 만든 것이다.

12-14번 줄은 필요한 Label과 FileDialog를 지정하였다. 29-32번 줄이 1초 후에 대화상자 객체가 나타나도록 해 주는 부분이고 33-36번 줄이 선택된 파일의 디렉토리와 이름을 보여 주는 부분이다.

파일 대화상자는 GridBagLayout 구조로 하여(40-42번 줄) Label 1과 Label 2를 보여 준다.

프로그램을 실행하면 다음과 같은 프레임이 화면에 나타난다. 그리고 1초 후에 아래와 같은 File Dialog 창이 나타난다.

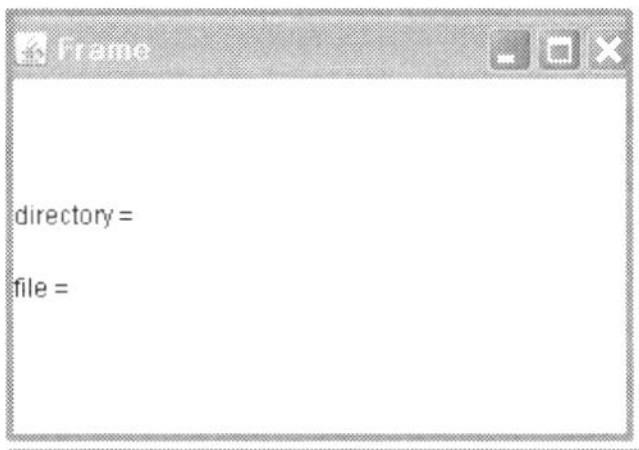

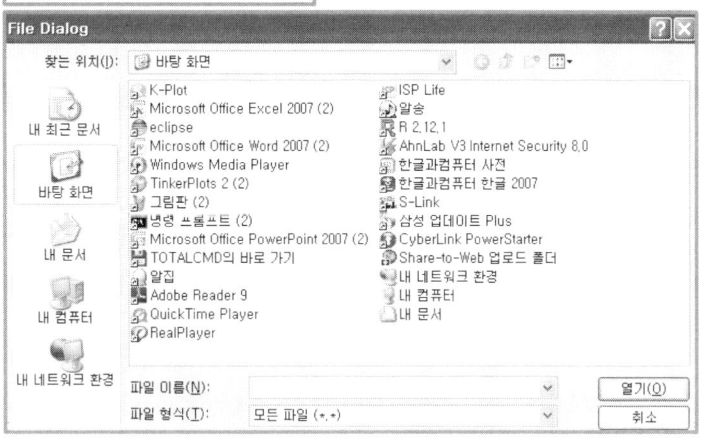

여기에서 만일 eclipse 파일을 선택하였다면 프레임에 다음과 같이 디렉토리와 파일이 나타난다.

11.6.9 Menu와 MenuItem 관련 클래스

Menu 클래스는 프레임에 여러 가지 메뉴를 보여 주고 이를 선택하여 다음 행위를 지정하는 데 도움을 주는 컴포넌트이다. Menu를 사용하기 위해서는 MenuBar 클래스로서 객체를 지정한 후 여기에 Menu를 넣으면 된다. MenuBar

의 생성자는 단순히 다음과 같다.

```
MenumBar()
```

Menu 클래스의 상속 관계 및 생성자와 메소드는 다음과 같다. MenuItem이 상속 관계에서 위에 있으나 대개 Menu가 먼저 나타나므로 Menu를 우선 설명한다.

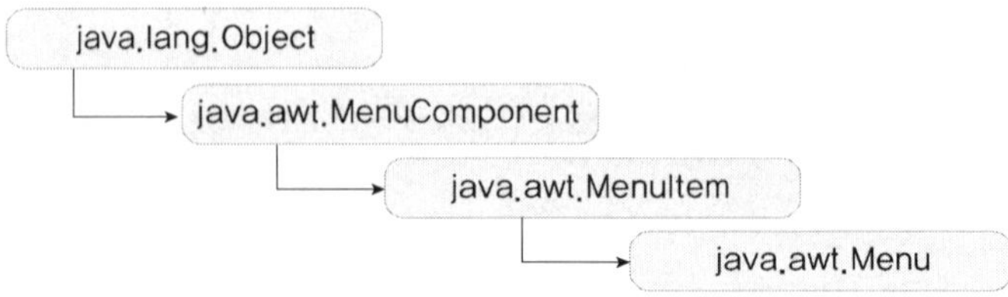

생성자

생성자 형태	내용
Menu()	기본 메뉴 생성자
Menu(String label)	라벨을 갖는 메뉴 생성자

메소드

메소드 이름	내용
MenuItem add(Menuitem mi)	메뉴에 MenuItem 추가
void add(String label)	문자열 추가
void addSeparator()	MenuItem 사이에 분할선 추가
Menuitem getitem(int index)	index에 해당하는 item 가져오기
int getitemCount()	MenuItem의 총 개수 가져오기
void insert(MenuItem mi, int index)	index 위치에 mi 추가
void insert(String str, int index)	index 위치에 str 추가
void insertSeparator(int index)	index 위치에 분할선 추가
void remove(int index)	index 위치에 객체 제거
void remove(MenuComponent item)	item 객체 제거
void removeAll()	모든 하위 객체 제거

예제 11.17 간단한 메뉴를 만드는 다음 프로그램을 분석하라.

```
/** MenuTest.java to test Menu/Menubar classes ******/
import java.awt.*;
public class MenuTest {
  public static void main(String[] args){
    MenuFrame one = new MenuFrame();
  }
} // end MenuTest

```

```
09 class MenuFrame extends Frame {
10   private Dimension dimen, dimen1;
11   private int xpos, ypos;
12   private MenuBar mb = new MenuBar();
13   private Menu file = new Menu("파일");
14   private Menu edit = new Menu("편집");
15   private Menu graph = new Menu("그림");
16   private Menu stat = new Menu("통계");
17
18   public MenuFrame() {
19     super("Menu Frame");
20     this.init();
21     this.start();
22     this.setSize(300, 200);
23     dimen = Toolkit.getDefaultToolkit().getScreenSize();
24     dimen1 = this.getSize();
25     xpos = (int)(dimen.getWidth() / 2 - dimen1.getWidth() / 2);
26     ypos = (int)(dimen.getHeight() / 2 - dimen1.getHeight() / 2);
27     this.setLocation(xpos,ypos); // 현재 프레임의 위치
28     this.setVisible(true);
29   } // end consturctor
30
31   public void init() {
32     this.setMenuBar(mb);
33     mb.add(file);
34     mb.add(edit);
35     mb.add(graph);
36     mb.add(stat);
37   }// end init
38
39 public void start() {
40    // 이벤트 처리할 부분
41 }
42 }// end MenuFrame
```

풀이

이 프로그램은 단지 프레임을 만들고 그 위에 메뉴 컴포넌트를 보여 주는 것이다.
12-16번 줄에서 필요한 MenuBar 객체와 메뉴를 지정하였다.
32-36번 줄에서 MenuBar 객체에 메뉴를 넣는 작업을 하였다.
프로그램의 실행 결과는 다음과 같다.

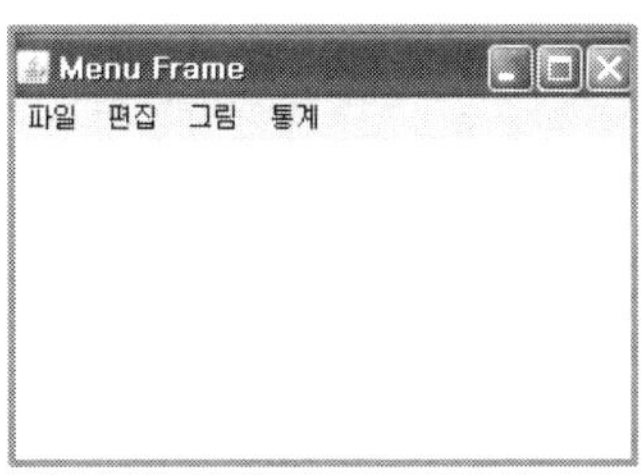

MenuItem 클래스는 메뉴에 부메뉴를 만들 때 사용되는 클래스로서 상속 관계와 생성자 및 메소드는 다음과 같다. Menu는 MenuItem을 가질 수 있지만 MenuItem은 menu를 가질 수 없다.

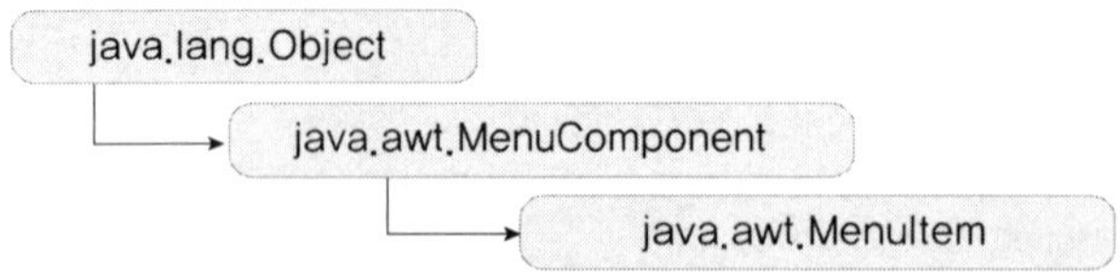

생성자

생성자 형태	내용
MenuItem()	기본 생성자
MenuItem(String label)	라벨을 갖는 Menuitem 생성자

메소드

메소드 이름	내용
String getActionCommand()	이벤트에 사용될 명령어 가져오기
String getLabel()	MenuItem의 label 가져오기
boolean isEnabled()	활성화되어 있는지 여부
String paramString()	MenuItem의 설명 문자열
void setActionCommand(String str)	이벤트 액션 명령어 설정
void setEnabled(boolean b)	활성화 설정
void setLabel(String label)	Menuitem의 label 설정

예제 11.18 [예제 11.17]에 부메뉴를 만드는 다음 프로그램을 분석하라.

```
/** MenuTest2.java to test Menu/MenuBar/MenuItem classes **/
import java.awt.*;
public class MenuTest2 {
  public static void main(String[] args){
    MenuFrame one = new MenuFrame();
  }
} // end MenuTest2

class MenuFrame extends Frame {
  private Dimension dimen, dimen1;
  private int xpos, ypos;
  private MenuBar mb = new MenuBar();
  private Menu file = new Menu("파일");
  private Menu edit = new Menu("편집");
  private Menu graph = new Menu("그림");
  private Menu stat = new Menu("통계");
```

```
17
18   private MenuItem fnew  = new MenuItem("새파일");
19   private MenuItem fopen = new MenuItem("열기");
20   private MenuItem fsave = new MenuItem("저장");
21   private MenuItem fexit = new MenuItem("끝내기");
22   private MenuItem ecopy   = new MenuItem("복사");
23   private MenuItem epaste  = new MenuItem("붙이기");
24   private MenuItem gbar    = new MenuItem("막대그림");
25   private MenuItem gscatter = new MenuItem("산점도");
26   private MenuItem sbasic  = new MenuItem("기초통계량");
27   private MenuItem sregress = new MenuItem("회귀분석");
28
29   public MenuFrame() {
30     super("Menu Frame");
31     this.init();
32     this.start();
33     this.setSize(300, 200);
34     dimen = Toolkit.getDefaultToolkit().getScreenSize();
35     dimen1 = this.getSize();
36     xpos = (int)(dimen.getWidth() / 2 - dimen1.getWidth() / 2);
37     ypos = (int)(dimen.getHeight() / 2 - dimen1.getHeight() / 2);
38     this.setLocation(xpos,ypos);     // 현재 프레임의 위치
39     this.setVisible(true);
40   } // end constructor
41
42   public void init() {                  // 화면 구성 넣을 부분
43     this.setMenuBar(mb);
44     file.add(fnew); file.add(fopen); file.add(fsave); file.add(fexit);
45     edit.add(ecopy); edit.add(epaste);
46     graph.add(gbar); graph.add(gscatter);
47     stat.add(sbasic); stat.add(sregress);
48     mb.add(file);
49     mb.add(edit);
50     mb.add(graph);
51     mb.add(stat);
52   } // end init
53
54   public void start() {
55       // 이벤트 처리할 부분
56   }
57 } // end MenuFrame class
```

풀이

이 프로그램은 [예제 11.17]에서 부메뉴를 추가한 것이다. 단지 프레임을 만들고 그 위에 메뉴 컴포넌트를 보여 주는 것이다.

18-27번 줄에서 모든 부메뉴에 대한 정보를 MenuItem으로 지정하였다.

43-51번 줄에서 각각의 메뉴에 해당 MenuItem을 넣어주는 작업을 하였다.

프로그램의 실행 결과는 다음과 같다.

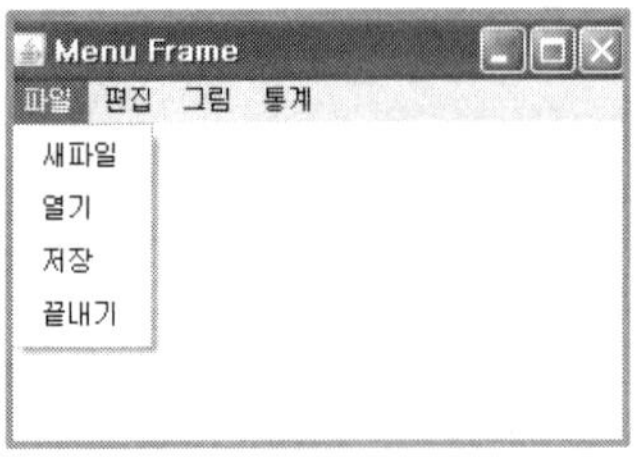

CheckboxMenuItem 클래스는 선택된 메뉴에 체크 표시를 해 주는 컴포넌트로 생성자는 다음과 같다.

```
CheckboxMenuItem()
CheckboxMenuItem(String label)                     // 특정 label을 가짐
CheckboxMenuItem(String label, boolean state)    // 체크 유무 표시
```

다음은 CheckboxMenuItem의 사용 예이다.

```
private CheckboxMenuItem cbm = new CheckboxMenuItem("그림도구", true);
```

PopupMenu는 일반 메뉴와 달리 독립적으로 움직일 수 있는 메뉴로서 우측 마우스의 선택사항으로 많이 이용되는 컴포넌트로 생성자는 다음과 같다.

```
PopupMenu()
PopupMenu(String label)              // 특정 label을 가짐
```

유용한 메소드는 다음과 같다.

메소드

메소드 이름	내용
void show(Component c, int x, int y)	c라는 컴포넌트 위에 x, y 위치에 PopupMenu를 보여 주기

11.6.10 ScrollPane 클래스

ScrollPane 클래스는 프레임에 어떤 내용을 모두 보여 주지 못하였을 때 스크롤을 이용하여 볼 수 있게 하는 컴포넌트이다. 클래스의 상속 관계 및 생성자와 메소드는 다음과 같다.

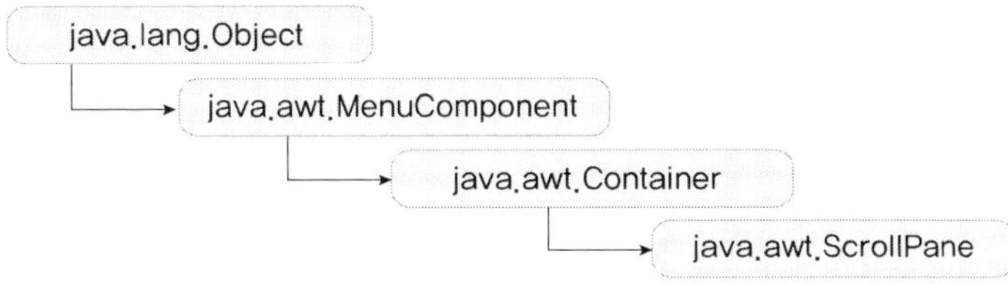

필드

데이터형	이름	내용
static final int	SCROLLBARS_ALWAYS	스크롤바 항상 존재
static final int	SCROLLBARS_AS_NEEDED	필요할 때만 스크롤바 존재
static final int	SCROLLBARS_NEVER	스크롤바 사용 안 함

생성자

생성자 형태	내용
ScrollPane()	기본 ScrollPane 생성자
ScrollPane(int scrollbarspolicy)	스크롤바의 필요에 따른 생성자

메소드

메소드 이름	내용
int getHScrollbarHeight()	스크롤바 높이 가져오기
int getScrollbarDisplayPolicy()	스크롤바 policy 가져오기
Point getScrollPosition()	스크롤의 위치 가져오기
int getVScrollbarWidth()	스크롤바 너비 가져오기
boolean isWheelScrollingEnabled()	마우스 휠 사용 여부
void setScrollPosition(int x, int y)	스크롤 위치 지정
void setScrollPosition(Point p)	스크롤 위치를 p로 지정
void setWheelScrollingEnabled(boolean p)	마우스 휠 사용 설정

ScrollPane은 일반적인 컴포넌트를 담아서 표현하지는 않고 Panel 객체를 만들어 표현하는데 다음 예제를 살펴보자.

예제 11.19 스크롤바를 보여 주는 다음 프로그램을 분석하라.

```
/** ScrollPaneTest.java to test ScrollPane **************/
import java.awt.*;
public class ScrollPaneTest {
  public static void main(String[] args){
    ScrollFrame one = new ScrollFrame();
  }
```

```
07 } // end ScrollPaneTest class
08
09 class ScrollFrame extends Frame {
10   private Dimension dimen, dimen1;
11   private int xpos, ypos;
12   private Button[] bt = new Button[30];
13
14   public ScrollFrame() {
15     super("Scroll Frame");
16     this.init();
17     this.start();
18     this.setSize(300, 200);
19     dimen = Toolkit.getDefaultToolkit().getScreenSize();
20     dimen1 = this.getSize();
21     xpos = (int)(dimen.getWidth() / 2 - dimen1.getWidth() / 2);
22     ypos = (int)(dimen.getHeight() / 2 - dimen1.getHeight() / 2);
23     this.setLocation(xpos,ypos); // 현재 프레임의 위치
24     this.setVisible(true);
25   } // end constructor
26
27   public void init() {
28     BorderLayout border = new BorderLayout();
29     this.setLayout(border);
30     GridLayout grid = new GridLayout(10,3,5,5);
31     Panel p = new Panel(grid);
32     p.setLayout(grid);
33     for (int i=0; i < bt.length; i++) {
34       bt[i] = new Button("버튼"+i);
35       p.add(bt[i]);
36     }
37     ScrollPane sp = new ScrollPane();
38     sp.add(p);
39     this.add("Center",sp);
40   } // end init
41
42   public void start() {
43     // 이벤트 처리할 부분
44   }
45 } // end ScrollFrame
```

풀이

이 프로그램은 BorderLayout 프레임의 Center 영역에 버튼을 30개 만들어 넣는다. 12번 줄에서 버튼을 지정하고 33-36번 줄에서 패널에 이 버튼을 넣는다.

프로그램의 실행 결과는 다음과 같다.

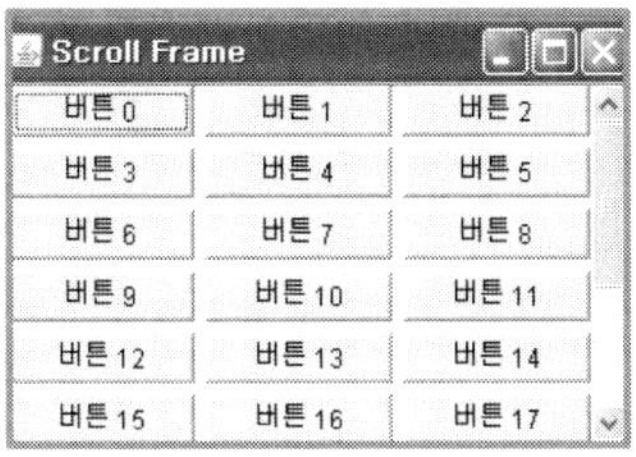
Scroll Frame
버튼 0
버튼 1
버튼 2
버튼 3
버튼 4
버튼 5
버튼 6
버튼 7
버튼 8
버튼 9
버튼 10
버튼 11
버튼 12
버튼 13
버튼 14
버튼 15
버튼 16
버튼 17

연습문제

11.1 그래픽 사용자 환경(graphic user interface; GUI)에 대해 설명하라.

11.2 화면에 프레임을 띄운 후 다섯 가지 서로 다른 색과 폰트를 갖는 Label을 FlowLayout으로 배치하는 프로그램을 작성하라.

11.3 화면에 프레임을 띄운 후 네 가지 서로 다른 색과 폰트를 갖는 Button을 GridLayout으로 배치하는 프로그램을 작성하라. 이때 xgap과 ygap을 사용하라.

11.4 화면에 프레임을 띄운 후 다섯 가지 서로 다른 색과 폰트를 갖는 Label을 Border Layout으로 배치하는 프로그램을 작성하라. 이때 xgap과 ygap을 사용하라.

11.5 화면에 프레임을 띄운 후 다섯 가지 서로 다른 색과 폰트를 갖는 Label을 CardLayout으로 배치하는 프로그램을 작성하라. 이때 sleep() 메소드를 이용하여 한 Label을 잠시 보여 준 후, 시간을 두고 다음 Label을 보여 주도록 한다.

11.6 화면에 프레임을 띄운 후 네 가지 서로 다른 색과 폰트를 갖는 Button을 GridBag Layout으로 배치하는 프로그램을 작성하라.

11.7 세 개의 Label을 패널에 넣은 후 BorderLayout 프레임의 South에 배치하는 프로그램을 작성하라.

11.8 통계패키지에서 사용되는 다음과 같은 계산기 자판을 보여 주는 프로그램을 작성하라.

11.9 다음과 같은 화면을 구성하는 프로그램을 작성하라.

11.10 다음과 같은 화면을 구성하는 프로그램을 작성하라.

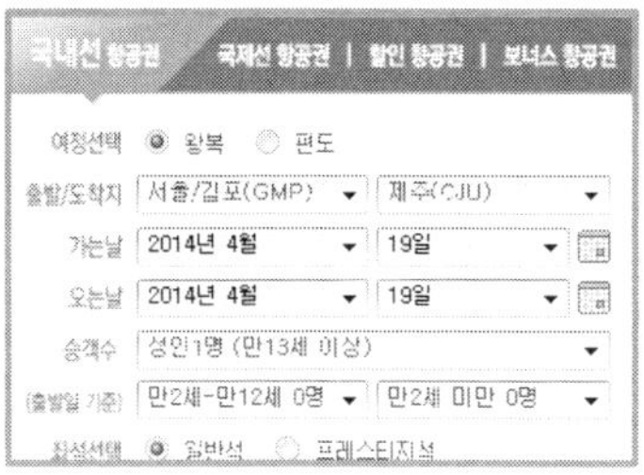

11.11 다음과 같은 통계 패키지의 주메뉴를 구성하는 프로그램을 작성하라.

이 주메뉴의 편집(E)과 통계(S)의 부메뉴는 다음과 같다. 나머지 부메뉴는 유사하여 생략한다.

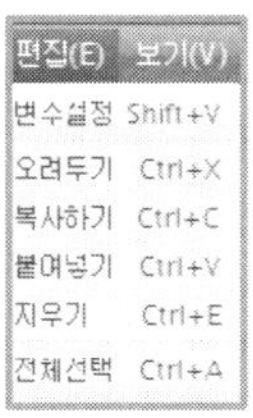

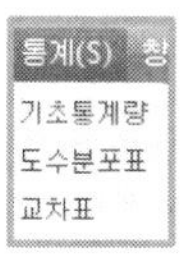

12장

AWT 컴포넌트의 이벤트 처리

12.1 이벤트의 종류

12.2 이벤트의 처리

12.3 이벤트 처리 클래스/인터페이스

학습목표

- 각 컴포넌트에 대한 이벤트의 종류를 이해한다.
- 이벤트 처리하는 세 가지 방법을 이해한다.
- 이벤트 클래스의 사용 방법을 이해한다.

12.1 이벤트의 종류

11장에서는 그래픽 사용자 환경(GUI) 응용 프로그램을 위해 모니터 화면에 프레임을 만들고 이 위에 버튼, 라벨, 메뉴 등의 컴포넌트(component)를 여러 가지 레이아웃으로 배치하는 방법을 배웠다. 사용자가 컴포넌트에 '마우스를 클릭' 하거나 'Enter↵ 키를 누름'과 같은 동작을 하는 행동(action)을 **이벤트**(event)라고 부른다. 프로그램은 각 컴포넌트에 이벤트가 발생하였는지 항상 체크하다가 만일 이벤트가 발생하면 그 다음 행동(예를 들면 '프레임을 닫음' 또는 '결과를 새로운 창에 보여 줌')을 지정해 주어야 한다. 이 장에서는 컴포넌트에 이벤트가 발생하였는지 체크하고, 이벤트가 발생하면 처리하는 방법에 대해서 연구한다. 먼저 간단한 버튼 이벤트 처리 예제를 살펴보자.

예제 12.1 **프레임의 버튼을 누르면 그 프레임이 사라지는 이벤트 처리 프로그램을 분석하라.**

```
/*** ButtonEventTest.java ****************************/
import java.awt.*;
import java.awt.event.*;
public class ButtonEventTest {
  public static void main(String[] ar){
    BorderFrame one = new BorderFrame();
  }
}

class BorderFrame extends Frame {
  private Dimension dimen, dimen1;
  private int xpos, ypos;
  private Button bt = new Button("Close");

  public BorderFrame() {
    super("전화기자판");                    // 상위클래스의 객체를 이용하여 이름 지정
    this.init();                            // init() 메소드 호출
    this.start();                           // start() 메소드 호출
    this.setSize(300, 400);                 // 현재 프레임의 크기
    dimen = Toolkit.getDefaultToolkit().getScreenSize();
    dimen1 = this.getSize();
    xpos = (int)(dimen.getWidth() / 2 - dimen1.getWidth() / 2);
    ypos = (int)(dimen.getHeight() / 2 - dimen1.getHeight() / 2);
    this.setLocation(xpos,ypos);            // 현재 프레임의 위치
    this.setVisible(true);
  }

  public void init() {                      // 화면 구성 넣을 부분
   BorderLayout border = new BorderLayout(5,5);
```

```
30      this.setLayout(border);
31      Font font = new Font("TimesRoman",Font.BOLD,20);
32      bt.setFont(font);
33      bt.setBackground(Color.yellow);
34      this.add("South",bt);
35    }
36
37    public void start() {                  // event 처리
38      bt.addActionListener(new ActionListener(){
39        public void actionPerformed(ActionEvent e) {
40          System.exit(0);
41        }
42      });
43    }
44  }
```

풀이

버튼 이벤트를 처리하기 위해서는 3번 줄과 같이 java.awt.event.*; 패키지를 import 해야 한다.

이 프로그램은 BorderLayout을 이용하여 "South"에 "Close"라는 버튼을 배치한 것으로 35번 줄까지는 특이한 사항이 없다.

37-43번 줄의 start() 메소드가 버튼을 마우스로 눌렀을 때 프레임을 닫게 하는 이벤트 처리 부분으로 버튼 객체 bt에서 addActionListener라는 메소드를 호출하였다. 그 의미는 생성된 버튼 객체에 마우스를 클릭하는 이벤트가 일어나는지 항상 감시하라는 뜻이다. 만일 마우스를 누르는 Action이 감지되면 39번 줄의 actionPerformed 메소드가 실행되는데 이때 40번 줄의 시스템 밖으로 나가라는 System.exit(0) 메소드가 실행된다.

프로그램의 실행 결과는 다음 그림에서 'Close' 버튼을 누르면 프레임이 사라지게 된다.

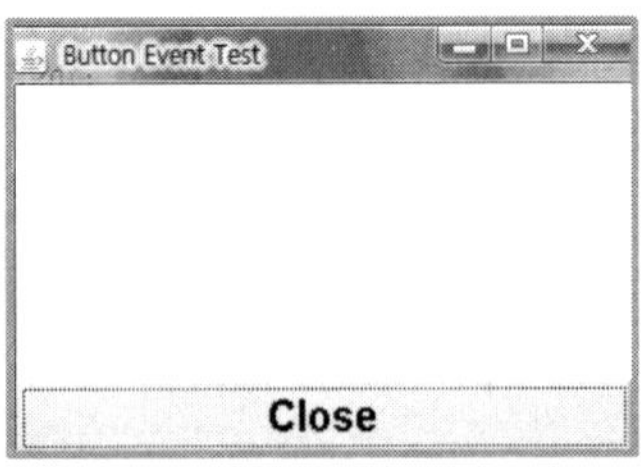

[예제 12.1]은 프레임 위에 배치된 버튼을 마우스로 클릭하는 이벤트를 처리하는 것이다. 프레임 위에 배치된 컴포넌트를 동작시키는 행동은 여러 가지가 있다. 제일 많이 사용하는 행동은 키보드의 Enter↵키를 누르는 것과 마우스 왼쪽 버튼을 클릭하는 것인데 이와 같은 행동을 'Action이라는 이벤트가 발생하였다'고 한다. Java는 이러한 이벤트가 발생하였는지 체크해 주는 클래스와 인터페이스를 제공한다. 컴포넌트에 따라 Listener 인터페이스만 있는 것과 Adapter 클래스와 Listener 인터페이스가 동시에 있는 것들이 있다. [표 12.1]은 각 컴포넌트에서 발생할 수 있는 이벤트와, 이벤트를 발생하게 하는 행동, 그리고 이벤트 발생을

감지할 수 있는 클래스와 인터페이스를 정리하여 놓았다.

[표 12.1] 이벤트의 종류와 발생하게 하는 행동, 이벤트 감지 클래스/인터페이스

이벤트 종류	이벤트를 발생하게 하는 행동	이벤트 발생 감지 클래스/인터페이스
Action	마우스 클릭이나 Enter↵ 키를 눌렀을 때, 메뉴의 item 선택했을 때	ActionListener
Focus	마우스로 커서의 위치를 바꾸어 특정 객체가 커서를 얻을 때	FocusAdapter FocusListener
Key	키보드의 하나의 키가 눌러 졌을 때	KeyAdapter KeyListener
Mouse	마우스의 버튼을 누르고 있다가 뗐을 때, 마우스가 특정 객체의 내부에 들어가거나 나왔을 때	MouseAdapter MouseListener
MouseMotion	마우스를 움직이거나 드래그했을 때	MouseMotionAdapter MouseMotionListener
Item	List나 Choice에서 선택된 item에 변화가 있을 때	ItemListener
Window	Frame과 Dialog에서 열기, 닫기, 활성, 비활성, 최소화 등에 변화가 발생하였을 때	WindowAdapter WindowListener

이벤트를 감지하는 프로그램인 Listener 인터페이스와 Adapter 클래스는 서로 비슷한 내용을 담고 있다. 8장에서 연구하였듯이 Listener 인터페이스는 다중 상속이 가능한 장점이 있고, Adapter 클래스는 단일 상속만 가능하지만 필요 없는 메소드를 재정의하지 않아도 된다는 장점이 있다. 따라서 각 상황에 어떠한 것이 유리한지 살펴보고 알맞은 것을 선택하면 된다. [표 12.1]의 모든 이벤트에서 Listener는 존재하지만 Adapter는 항상 존재하지는 않음에 주목하라. 이러한 클래스나 인터페이스는 java.awt.event 패키지에 속해 있어 이벤트 처리를 위해서는 이 패키지를 import해야 한다.

```
import java.awt.event.*;
```

event 패키지에 관한 자세한 사항은 API Documentation을 참조해야 한다.

모든 이벤트에서 Listener는 존재하지만 Adapter는 항상 존재하지는 않음에 주의 !!!

AWT의 모든 컴포넌트에서 [표 12.1]과 같은 이벤트가 다 발생하는 것은 아니고 컴포넌트마다 발생 가능한 이벤트가 서로 다른데 [표 12.2]에서 각 AWT 컴포넌트에 따른 발생 가능 이벤트를 정리해 놓았다.

[표 12.2] AWT 각 컴포넌트에서 발생 가능한 이벤트

AWT 컴포넌트	발생 가능한 이벤트
Frame	Focus, Key, Mouse, MouseMotion, Window
Label	Focus, Key, Mouse, MouseMotion
Button	Focus, Key, Mouse, MouseMotion, Action
Checkbox	Focus, Key, Mouse, MouseMotion, Item
Choice	Focus, Key, Mouse, MouseMotion, Item
List	Focus, Key, Mouse, MouseMotion, Item, Action
TextField	Focus, Key, Mouse, MouseMotion, Action
TextArea	Focus, Key, Mouse, MouseMotion
Dialog	Focus, Key, Mouse, MouseMotion, Window
FileDialog	Focus, Key, Mouse, MouseMotion, Window
Menu	Action
MenuItem	Action
CheckboxMenuItem	Action, Item
ScrollPane	Focus, Key, Mouse, MouseMotion
PopupMenu	Action

12.2 이벤트의 처리

이벤트의 처리는 다음과 같이 세 단계로 진행된다. 첫 번째 단계는 대상 컴포넌트에서 처리를 원하는 이벤트 종류를 결정한다([표 12.2] 참조). 예를 들면 마우스로 버튼을 클릭하였을 때 프레임이 닫히기를 원한다면 대상 컴포넌트는 Button이고 이벤트 종류는 Action이다.

두 번째 단계는 이벤트 종류를 결정한 다음에 이러한 이벤트를 처리하기 위한 클래스나 인터페이스를 결정한다([표 12.1] 참조). 예를 들어 버튼의 Action이라는 이벤트를 처리하려면 클래스는 없고 ActionListener라는 인터페이스만 있기 때문에 이를 사용해야 한다. 이 경우 버튼에 마우스를 클릭하였는지 감지해 주는 메소드는 addActionListener()이다. 이런 메소드를 사용하기 위해서는 Button 클래스나 그 상위클래스에 addActionListener(…)와 같은 메소드가 당연히 있어야 한다. 만일 버튼의 객체가 bt라면 이벤트 처리는 다음과 같이 한다.

```
bt.addActionListener(이벤트 구현 객체);
```

일반적으로 이벤트를 처리하는 방법은 다음과 같다.

```
컴포넌트객체.add이벤트종류.Adapter(이벤트 구현 객체);      // 클래스의 경우
컴포넌트객체.add이벤트종류.Listener(이벤트 구현 객체);     // 인터페이스 경우
```

세 번째 단계는 이벤트가 발생하였을 때 처리할 내용을 정의한다. 이러한 정의는 이벤트 구현 객체를 이용하는데 크게 다음의 세 가지 방법이 있다.

```
- Listener를 구현하거나 Adapter를 상속받은 클래스를 생성하는 방법(12.2.1절)
- 현재 클래스에 Listener를 구현하는 방법(12.2.2절)
- 익명 내부클래스를 사용하는 방법(12.2.3절)
```

이벤트 처리 순서

- 단계 1) 대상 컴포넌트에서 처리를 원하는 이벤트 종류를 결정한다([표 12.2] 참조).
- 단계 2) 이벤트를 처리하기 위한 클래스나 인터페이스를 결정한다([표 12.1] 참조).
- 단계 3) 이벤트가 발생하였을 때 처리할 내용을 정의한다.

이벤트 처리 내용을 정의하는 각각의 방법에 대해서 자세히 알아보자.

12.2.1 Adapter/Listener를 상속받은 클래스를 정의하는 방법

이와 같은 이벤트 처리 방법은 [표 12.1]에서 해당 이벤트가 Listener와 Adapter가 있는지 먼저 살펴보고 이를 상속받아 이벤트를 처리하는 클래스를 정의하는 것이다. 예를 들어 Action이라는 이벤트는 [표 12.1]에서 보듯이 ActionListener라는 인터페이스만 존재한다. 이 경우 다음과 같이 Action 이벤트의 처리를 위한 클래스를 ActionListener 인터페이스를 상속받아 정의한다.

```
class ActionDefine implements ActionListener{
  ...
}
```

이렇게 인터페이스를 상속받으면 8장에서 연구하였듯이 해당 인터페이스가 가지고 있는 메소드는 모두 추상 메소드이므로 그것들을 전부 재정의해 주어야 한다. API Documentation에서 java.awt.event 패키지의 ActionListener를 찾아보면 추상 메소드는 actionPerformed() 한 가지만 있다는 것을 알 수 있다. 따라서 Action 이벤트의 처리를 위한 클래스의 예는 다음과 같아야 한다.

```
class ActionDefine implements ActionListener{
  public void actionPerformed(ActionEvent e) {
    메소드 재정의 …
  }
}
```

이와 같은 클래스를 만든 후, 이 클래스의 객체를 만들고, 이 객체를 다음과 같이 bt.addActionListener() 메소드의 매개변수로 넣으면 이벤트 처리가 된다.

```
...
private ActionDefine ad = new ActionDefine();
...
public void start() {   // event 처리
  bt.addActionListener(ad);
}
```

[예제 12.1]의 이벤트 처리를 위와 같은 방법으로 수정해 보자.

예제 12.2 **Listener를 상속받은 클래스를 정의하는 방법으로 [예제 12.1]를 다시 프로그램 하라.**

풀이

Listener 인터페이스를 재정의하는 방법으로 [예제 12.1]을 수정하면 다음과 같다. 10-14번 줄에서 ActionListener를 상속받아 ActionDefine이라는 클래스를 만들었다. 19번 줄에서 ActionDefine의 객체인 ad를 생성하고 44번 줄에서 버튼의 Action 이벤트처리를 위해 bt.addActionListener(ad); 라는 명령문을 이용하였다. 프로그램의 실행 결과는 [예제 12.1]과 동일하다.

```
01 /*** ButtonEventTest2.java ****************************/
02 import java.awt.*;
03 import java.awt.event.*;
04 public class ButtonEventTest2 {
05   public static void main(String[] ar){
06     BorderFrame one = new BorderFrame();
07   }
08 }
09
10 class ActionDefine implements ActionListener{
11   public void actionPerformed(ActionEvent e) {
12     System.exit(0);
13   }
14 }
15 class BorderFrame extends Frame {
16   private Dimension dimen, dimen1;
17   private int xpos, ypos;
```

```
    private Button bt = new Button("Close");
    private ActionDefine ad = new ActionDefine();

    public BorderFrame() {
      super("Button Event Test");        // 상위클래스의 객체 이용하기
      this.init();                       // init() 메소드 호출
      this.start();                      // start() 메소드 호출
      this.setSize(300, 200);            // 현재 프레임의 크기
      dimen = Toolkit.getDefaultToolkit().getScreenSize();
      dimen1 = this.getSize();
      xpos = (int)(dimen.getWidth() / 2 - dimen1.getWidth() / 2);
      ypos = (int)(dimen.getHeight() / 2 - dimen1.getHeight() / 2);
      this.setLocation(xpos,ypos);       // 현재 프레임의 위치
      this.setVisible(true);
    }

    public void init() {                 // 화면 구성 넣을 부분
     BorderLayout border = new BorderLayout(5,5);
     this.setLayout(border);
     Font font = new Font("TimesRoman",Font.BOLD,20);
     bt.setFont(font);
     bt.setBackground(Color.yellow);
     this.add("South",bt);
    }

    public void start() {   // event 처리
      bt.addActionListener(ad);
    }
}
```

Adapter도 이 예제와 같은 방법으로 객체를 구현하면 된다. 그렇다면 한 이벤트의 처리 방법으로 왜 Listener라는 인터페이스와 Adapter라는 클래스 두 가지 방식이 존재할까? 앞 장에서 연구하였듯이 인터페이스는 다중 상속이 가능하고 클래스는 단일 상속만 가능하다. 위의 예제에서 Action이라는 이벤트는 ActionListener라는 인터페이스 하나만 존재하고 여기에는 actionPerformed() 라는 하나의 추상 메소드만 존재한다. 따라서 메소드의 재정의도 이 action Perfomed() 하나만 하면 된다. 그러나 프레임과 다이알로그에서 발생하는 Window라는 이벤트는 윈도우의 축소, 확대, 활성화, 비활성화 등과 같은 이벤트를 처리하기 위해 7가지의 추상 메소드를 가지고 있다. Window 이벤트를 처리하는 다음 예를 살펴보자.

```
class WindowDefine implements WindowListener{
  public void windowClosing(windowEvent e) {
    메소드 재정의 …
  }
  public void windowClosed(windowEvent e) {
    메소드 재정의 …
  }
  public void windowOpened(windowEvent e) {
    메소드 재정의 …
  }
  public void windowIconified(windowEvent e) {
    메소드 재정의 …
  }
  public void windowDeiconified(windowEvent e) {
    메소드 재정의 …
  }
  public void windowActivated(windowEvent e) {
    메소드 재정의 …
  }
  public void windowDeactivated(windowEvent e) {
    메소드 재정의 …
  }
}
```

이와 같이 인터페이스를 사용하면 모든 추상 메소드를 재정의해야 한다. 이런 불편함을 막기 위해 단일 상속밖에는 되지 않지만 필요한 것만 재정의해서 사용할 수 있는 Adapter라는 것을 만들게 된 것이다. WindowAdapter 클래스를 이용하면 다음과 같이 필요한 메소드만 재정의해 위의 예제를 프로그램할 수 있다.

```
class WindowDefine extends WindowAdapter{
  public void windowClosing(windowEvent e) {
    메소드 재정의 …
  }
  public void windowIconified(windowEvent e) {
    메소드 재정의 …
  }
}
```

일반적으로 Listener와 Adapter가 동시에 있는 이벤트의 경우에는 Adapter를 사용하여 필요한 메소드만 재정의하는 것이 편리하다.

이벤트 처리를 위해 Listerner 인터페이스와 Adapter 클래스 두 개가 있는 이유

Listener는 인터페이스이므로 다중 상속이 가능해서 여러 가지 처리를 할 수 있다.
하지만 Listener는 모든 추상 메소드를 재정의해야 하는 불편함이 있다.
필요한 추상 메소드만 재정의하여 사용하려면 Adapter 클래스가 편리하다.

일반적으로 Listener와 Adapter가 동시에 있는 이벤트의 경우에는 Adapter를 사용하여 필요한 메소드만 재정의하는 것이 편리하다.

12.2.2 현재 클래스에 Listener를 구현하는 방법

모든 그래픽 사용자 환경의 프로그램은 프레임을 사용한다. 이 이벤트 처리 방법은 다음 예와 같이 Frame 클래스를 상속받으면서 동시에 Listener를 다중 상속하는 방법이다.

```
class BorderFrame extends Frame implements ActionListener {
   ...
}
```

Listener를 상속받은 후에는 이벤트 처리 클래스를 따로 정의하지 않고 다음과 같이 클래스 자신의 객체 this를 이용한다.

```
bt.addActionListener(this);
```

이 경우 12.2.1절과 마찬가지로 ActionListener 인터페이스를 상속받았으므로 모든 추상 메소드는 재정의해 주어야 한다. 예를 들어 버튼의 ActionListener 인터페이스는 actionPerformed()라는 하나의 메소드가 있으므로 다음과 같이 재정의해 주어야 한다.

```
public void actionPerformed(ActionEvent e) {
   System.exit(0);
}
```

예제 12.3 현재 클래스에 Listener를 구현하는 방법의 다음 이벤트 처리 프로그램을 분석하라.

```
/*** ButtonEventTest3.java ****************************/
import java.awt.*;
import java.awt.event.*;
public class ButtonEventTest3 {
```

```
05    public static void main(String[] ar){
06      BorderFrame one = new BorderFrame();
07    }
08  }
09
10  class BorderFrame extends Frame implements ActionListener{
11    private Dimension dimen, dimen1;
12    private int xpos, ypos;
13    private Button bt = new Button("Close");
14
15    public BorderFrame() {
16      super("Button Event Test");      // 상위클래스의 객체 이용하기
17      this.init();                     // init() 메소드 호출
18      this.start();                    // start() 메소드 호출
19      this.setSize(300, 200);          // 현재 프레임의 크기
20      dimen = Toolkit.getDefaultToolkit().getScreenSize();
21      dimen1 = this.getSize();
22      xpos = (int)(dimen.getWidth() / 2 - dimen1.getWidth() / 2);
23      ypos = (int)(dimen.getHeight() / 2 - dimen1.getHeight() / 2);
24      this.setLocation(xpos,ypos);     // 현재 프레임의 위치
25      this.setVisible(true);
26    }
27
28    public void init() {               // 화면 구성 넣을 부분
29      BorderLayout border = new BorderLayout(5,5);
30      this.setLayout(border);
31      Font font = new Font("TimesRoman",Font.BOLD,20);
32      bt.setFont(font);
33      bt.setBackground(Color.yellow);
34      this.add("South",bt);
35    }
36
37    public void start() {   // event 처리
38      bt.addActionListener(this);
39    }
40
41    public void actionPerformed(ActionEvent e) {
42      System.exit(0);
43    }
44
45  }
```

풀이

[예제 12.2]와의 차이점은 10번 줄에서 ActionListener 인터페이스를 상속받는다. 그리고 38번 줄의 버튼 객체 bt에서 addActionListener라는 메소드를 호출하였다. 그 의미는 생성된 버튼 객체에 마우스를 누르는 이벤트가 일어나는지 항상 감시하라는 뜻이다. 만일 마우스를 누르는 이벤트가 감지되면 41번 줄의 actionPerformed 메소드가 실행되는데 이때 42번 줄의 시스템 밖으로 나가라는 System.exit(0) 메소드가 실행된다.

프로그램의 실행 결과는 [예제 12.1]과 동일하다.

12.2.3 익명 내부클래스를 사용하는 방법

이 이벤트 처리 방법은 필요한 부분마다 이벤트를 처리해 주는 방법이다. [예제 12.2]와 [예제 12.3]에서는

```
bt.addActionListener(객체);
```

라는 형식으로 이벤트를 정의한 객체를 넣어 처리하였다. 그러나 이 방법은 이 '객체' 부분에 직접 다음과 같이 익명 내부클래스를 정의하여 이벤트를 처리한다.

```
bt.addActionListener(new ActionListener(){
   public void actionPerformed(ActionEvent e) {
      메소드 재정의 …
   }
});
```

[예제 12.1]이 이러한 방법으로 Action 이벤트를 처리한 것이다. 단점은 객체의 특징인 재사용이 불가능하다는 점이지만 간단하고 빠르게 처리할 때 많이 애용된다.

일반적으로 Window 이벤트는 WindowAdapter를 상속받는 익명 내부클래스 형태로 많이 사용된다. [예제 12.1]에서 42번 줄 다음에 아래와 같은 명령어를 넣으면 프레임의 [X] 버튼을 사용하여 프레임을 닫을 수 있다.

```
this.addWindowListener(new WindowAdapter() {
   public void windowClosing(WindowEvent e) {
     System.exit(0);
   }
});
```

12.3 이벤트 처리 클래스/인터페이스

[표 12.1]에서 설명한 여러 가지 이벤트를 처리해 주는 클래스나 인터페이스에 대해서 자세히 살펴보자.

12.3.1 ActionListener

마우스를 클릭하는 Action 이벤트는 다음 컴포넌트들에서 발생할 수 있다.

```
Button, List, TextField, Menu, MenuItem, CheckboxMenuItem, PopupMenu
```

Action 이벤트 처리는 ActionListener 인터페이스 하나만 있고 이 인터페이스는 다음의 한 가지 메소드만 가진다.

```
public void actionPerformed(ActionEvent e) { }
```

예를 들어 버튼에서 발생한 이벤트를 익명 내부클래스를 이용하여 처리하려면 다음과 같이 하면 된다.

```
Button bt = new Button(" ");
bt.addActionListener(new ActionListener(){
   public void actionPerformed(ActionEvent e) {
      메소드 재정의 …
   }
})
```

다른 예로 리스트에서 발생한 이벤트를 처리하려면 다음과 같이 하면 된다.

```
List li = new List( …, … );
li.addActionListener(new ActionListener(){
   public void actionPerformed(ActionEvent e) {
      메소드 재정의 …
   }
})
```

위의 예제에서 actionPerformed() 메소드의 매개변수인 ActionEvent e의 역할은 마우스를 클릭하는 Action이 두 개 이상의 컴포넌트에 발생할 수 있을 때 해당 이벤트를 구별해 주는 역할을 한다. 다음 예제를 살펴보자.

예제 12.4 **현재 클래스에 Listener를 구현하는 방법의 다음 이벤트 처리 프로그램을 분석하라.**

```
/*** ButtonEventTest4.java ****************************/
import java.awt.*;
import java.awt.event.*;
```

```
public class ButtonEventTest4 {
  public static void main(String[] ar){
    BorderFrame one = new BorderFrame();
  }
}

class BorderFrame extends Frame implements ActionListener{
  private Dimension dimen, dimen1;
  private int xpos, ypos;
  private Label lb = new Label("클릭한 버튼이 없음",Label.CENTER);
  private Button bt1 = new Button("버튼1");
  private Button bt2 = new Button("버튼2");
  private Button bt3 = new Button("EXIT");

  public BorderFrame() {
    super("Two Buttons Test");        // 상위클래스의 객체 이용하기
    this.init();                      // init() 메소드 호출
    this.start();                     // start() 메소드 호출
    this.setSize(300, 200);           // 현재 프레임의 크기
    dimen = Toolkit.getDefaultToolkit().getScreenSize();
    dimen1 = this.getSize();
    xpos = (int)(dimen.getWidth() / 2 - dimen1.getWidth() / 2);
    ypos = (int)(dimen.getHeight() / 2 - dimen1.getHeight() / 2);
    this.setLocation(xpos,ypos);      // 현재 프레임의 위치
    this.setVisible(true);
  }

  public void init() {                // 화면 구성 넣을 부분
    BorderLayout border = new BorderLayout(5,5);
    this.setLayout(border);
    Font font = new Font("TimesRoman",Font.BOLD,15);
    bt1.setFont(font); bt1.setBackground(Color.yellow);
    bt2.setFont(font); bt2.setBackground(Color.green);

    Panel p = new Panel();
    FlowLayout fl = new FlowLayout();
    p.setLayout(fl);
    p.add(bt1); p.add(bt2); p.add(bt3);

    this.add("Center",lb);
    this.add("South",p);
  }

  public void start() {  // event 처리
    bt1.addActionListener(this);
    bt2.addActionListener(this);
    bt3.addActionListener(this);
  }

  public void actionPerformed(ActionEvent e) {
    if (e.getSource() == bt1) {
      lb.setText("버튼1 이 클릭되었음");
```

```
56        }
57        else if(e.getSource() == bt2) {
58          lb.setText("버튼2 가 클릭되었음");
59        }
60        else if(e.getSource() == bt3) {
61          System.exit(0);
62        }
63      }
64
65  }
```

풀이

이 예제 역시 10번 줄에서 ActionListener 인터페이스를 상속받는다. 그리고 48-50번 줄에서 버튼 객체 bt1, bt2, bt3에 addActionListener라는 메소드를 호출하였다. 그 의미는 생성된 버튼 객체에 마우스를 누르는 Action이라는 이벤트가 일어나는지 항상 감시하라는 뜻이다. 만일 마우스를 누르는 Action이 감지되면 53번 줄의 actionPerformed 메소드가 실행되는데 이때 ActionEvent e의 값에 따라 54번, 57번, 60번으로 건너뛰어 해당되는 명령어가 실행된다. 프로그램이 실행되면 먼저 다음과 같은 프레임이 나타난다.

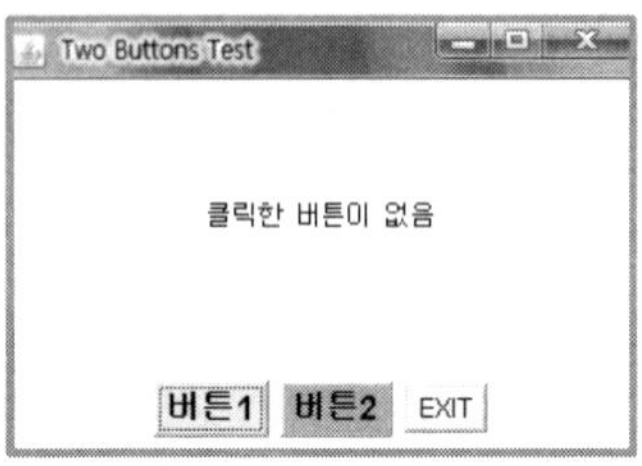

'버튼1'을 누르면 아래 좌측 화면, '버튼2'를 누르면 아래 우측 화면이 나타나고 'EXIT' 버튼을 누르면 System.exit(0) 메소드가 실행되어 프레임이 사라지게 된다.

위의 예제와 같이 ActionEvent라는 클래스는 유용하게 사용되는데 상속관계와 각 클래스에서 자주 이용되는 메소드를 정리하면 다음과 같다.

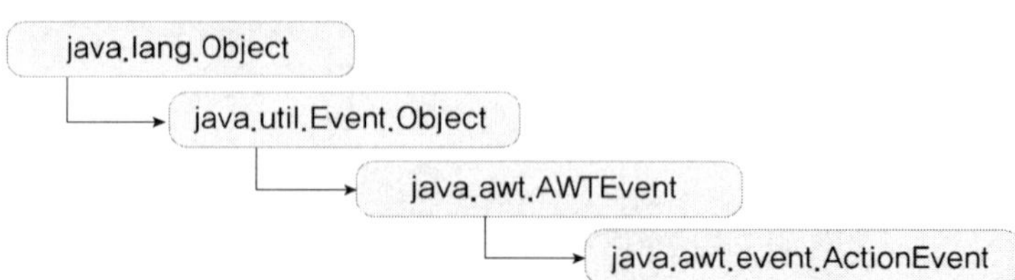

– java.utilEventObject 클래스

메소드	
메소드 이름	내용
Object getSource()	이벤트가 발생된 객체 이름 가져오기

– java.awt.AWTEvent 클래스

메소드	
메소드 이름	내용
int getID()	이벤트의 ID 가져오기
void setSource(object newsource)	이벤트 발생에 대한 객체 설정

– java.awt.event.ActionEvent

필드		
데이터형	이름	내용
static final int	ALT_MASK	Alt 키에 대한 값
static final int	CTRL_MASK	Ctrl 키에 대한 값
static final int	SHIFT_MASK	Shift 키에 대한 값

메소드	
메소드 이름	내용
String getActionCommand()	설정된 Action 명령어 가져오기
int getModifiers()	Alt, Ctrl, Shift 중 클릭한 키 가져오기
long getWhen()	이벤트가 발생된 시간 가져오기

위의 메소드 중에서 getSource( ) 메소드가 이벤트 객체를 구분해 주는 메소드이다. [예제 12.4]의 53번 줄 public void actionPerformed() 메소드 다음에 다음과 같은 명령문을 넣고 버튼을 눌러보자.

```
Button temp = (Button) e.getSource();
System.out.println("Button = "+temp.getLabel());
```

그러면 버튼 세 개 중 하나가 클릭될 때마다 Eclipse 창에 다음 결과가 나타난다.

```
Button = 버튼1
Button = 버튼2
Button = EXIT
```

12.3.2 FocusListener와 FocusAdapter

Focus 이벤트는 해당 컴포넌트에 '포커스(focus)'를 주어 다음 행위를 제한할 때 사용된다. 예를 들어 이름과 주민등록번호를 입력하는 프로그램에서 만일 이름을 입력하지 않았다면 이름에 포커스를 두어 주민번호를 입력할 수 없도록 조치한다. Focus 이벤트는 다음의 컴포넌트들에서 발생할 수 있다.

```
Frame, Label, Button, Checkbox, Choice, List, TextField, Dialog, ScrollPane
```

관련 메소드는 다음과 같다.

```
public void focusGained(FocusEvent e) { }
public void focusLost(FocusEvent e) { }
```

TextField에 Focus를 이용하는 다음 예를 살펴보자.

예제 12.5 이름과 주민번호를 입력받는 TextField 프레임을 구성하고 FocusListener를 구현하는 방법의 다음 이벤트 처리 프로그램을 분석하라. 이름을 입력하지 않으면 주민번호 첫 번째 TextField로 이동할 수 없고, 주민번호 6자리 숫자를 입력하지 않으면 주민번호 두 번째 TextField로 넘어갈 수 없다.

```
/*** FocusEventTest.java*******************************/
import java.awt.*;
import java.awt.event.*;
public class FocusEventTest {
  public static void main(String[] ar){
    BorderFrame one = new BorderFrame();
  }
}

class BorderFrame extends Frame implements FocusListener {
  private Dimension dimen, dimen1;
  private int xpos, ypos;
  private Label lb1 = new Label("이름 : ",Label.RIGHT);
  private Label lb2 = new Label("주민번호 : ",Label.RIGHT);
  private Label lb3 = new Label("-",Label.CENTER);
  private Button bt1 = new Button("확인");
  private Button bt2 = new Button("취소");
  private TextField tf1 = new TextField();
  private TextField tf2 = new TextField();
  private TextField tf3 = new TextField();

  public BorderFrame() {
    super("Focus Test");                // 상위클래스인 Frame의 객체 이용하기
```

```java
    this.init();                             // init() 메소드 호출
    this.start();                            // start() 메소드 호출
    this.setSize(250, 110);          // 현재 프레임의 크기
    dimen = Toolkit.getDefaultToolkit().getScreenSize();
    dimen1 = this.getSize();
    xpos = (int)(dimen.getWidth() / 2 - dimen1.getWidth() / 2);
    ypos = (int)(dimen.getHeight() / 2 - dimen1.getHeight() / 2);
    this.setLocation(xpos,ypos);     // 현재 프레임의 위치
    this.setVisible(true);
  }

  public void init() {                       // 화면 구성 넣을 부분
    BorderLayout border = new BorderLayout();
    this.setLayout(border);

    Panel pwest = new Panel(new GridLayout(2,1));
    pwest.add(lb1); pwest.add(lb2);

    Panel pcenter = new Panel(new GridLayout(2,1));
    pcenter.add(tf1);
    Panel p = new Panel(new GridLayout(1,3,5,5));
    p.add(tf2); p.add(lb3); p.add(tf3);
    pcenter.add(p);

    Panel psouth = new Panel(new FlowLayout(FlowLayout.RIGHT));
    psouth.add(bt1); psouth.add(bt2);

    this.add("West",pwest);
    this.add("Center",pcenter);
    this.add("South",psouth);
  }

  public void start() {                      // event 처리
    tf2.addFocusListener(this);
    tf3.addFocusListener(this);
  }

  public void focusGained(FocusEvent e) {
    if (e.getSource() == tf2) {
      int txtlen = tf1.getText().trim().length();
      if (txtlen == 0) tf1.requestFocus();
    }
    else if(e.getSource() == tf3) {
      int txtlen = tf2.getText().trim().length();
      if (txtlen != 6) {
        tf2.setText("");
        tf2.requestFocus();
      }
    }
  }

  public void focusLost(FocusEvent e) {
```

```
76     }
77   }
```

풀이

이 예제는 10번 줄에서 FocusListener 인터페이스를 상속받는다.

13-20번 줄은 필요한 Label, TextField, Button을 정의한다.

35-54번 줄의 init() 메소드는 화면 디자인이다.

57-58번 줄에서 TextField 객체 tf2와 tf3에 addFocusListener라는 메소드를 호출하였다.

62-65번 줄은 주민번호 앞의 6자리 숫자를 입력하는 TextField tf2에 마우스가 클릭되었을 때 이름을 입력하였는지 체크한다. 63번 줄은 입력된 문자의 길이를 받는 것이고 64번 줄은 만일 문자의 길이가 0이라면 이름 입력 필드 tf1에 포커스를 하라는 의미이다. 즉 이름을 입력하지 않으면 주민번호 입력 텍스트필드로 이동할 수 없다.

66-72번 줄은 주민번호 뒷자리(tf3)를 입력하려고 할 때 주민번호 앞의 6자리 문자(tf2)가 모두 입력하였는지 체크한다. 6자리를 입력하지 않으면 tf2에 포커스를 하여 6자리 문자가 입력이 될 때까지는 tf3로 넘어갈 수가 없다.

75-76번의 focusLost() 메소드는 이 프로그램이 focusListener 인터페이스를 상속받았으므로 상속받은 메소드를 재정의해야 하기 때문에 필요하다.

프로그램의 실행 결과는 다음과 같다.

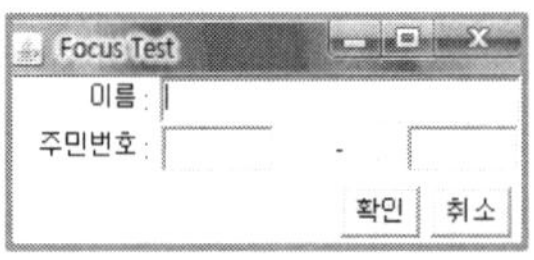

12.3.3 ItemListener

Item 이벤트는 List나 Choice 컴포넌트와 같이 나열된 항목이 있을 경우 선택된 항목의 변화가 있을 때 발생한다. Item 이벤트는 다음의 컴포넌트들에서 발생할 수 있다.

```
List, Choice, Checkbox, CheckboxMenuItem
```

Item 이벤트는 인터페이스만 가지며 관련 메소드는 다음과 같다.

```
public void itemStateChanged(ItemEvent e) { }
```

예제 12.6 세 개의 item("AAA", "BBB", "CCC")이 있는 Choice와 네 개의 item("DDD", "EEE", "FFF", "GGG")이 있는 List에서 한 item을 선택하면 Eclipse 콘솔 창에 선택된 item이 인쇄되는

ItemListener를 구현하는 다음 이벤트 처리 프로그램을 분석하라.

```
/*** ChoiceEventTest.java******************************/
import java.awt.*;
import java.awt.event.*;
public class ChoiceEventTest {
  public static void main(String[] ar){
    FlowFrame one = new FlowFrame();
  }
}

class FlowFrame extends Frame implements ItemListener{
  private Dimension dimen, dimen1;
  private int xpos, ypos;
  private Choice ch = new Choice();
  private List ls = new List(4, false);
  private Label lbc = new Label("Choice: ");
  private Label lbl = new Label("    List: ");

  public FlowFrame() {
    super("Item Test");                 // 상위클래스의 객체 이용하기
    this.init();                        // init() 메소드 호출
    this.start();                       // start() 메소드 호출
    this.setSize(400, 200);             // 현재 프레임의 크기
    dimen = Toolkit.getDefaultToolkit().getScreenSize();
    dimen1 = this.getSize();
    xpos = (int)(dimen.getWidth() / 2 - dimen1.getWidth() / 2);
    ypos = (int)(dimen.getHeight() / 2 - dimen1.getHeight() / 2);
    this.setLocation(xpos,ypos);        // 현재 프레임의 위치
    this.setVisible(true);
  }

  public void init() {                  // 화면 구성 넣을 부분
    FlowLayout flow = new FlowLayout();
    this.setLayout(flow);
    this.add(lbc);
    ch.add("AAA"); ch.add("BBB"); ch.add("CCC");
    this.add(ch);
    this.add(lbl);
    ls.add("DDD"); ls.add("EEE"); ls.add("FFF"); ls.add("GGG");
    this.add(ls);
  }

  public void start() {                  // event 처리
    ch.addItemListener(this);
    ls.addItemListener(this);
  }

  public void itemStateChanged(ItemEvent e) {
    if (e.getSource() == ch) {
      String strc = ch.getSelectedItem();
      System.out.println("Choice에서 선택된 문자열"+strc);
```

```
51         }
52         else if(e.getSource() == ls) {
53            String strl = ls.getSelectedItem();
54            System.out.println("List에서 선택된 문자열"+strl);
55         }
56      }
57   }
```

풀이

이 예제는 10번 줄에서 ItemListener 인터페이스를 상속받는다.

13-16번 줄은 필요한 Choice와 List를 정의한다.

31-40번 줄의 init() 메소드는 Choice와 List 컴포넌트를 갖는 프레임의 화면 디자인이다.

43-44번 줄에서 Choice 객체 ch와 List 객체 ls에 addItemListener라는 메소드를 호출하였다.

47-56번 줄은 item의 선택된 상태가 변했을 때 이벤트 처리한 것으로 선택된 item이 출력된다.

프로그램의 실행 결과는 다음과 같다.

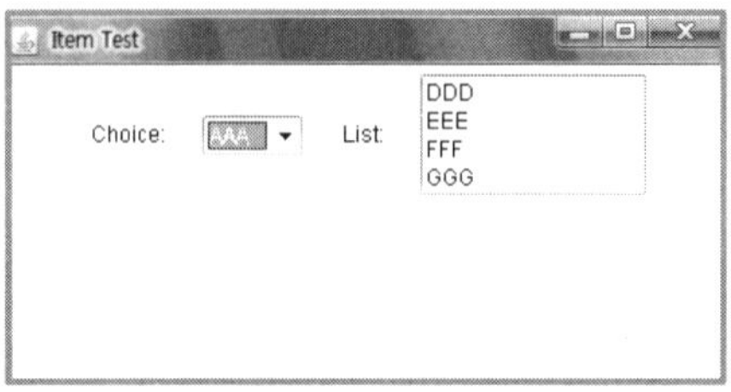

만일 Choce에서 BBB를 선택하고, List에서 EEE를 선택하였다면 다음과 같이 모니터에 출력될 것이다.

```
Choice에서 선택된 문자열 BBB
List에서 선택된 문자열 EEE
```

12.3.4 KeyListener와 KeyAdapter

Key 이벤트는 키보드에서 아무 키나 누를 때 혹은 뗄 때 발생하는 것으로 사용자가 특정 키를 입력하지 못하도록 할 때 유용하다. 예를 들어 주민번호를 입력할 때 숫자 이외의 키는 입력하지 못하게 할 수 있다. Key 이벤트는 다음의 컴포넌트들에서 발생할 수 있다.

```
Frame, Label, Button, Checkbox, Choice, List, TextField, TextArea,
Dialog, FileDialog, ScrollPane
```

Key 이벤트는 KeyListener 인터페이스와 KeyAdapter 클래스를 가지며 관련 메소드는 다음과 같다.

```
public void keyTyped(KeyEvent e) { }
public void keyPressed(KeyEvent e) { }
public void keyReleased(KeyEvent e) { }
```

예제 12.7 **[예제 12.5]의 이름과 주민번호를 입력받는 프로그램에서 주민번호 첫 번째 6자리 숫자를 입력하면 바로 커서가 주민번호 두 번째 숫자를 입력받는 TextField로 넘어가는 다음 keyListener 이벤트 처리 프로그램을 분석하라.**

```
/*** FocusEventTest2.java*******************************/
import java.awt.*;
import java.awt.event.*;
public class FocusEventTest2 {
  public static void main(String[] ar){
    BorderFrame one = new BorderFrame();
  }
}

class BorderFrame extends Frame implements FocusListener, KeyListener {
  private Dimension dimen, dimen1;
  private int xpos, ypos;
  private Label lb1 = new Label("이름 : ",Label.RIGHT);
  private Label lb2 = new Label("주민번호 : ",Label.RIGHT);
  private Label lb3 = new Label("-",Label.CENTER);
  private Button bt1 = new Button("확인");
  private Button bt2 = new Button("취소");
  private TextField tf1 = new TextField();
  private TextField tf2 = new TextField();
  private TextField tf3 = new TextField();

  public BorderFrame() {
    super("KeyEvent Test");             // 상위클래스의 객체 이용하기
    this.init();                        // init() 메소드 호출
    this.start();                       // start() 메소드 호출
    this.setSize(250, 110);             // 현재 프레임의 크기
    dimen = Toolkit.getDefaultToolkit().getScreenSize();
    dimen1 = this.getSize();
    xpos = (int)(dimen.getWidth() / 2 - dimen1.getWidth() / 2);
    ypos = (int)(dimen.getHeight() / 2 - dimen1.getHeight() / 2);
    this.setLocation(xpos,ypos);        // 현재 프레임의 위치
    this.setVisible(true);
  }

  public void init() {                  // 화면 구성 넣을 부분
    BorderLayout border = new BorderLayout();
    this.setLayout(border);

    Panel pwest = new Panel(new GridLayout(2,1));
```

```
40      pwest.add(lb1); pwest.add(lb2);
41
42      Panel pcenter = new Panel(new GridLayout(2,1));
43      pcenter.add(tf1);
44      Panel p = new Panel(new GridLayout(1,3,5,5));
45      p.add(tf2); p.add(lb3); p.add(tf3);
46      pcenter.add(p);
47
48      Panel psouth = new Panel(new FlowLayout(FlowLayout.RIGHT));
49      psouth.add(bt1); psouth.add(bt2);
50
51      this.add("West",pwest);
52      this.add("Center",pcenter);
53      this.add("South",psouth);
54    }
55
56    public void start() {                  // event 처리
57      tf2.addFocusListener(this);
58      tf2.addKeyListener(this);
59      tf3.addFocusListener(this);
60    }
61
62    public void focusGained(FocusEvent e) {
63      if (e.getSource() == tf2) {
64        int txtlen = tf1.getText().trim().length();
65        if (txtlen == 0) tf1.requestFocus();
66      }
67      else if(e.getSource() == tf3) {
68        int txtlen = tf2.getText().trim().length();
69        if (txtlen != 6) {
70          tf2.setText("");
71          tf2.requestFocus();
72        }
73      }
74    }
75
76    public void focusLost(FocusEvent e) { }
77
78    public void keyPressed(KeyEvent e) { }
79
80    public void keyTyped(KeyEvent e) { }
81
82    public void keyReleased(KeyEvent e) {
83      String str = tf2.getText().trim();
84      if (str.length() == 6) tf3.requestFocus();
85    }
86  }
```

풀이

이 예제는 10번 줄에서 FocusListener와 KeyListener 두 개의 인터페이스를 상속받는다. 따라서 관련된 다음의 메소드는 모두 재정의해 주어야 한다.

```
public void focusGained(FocusEvent e)      // 62번 줄에서 자세히 재정의
public void focusLost(FocusEvent e)        // 76번 줄에서 이름만 재정의
public void keyPressed(KeyEvent e)         // 78번 줄에서 이름만 재정의
public void keyTyped(KeyEvent e)           // 80번 줄에서 이름만 재정의
public void keyReleased(KeyEvent e)        // 82번 줄에서 자세히 재정의
```

13-20번 줄은 필요한 Label, TextField, Button을 정의한다.

35-54번 줄의 init() 메소드는 화면 디자인이다.

57, 59번 줄에서 TextField 객체 tf2와 tf3에 addFocusListener라는 메소드를 호출하였고, 58번 줄은 객체 tf2의 add.KeyListerner를 호출하였다.

63-66번 줄은 주민번호 앞의 6자리 숫자를 입력하는 TextField tf2에 마우스가 클릭되었을 때 이름을 입력하였는지 체크한다. 64번 줄은 입력된 문자의 길이를 받는 것이고 65번 줄은 만일 입력된 문자의 길이가 0이라면 이름 입력 필드 tf1에 focus를 하라는 의미이다.

67-73번 줄은 주민번호 뒷자리를 입력하려고 할 때 주민번호 앞의 6자리 문자가 모두 입력하였는지 체크한다. 6자리를 입력하지 않으면 tf2에 focus를 하여 제대로 입력이 될 때까지는 tf3로 넘어갈 수가 없다.

82번 줄은 키보드에서 한 문자를 입력할 때마다 이벤트가 발생하는데 이를 처리해 주는 메소드이다. 주민번호 앞의 6자리 문자가 입력되면 뒷자리를 입력받는 TextField 객체 tf3가 focus를 받게 된다. 프로그램의 실행 결과는 다음과 같다.

12.3.5 MouseListener와 MouseAdapter

Mouse 이벤트는 마우스의 버튼을 누르거나, 누른 버튼을 떼었을 때, 클릭하였을 때, 마우스가 특정 컴포넌트로 진입하였을 때와 나왔을 때 등의 다섯 가지 마우스 행위에 대한 처리를 한다. 마우스의 움직임에 관한 이벤트는 12.3.6의 MouseMotion에서 별도로 관리한다. Mouse 이벤트는 다음의 컴포넌트들에서 발생할 수 있다.

```
Frame, Label, Button, Checkbox, Choice, List, TextField, TextArea,
Dialog, FileDialog, ScrollPane
```

Mouse 이벤트는 MouseListener 인터페이스와 MouseAdapter 클래스를 가지며 다음의 다섯 가지 마우스 행위와 관련된 메소드가 있다.

```java
public void mousePressed(MouseEvent e) { }
public void mouseReleased(MouseEvent e) { }
public void mouseClicked(MouseEvent e) { }
public void mouseEntered(MouseEvent e) { }
public void mouseExited(MouseEvent e) { }
```

예제 12.8 Mouse로 버튼을 누르면 이 버튼이 프레임의 임의 부분으로 이동하는 다음 MouseListener 이벤트 처리 프로그램을 분석하라.

```java
/*** MouseEventTest.java******************************/
import java.awt.*;
import java.awt.event.*;
public class MouseEventTest {
  public static void main(String[] ar){
    MouseFrame one = new MouseFrame();
  }
}

class MouseFrame extends Frame implements MouseListener {
  private Dimension dimen, dimen1;
  private int xpos, ypos;
  private Button bt = new Button("마우스로 눌러봐요!");

  public MouseFrame() {
    super("MouseEvent Test");          // 상위클래스의 객체 이용하기
    this.init();                       // init() 메소드 호출
    this.start();                      // start() 메소드 호출
    this.setSize(300, 200);            // 현재 프레임의 크기
    dimen = Toolkit.getDefaultToolkit().getScreenSize();
    dimen1 = this.getSize();
    xpos = (int)(dimen.getWidth() / 2 - dimen1.getWidth() / 2);
    ypos = (int)(dimen.getHeight() / 2 - dimen1.getHeight() / 2);
    this.setLocation(xpos,ypos);       // 현재 프레임의 위치
    this.setVisible(true);
  }

  public void init() {                 // 화면 구성 넣을 부분
    this.setLayout(null);
    bt.setBounds(50,50,120,25);        // 버튼(x좌표, y좌표, width, height)
    this.add(bt);
  }

  public void start() {                // event 처리
    bt.addMouseListener(this);
  }

  public void mousePressed(MouseEvent e) {
    System.out.println("Mouse Pressed.");
  }
  public void mouseReleased(MouseEvent e) {
```

```
42        System.out.println("Mouse Released.");
43      }
44      public void mouseClicked(MouseEvent e) {
45        System.out.println("Mouse Clicked.");
46      }
47      public void mouseEntered(MouseEvent e) {
48        System.out.println("Mouse Entered.");
49        bt.setLocation( (int) (50+Math.random()*200),
                    (int) (50+Math.random()*100));
50      }
51      public void mouseExited(MouseEvent e) {
52        System.out.println("Mouse Exited.");
53      }
54  }
```

풀이

이 예제는 10번 줄에서 MouseListener 인터페이스를 상속받는다. 따라서 관련된 다음의 메소드는 모두 재정의해 주어야 한다.

```
public void mousePressed(MouseEvent e) { }      // 38번 줄에서 재정의
public void mouseReleased(MouseEvent e) { }     // 41번 줄에서 재정의
public void mouseClicked(MouseEvent e) { }      // 44번 줄에서 재정의
public void mouseEntered(MouseEvent e) { }      // 47번 줄에서 재정의
public void mouseExited(MouseEvent e) { }       // 51번 줄에서 재정의
```

13번 줄은 버튼을 정의한다.

28-32번 줄의 init() 메소드는 화면 디자인으로 특정한 레이아웃을 사용하지 않았고(29번 줄), 30번 줄과 같이 버튼의 위치를 특정 좌표와 크기로 지정하였다.

35번 줄에서 Button 객체 bt에 addMouseListener라는 메소드를 호출하였다.

38-53번 줄의 각각의 마우스 관련 메소드는 해당되는 행위가 발생할 때 그 동작이 콘솔에 인쇄된다. 49번 줄에서 mouse가 버튼 영역에 들어오면 버튼의 다음 위치를 계산해서 이동한다.

프로그램의 실행 결과는 다음과 같다.

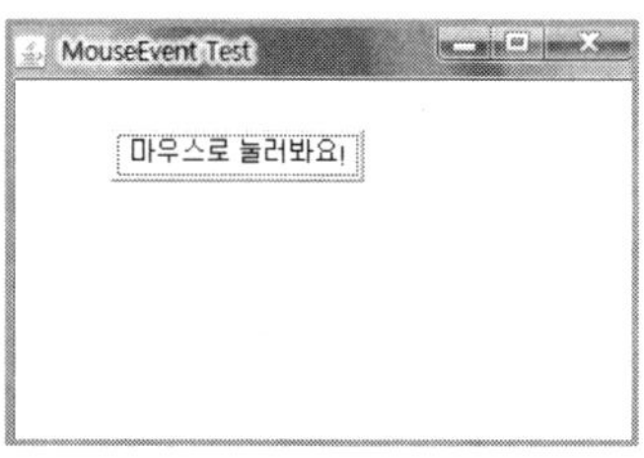

마우스로 이 버튼을 누르면 다음과 같이 콘솔에 해당 동작이 인쇄된다.

```
Mouse Entered.
Mouse Exited.
Mouse Entered.
Mouse Exited.
```

12.3.6 MouseMotionListener와 MouseMotionAdapter

MouseMotion 이벤트는 마우스가 움직이거나 드래그(drag)하는 행위에 대한 처리를 한다. MouseMotion 이벤트는 다음의 컴포넌트들에서 발생할 수 있다.

```
Frame, Label, Button, Checkbox, Choice, List, TextField, TextArea,
Dialog, FileDialog, ScrollPane
```

MouseMotion 이벤트는 MouseMotionListener 인터페이스와 MouseMotion Adapter 클래스를 가지며 다음의 두 가지 마우스 행위와 관련된 메소드가 있다.

```
public void mouseMoved(MouseEvent e) { }
public void mouseDragged(MouseEvent e) { }
```

이때 주의할 점은 메소드의 매개변수가 MouseEvent로 Mouse 형태와 동일하다는 점이다.

예제 12.9 **[예제 12.8]을 변형하여 마우스의 현재 좌표와 드래그할 때의 좌표를 표시해 주는 다음 MouseMotionListener 이벤트 처리 프로그램을 분석하라.**

```
/*** MouseMotionEventTest.java*****************************/
import java.awt.*;
import java.awt.event.*;
public class MouseMotionEventTest {
  public static void main(String[] ar){
    MouseFrame one = new MouseFrame();
  }
}

class MouseFrame extends Frame implements MouseListener,
        MouseMotionListener {
  private Dimension dimen, dimen1;
  private int xpos, ypos;
  private Label lb1 = new Label("Mouse Move: (x,y) = (000, 15 000)",
        Label.CENTER);
  private Label lb2 = new Label("Drag: (x,y) = (000, 000)",
        Label.CENTER);
  private Button bt = new Button("마우스로 눌러봐요!");
  public MouseFrame() {
    super("MouseEvent Test");          // 상위클래스의 객체 이용하기
    this.init();                       // init() 메소드 호출
    this.start();                      // start() 메소드 호출
    this.setSize(400, 300);            // 현재 프레임의 크기
    dimen = Toolkit.getDefaultToolkit().getScreenSize();
    dimen1 = this.getSize();
    xpos = (int)(dimen.getWidth() / 2 - dimen1.getWidth() / 2);
```

```
    ypos = (int)(dimen.getHeight() / 2 - dimen1.getHeight() / 2);
    this.setLocation(xpos,ypos);     // 현재 프레임의 위치
    this.setVisible(true);
  }

  public void init() {              // 화면 구성 넣을 부분
    this.setLayout(null);
    lb1.setBounds(30,30,170,25);     // 시작좌표 x,y, 크기 width,height
    lb2.setBounds(200,30,150,25);    // 시작좌표 x,y, 크기 width,height
    bt.setBounds(50,100,120,25);     // 시작좌표 x,y, 크기 width,height
    this.add(lb1);
    this.add(lb2);
    this.add(bt);
  }

  public void start() {             // event 처리
    bt.addMouseListener(this);
    this.addMouseMotionListener(this);
  }

  public void mousePressed(MouseEvent e) {
    System.out.println("Mouse Pressed.");
  }
  public void mouseReleased(MouseEvent e) {
    System.out.println("Mouse Released.");
  }
  public void mouseClicked(MouseEvent e) {
    System.out.println("Mouse Clicked.");
  }
  public void mouseEntered(MouseEvent e) {
    System.out.println("Mouse Entered.");
    bt.setLocation((int) (50+Math.random()*200), (int)
    (100+Math.random()*100));
  }
  public void mouseExited(MouseEvent e) {
    System.out.println("Mouse Exited.");
  }
  public void mouseMoved(MouseEvent e) {
    int xpos = e.getX();
    int ypos = e.getY();
    lb1.setText("Mouse Move: (x,y) = ("+xpos+", "+ypos+")");
  }
  public void mouseDragged(MouseEvent e) {
    int xpos = e.getX();
    int ypos = e.getY();
    lb2.setText("Drag: (x,y) = ("+xpos+", "+ypos+")");
  }

}
```

풀이

이 프로그램은 10번 줄에서 MouseListener 인터페이스를, 11번 줄에서 MouseMotion Listener를 상속받는다. 따라서 관련된 다음의 메소드는 모두 재정의해 주어야 한다.

```
public void mousePressed(MouseEvent e) { }       // 47번 줄에서 재정의
public void mouseReleased(MouseEvent e) { }      // 50번 줄에서 재정의
public void mouseClicked(MouseEvent e) { }       // 53번 줄에서 재정의
public void mouseEntered(MouseEvent e) { }       // 56번 줄에서 재정의
public void mouseExited(MouseEvent e) { }        // 60번 줄에서 재정의
public void mouseMoved(MouseEvent e) { }         // 63번 줄에서 재정의
public void mouseDragged(MouseEvent e) { }       // 68번 줄에서 재정의
```

14-17번 줄은 필요한 Label과 Button을 정의한다.

32-40번 줄의 init() 메소드는 화면 디자인으로 특정한 레이아웃을 사용하지 않았고(33번 줄), 34-36번 줄과 같이 라벨과 버튼의 위치를 특정 좌표와 크기로 지정하였다.

43번 줄에서 Button 객체 bt에 addMouseListener라는 메소드를 호출하였고 44번 줄에서 현재 객체에 대한 addMouseMotionListener 메소드를 호출하였다.

47-62번 줄의 각각의 마우스 관련 메소드는 해당되는 행위가 발생할 때 그 동작이 콘솔에 인쇄된다. 58번 줄에서 마우스가 버튼 영역에 들어오면 버튼의 다음 위치를 계산해서 이동한다.

63-67번 줄은 마우스가 이동할 때 현재 좌표를 받아와 lb1에 적어 주고, 68-72번 줄은 마우스가 드래그되었을 때 현재 좌표를 받아와 lb2에 적어 준다.

프로그램의 실행 결과는 다음과 같다.

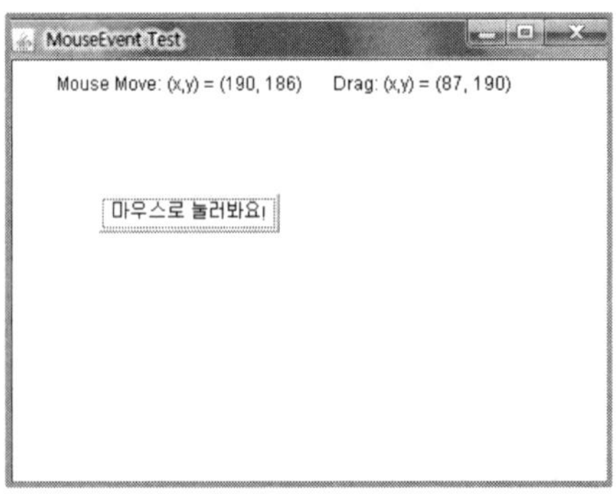

12.3.7 WindowListener와 WindowAdapter

Window 이벤트는 현재의 프레임이 열리는 것, 닫히는 것, 아이콘화되는 것, 역아이콘화되는 것, 활성화되는 것, 비활성화되는 것 등이다. Window 이벤트는 다음의 컴포넌트들에서 발생할 수 있다.

```
Frame, Dialog, FileDialog
```

Window 이벤트는 WindowListener 인터페이스와 WindowAdapter 클래스를 가지며 다음의 7가지 행위와 관련된 메소드가 있다.

```
public void windowClosed(WindowEvent e) { }
public void windowClosing(WindowEvent e) { }
public void windowOpened(WindowEvent e) { }
public void windowIconified(WindowEvent e) { }
public void windowDeiconified(WindowEvent e) { }
public void windowActivated(WindowEvent e) { }
public void windowDeactivated(WindowEvent e) { }
```

일반적으로 Window 이벤트는 WindowAdapter를 상속받는 익명 내부클래스 형태로 많이 사용된다. [예제 12.9]에서 44번 줄 다음에 아래 명령어를 넣으면 프레임의 ☒ 버튼을 사용할 수 있다.

```
this.addWindowListener(
   new WindowAdapter() {
      public void windowClosing(WindowEvent e) {
        System.exit(0);
      }
   }
);
```

연습문제

12.1 이벤트 처리를 위해 Listerner 인터페이스와 Adapter 클래스가 있는 이유에 대해 설명하라.

12.2 네 개의 item("AAA", "BBB", "CCC", "DDD")이 있는 Choice에서 한 item을 선택하면 Eclipse 콘솔 창에 선택된 item이 인쇄되는 프로그램을 작성하라.

12.3 마우스의 현재 좌표와 드래그할 때의 좌표를 표시해 주는 프로그램을 작성하라.

13장

AWT Graphics

학습목표

- Java 그래픽 프로그램의 실행방법을 연구한다.
- Graphics 클래스와 메소드를 이해한다.
- Graphics2D 클래스와 메소드를 이해한다.
- Graphics 및 Graphics2D 클래스를 이용한 응용 예제를 만들어 본다.

13.1 Java 그래픽 프로그램의 실행

지금까지 만들어본 Java GUI 프로그램은 프레임을 화면에 띄우고, 여기에 컴포넌트를 배치한 후, 해당되는 이벤트를 처리하는 형태였다. 이러한 GUI 프로그램은 Java에서 제공하는 클래스를 이용하는 것이다. 이 절에서는 사용자가 직접 프레임에 그래프를 그리는 방법을 연구하는데 이를 그래픽 프로그램이라고 한다. 다양한 그래픽 프로그램을 위해 Java는 Graphics 클래스를 제공한다. 그래픽 프로그램의 일반적인 형식은 다음과 같다.

Java 그래픽 프로그램의 일반적인 형식

```
class GraphFrame extends Frame {
  public GraphFrame() {
    super("Title");
    this.init();
    this.start();
    this.setSize(x, y);
    this.setVisible(true);
  }
  public void init() { … }
  public void start() { … }
  public void update(Graphics g) { paint(g); }
  public void paint(Graphics g) { … }
}
```

위와 같은 클래스를 호출하는 프로그램에서 GraphFrame의 객체가 만들어지면 우선 Frame이 뜨면서 update()와 paint() 메소드가 호출된다. 그 다음에는 프레임의 크기가 재조정될 때 update()와 paint() 메소드가 호출된다. 또는 repaint()라는 메소드를 호출하였을 때 다시 update()와 paint() 메소드가 호출된다. 여기서 update() 메소드는 생략할 수 있는데 이때는 상위 메소드가 호출된다. 주로 사용하는 방법은 필요시 repaint() 메소드를 호출하는 것이다.

update()와 paint() 메소드의 호출되는 시점은?

1) Frame이 만들어지면서
2) Frame의 크기가 확대 또는 축소되면서
3) repaint() 메소드가 호출되면서

paint() 메소드에는 그래프를 그리는 구체적인 명령문이 실행되는데 이 명령문은 Graphics 클래스에 있는 메소드를 이용한다. 예를 들면 paint() 메소드의 매개변수가 Graphics g인 객체이므로 g.drawRect(int x, int y, int width, int height)와 같이 이용하면 된다. 이러한 그래픽 메소드에 사용되는 좌표 체계는 9장에서 살펴보았던 프레임에 대한 픽셀 좌표이다([그림 13-1]).

[그림 13-1] 프레임의 좌표체계

간단한 그래프를 그리는 다음 예제를 살펴보자.

예제 13.1 프레임 위에 직선, 삼각형, 사각형, 원을 그리는 다음 프로그램을 분석하라.

```
/*** DrawFillTest.java ****************************/
import java.awt.*;
import java.awt.event.*;
public class DrawFillTest {
  public static void main(String[] ar){
    BorderFrame one = new BorderFrame();
  }
}

class BorderFrame extends Frame {
  private Dimension dimen, dimen1;
  private int xpos, ypos;
  private Button bt1 = new Button("확인");
  private Button bt2 = new Button("취소");

  public BorderFrame() {
    super("Graph Frame");                    // 상위클래스의 객체 이용하기
    this.init();                             // init() 메소드 호출
```

```
19        this.start();                        // start() 메소드 호출
20        this.setSize(400,400);               // 현재 프레임의 크기
21        dimen = Toolkit.getDefaultToolkit().getScreenSize();
22        dimen1 = this.getSize();
23        xpos = (int)(dimen.getWidth() / 2 - dimen1.getWidth() / 2);
24        ypos = (int)(dimen.getHeight() / 2 - dimen1.getHeight() / 2);
25        this.setLocation(xpos,ypos);     // 현재 프레임의 위치
26        this.setVisible(true);
27     }
28
29     public void init() {                    // 화면 구성 넣을 부분
30        BorderLayout border = new BorderLayout();
31        this.setLayout(border);
32        Panel psouth = new Panel(new FlowLayout(FlowLayout.RIGHT));
33        psouth.add(bt1); psouth.add(bt2);
34        this.add("South",psouth);
35     }
36
37     public void start() {                   // event 처리
38        this.addWindowListener(
39           new WindowAdapter() {
40              public void windowClosing(WindowEvent e) {
41                 System.exit(0);
42              }
43           }
44        );
45     }
46
47     public void update(Graphics g) {
48        paint(g);
49     }
50
51     public void paint(Graphics g) {
52        g.drawLine(50, 100, 150, 100);    // 직선
53        int[] x = {250, 300, 200};
54        int[] y = {50, 150, 150};
55        g.drawPolygon(x, y, x.length);    // 삼각형
56        g.drawRect(50, 200, 100, 100);    // 사각형
57        g.drawOval(200, 200, 100, 100);   // 원
58     }
59  }
```

풀이

이 예제는 화면에 프레임을 만들고 여기에 BorderLayout으로 버튼을 배치하였다(29-35번 줄). 그리고 paint() 메소드에서 직선, 삼각형, 사각형, 원을 프레임 위에 그린다. 47-49번 줄의 update() 메소드는 생략할 수 있다.

프로그램의 실행 결과는 다음과 같다.

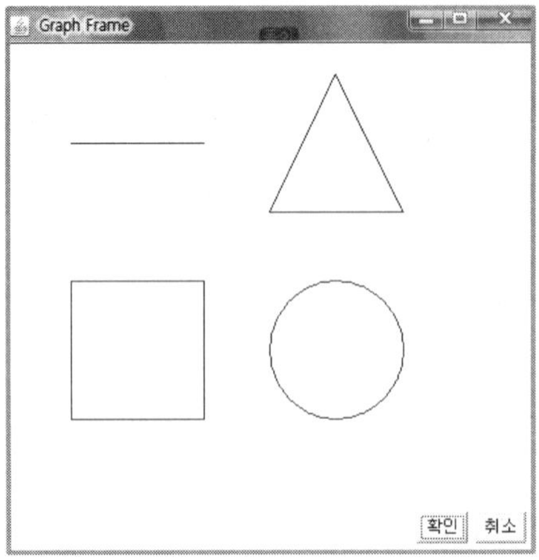

paint, repaint 등의 메소드는 Component에서 Window 클래스로, Window 클래스에서 Frame 클래스로 상속된 것이다. 따라서 'Component'를 'paint' 하는 것으로 이해하면 된다. Component 클래스를 상속받은 많은 클래스에서 paint 메소드의 사용이 가능하다.

paint, repaint, paintComponent 등의 메소드로 직접 화면에 그리는 경우 Frame이나 14장에서 배울 JFrame에 직접 그리는 것이 가능하다. 프레임을 생성하는 경우 제목줄(title bar)도 그림 영역에 포함되기 때문에 좌표 설정에 주의해야 한다. 이런 이유로 Frame, JFrame에 직접 그리기보다는 Panel, JPanel 등의 컴포넌트에 그림을 그리고, 이를 Frame이나 JFrame에 add하는 것이 권장된다.

13.2 Graphics 클래스

Graphics 클래스는 [예제 13.1]과 같이 프레임 위에 직선, 곡선, 다각형, 원 등 다양한 형태의 그래프를 그릴 수 있는 메소드를 가지고 있다. AWT는 자동적으로 현재 프레임에 그래픽을 출력하는 대상을 만들어 주는데 그 명령문이 예제에서 본 update(Graphics g)와 paint(Graphics g)라는 메소드이다. 즉 Graphics g라는 객체를 통해서 Graphics 클래스의 메소드를 이용할 수 있다. 상속 관계와 메소드를 정리하면 다음과 같다.

java.lang.Object

→ java.awt.Graphics

메소드

메소드 이름	내용
clearRect(int a, int b, int width, int height)	점 (a,b)에서 폭 width, 높이 height인 사각형 영역을 지움
drawImage(Image a, int b, int c, ImageObserver d)	Image a를 점 (b,c)를 시작점으로 ImageObserver d에 출력
drawImage(Image a, int b, int c, int d, int e, ImageObserver d)	Image a를 점 (b,c)를 시작점으로 폭 d, 높이 e크기로 ImageObserver d에 출력
drawLine(int a, int b, int c, int d)	점 (a,b)에서 점 (c,d)까지의 직선을 그림
drawOval(int a, int b, int width, int height)	점 (a,b)에서 폭 width, 높이 height인 사각형에 내접하는 타원을 그림
drawPolygon(int[] x, int[] y, int length)	점 (x[i],y[i]) i=1,...,length를 이어주는 다각형을 그림
drawRect(int a, int b, int width, int height)	점 (a,b)에서 폭 width, 높이 height인 사각형을 그림
drawString(String str, int a, int b)	점 (a,b)에 문자열 str를 적음
fillOval(int a, int b, int width, int height)	점 (a,b)에서 폭 width, 높이 height인 사각형에 내접하며 내부가 채워진 타원을 그림
fillPolygon(int a, int b, int c, int d)	점 (x[i],y[i]) i=1,...,length를 이어주는 다각형의 내부가 채워진 그림
fillRect(int a, int b, int width, int height)	점 (a,b)에서 폭 width, 높이 height인 사각형의 내부가 채워진 그림
setColor(Color g)	그림의 색상을 지정
setFont(Font a)	그림의 폰트를 지정

이러한 메소드를 이용하여 다양한 색과 다양한 형태의 그래프를 그리는 다음 예제를 살펴보자.

예제 13.2 프레임위에 다양한 색과 다양한 형태의 그래프를 그리는 다음 프로그램을 분석하라.

```
/*** DrawFillTest2.java ****************************/
import java.awt.*;
import java.awt.event.*;
public class DrawFillTest2 {
  public static void main(String[] ar){
    BorderFrame one = new BorderFrame();
  }
}
```

```java

class BorderFrame extends Frame {
  private Dimension dimen, dimen1;
  private int xpos, ypos;
  private Button bt1 = new Button("확인");
  private Button bt2 = new Button("취소");

  public BorderFrame() {
    super("Graph Frame");                  // 상위클래스의 객체 이용하기
    this.init();                           // init() 메소드 호출
    this.start();                          // start() 메소드 호출
    this.setSize(500,500);                 // 현재 프레임의 크기
    dimen = Toolkit.getDefaultToolkit().getScreenSize();
    dimen1 = this.getSize();
    xpos = (int)(dimen.getWidth() / 2 - dimen1.getWidth() / 2);
    ypos = (int)(dimen.getHeight() / 2 - dimen1.getHeight() / 2);
    this.setLocation(xpos,ypos);           // 현재 프레임의 위치
    this.setVisible(true);
  }

  public void init() {                     // 화면 구성 넣을 부분
    BorderLayout border = new BorderLayout();
    this.setLayout(border);
    Panel psouth = new Panel(new FlowLayout(FlowLayout.RIGHT));
    psouth.add(bt1); psouth.add(bt2);
    this.add("South",psouth);
  }

  public void start() {                    // event 처리
    this.addWindowListener(
      new WindowAdapter() {
        public void windowClosing(WindowEvent e) {
          System.exit(0);
        }
      }
    );
  }

  public void paint(Graphics g) {
    for (int i=0; i<20; i++) {
      int red = (int) (Math.random()*256);
      int green = (int) (Math.random()*256);
      int blue = (int) (Math.random()*256);
      Color cc = new Color(red, green, blue);
      g.setColor(cc);
      int x = (int) (Math.random()*dimen1.getWidth());
      int y = (int) (Math.random()*dimen1.getHeight());
      int w = (int) (Math.random()*50+50);
      int h = (int) (Math.random()*50+50);
      g.drawString(String.valueOf(i), x, y);
      int type = (int) (Math.random()*4);
      switch(type){
```

```
51          case 0: g.drawRect(x,y,w,h);
52          case 1: g.fillRect(x,y,w,h);
53          case 2: g.drawOval(x,y,w,h);
54          case 3: g.fillOval(x,y,w,h);
55          }
56          try{
57            Thread.sleep(100);
58          }catch(InterruptedException ee) {}
59        }
60      }
61  }
```

풀이

이 예제는 화면에 프레임을 만들고 여기에 BorderLayout으로 버튼을 배치하였다(29-35번 줄). 그리고 paint() 메소드에서 난수를 이용하여 네 가지 형태의 그래프를 20개 그린다.

프로그램의 실행 결과는 다음과 같다.

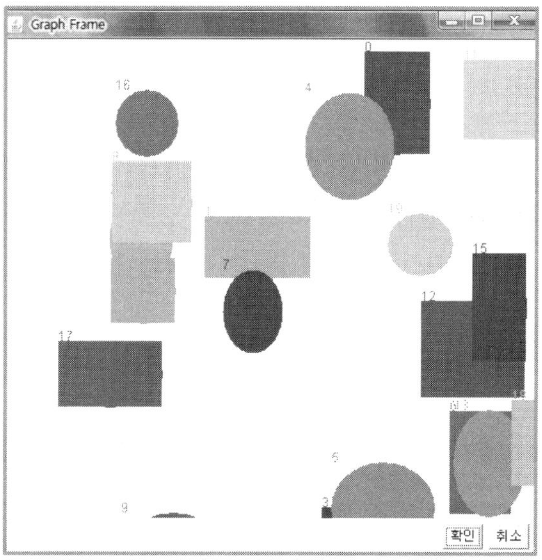

13.3 Graphics2D 클래스

이 절에서는 Java 2 이후 버전에서 지원하는 **Graphics2D 클래스**에 대해 알아보자. Graphics2D는 Graphics 클래스를 상속받은 클래스이므로 앞에서 본 Graphics 클래스의 모든 함수는 그대로 사용 가능하다. 이들에 추가하여 Graphics2D 클래스는 채색 패턴을 지원하고 fill과 draw 메소드를 통해 특정한 모양(Shape 객체)에 바로 색을 채우거나 외곽선 그리기가 가능하다. 이 두 메소드는 Shape 객체를 매개변수로 한다.

```
public abstract void fill(Shape s) s의 내부를 채운다.
public abstract void draw(Shape s) s의 외곽선(테두리)를 그린다.
```

두 메소드의 매개변수 shape에 사용할 수 있는 Shape 객체는 다음과 같다.

```
Arc2D,                     Arc2D.Double,              Arc2D.Float,
Area,                      BasicTextUI.BasicCaret,    CubicCurve2D,
CubicCurve2D.Double,       CubicCurve2D.Float,        DefaultCaret,
Ellipse2D,                 Ellipse2D.Double,          Ellipse2D.Float,
GeneralPath,               Line2D,                    Line2D.Double,
Line2D.Float,              Path2D,                    Path2D.Double,
Path2D.Float,              Polygon,                   QuadCurve2D,
QuadCurve2D.Double,        QuadCurve2D.Float,         Rectangle,
Rectangle2D,               Rectangle2D.Double,        Rectangle2D.Float,
RectangularShape,          RoundRectangle2D,
RoundRectangle2D.Double,   RoundRectangle2D.Float
```

Graphics2D 클래스를 사용하려면 먼저 Graphics 객체를 Graphics2D로 캐스팅을 한다. 즉, 다음 예와 같이 사용하면 된다.

```
public void paint(Graphics g1) {
  Graphics2D g = (Graphics2D) g1;
}
```

다음 예제는 Rectangle 객체를 draw와 fill 메소드로 그려 보았다.

예제 13.3 **(Graphics2D의 fill과 draw 메소드) fill과 draw 메소드를 설명하는 다음 프로그램을 분석하라. (프로그램을 간단하게 하기 위해 Frame에 직접 그렸으나 paint 메소드는 Frame에 직접 적용하기 보다는 Panel 등에 적용하고 이 Panel을 Frame에 'add' 하는 것이 바람직하다.)**

```
/************************************************************
* FillDrawTest.java
* To test Applet/Graphics drawings
*************************************************************/
import java.applet.Applet;
import java.awt.Graphics2D;
import java.awt.Graphics;
import java.awt.Rectangle;
import java.awt.Color;
import java.awt.Frame;
```

```
11
12 public class FillDrawTest extends Frame {
13  public static void main(String[] args) {
14     FillDrawTest fd = new FillDrawTest();
15  }
16  public FillDrawTest() {
17   setBackground(Color.yellow);
18   setSize(600,300);
19   setVisible(true);
20  }
21
22  public void paint(Graphics g1) {
23   // rectangle drawing
24   Graphics2D g = (Graphics2D) g1;
25   Rectangle r = new Rectangle(100,100,150, 150);
26   g.fill(r);
27   r.translate(200,0);
28   g.draw(r);
29  }
30 }
```

풀이

프로그램의 24번 줄에서 Graphics2D 객체 g를 선언하였다. 25번 줄은 좌측 상단의 좌표값이 (100, 100)이고 가로의 길이가 150 세로의 길이가 150인 사각형 객체를 선언하였고, 26번 줄에 내부를 채운 사각형을 그린다. 27번 줄은 x축과 y축 좌표를 (200, 0)만큼 변경하였다. 변경된 좌표를 기준으로 28번 줄에서 사각형의 테두리를 그린다.

실행 결과는 다음과 같다.

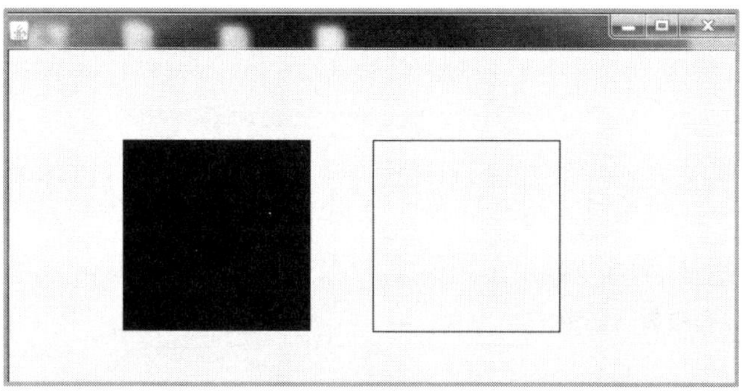

13.3.1 Graphics2D 클래스 채색 패턴

Graphics 클래스에서는 색을 모두 채우든지 아니면 테두리만 그리는 두 가지 방법만 가능하지만 Graphics2D 클래스에서는 이 두 방법 이외에도 몇 가지 방법으로 그림에 색을 칠할 수 있다. 채색 패턴은 다음의 setPaint 메소드를 사용한다.

```
public abstract void setPaint(Paint p)
```

여기서 Paint 객체 p에 사용될 수 있는 클래스는 다음과 같다.

```
Color,                GradientPaint,        TexturePaint,
ColorUIResource,      LinearGradientPaint, MultipleGradientPaint,
RadialGradientPaint, SystemColor
```

이들은 각 이름이 의미하는 것과 같이 색의 설정, 색의 점점 옅어지기(또는 진해지기) 등의 효과를 가진다.

GradientPaint 클래스의 생성자는 다음과 같다.

```
GradientPaint(float x1, float y1, Color color1, float x2, float y2,
        Color color2)
GradientPaint(float x1, float y1, Color color1, float x2, float y2,
        Color color2, boolean cyclic)
GradientPaint(Point2D pt1, Color color1, Point2D pt2, Color color2)
GradientPaint(Point2D pt1, Color color1, Point2D pt2, Color color2,
        boolean cyclic)
```

여기서 x1, y1은 GradientPaint를 시작할 곳의 좌표를, x2, y2는 GradientPaint를 끝낼 곳의 좌표를 주고 cyclic은 이런 채색을 반복할 것인지 정한다. pt1이나 pt2는 이들 좌표를 Point2D의 객체로 줄 경우 설정한다.

TexturePaint 클래스는 이미지 파일의 내용을 바탕으로 하여 Shape 객체를 그리는 방법으로 생성자는 다음과 같다.

```
TexturePaint(BufferedImage bi, Rectangle2D r2d)
```

여기서 bi는 바탕의 그림으로 사용할 BufferedImage 객체, r2d는 이 그림에서 사용할 영역을 Rectangle2D 객체로 설정한다. BufferedImage와 Rectangle2D는 뒤에서 설명할 예정이다.

13.3.2 선의 굵기와 모양 설정

선의 굵기와 모양은 java.awt.BasicStroke 클래스를 이용하여 설정할 수 있다. 생성자는 다음과 같다.

```
BasicStroke()
BasicStroke(float width)
BasicStroke(float width, int cap, int join)
```

여기서 매개변수 width는 선의 굵기를 정하고 cap은 선의 끝부분의 모양, join은 선이 꺾일 때 연결할 모양을 정한다. cap에서 사용할 수 있는 값은 다음과 같다.

CAP_BUTT	아무 장식 없이 선의 끝 부분을 그림.
CAP_ROUND	선의 끈을 둥글게 처리.
CAP_SQUARE	선의 끝을 사각형으로 함. 각 선을 줄을 맞추기 위해 약간 확장.

아래 그림에서 첫 줄의 두 번째와 두 번째 줄의 그림이 CAP_SQUARE를 사용한 예인데 CAP_BUTT와 비교를 쉽게 하도록 하기 위해 가는 선을 그었으므로 어떤 차이가 있는지 쉽게 알 수 있다.

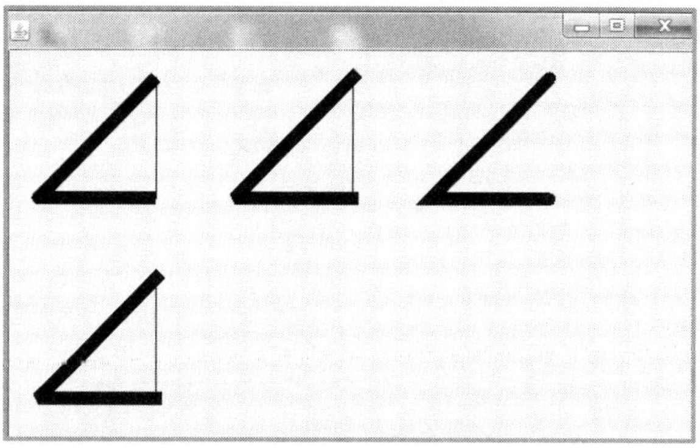

[그림 13-2] Line2D에서 선의 연결 부위와 끝의 처리

join에 설정할 수 있는 값은 다음과 같다.

JOIN_MITER	선이 만나는 곳을 뾰족하게 함. [그림 13-2]의 첫 줄 셋째 그림.
JOIN_ROUND	선이 만나는 곳을 둥글게 함. [그림 13-2]의 첫 줄 첫째 그림.
JOIN_BEVEL	선이 만나는 곳을 각이 지게 함. [그림 13-2]의 첫 줄 둘째 그림.

예제 13.4 [그림 13-2]를 만든 다음 프로그램을 분석하라.

```
/***  Line2D.java  to Test Lines *****************
********************************************************/
import java.awt.geom.*;
import java.awt.*;
import java.awt.event.*;

public class Line2DTest extends Frame {
 public static void main(String[] args) {
    Line2DTest l2dt = new Line2DTest();
 }
```

```
11 public Line2DTest() {
12   setBackground(Color.yellow);
13   setSize(600,400);
14   addWindowListener(new WindowAdapter() {
15     public void windowClosing(WindowEvent e) {
16       System.exit(0);
17     }
18   });
19   setVisible(true);
20 }
21
22   public void paint(Graphics g1) {
23     Graphics2D g = (Graphics2D) g1;
24     int[] x = {120,30,120};
25     int[] y = {50,140,140};
26     BasicStroke bs = new BasicStroke(10.0f,
27           BasicStroke.CAP_BUTT, BasicStroke.JOIN_ROUND);
28     g.setStroke(bs);
29     g.drawPolyline(x,y,x.length);
30     g.setStroke(new BasicStroke());  // Set default
31     g.drawLine(x[0],y[0],x[2],y[2]);
32
33     bs = new BasicStroke(10.0f,BasicStroke.CAP_SQUARE,
34           BasicStroke.JOIN_BEVEL);
35     for (int i =0; i< x.length; i) x[i] = x[i] + 150;
36     g.setStroke(bs);
37     g.drawPolyline(x,y,x.length);
38     g.setStroke(new BasicStroke());  // Set default
39     g.drawLine(x[0],y[0],x[2],y[2]);
40
41     bs = new BasicStroke(10.0f,BasicStroke.CAP_ROUND,
42           BasicStroke.JOIN_MITER);
43     for (int i =0; i< x.length; i++) x[i] = x[i] + 150;
44     g.setStroke(bs);
45     g.drawPolyline(x,y,x.length);
46
47     bs = new BasicStroke(10.0f,BasicStroke.CAP_SQUARE,
48          BasicStroke.JOIN_BEVEL);
49     for (int i =0; i< x.length; i++) {
50       x[i]=x[i]-300; y[i] = y[i]+150;
51     }
52     g.setStroke(bs);
53     g.drawPolyline(x,y,x.length);
54     g.setStroke(new BasicStroke());  // Set default
55     g.drawLine(x[0],y[0],x[2],y[2]);
56   }
57 }
```

풀이

24-25번 줄은 각 선을 그릴 x, y좌표를 미리 설정한 것이다.

26-27번 줄은 한 문장으로, 선의 끝 부분은 아무런 장식이 없고, 선이 만나는 부분은

둥글게 설정하였다.

33-34번 줄은 한 문장으로, 선의 끝 부분은 사각형으로 설정하고, 선이 만나는 부분은 각이 지도록 설정하였다.

41-42번 줄은 한 문장으로, 선의 끝 부분은 둥글게 설정하고, 선이 만나는 지점은 뾰족하게 설정하였다.

47-48번 줄은 한 문장으로, 선의 끝 부분은 사각형으로 설정하고, 선이 만나는 지점은 각이 지도록 설정하였다.

13.3.3 그림 대상(Shape 객체) 만들기

Graphics2D에서는 만들어질 그림의 대상을 바로 그릴 수 있다. 이 그림 대상은 java.awt.geom 패키지에 포함되어 있다. 이차원 점(Point2D)은 매개변수의 정도(精度)에 따라 두 가지 클래스가 있으며 생성자는 다음과 같다.

```
Point2D.Double()
Point2D.Double(double x, double y)
Point2D.Float()
Point2D.Float(float x, float y)
```

여기서 매개변수 x와 y는 점의 좌표이다. x와 y값을 주지 않으면 기본값으로 0을 가정한다.

이차원 선(Line2D)도 매개변수의 정도에 따라 두 가지 클래스가 있으며 생성자는 다음과 같다.

```
Line2D.Float()
Line2D.Float(float x1, float y1, float x2, float y2)
Line2D.Float(Point2D p1, Point2D p2)
Line2D.Double()
Line2D.Double(double x1, double y1, double x2, double y2)
Line2D.Double(Point2D p1, Point2D p2)
```

여기서 x1, y1은 선이 시작할 점의 좌표이고 x2, y2는 선이 끝나는 점의 좌표이다. 이들 좌표 대신에 시작점과 끝점의 좌표를 Point2D 객체로 줄 수도 있다. 매개변수를 주지 않은 것은 모두 0을 준 것과 같다.

이차원 사각형(Rectangle2D)도 매개변수의 정도에 따라서 두 가지 클래스가 있으며 생성자는 다음과 같다.

```
Rectangle2D.Float()
Rectangle2D.Float(float x, float y, float w, float h)
Rectangle2D.Double()
Rectangle2D.Double(double x, double y, double w, double h)
```

여기서 사각형의 왼쪽 상단의 좌표는 x, y이고 폭과 높이는 w와 h이다. 매개변수가 주어지지 않은 것은 모두 0 값을 준 것과 같은 결과를 갖는다.

모서리가 둥근 사각형(RoundRectangle2D)은 역시 매개변수의 정도에 따라 두 가지 클래스가 있으며 생성자는 다음과 같다.

```
RoundRectangle2D.Double()
RoundRectangle2D.Double(double x, double y, double w, double h,
       double arcw, double arch)
RoundRectangle2D.Float()
RoundRectangle2D.Float(float x, float y, float w, float h,
       float arcw, float arch)
```

여기서 매개변수 x, y, h와 w는 Rectangle2D에서의 매개변수와 같으며 arcw와 arch는 둥글게 할 부분의 폭과 높이이다. 매개변수를 사용하지 않은 경우는 모두 그 값이 0인 것과 같다.

이차원의 호, 현 및 부채꼴을 만드는 클래스는 Arc2D이다. 이들도 역시 정도에 따라서 두 가지의 클래스가 있으며 생성자는 다음과 같다.

```
Arc2D.Double()
Arc2D.Double(double x, double y, double w, double h, double start,
       double extent, int type)
Arc2D.Double(int type)
Arc2D.Double(Rectangle2D ellipseBounds, double start,
       double extent, int type)
Arc2D.Float()
Arc2D.Float(float x, float y, float w, float h, float start,
       float extent, int type)
Arc2D.Float(int type)
Arc2D.Float(Rectangle2D ellipseBounds, float start, float extent,
       int type)
```

여기서 매개변수 x, y, w, h는 호를 그릴 사각형의 왼쪽 상단의 좌표와 폭과 높이이다. x, y, w, h값 대신에 이 값으로 설정되는 Rectangle2D 객체를 설정해도 된다. 매개변수가 생략된 경우 값은 모두 0을 의미한다. Arc2D의 type은 OPEN, CHORD 및 PIE 중의 하나를 설정할 수가 있는데 이들은 각각 호, 현 및 부채꼴을 의미한다. type이 OPEN인 경우에는 fill 메소드를 사용할 수 없다. start는 원호를 그리기 시작하는 각도, extend는 그릴 각의 양을 준다.

예제 13.5 Graphics2D에서의 선, 사각형, 둥근 사각형 및 호 그리기를 사용하는 다음 프로그램을 분석하라.

```
/*****************************************************
*   Test2D2.java  to test Graphics2D
*****************************************************/
import java.awt.geom.*;
import java.awt.geom.Line2D;
import java.awt.*;

public class Test2D2 extends Panel {
  public Test2D2 () {
    Frame frame = new Frame();
    frame.add(this);
    frame.setSize(600,400);
    frame.setVisible(true);
  } // end constructor
  public static void main(String[] args) {
    Test2D2 a = new Test2D2();
  } // end main

  public void paint(Graphics g1) {
    Graphics2D g = (Graphics2D) g1;
    BasicStroke bs = new BasicStroke(3.0f,BasicStroke.CAP_BUTT,
                     BasicStroke.JOIN_ROUND);
    g.setStroke(bs);

    Rectangle2D.Float r2d = new Rectangle2D.Float(10f,10f, 100f,50f);
    g.fill(r2d);
    RoundRectangle2D.Float rr2d = new RoundRectangle2D.Float(150f,10f,
        100f,50f,20f,10f);
    g.draw(rr2d);

    Line2D.Double l2d = new Line2D.Double(10,74.0,210.0,74.);
    g.draw(l2d);

    Arc2D.Float a2d = new Arc2D.Float(10f,100f,200f, 100f,
        75f,180f,Arc2D.OPEN);
    g.draw(a2d);
    a2d = new Arc2D.Float(150f,100f,200f, 100f, 45f,145f,Arc2D.CHORD);
    g.fill(a2d);
    a2d = new Arc2D.Float(300f,100f,200f, 100f,45f,145f,Arc2D.PIE);
    g.fill(a2d);
  } // end paint
} // end class

```

풀이

이 프로그램은 프레임에 직접 그리지 않고, 패널1에 그린 후 이 패널을 프레임에 'add' 하였다. 8번 줄에서 이 클래스는 Panel을 상속받았음을 알 수 있으며 11번 줄에서 Frame 객체인 frame에 이 클래스(this)를 add하였다. main 메소드에서 이 클래스를 생성하며, 13번 줄에 의해서 Frame이 생성된다.

21-23번 줄에서 선의 설정을 선의 끝 부분은 아무런 장식이 없고 선이 만나는 곳은 둥글게 하였다. 27-29번 줄은 둥근 사각형을 설정하였고, 31-32번 줄은 선에 대한 설정을 하였다.

호에 대한 설정은 34-40번 줄에서 하며, 이 호들을 그리도록 하였다.

이렇게 설정된 사항을 draw 또는 fill 메소드를 사용하여 화면에 출력한 결과는 다음과 같다.

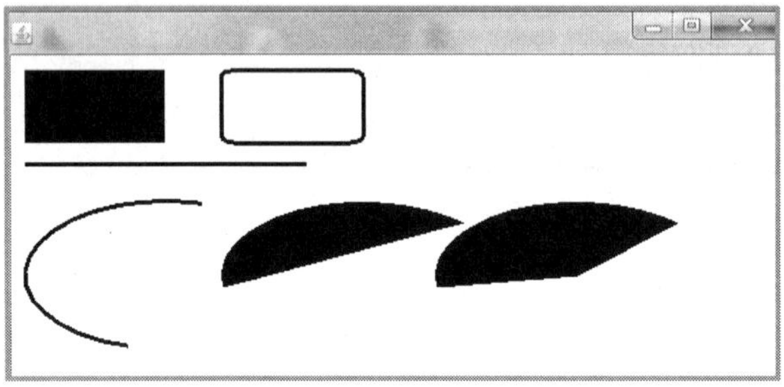

이차원 타원(Ellipse2D) 클래스도 정도에 따라서 두 가지가 있으며 다음과 같은 생성자를 갖는다.

```
Ellipse2D.Double()
Ellipse2D.Double(double x, double y, double w, double h)
Ellipse2D.Float()
Ellipse2D.Float(float x, float y, float w, float h)
```

여기서 매개변수 x, y, w와 h는 각각 타원을 그릴 사각형의 왼쪽 상단의 좌표(x, y)와 타원의 폭(w) 및 높이(h)이다. 매개변수는 값을 설정해 주지 않으면 모두 0으로 가정한다.

이차원 곡선(QuadCurve2D)을 만드는 클래스의 생성자는 다음과 같다. 역시 이 생성자들은 정도(precision)에 따라서 두 가지로 구분된다.

```
QuadCurve2D.Double()
QuadCurve2D.Double(double x1,double y1,double ctrlx,double ctrly,
                  double x2, double y2)
QuadCurve2D.Float()
QuadCurve2D.Float(float x1, float y1, float ctrlx, float ctrly,
                 float x2, float y2)
```

이차원 곡선 QuadCurve2D는 두 점 (x1, y1)과 (x2, y2)를 곡선으로 연결하되 이 곡선의 곡률은 (clrlx, ctrly)로 결정하는 것이다. [그림 13-3]의 왼쪽 그림은 이차원 곡선을 이용하여 만든 것이다. 이 그림의 직선은 곡선의 이해를 돕기 위해 추가한 것이다.

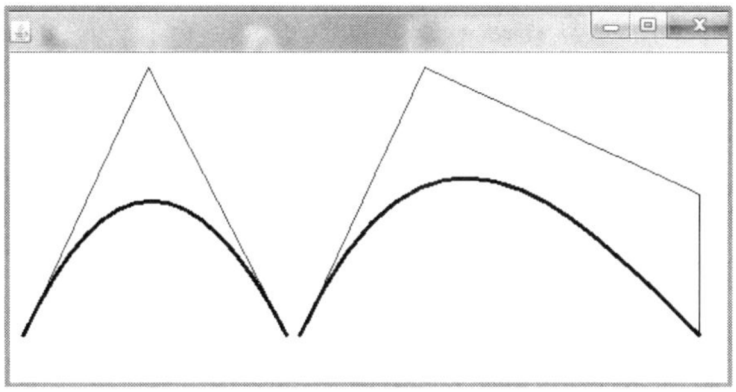

[그림 13-3] 곡선의 곡률을 조절하는 그림

삼차원 곡선 CubicCurve2D는 곡선의 곡률을 조절하는 점을 두 개를 주어서 곡선의 모양을 조절하는 클래스이다. 이 클래스도 역시 정도에 따라 두 가지가 있으며 생성자는 다음과 같다.

```
CubicCurve2D.Float()
CubicCurve2D.Float(float x1, float y1, float ctrlx1, float ctrly1,
      float ctrlx2, float ctrly2, float x2, float y2)
CubicCurve2D.Double()
CubicCurve2D.Double(double x1, double y1, double ctrlx1,
      double ctrly1, double ctrlx2, double ctrly2, double x2, double y2)
```

CubicCurve2D는 두 점 (x1, y1)과 (x2, y2)를 삼차원 곡선으로 연결하되 이 곡선의 곡률은 (clrlx1, ctrly1)과 (clrlx1, ctrly1)로 결정하라는 것이다. 위 그림의 오른쪽 그림이 CubicCurve2D를 이용한 것이다. 이 그림의 직선은 곡선의 이해를 돕기 위해 추가한 것이다.

예제 13.6 [그림 13-3]을 그리는 다음 프로그램을 분석하라.

```
/*****************************************************
*  CurveTest.java   to test Graphics2D
*****************************************************/
import java.awt.geom.*;
import java.awt.*;

```

```
07 public class CurveTest extends Panel {
08   public CurveTest () {
09     Frame frame = new Frame();
10     frame.add(this);
11     frame.setSize(600,400);
12     frame.setVisible(true);
13   } // end constructor
14   public static void main(String[] args) {
15     CurveTest a = new CurveTest();
16   } // end main
17
18   public void paint(Graphics g1) {
19     Graphics2D g = (Graphics2D) g1;
20     float[] x = {10f,100f,200f}; int[] xint = {10,100,200};
21     float[] y = {200f,10f,200f}; int[] yint = {200,10,200};
22
23     BasicStroke bs = new BasicStroke(3f);
24     g.drawPolyline(xint, yint, x.length);
25     QuadCurve2D.Float qc = new QuadCurve2D.Float(
26         x[0],y[0], x[1],y[1], x[2],y[2]);
27     g.setStroke(bs);
28     g.draw(qc);
29
30     float[] x1 = {210f,300f,400f,500f};
31     int[] xint1 = {210,300,500,500};
32     float[] y1 = {200f,10f,100f,200f};
33     int[] yint1 = {200,10,100,200};
34     CubicCurve2D.Float cc = new CubicCurve2D.Float(
35         x1[0],y1[0], x1[1],y1[1], x1[2],y1[2], x1[3], y1[3]);
36
37     g.draw(cc);
38     g.setStroke(new BasicStroke());
39     g.drawPolyline(xint1, yint1, x1.length);
40   }  // end paint
41 } // end class
42
```

풀이

이 프로그램의 16번 줄까지는 앞의 예제와 마찬가지로 패널에 그림을 그리고 이 패널을 프레임에 넣은 후 Frame 객체를 화면에 보여 준다.

23번 줄에서 3 pixel로 선의 굵기를 설정하고 24번 줄에서 20-21번 줄에 정의된 좌표의 세 점에 대한 직선을 화면에 표현하였다.

25-26번 줄에서 2차 곡률을 설정하고 28번 줄에서 곡률을 화면에 표현하였다.

34—35번 줄에서 3차 곡률을 설정하고 37번 줄에서 곡률을 그렸다.

39번 줄에서 네 점을 연결한 직선을 화면에 표현하였다.

13.3.4 다각형 그리기

Graphics2D에서 다각형은 java.awt.geom 패키지의 GeneralPath를 이용한다. 먼저 클래스의 객체를 다음과 같이 만든다.

```
GeneralPath gp = new GeneralPath();
```

그리고 moveTo 메소드를 이용하여 시작점을 지정하며 이후의 선으로 연결할 점을 lineTo 메소드를 이용하여 지정한다. 마지막 점은 closePath() 메소드로 바로 전의 점을 마지막 점으로 정할 수 있다. 필요한 경우에는 transform 메소드를 호출하여 좌표점의 변환도 가능하다. 다음 예를 살펴보자.

예제 13.7 다각형을 그리는 다음 프로그램을 분석하라.

```
/*********************************************
* PathTest.java to test Graphics2D
*********************************************/
import java.awt.Color;
import java.awt.Panel;
import java.awt.Frame;
import java.awt.Graphics;
import java.awt.Graphics2D;
import java.awt.GradientPaint;
import java.awt.geom.GeneralPath;
import java.awt.geom.AffineTransform;

public class PathTest extends Panel {
  public PathTest () {
    Frame frame = new Frame();
    frame.add(this);
    frame.setSize(600,400);
    frame.setVisible(true);
  } // end constructor

  public static void main(String[] args) {
    PathTest a = new PathTest();
  } // end main

  public void paint(Graphics g1) {
    Graphics2D g = (Graphics2D) g1;
    setBackground(Color.yellow);
    GeneralPath path = new GeneralPath();
    int mvX = 250;
    path.moveTo(100,10);
    path.lineTo(10,150); path.lineTo(50,200);
    path.lineTo(150,200); path.lineTo(200,150);
```

```
33    path.closePath();
34
35    GradientPaint gp = new GradientPaint(
36       10f,10f,Color.white,20f,20f,Color.red,true);
37    g.setPaint(gp);
38    g.fill(path);
39
40    double[] apMove = { Math.cos(Math.PI/4.), Math.sin(Math.PI/4.),
41       -Math.sin(Math.PI/4.), Math.cos(Math.PI/4.), 400., 0.0};
42   path.transform( new AffineTransform(apMove) );
43   g.setPaint(Color.black);
44   g.draw(path);
45  } // end paint
46 } // end class
```

풀이

이 프로그램의 23번 줄까지는 패널을 만들고, 이 패널을 프레임에 넣은 후 프레임을 화면에 보이게 하는 과정이다.

30-33번까지는 오각형의 Path를 설정하는 과정이다.

35-37번 줄에서 그림의 형태를 GradientPaint로 설정한 후 38번 줄에서 오각형을 그린다.

40번 줄에서는 앞에서 설정한 Path를 선형 변환하여 이를 44번 줄에서 그린다.

프로그램의 실행 결과는 다음 그림과 같다.

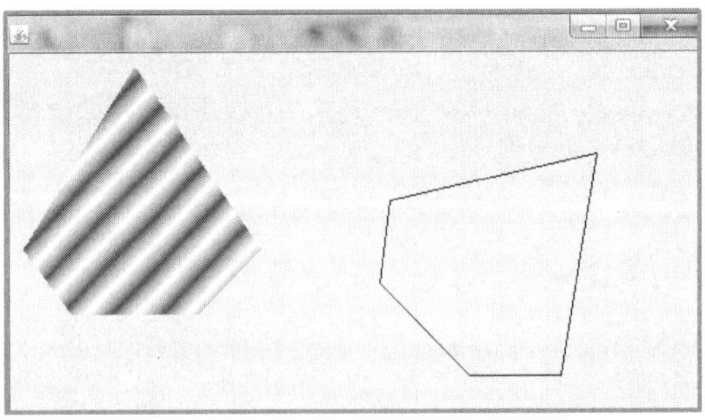

위의 예제에서 사용한 AffineTransform은 GeneralPath 객체의 모양을 변환하기 위해 사용한 것으로 java.awt.geom 패키지에 있다. Affine Transform이란 2차원 좌표를 행렬로 이동시키는 것을 말한다. 이 경우 회전도 가능하다. AffineTransform의 생성자는 다음과 같다.

```
AffineTransform(float m00, float m10, float m01, float m11, float
               m02, float m12)
AffineTransform(double m00, double m10, double m01, double m11,
               double m02, double m12)
```

생성자에서 여섯 개의 매개변수를 배열로 줄 수도 있다. 위의 변환은 원래의 (x,y) 좌표를 다음과 같이 (x',y')로 선형 이동하는 변환이다.

$$\begin{pmatrix} x' \\ y \end{pmatrix} = \begin{pmatrix} m_{00}\, m_{01}\, m_{02} \\ m_{10}\, m_{11}\, m_{12} \end{pmatrix} \begin{pmatrix} x \\ y \\ 1 \end{pmatrix} = \begin{pmatrix} m_{00}x + m_{01}y + m_{02} \\ m_{10}x + m_{11}y + m_{12} \end{pmatrix}$$

예를 들어 원래 값을 θ만큼 회전시키고 (x_0,y_0)만큼 이동한다면 행렬을 다음과 같이 하면 된다.

$$\begin{pmatrix} \cos\theta & -\sin\theta & x_0 \\ \sin\theta & \cos\theta & y_0 \end{pmatrix}$$

13.3.5 그림 파일 다루기

미리 만들어진 GIF나 JPG 등의 그림 파일을 Java 프로그램을 통해서 읽고 그리는 문제를 생각해 보자. Java에서 그림을 처리하는 방법으로 java.awt.Image 클래스를 이용하여 이미지 객체를 생성한 후 이 객체를 처리하는 방법이 있다. 이미지 객체에서 사용하는 몇 가지 메소드는 다음과 같다.

```
Graphics getGraphics() 이미지 객체를 생성하는 off-screen 그래픽을 만든다.
abstract int getHeight(ImageObserver observer)      그림의 높이를 얻는다.
abstract int getWidth(ImageObserver observer)       그림의 폭을 얻는다.
```

생성된 Image 객체에 이미지 파일을 읽을 때 사용하는 메소드는 java.applet.Applet의 경우 getImage이다.

```
Image getImage(URL url)
Image getImage(URL url, String name)
```

여기서 url은 그림 파일이 위치하는 곳의 URL이고 name은 그림 파일의 이름이다. 만일 그림 파일이 현재 애플릿이 있는 디렉토리를 기준으로 상대적 경로를 준다면 getCodeBase()로 줄 수 있다. 읽은 그림 파일을 그리는 메소드는 Graphics 클래스의 drawImage인데 생성자는 다음과 같다.

```
abstract boolean drawImage(Image img, int x, int y, Color bgcolor,
        ImageObserver observer)
drawImage(Image img, int x, int y, ImageObserver observer)
```

```
drawImage(Image img, int x, int y, int width, int height, Color
        bgcolor, ImageObserver observer)
drawImage(Image img, int x, int y, int width, int height,
        ImageObserver observer)
drawImage(Image img, int dx1, int dy1, int dx2, int dy2, int sx1, int
        sy1, int sx2, int sy2, Color bgcolor, ImageObserver observer)
drawImage(Image img, int dx1, int dy1, int dx2, int dy2, int sx1, int
        sy1, int sx2, int sy2, ImageObserver observer)
```

다음은 매개변수들의 설명이다.

```
img  그림을 그릴 java.awt.Image의 객체를 준다.
dx1  그림 객체 img를 그릴 사각형의 왼쪽 상단의 x 좌표.
     이들 좌표의 값이 그림 크기보다 크거나 작으면 그림을 확대 또는 축소한다.
dy1  그림 객체 img를 그릴 사각형의 왼쪽 상단의 y 좌표.
dx2  그림 객체 img를 그릴 사각형의 오른쪽 하단의 x 좌표.
dy2  그림 객체 img를 그릴 사각형의 오른쪽 하단의 y 좌표.
width와 height 그림의 크기를 정한다.
     만일 width와 height를 주지 않으면 그림 파일의 원래 크기로 그린다.
bgcolor 그림의 배경색. 그림의 배경이 투명(transparent)일 때만 작동할 수 있음.
sx1  이미지의 일부만 그리고자 할 경우에 사용. 그림 파일 왼쪽 상단 x 좌표.
sy1  이미지의 일부만 그리고자 할 경우에 사용. 그림 파일 왼쪽 상단 y 좌표.
sx2  이미지의 일부만 그리고자 할 경우에 사용. 그림 파일 오른쪽 하단 x 좌표.
sy2  이미지의 일부만 그리고자 할 경우에 사용. 그림 파일 오른쪽 하단 y 좌표.
observer 이미지 옵저버.
```

그림 파일을 읽어 오는 방법은 여러 가지가 있다. 여기서는 java.swt.Toolkit과 java.applet.Applet 및 javax.imageio.ImageIO 에서 이미지 파일을 읽는 방법만 알아보기로 한다.

가. Toolkit 클래스 이용

두 개의 메소드가 있다.

```
abstract Image getImage(String filename)
          filename에 주어진 이미지 파일을 읽어 이 파일을 Image 객체로 반환한다.
          GIF, JPEG 또는  PNG 형식의 파일이 가능하다.
abstract Image getImage(URL url) 위와 같으나 url에 URL 객체를 설정한다.
abstract Image createImage(String filename)
          filename에 주어진 이미지 파일을 읽어 이 파일을 Image 객체로 반환한다.
          GIF, JPEG 또는  PNG 형식의 파일이 가능하다
abstract Image createImage(URL url)  위와 같으며 url에 URL 객체를 설정한다.
         이 경우 Toolkit 객체를 따로 만들지 않고 기본 Toolkit에서 읽어 오면 되므로
         Image img = Toolkit.getDefaultToolkit().createImage (filename);
```

으로 이미지 객체를 생성하면 된다.
URL을 사용한다면 java.net.MalformedURLException을 처리해야 하므로 try-catch 구문이 필요하다.

나. Applet인 경우

Image 객체의 생성자는 다음과 같다.

```
Image getImage(URL url)
Image getImage(URL url, String name)
```

url을 이미지 파일 이름까지 포함되게 줄 수도 있고, 이미지 파일 이름은 name에 따로 주는 두 가지 방법이 가능하다. Applet의 경우 이미지 파일이 웹 서버에 위치하므로 url에 codeBase() 메소드를 줄 수 있다.

```
Image img = getImage (getCodeBase (), "liftoff.jpg")
```

다. javax.imageio.ImageIO 이용

read 메소드를 사용하여 파일을 읽어서 Image 또는 BufferedImage 객체로 받을 수 있다.

```
Image img = ImageIO.read(File file)
Image img = ImageIO.read(URL url)
```


예제 13.8 **이미지 파일을 읽는 것과 Graphics 클래스에서 이미지를 그리는 메소드를 사용하는 다음 프로그램을 살펴보라. 이 프로그램은 Panel을 상속받은 클래스 ImageTest1을 만들고 이를 Frame f에 넣었다. Panel을 상속받았으므로 repaint 메소드가 호출되지 않아도 paint 메소드가 있으면 자동으로 호출되어 ImageTest1 객체에 그림이 만들어진다.**

```
/*********************************************
* ImageTest1.java   test image imports.
* REQUIRES: flower2.png, integral.png
*********************************************/
import java.awt.Graphics;
import java.awt.Image;
import java.awt.Color;
import java.awt.Toolkit;
import java.awt.Panel;
import java.awt.Frame;
import java.awt.event.WindowEvent;
import java.awt.event.WindowAdapter;
```

```
13
14 public class ImageTest1 extends Panel {
15   private Image flowerImg, integralImg;
16
17   public ImageTest1 () {
18     flowerImg = Toolkit.getDefaultToolkit().createImage(
19           "C:/Users/root/Desktop/javab/flower2.png");
20     integralImg = Toolkit.getDefaultToolkit().getImage(
21           "C:/Users/root/Desktop/javab/integral.png");
22   } // end constructor
23
24   public static void main(String[] args) {
25     Frame f = new Frame("그림 파일 그리기");
26     f.setSize(1000,400);
27     f.add(new ImageTest1());
28     f.addWindowListener(new WindowAdapter() {
29       public void windowClosing(WindowEvent e) {
30         System.exit(0);
31       }
32     });
33     f.setVisible(true);
34   } // end main
35
36   public void paint(Graphics g) {
37     int iwidth = integralImg.getWidth(this);
38     int iheight = integralImg.getHeight(this);
39     int fwidth = flowerImg.getWidth(this);
40     int fheight = flowerImg.getHeight(this);
41     int xpos = 10;
42     // 원래 그림의 1/4.
43     g.drawImage(flowerImg, xpos, 10, fwidth/4, fheight/4, this);
44     // 원래 그림의 1/2. 노란 배경색.
45     xpos += (fwidth / 4) + 10;
46     g.drawImage(flowerImg, xpos, 10, fwidth/2, fheight/2,
47             Color.yellow, this);
48     // 원래 그림의 크기대로. 녹색 배경색.
49     xpos += (fwidth / 2) + 10;
50     g.drawImage(flowerImg, xpos, 10, Color.green, this);
51     // 가로 1.5배 세로 1/4
52     g.drawImage(flowerImg, 10, fheight + 30,
53             (int)(fwidth * 1.5), fheight / 4, this);
54     // integralImg의 (0,0)에서 (300,300)사이만 그림.
55     g.drawImage(integralImg, 600,0, 900, 300,
56             0, 0, 300,300, Color.green,this);
57   }// end paint
58 } // end class
```

풀이

이 프로그램에서 사용한 flower2.png와 integral.png는 18-19 및 20-21번 줄에 의해서 Image 객체로 생성되었다. 참고로 flower2.png의 테두리의 원래 색은 빨간색이며 이 색은 투명색(알파 채널)으로 설정되었으므로 drawImage 메소드에서 배경색이 설정된 경우 테두리는 그 배경색이 나타난다.

24번 줄에서 시작하는 main 메소드는 Frame을 생성하고, 이 Frame 객체에 현재의 클래스(Panel을 상속한 ImageTest1)를 add하였다.

paint 메소드는 flower2.png 그림에 대해서 원래 그림의 1/4(43번 줄), 1/2(46-47번 줄), 원래 크기(50번 줄) 및 가로세로의 확대/축소 비율을 달리한 그림(52-53번 줄)을 그려 주며, 55-56번 줄에서는 integral.png의 왼쪽 반 정도만 잘라서 그려 준다.

이 프로그램의 실행 결과는 다음 그림과 같다.

18-19번 줄과 20-21번 줄 대신에 다음과 같이 URL을 이용한 그림 읽기를 시도해 보라. 단 아래의 인터넷 주소의 파일은 없을 수도 있으므로 파일을 읽지 못하면 다른 사이트의 그림을 시도해 볼 수 있다.

```
try {
  integralImg = Toolkit.getDefaultToolkit().getImage(
    new URL("http://jupiter.hallym.ac.kr/images/hallym_logo.gif"));
  } catch (MalformedURLException e) {
    System.out.println("URL Error"+e);
 } // end try-catch
```

또한 위의 getImage 자리에 createImage 메소드도 사용해 보자. 위의 URL 관련 방법을 사용하려면 다음과 같이 관련 패키지를 import해야 한다.

```
import java.net.URL;
import java.net.MalformedURLException;
```

13.3.6 사운드 파일 다루기

사운드 파일을 읽어서 그 음악을 연주하게 하는 기능에 대해 알아보자. 오디오 파일을 읽으려면 Applet 클래스의 경우 getAudioClip 메소드를 사용한다.

```
getAudioClip(URL url)
getAudioClip(URL url, String name)
```

이렇게 읽은 오디오 파일은 java.applet.AudioClip 인터페이스를 사용한다. 여기서 사용할 수 있는 메소드는 다음과 같다.

```
void loop()    //연주를 시작하여 계속 반복한다.
void play()    //한번 연주한다.
void stop()    //연주를 중단한다.
               loop 된 오디오는 중지시키지 않으면 애플릿의 경우 브라우저를 끝낼 때
               까지(즉, 현재의 애플릿이 끝난 상태이라도) 중지되지 않는 것이 보통이
               므로 반드시 stop을 이용하여 중지시켜야 한다.
```

java.applet 패키지의 AudioClip 인터페이스의 메소드는 다음과 같다.

```
void loop()    //음악을 시작하여 무한 반복
void play()    //한번 연주함
void stop()    //중지함
```

예제 13.9 사운드 파일을 다루는 다음 프로그램을 분석하라.

```
import javafx.scene.media.Media;
import javafx.scene.media.MediaPlayer;

String bip = "bip.mp3";
Media hit = new Media(bip);
MediaPlayer mediaPlayer = new MediaPlayer(hit);
mediaPlayer.play();


========================================
import java.io.File;
import javax.sound.sampled.*;

public void play(File file) {
   try {
      final Clip clip =
           (Clip) AudioSystem.getLine(new Line.Info(Clip.class));
      clip.addLineListener(new LineListener() {
         @Override
         public void update(LineEvent event) {
            if (event.getType() == LineEvent.Type.STOP)
               clip.close();
         }
      });
      clip.open(AudioSystem.getAudioInputStream(file));
      clip.start();
   }
```

```
   catch (Exception exc) {
      exc.printStackTrace(System.out);
   }
}

======================================
import java.io.*;
import java.net.URL;
import javax.sound.sampled.*;
import javax.swing.*;

// To play sound using Clip, the process need to be alive.
// Hence, we use a Swing application.
public class SoundClipTest extends JFrame {

   // Constructor
   public SoundClipTest() {
      this.setDefaultCloseOperation(JFrame.EXIT_ON_CLOSE);
      this.setTitle("Test Sound Clip");
      this.setSize(300, 200);
      this.setVisible(true);

      try {
         // Open an audio input stream.
         URL url = this.getClass().getClassLoader().getResource("gameover.wav");
         AudioInputStream audioIn = AudioSystem.getAudioInputStream(url);
         // Get a sound clip resource.
         Clip clip = AudioSystem.getClip();
         // Open audio clip and load samples from the audio input stream.
         clip.open(audioIn);
         clip.start();
      } catch (UnsupportedAudioFileException e) {
         e.printStackTrace();
      } catch (IOException e) {
         e.printStackTrace();
      } catch (LineUnavailableException e) {
         e.printStackTrace();
      }
   }

   public static void main(String[] args) {
      new SoundClipTest();
   }
}
```

풀이

이 예에서 cuckoo.au는 계속 반복하여 연주하고 laser.au는 한 번만 연주한다. 만일 stop 메소드에서 bgsound.stop()을 사용하지 않으면 어떻게 되는지 알아보아라. 여기서 본 것처럼 loop()로 된 것은 중지해 주지 않으면 브라우저가 다른 곳으로 이동해도 계속 연주한다.

13.4 Graphics 및 Graphics2D의 응용 예제

통계학에서 많이 이용되는 원그래프, 산점도 그리고 수학 함수 그림을 그려보자.

13.4.1 원그래프 그리기

각 범주 1, 2, ... , n에 대한 빈도 데이터가 $f_1, f_2, \cdots, f_n$으로 주어졌을 때 이를 원그래프로 그리는 예제를 생각해 보자. 원그래프의 각 부채꼴 슬라이스는 Graphics 클래스의 drawArc 또는 fillArc 메소드를 사용하거나 Graphics2D의 fill 또는 draw 메소드를 Arc2D 객체에 적용하여 그릴 수 있다. drawArc가 부채꼴의 테두리를 그리기 불편하므로(호만 그림) 여기서는 Arc2D를 사용하기로 하자. i번째 범주의 빈도를 f_i라고 하면 i번째 슬라이스의 각도는 $360 f_i / \sum_{j=1}^{n} f_j$가 되고, 시작 각도는 $360 \sum_{j=0}^{i-1} f_j / \sum_{j=1}^{n} f_j$, 끝나는 각도는 $360 \sum_{j=0}^{i} f_j / \sum_{j=1}^{n} f_j$이다(단, $f_0 = 0$). 이를 이용하여 원그래프를 구현해 보자.

예제 13.10 원그래프를 그리는 다음 프로그램을 분석하라.

```
/***** PieChart.java ***********************************
 * to draw a pie chart
 * INPUT: main 메소드의  f에 범주별 빈도수 설정
 * ****************************************************/
import java.awt.Graphics;
import java.awt.Graphics2D;
import java.awt.geom.Arc2D;
import java.awt.Color;
import java.awt.Dimension;
import javax.swing.JPanel;
import javax.swing.JFrame;

public class PieChart extends JPanel {
  int ulx = 100;                    // upper left corner x-pixel for pie
  int uly = 100;                    // upper left corner y-pixel
  double[] freq, cumsum;            // 빈도수와 누적 빈도수
  double sum;                       // 전체 빈도 합
  int nn;                           // 빈도수의 차원
  Dimension d;                      // the area for pie chart
  Color myColor;                    // 각 슬라이드 색깔

  PieChart(double[] freq) {
   this.freq=freq;
```

```
24   d = new Dimension (800, 800);       // 파이 그림의 영역
25   setPreferredSize(d);                // 창의 크기 설정
26   nn = freq.length;                   // 범주의 수
27   cumsum = new double[nn+1];
28   sum = 0; cumsum[0] = 0;             // 초기화, 누적 빈도는 0에서 시작
29   for (int i=0; i < nn; i++) {        // 빈도의 누적 합 및 전체 합 계산
30     sum = sum + freq[i];
31     cumsum[i+1] = cumsum[i]+freq[i];
32   } // end for
33  } // end constructor
34
35  public static void main(String args[]){
36    double[] f = {10, 20, 30, 40, 20, 30, 50};   // 빈도 자료
37    PieChart pc = new PieChart(f);               // 패널 생성
38    JFrame frame = new JFrame("Pie Chart Test");
39    frame.add(pc);                               // 패널을 창에 넣기
40    frame.setDefaultCloseOperation(JFrame.EXIT_ON_CLOSE);
41    frame.pack();
42    frame.setVisible(true);
43 }  // end of main
44
45 public void paint(Graphics g1) {
46    Graphics2D g = (Graphics2D) g1;
47    super.paint(g);                      // 초기화
48    double sangle, dangle;               // 각 슬라이스의 시작과 끝 각도(degrees)
49    for (int i=0; i < nn; i++) {         // 슬라이스 내부 색깔 만들기
50      myColor = Color.getHSBColor((float)i/ nn, 1, 1);
51      g.setColor(myColor);               // 각 슬라이스의 색깔 설정
52      sangle =  cumsum[i]/sum*360;       // i번째의 시작 각도
53      dangle =  freq[i]/sum*360;         // i번째 끝나는 각도
54      Arc2D.Double a2d = new Arc2D.Double(ulx, uly, d.width/2,
55              d.height/2, sangle, dangle, Arc2D.PIE);
56      g.fill(a2d);
57      g.setColor(Color.black);
58      g.draw(a2d);
59    } // end for
60  } // end paint
61
62 } // end class
```

풀이

이 프로그램의 14-15번 줄은 원그래프를 그릴 사각형 영역의 왼쪽 위의 픽셀 좌표이다. 16번 줄은 빈도수, 누적 빈도수, 17번 줄은 전체 빈도수, 18번 줄은 범주의 수이며 19번 줄은 화면 크기를 설정하기 위한 Dimension이다. 20번 줄은 각 슬라이드에 사용할 색깔이다. 22번 줄에서 시작하는 생성자는 위의 각 변수의 값을 받아 오거나 계산한다.

main 메소드에서 36번 줄의 f는 빈도 데이터이며, 37-39번 줄에서 자신의 객체를 생성하여 JFrame에 넣는다.

45번 줄에서 시작하는 paint 메소드에서 sangle, dangle은 각 슬라이스의 시작 및 끝나는 각도로 이 각은 52-53번 줄에서 계산된다. 50번 줄의 myColor의 정의는 색을 색깔(Hue), 채도(Saturation), 밝기(Brightness)로 설정하는 HSB 형식으로 각 슬라이스에 해

당하는 색상을 얻었다. 이때 i번째 슬라이스의 색깔은 Hue의 값이 i/nn으로, 채도와 밝기는 최대인 1로 하였다. 54-56번 줄에서 각 슬라이스를 색으로 채우고, 57-58번 줄에서는 이 슬라이스의 테두리를 검정색으로 만들었다.

이 프로그램의 실행 결과는 다음과 같다.

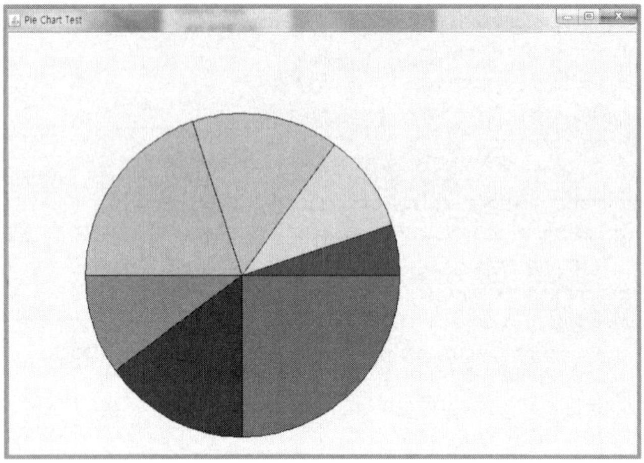

13.4.2 산점도 그리기

2차원 데이터 (x_i, y_i)의 산점도를 그려보자. 이 경우 원래의 데이터 (x_i, y_i)를 그림 영역 위의 픽셀 좌표로 변환해야 한다. 이 변환은 다음과 같은 과정을 거친다.

그림 영역의 가로 및 세로 크기가 각각 w 및 h(픽셀)에 수학적인 그림을 넣는 경우를 생각해 보자. 이 경우 x의 최대 및 최소를 maxx, minx로, y의 최대 및 최소를 maxy, miny라고 하면 maxx, minx는 각각 픽셀에서 w 및 0에 해당할 것이며 maxy, miny는 각각 0 및 h에 해당된다. 여기서 y축의 경우 가장 위가 0, 가장 아래가 h임에 유의하자. 하지만 그래프를 그림 영역 전체에 그리는 경우 그림의 테두리에 그림의 요소가 나타나 보기가 나쁜 경우가 많다. 따라서 적당한 여백이 필요하며, 이 여백의 크기를 m이라고 하자.

여백 m을 고려하면 점 (x,y)를 그림 영역 (xpxl, ypxl)에 그려야 한다. 이 경우 여백 m을 고려하면 x에 해당하는 xpxl은 전체와 부분의 비율이 같아야 하므로 다음의 비례식이 성립한다.

$$(w-2m):(xpxl-m) = (\mathrm{max}x - \mathrm{min}x):(x-\mathrm{min}x)$$

따라서 이 식을 xpxl에 대해서 정리하면 x의 픽셀 좌표는 다음과 같다.

$$xpxl = m + (w - 2m) \times \frac{x - \text{min}x}{\text{max}x - \text{min}x}$$

마찬가지로(ypxl의 경우 가장 위가 0, 가장 아래가 h임에 유의) 그림에서 y의 픽셀 좌표 ypxl은 다음 비례식을 만족한다.

$$(h - 2m) : (ypxl - m) = (\text{max}y - \text{min}y) : (\text{max}y - y)$$

정리하면 y에 해당하는 ypxl의 값은 다음과 같다.

$$ypxl = m + (h - 2m) \times \frac{\text{max}y - y}{\text{max}y - \text{min}y}$$

이를 알고리즘으로 구현한 것이 아래 예제의 toPixel 메소드이다.

평균이 각각 0, 분산이 각각 1이며 상관계수가 ρ인 이변량 정규분포에서 난수를 생성하여 이를 산점도로 그려보자. 이 경우 x는 N(0,1)에서 생성된 난수이고, y는 x가 주어진 조건에서 $N(\rho x, (1-\rho^2))$ 분포를 가지는 난수이다. 이렇게 만들어진 데이터 (x,y)의 산점도를 그려보자.

예제 13.11 이변량 정규분포를 따르는 이차원 데이터를 만들어 산점도를 그리는 다음 프로그램을 분석하라.

```
/*** ScatterPlot.java to draw two normal pdfs ***********
* ***************************************************/
import java.util.Random;
import java.awt.Graphics;
import java.awt.Dimension;
import java.awt.Color;
import javax.swing.JPanel;
import javax.swing.JFrame;

public class ScatterPlot extends JPanel {
  double[] xx, yy;                  // 산점도 그릴 자료
  int nn;                           // size of sample
  double minx=0, miny=0, maxx=0, maxy=0; // x, y의 최대 최소
  int wd = 800;                     // 산점도의 폭
  int ht =600;                      // 산점도의 높이
  int margin = 30;                  // 그림의 여백
  int ptsize = 10;                  // 점의 크기
  Color myColor;                    // 산점에 사용할 색깔

  public ScatterPlot(double[] xx, double[] yy, Color myColor) {
     this.xx = xx; this.yy = yy; this.myColor = myColor;
```

```
22      nn = xx.length;
23      for (int i=0; i < nn; i++) { // x, y의 최대 최소 찾기
24        if (xx[i] < minx) minx = xx[i];
25        if (xx[i] > maxx) maxx = xx[i];
26        if (yy[i] < miny) miny = yy[i];
27        if (yy[i] > maxy) maxy = yy[i];
28      }
29      setPreferredSize(new Dimension(wd, ht));
30    } // end constructor
31
32    public static void main(String[] args) {
33      double[] x = new double[100];
34      double[] y = new double[100];
35      double rho = -0.8;                                  // 상관계수
36      Random rd = new Random();
37      for (int i=0; i < x.length; i++) {
38        x[i] = rd.nextGaussian();                         // N(0,1) 난수
39        y[i] = Math.sqrt(1-rho*rho)*rd.nextGaussian()+rho*x[i];
40      }
41      Color aColor = new Color(255, 0, 0);                // 점의 색 빨강
42      ScatterPlot sp = new ScatterPlot(x, y, aColor);
43      JFrame frame = new JFrame("Normal Pdf");
44      frame.add(sp);
45      frame.pack();
46      frame.setDefaultCloseOperation(JFrame.EXIT_ON_CLOSE);
47      frame.setVisible(true);
48    } // end main
49
50    public void paint(Graphics g) {
51     super.paint(g);                                      // reset Graphics
52     int xpxl, ypxl;                                      // xx, yy의 픽셀 좌표
53
54     g.setColor(Color.BLACK);
55     g.drawLine(wd/2, margin, wd/2, ht-margin);           // 세로축 그리기
56     g.drawLine(margin, ht/2, wd-margin, ht/2);           // 가로축 그리기
57     g.setColor(myColor);
58     for (int i=0; i < nn; i++) {
59         xpxl = margin + (int) ((wd-2*margin)*(xx[i]-minx)/(maxx-minx));
60         ypxl = margin + (int) ((ht-2*margin)*(maxy-yy[i])/(maxy-miny));
61         g.fillOval(xpxl, ypxl, ptsize, ptsize);
62     } // end for
63    } // end paint
64
65  } // end class
```

풀이

이 프로그램에서 11-18번 줄은 각각 (x,y)에 사용할 배열, 이 배열의 크기, x, y의 최대 및 최솟값, 그림의 크기에 사용할 폭과 높이, 그림에서의 여백, 산점도의 점의 크기 및 색깔을 저장할 변수를 설정하였다.

20번 줄의 생성자는 전달받은 값으로 변수를 설정하고, 자료의 크기를 구한 후 x, y의 최대 및 최솟값을 구하고, 그림의 크기를 설정하였다.

32번 줄의 main 메소드는 x, y 배열 및 상관계수의 값을 설정하고 앞에서 본 방법으로 이변량 정규분포에서 난수를 생성하여 x, y값으로 저장한뒤 JFrame에 자신의 객체를 추가하여 창에 보이도록 하였다.

50번 줄에서 시작되는 paint 메소드는 먼저 검정색으로 가로축과 세로축을 그린 후 (54-56번 줄) xpxl, ypxl을 위에서 설명한 방법으로 59-60번 줄에서 계산하고, 이를 61번 줄에서 fillOval 메소드를 이용하여 그리도록 하였다.

이 프로그램의 실행 결과는 다음 그림과 같다.

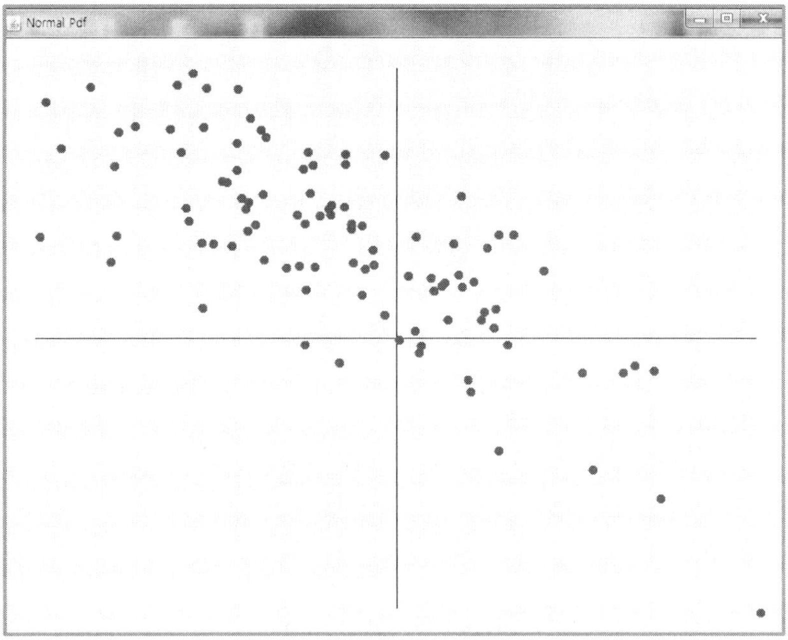

13.4.3 수학 함수 그리기

수학 함수 $y=f(x)$를 그려보자. 이 경우 함수를 그리는 x 구간의 최소 및 최대를 각각 xmin, xmax라고 하고 $y=f(x)$의 최소 및 최대를 miny, maxy라고 하자. 앞의 산점도 예제처럼 그림 영역 전체가 아니라 적당한 여백 m 만큼 상하좌우로 띄우도록 한다. x에 대한 구간을 nbins개의 구간으로 나누어 이를 $\min x = x_0 < x_1 < x_2 < \cdots < x_{nbins} = \max x$라 하고 각 x_i에서 함수값 $f(x_i)$를 y_i라고 하자. x축을 나누는 구간의 폭을 모두 같게 하면

$$x_i = \min x + \frac{\max x - \min x}{nbins} \times i$$

가 된다. 따라서 함수 $f(x)$의 근사적 그래프는 두 점 (x_i, y_i)와 (x_{i+1}, y_{i+1})를 연결한 직선들의 모임이 된다.

표준정규분포 $N(0,1)$의 함수와 평균이 μ, 분산이 σ^2인 정규분포 $N(\mu,\sigma^2)$의 함수를 한 그림에 그려보자.

예제 13.12 정규분포함수를 그리는 다음 프로그램을 분석하라.

```
/*** NormalPdf.java to draw two normal pdfs ***********
* INPUT: main 메소드에 mean, variance 입력
* ************************************************/
import java.awt.BasicStroke;
import java.awt.Graphics;
import java.awt.Graphics2D;
import java.awt.Dimension;
import java.awt.Toolkit;
import java.awt.Color;
import javax.swing.JPanel;
import javax.swing.JFrame;

public class NormalPdf extends JPanel {
  double mean, var;
  double minx, maxx, maxy;          // 그림 영역의 최대 최소 miny=0;
  int nbins = 200;                  // 구간의 수
  int margin = 20;                  // 그림 영역 여백 크기
  int wd, ht;                       // 그림 크기
  Dimension d;
  Color myColor;                    // pdf에 사용할 색

  public NormalPdf(double mean, double var, Color myColor) {
    this.mean = mean; this.var = var; this.myColor = myColor;
    minx = Math.min(-3, mean-3*Math.sqrt(var));        // 3표준편차 내의 최소
    maxx = Math.max(3, mean+3*Math.sqrt(var));         // 3표준편차 내의 최대
    maxy = Math.max(pdfAt(0,1,0), pdfAt(mean, var, mean)); // pdf 최대
    d = Toolkit.getDefaultToolkit().getScreenSize();    // 모니터 크기의 절반
    wd = d.width/2; ht = d.height/2;                    // 그림의 폭과 높이
    setPreferredSize(new Dimension(wd, ht));            // 그림의 크기 설정
  } // end constructor

  double pdfAt(double mean, double var, double x) {     // 정규분포 pdf 계산
    double fx;
    fx = 1/(2*Math.PI*Math.sqrt(var)) *
         Math.exp(-Math.pow(x-mean,2)/(2*var));
    return fx;
  }
  public static void main(String[] args) {
    double average = -2;                        // N(0,1)과 비교할 평균
    double variance = 5;                        // N(0,1)과 비교할 분산
    Color aColor = new Color(1.f,0.f,0.f);  // 그림의 색
    NormalPdf np = new NormalPdf(average, variance, aColor);
    JFrame frame = new JFrame("Normal Pdf");
    frame.add(np);
```

```
    frame.pack();
    frame.setDefaultCloseOperation(JFrame.EXIT_ON_CLOSE);
    frame.setVisible(true);
  } // end main

  public void paint(Graphics g1) {
    Graphics2D g = (Graphics2D) g1;
    super.paint(g);                          // reset Graphics
    double curx, nextx;  // current x, next x의 값 f(0,1,x), f(mean, var, x)
    int curxpxl, curypxl0, curypxl1;         // current pixel point
    int nextxpxl, nextypxl0, nextypxl1;      // next pixel point
    double increx = (maxx-minx)/(double) nbins;  // 선을 그릴 구간의 크기

    curx = minx;   // 가장 작은 x 값에서
    curxpxl = toPixel(wd, margin, minx, maxx, curx, true); // curx의 픽셀값
    // N(0,1)과 N(mean, var)의 curx에서의 pdf 값을 픽셀값으로 얻음.
    curypxl0 = toPixel(ht, margin, 0, maxy, pdfAt(0,1, curx), false);
    curypxl1 = toPixel(ht, margin, 0, maxy, pdfAt(mean, var, curx), false);

    for (int i=1; i <= nbins; i++) {
      nextx = minx + increx* (double) i; // 다음 x 값
      nextxpxl = toPixel(wd, margin, minx, maxx, nextx, true);
                                                  // nextx의 픽셀값
      // N(0,1)과 N(mean, var)의 nextx에서의 pdf 값을 픽셀값으로 얻음.
      nextypxl0 = toPixel(ht, margin, 0, maxy, pdfAt(0,1, nextx), false);
      nextypxl1 = toPixel(ht,margin,0, maxy,pdfAt(mean, var, nextx), false);

      g.setColor(Color.BLACK); // 검정색
      g.drawLine(curxpxl, curypxl0, nextxpxl, nextypxl0); // N(0,1) 그림
      g.setColor(myColor);     // 사용자 색깔
      g.drawLine(curxpxl, curypxl1, nextxpxl, nextypxl1); // N(mean, var)

      curx = nextx; curxpxl = nextxpxl;  // next 값을 cur 값으로 하고 반복
      curypxl0 = nextypxl0; curypxl1 = nextypxl1;
    } // end for

    g.setColor(myColor);  // 사용자 색깔로 mean에서 수직선
    curxpxl = toPixel(wd, margin, minx, maxx, mean, true);
    curypxl0 = toPixel(ht, margin, 0, maxy, pdfAt(mean, var, mean), false);
    g.drawLine(curxpxl, ht-margin, curxpxl, curypxl0);
    g.drawString("N("+mean+","+var+")", curxpxl, curypxl0);

    g.setColor(Color.BLACK); // 검정색으로 0에서 수직선
    curxpxl = toPixel(wd, margin, minx, maxx, 0, true);
    curypxl0 = toPixel(ht, margin, 0, maxy, pdfAt(0,1, 0), false);
    g.drawLine(curxpxl, ht-margin, curxpxl, curypxl0);
    g.drawString("N(0,1)", curxpxl, curypxl0);

    g.setStroke(new BasicStroke(2f)); // x축은 굵게
    g.drawLine(margin, ht-margin, wd-margin,  ht-margin); // x축
  } // end paint

```

```
096  public int toPixel(int totalpxl, int margin, double mini, double maxi,
097                    double atX, boolean isWidth) {
098    // 주어진 그림의 범위, 여백 최대, 최소에서 atX 값의 픽셀값 계산
099    // 가로일 때(isWidth=true)와 세로일 때 계산식 다름
100    int pxl;
101    if (isWidth) pxl =
102      margin + (int) ((totalpxl-2*margin)*(atX-mini)/(maxi-mini));
103    else pxl =
104      margin + (int) ((totalpxl-2*margin)*(maxi-atX)/(maxi-mini));
105    return pxl;
106  } // end toPixel
107 } // end class
```

풀이

이 프로그램에서 14번 줄의 mean, var은 N(0,1)과 비교하려는 정규분포 N(mean, var)의 평균과 분산이며 x, y의 최대, 최소를 15번째 줄에서 정의하였다. 이 경우 y의 최소는 0이라서 따로 변수를 설정하지 않았다.

16번 줄부터 그림을 나눌 구간의 수는 200, 여백은 20으로 설정하였으며 그림의 폭과 높이 및 N(mean, var)의 그림에 사용할 변수명을 설정하였다.

22번 줄의 생성자에서 매개변수로 평균과 분산을 전달받고, x의 최소 및 최대는 두 정규분포 N(0,1)과 N(mean, var)의 평균으로부터 세 배의 분산범위로 하였다. 여기서 3과 -3은 각각 N(0,1)의 세 배의 분산 범위이다.

26번 줄의 y의 최댓값은 N(0,1)의 최댓값과 N(mean, var)의 최댓값 중 큰 값으로 설정하였다. 여기서 사용한 pdfAt 메소드는 32번 줄에서 시작하며, 이 메소드는 mean과 var 및 x를 전달받아 x에서 N(mean, var)의 값

$$f(x) = \frac{1}{\sqrt{2\pi \cdot var}} exp\left\{-\frac{(x-mean)^2}{2 \cdot var}\right\}$$

을 반환하는 메소드이다.

27-29번 줄은 그림의 크기를 설정한다.

38번 줄의 main 메소드에서 평균, 분산 및 색깔을 설정하고 자기 자신의 객체를 생성한 후 JFrame에 넣어서 이 JFrame을 보여 주도록 설정하였다.

50번 줄에서 시작하는 paint 메소드는 그래픽을 초기화하고 Graphics2D로 캐스팅하여 Graphics2D를 사용할 수 있도록 하였다. 53번 줄의 curx와 nextx는 각각 x_i, x_{i+1}의 값을 사용할 변수이며 54-55번 줄은 x_i와 $y_i = f(x_i)$ 및 x_{i+1}, $y_{i+1} = f(x_{i+1})$에 해당하는 그림 위의 픽셀값을 저장할 변수이다. 56번 줄은 각 구간에서 x의 증분을 설정하였다.

58번 줄에서 x_0의 값을 x의 최솟값으로 설정하고 이때 xpxl의 값을 59번 줄에서 계산하였다. 61-62번 줄의 ypxl0와 ypxl1은 각각 x_0에서 N(0,1)의 값 및 N(mean, var)의 값에 해당하는 y축의 픽셀값을 계산하였다. 이 프로그램에서는 픽셀값을 여러 번 계산하므로 이 계산 방법을 별도의 메소드 toPixel에 정리하였다.

64번 줄의 for 문은 i가 1에서 시작하므로 x_1에서의 xpxl, ypxl0, ypxl1을 계산하고 71-74번 줄에서 N(0,1)은 검정색, N(mean, var)은 빨간색으로 선을 그렸다. 이제 이전의 x_1에 해당하는 값을 모두 cur로 변경하고 x_2에 해당하는 값을 계산하도록 for 루프가 반복된다.

80-84번째 줄은 빨간색으로 평균 mean에서 수직선을 그리고 N(mean, var)을 그린다. 86-90번 줄은 검정색으로 평균 0에서 수직선을 그리고 N(0,1)을 그린다. 마지막으로 x축은 굵게 그렸다.

96번 줄에서 시작하는 toPixel 메소드는 x와 y가 주어졌을 때 이를 픽셀값으로 변환하는 메소드로 이 알고리즘은 13.4.2절에서 설명되었다. 이 메소드의 isWidth는 가로축일 때와 세로축일 때 변환하는 식이 조금 다르므로 이를 고려한 것이며 isWidth가 true이면 가로축인 경우 픽셀값, false이면 세로축인 경우의 픽셀값을 반환한다.

이 프로그램의 실행 결과는 다음 그림과 같다.

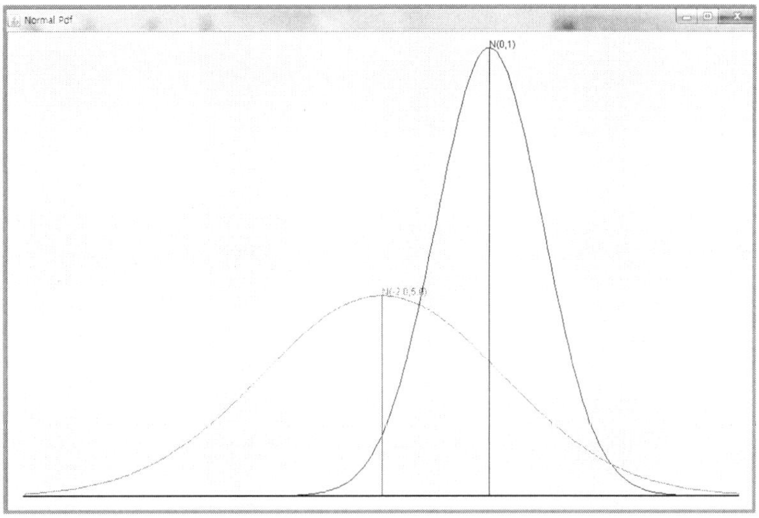

연습문제

13.1 원그래프에서 각 범주에 해당하는 빈도수나 각 범주의 이름을 넣어보라.

13.2 ScatterPlot 클래스에서 x축과 y축이 그림의 정중앙에 위치하도록 그려져 있다. 이를 x=0(y축) 및 y=0(x축)에 위치하도록 프로그램을 수정하라.

13.3 정규분포함수 그림에서 y축을 추가하고 x축 및 y축의 좌표값을 넣어보라.

13.4 원그래프의 자료를 사용하여 막대그래프를 그려보라.

13.5 원그래프, 산점도 등은 그림창의 크기를 줄여도 그림의 크기가 바뀌지 않는다. 그림창을 늘이거나 줄이면 그림의 크기가 함께 바뀌도록 프로그램을 수정하라.

14장

Swing을 이용한 GUI 프로그래밍

- 14.1 AWT와 Swing 패키지
- 14.2 Swing의 JFrame과 컨포넌트
- 14.3 JFrame에 메뉴 만들기
- 14.4 JFrame에 컴포넌트 배치
- 14.5 Swing의 이벤트 처리
- 14.6 JFileChooser 클래스
- 14.7 JOptionPane 클래스
- 14.8 JTextArea, JTextPane, JEditorPane 클래스
- 14.9 JTabbedPane 클래스

학습목표

- AWT와 Swing 패키지의 차이점에 대해 이해한다.
- Swing의 프레임과 컴포넌트에 대해 이해한다.
- JFrame에 메뉴를 만드는 방법을 이해한다.
- JFrame에 컴포넌트를 배치하는 방법을 이해한다.
- Swing의 이벤트 처리 방법을 이해한다.
- JFileChooser 클래스를 사용하는 방법을 이해한다.
- JOptionPane 클래스를 사용하는 방법을 이해한다.
- JTextArea, JTextPane, JEditorPane 클래스를 사용하는 방법을 이해한다.
- JTabbedPane 클래스를 사용하는 방법을 이해한다.

14.1 AWT와 Swing 패키지

11-13장에 걸쳐서 Java의 AWT 패키지를 이용한 그래픽 사용자 환경(GUI)의 프로그램을 연구하였다. 구체적으로 프레임의 레이아웃 구조와 컴포넌트의 특성, 그리고 이벤트 처리 방법을 연구하였는데, 더욱 다양한 GUI 프로그래밍을 가능하게 하기 위하여 AWT의 기본 개념이 발전된 패키지가 JFC(Java Foundation Class)이다. JFC는 1997년 처음 소개되었는데 이 JFC를 기반으로 새로운 컴포넌트를 개발한 프로젝트 이름이 **Swing**이어서 관련 패키지 이름이 [표 14.1]과 같이 javax.swing으로 시작한다. 그래서 JFC를 Swing이라고 부르기도 한다.

[표 14.1] Java의 GUI 프로그램을 위한 Swing 패키지

Swing 패키지명
javax.swing
javax.swing.border
javax.swing.colorchooser
javax.swing.event
javax.swing.filechooser
javax.swing.plaf
javax.swing.plaf.basln
javax.swing.plaf.metal
javax.swing.plaf.multi
javax.swing.table
javax.swing.text
javax.swing.text.html, javax.swing.text.html.parser
javax.swing.text.rtf
javax.swing.tree
javax.swing.undo

일단 AWT를 이해하고 나면 쉽게 Swing을 사용할 수 있어서 최근 대부분의 GUI 프로그램에 이용된다. Swing은 JDK 버전 1.2부터 개발되었으며 AWT를 확장한 클래스를 다수 포함하고 있는데 컴포넌트 이름도 유사하다. 예를 들면 AWT의 Frame은 Swing에서 JFrame이고, Panel은 JPanel, Button은 JButton이다. 새로 개발되는 Java 프로그램은 가능한 Swing 패키지를 사용하여 개발하는 것이 바람직하다고 할 수 있다.

Swing은 AWT와 유사하나 프레임 화면의 다양성을 위해 다중 프레임 방식을 갖고 있다(14.2절 참조). 그리고 운영 시스템에 독립적인 컴포넌트를 가지고 있으며, Java로 구현된 소스를 사용하기 때문에 전체 프로그램 크기가 작다([표 14.2]). 또한 운영체제마다 지적재산권인 Look and Feel 기능, Accessibility

API, Java 2D API, Drag-and-Drop, Internationalization 등의 특성을 갖고 있다.

[표 14.2] AWT와 Swing의 차이점 비교

항목	AWT	Swing
프레임	단일 프레임 - 컴포넌트가 위차하는 패널이 하나만 존재	다중 프레임 - 컴포넌트가 위치하는 패널이 계층별로 여러 개 존재
컴포넌트	현재 시스템에 종속된 컴포넌트	시스템에 독립적인 컴포넌트
프로그램 크기	현재 시스템 자원을 많이 사용하기 때문에 전체 프로그램 크기가 큼	Java로 구현된 소스를 사용하기 때문에 전체 프로그램 크기가 작음

14.2 Swing의 JFrame과 컴포넌트

AWT와 Swing의 가장 큰 차이는 화면에 보여 주는 프레임이 하나이냐 여러 개이냐이다. Swing에서 컴포넌트를 포함할 수 있는 프레임은 JFrame, JDialog, JApplet이 있는데 이러한 프레임은 [그림 14-1]과 같이 여러 개의 패널로 구성되어 있어 **컨테이너**(container)라고 부른다.

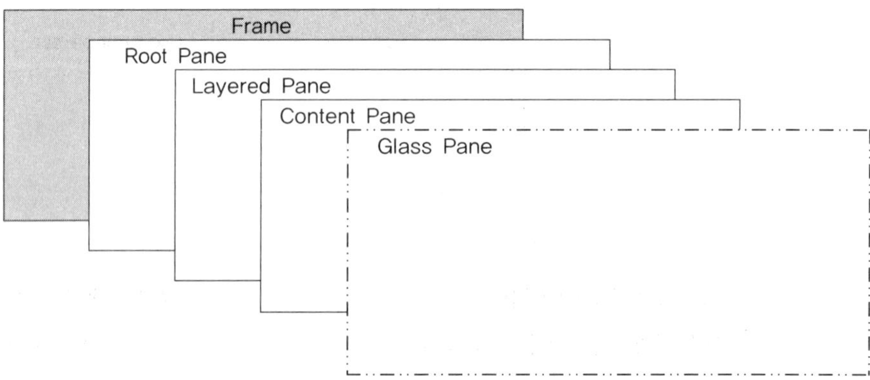

[그림 14-1] Swing의 다중 패널로 만들어진 프레임 구조

AWT에서는 Frame에 컴포넌트를 배치하기 위해 레이아웃 구조를 선택한 후 add 메소드를 이용하였다. Swing에서 **JFrame** 컨테이너에 컴포넌트를 배치하려면 JRootPane을 이용하는데 JRootPane은 다음과 같이 네 개의 패널로 구성되어 있다.

```
Glass Pane      - 기본적으로 안 보이는데 주로 이벤트의 제어에 사용된다.
Layered Pane    - 컨텐츠의 위치를 제공한다.
Content Pane    - root pane에 컴포넌트를 보여 준다.
menu bar        - 컨테이너의 메뉴로서 선택사항이다.
```

여러 개의 패널에 적절히 컴포넌트를 배치하여 한 컨테이너를 구성하면 아주 다양한 형태의 화면을 설계할 수 있다. JRootPane에 컴포넌트를 추가할 때 사용하는 메소드는 다음과 같다.

메소드

메소드 이름	내용
public Container getContentsPane()	설정된 content pane 가져오기
public Component getGlassPane()	설정된 glass pane 가져오기
public JLayeredPane getLayeredPane()	설정된 layered pane 가져오기
public JMenuBar getJMenuBar()	설정된 menubar 가져오기
public void setContent(Container contentPane)	content pane 설정
public void setGlassPane(Component glassPane)	glass pane 설정
public void setLayeredPane(JLayeredPane layeredPane)	layered pane 설정
public void setJMenuBar(JMenuBar menu)	menubar 설정

Swing에서는 컴포넌트를 운영체제에 맞게 모양을 예쁘게 하고 행동을 자동으로 설정할 수 있는데 이를 Look-and-Feel 기능이라고 한다. 이 기능의 설정은 UIManager 클래스의 setLookAndFeel 메소드를 이용한다. 사용자가 Look-and-Feel 기능을 설정할 수도 있으나 다음 예와 같이 간단히 Java에서 제공하는 디폴트 설정을 이용하면 편리하다.

```
JFrame.setDefaultLookAndFeelDecorated(true);
```

Swing의 JFrame 컨테이너는 AWT의 프레임과 거의 동일한 기능을 수행한다. JFrame 클래스의 상속관계와 생성자는 다음과 같다. JFrame이 AWT의 Frame 클래스를 상속받음을 알 수 있다.

```
java.lang.Object
 └→ java.awt.Component
     └→ java.awt.Container
         └→ java.awt.Window
             └→ java.awt.Frame
                 └→ javax.swing.JFrame
```

생성자

생성자 형태	내용
JFrame()	매개변수 없는 생성자
JFrame(GraphicsConfiguration gc)	모니터 등에 보여 줄 그래픽의 특성을 지정
JFrame(String title)	프레임의 타이틀 문자열 지정
JFrame(String title, GraphicsConfiguration gc)	문자열과 그래픽 특성을 같이 지정

이러한 JFrame위에 배치할 수 있는 Swing의 컴포넌트는 AWT보다 종류가 많고 다양하다. 주요 Swing 컴포넌트는 기존의 AWT 컴포넌트 이름 앞에 'J'라는 문자를 넣었다. 주요 Swing 컴포넌트는 [표 14.3]과 같다.

[표 14.3] Swing 패키지의 JFrame 내부를 구성하는 주요 컴포넌트들

Swing 컴포넌트	설명
JPanel	컴포넌트를 넣을 수 있는 패널
JLabel	문자를 넣을 수 있는 라벨
JButton	전화번호 키와 같은 버튼
JCheckbox	여러 항목 중 복수 선택
JComboBox	여러 항목 중 하나 선택
JList	목록을 나열한 후 선택
JTextField	한 행에 문자열 입력
JTextArea	노트패드와 같은 문자 편집기
JDialog	대화상자
JMenuBar	메뉴바
JMenu	메뉴
JMenuItem	메뉴 아이템
JCheckboxMenuItem	체크 표시를 할 수 있는 메뉴 아이템
JScrollPane	스크롤
JPopupMenu	팝업메뉴

예제 14.1 (JFrame의 기본 예제) 아래는 JFrame을 사용하는 가장 기본적인 예제로서 프레임 이름과 프레임 크기, 프레임의 위치 등을 설정한다. 프로그램을 분석하라.

```
/** JFrameTest.java to open a window **************************
 * INPUT: None;    OUTPUT: None
 ***************************************************************/
import javax.swing.JFrame;
import java.awt.Dimension;
import java.awt.Toolkit;

```

```
08 public class JFrameTest extends JFrame {
09
10  private String title;
11  public JFrameTest(String title) {
12    this.title = title;
13    JFrame frame = new JFrame(title);
14    Dimension d = Toolkit.getDefaultToolkit().getScreenSize();
15    frame.setSize((int) d.getWidth()/3, (int) d.getHeight()/2);
16    frame.setLocationRelativeTo(null);  // to center
17    frame.setVisible(true);
18  } // end constructor
19
20  public static void main(String[] args) {
21     String title = "My 1st Window";
22     JFrameTest jft = new JFrameTest(title);
23  } // end main
24 } // end class
```

풀이

이 프로그램은 main 메소드의 22번 줄에서 JFrameTest 객체를 생성하였는데, 이 객체는 17번 줄에서 setVisible 메소드의 매개변수 값이 true라서 생성자에서 정의된 모든 것이 프레임으로 만들어지는 것이다.

11번 줄의 생성자는 문자열 title을 매개변수로 전달받아 이를 JFrameTest 객체의 제목(title)으로 사용한다. 13번 줄에서 JFrame 객체를 생성하고 14번 줄에서 현재 모니터의 크기를 Dimension 객체로 받아서 15번 줄에서 생성될 Jframe 객체 frame의 크기를 폭은 모니터 크기의 1/3, 높이는 모니터 높이의 1/2로 하는 프레임을 만든다. 16번 줄에서 프레임의 위치는 모니터의 중앙에 오도록 하였으며 17번 줄에서 프레임을 만든다.

20번 줄의 main 메소드는 이 클래스를 구동하는 역할만 한다.

JFrame은 Frame, Window, Container, Component 클래스를 상속받아 사용할 수 있는 메소드가 너무 많다. 주요 메소드는 다음과 같고 기타 메소드는 각 메소드가 사용될 때 설명하기로 한다.

```
public void setLocationRelativeTo(Component c)
        현재 프레임의 위치를 c에 대한 상대적인 위치로 설정한다.
        만일 c가 현재 보이지 않거나 null이면 화면의 중앙에 위치한다.
```

```
public void setSize(Dimension d)
        현재 프레임의 크기를 폭 d.width와 높이 d.height로 설정한다.
        setPreferredSize 참고.
```

```
public void setSize(int width, int height)
        프레임의 크기를 폭 width, 높이 height로 한다.
        width와 height 값이 setMinimumSize에서 설정된 값보다 작으면
        setMinimumSize에서 설정한 값을 사용한다. setPreferredSize 참고.
```

```
public void setVisible(boolean b)
        현재 프레임을 보이거나 숨긴다. Window나 JFrame에서 이 메소드의
        b값이 true로 호출되어야 프레임이 만들어진다.
```

```
public void setPreferredSize(Dimension d)
        프레임의 크기를 폭 d.width, 높이 d.height로 한다.
        setSize와 setPerferredSize는 모두 프레임의 크기를 설정하는데,
        레이아웃을 사용하는 경우에는 setPerferredSize가 각 레이아웃에 주어진
        component의 preferred size에 맞게 배열하므로 더 나은 선택이다.
        단순히 Window나 JFrame으로 프레임을 여는 경우 이 둘의 차이는 없다.
        많은 전문가들은 setPreferredSize 메소드를 사용하기를 권장한다.
```

예제 14.2 (JFrame에 Component 넣기) 다음의 예제는 JFrame에 JTextArea를 넣고 스크롤바를 추가한 것이다. 프로그램을 분석하라.

```
/** JFrameTest2.java to open a window ************
 * To Test adding something to JFrame
 ************************************************/
import javax.swing.JFrame;
import java.awt.Dimension;
import java.awt.Toolkit;
import java.awt.Point;
import javax.swing.JTextArea;
import javax.swing.JScrollPane;

public class JFrameTest2(extends JFrame {)

 private String title;
 public JFrameTest2(String title) {
  this.title = title;
  JFrame frame = new JFrame(title);
  frame.setDefaultLookAndFeelDecorated(true);
  frame.setDefaultCloseOperation(JFrame.EXIT_ON_CLOSE);
  Dimension d = Toolkit.getDefaultToolkit().getScreenSize();
  frame.setLocation(
      new Point((int) d.getWidth()/5, (int) d.getHeight()/5));
  Dimension fsize =
      new Dimension((int) d.getWidth()/3, (int) d.getHeight()/2);
  frame.setPreferredSize(fsize);
  JTextArea ta1 = new JTextArea("Type-in", 30, 20);
  JScrollPane sp = new JScrollPane(ta1,
```

```
27        JScrollPane.VERTICAL_SCROLLBAR_ALWAYS,
28        JScrollPane.HORIZONTAL_SCROLLBAR_ALWAYS);
29    ta1.setLineWrap(true);
30    frame.add(sp);
31    frame.pack();
32    frame.setVisible(true);
33  } // end constructor
34
35  public static void main(String[] args) {
36     String title = "Window with Text Area";
37     JFrameTest2 jft = new JFrameTest2(title);
38  } // end main
39 } // end class
```

풀이

이 프로그램은 17번 줄에서 만들 프레임의 장식여부를 현재의 기본설정을 사용하도록 설정하고 18번 줄에서 프레임을 닫을 경우 전체 프로그램이 종료되도록 설정하였다.

20-21번 줄에서 프레임의 위치를 상하 모두 전체 모니터의 1/5 지점으로 설정하였으며 22-23번 줄에서 프레임의 크기를 폭은 모니터 크기의 1/3, 높이는 1/2로 설정하였다. 25번 줄에서 JTextArea 객체 ta1을 생성하고 26번 줄에서는 이 ta1에 상하 및 좌우 스크롤바를 추가하여 JScrollPane을 생성하였다. 29번 줄에서는 ta1의 줄이 길어지면 자동으로 줄바꾸기를 할 수 있도록 설정하고, 30번 줄에서는 JScrollPane 객체 sp를 JFrame에 추가하고, 31번 줄에서는 현재 설정된 모든 컴포넌트를 고려하여 JFrame의 preferred size를 계산한 후 이 프레임을 32번 줄을 통해 보였다.

이 예제에서 사용한 메소드들은 다음과 같다.

```
public static void setDefaultLookAndFeelDecorated(
        boolean defaultLookAndFeelDecorated)
        JFrame 객체가 윈도우의 기본 장식(테두리, 위젯, 프레임 닫기 버튼 등)을 가질
        지 설정한다. true이면 현재 설정된 Window의 LookAndFeel 설정을 적용.
```

```
void setUndecorated(boolean b):
        Frame 클래스에서 상속받은 메소드로 윈도우의 기본장식(제목줄, 프레임 닫기
        버튼 등)을 만들 것인지 설정한다. b가 true이면 아무것도 만들지 않는다.
        위의 프로그램에서 frame.setUndecorated(true);를 사용하여 효과를 비
        교하라.
```

```
void setDefaultCloseOperation(int operation)
        현재 프레임을 닫는 작업을 지정한다. 다음 중의 하나를 지정할 수 있다.
(Window 클래스에서 상속받음)
DO_NOTHING_ON_CLOSE:      아무 것도 하지 않는다. 프레임 닫지 않음.
HIDE_ON_CLOSE:            프레임을 숨긴다. 보이지는 않지만 프레임은 있음.
DISPOSE_ON_CLOSE:         프레임을 닫는다.
EXIT_ON_CLOSE:            프레임을 닫으며 모든 작업을 끝낸다.
```

```
void setLocation(int x, int y)
        왼쪽 위의 좌표가 (x, y)가 되도록 프레임을 위치시킨다.
```

```
void setLocation(Point p)
        프레임 위치의 매개변수로 Point 객체를 받는다.
```

```
Component add(Component comp)
        Container에 Component 객체 comp를 추가.
```

```
void pack()
        Layout이나 추가된 Component 객체들을 모두 고려하여 현재 프레임의 크기를
        preferred size로 만든다.
```

```
JTextArea(String text, int rows, int columns)
        문자를 입력할 수 있는 객체를 생성한다. 매개변수에 주어진 rows와 columns의
        행과 열의 수를 가진 영역을 만들며, text는 미리 입력된다.
```

```
setLineWrap(boolean b)
        JTextArea에서 사용하는 메소드로서 줄바꾸기를 하지 않은 상태에서 한 줄이 계
        속 입력될 때 현재 프레임의 폭을 넘어가면 자동으로 다음 줄에 보여 줄지(b=true)
        계속 가로로 늘일지(b=false) 설정한다.
```

```
JScrollPane(Component view, int vsbPolicy, int hsbPolicy)
        view 객체에 가로 스크롤바 정책 hsbPolicy와 세로 스크롤바 정책
        vsbPolicy를 적용한 Component vew를 만든다. 사용할 수 있는 값은 다음과
        같다. 이 값이 모두 생략되면 스크롤바는 필요할 때만 만들어진다.
```

```
VERTICAL_SCROLLBAR_AS_NEEDED:       세로 스크롤바는 필요할 때만.
VERTICAL_SCROLLBAR_NEVER:           세로 스크롤바는 만들지 않음.
VERTICAL_SCROLLBAR_ALWAYS:          세로 스크롤바는 항상 만듦.
HORIZONTAL_SCROLLBAR_AS_NEEDED:     가로 스크롤바는 필요할 때만.
HORIZONTAL_SCROLLBAR_NEVER:         가로 스크롤바는 만들지 않음.
HORIZONTAL_SCROLLBAR_ALWAYS:        가로 스크롤바는 항상 만듦.
```

14.3 JFrame에 메뉴 만들기

JFrame에 메뉴를 만들기 위해서는 기본적으로 세 개의 클래스 JMenuBar, JMenu, JMenuItem이 필요하다. 각각의 이름이 의미하는 대로 JMenuBar는 프

레임의 제목줄 아래에 메뉴를 만드는 것이며, JMenu는 메뉴바에 있는 각 메뉴를, JMenuItem은 각 메뉴의 항목을 의미한다([그림 14-2]).

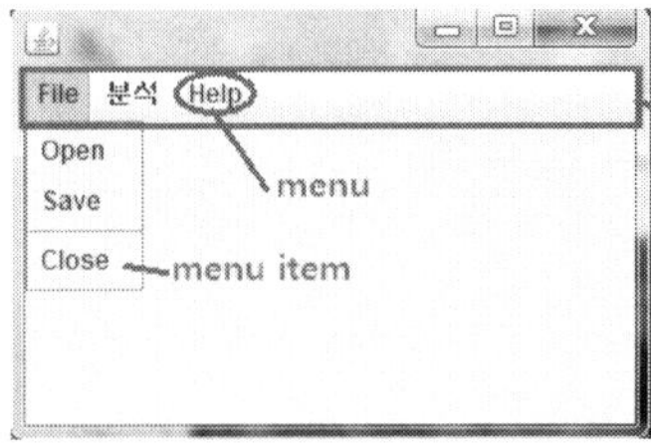

[그림 14-2] JFrame에 구현된 JMenuBar, JMenu, JMenuItem

JMenuBar, JMenu, JMenuItem의 생성자와 주로 사용하는 메소드는 다음과 같다.

```
JMenuBar()
JMenu add(JMenu c) // 메뉴바에 메뉴 c를 추가한다.
void setJMenuBar(JMenuBar menubar)
                    // JFrame 클래스의 메소드로 JMenuBar 객체를 JFrame에 추가.
```

```
JMenu(String s)                       // 문자열 s는 메뉴의 이름
JMenuItem add(JMenuItem menuItem)   // 메뉴에 메뉴항목 menuItem을 추가한다.
```

```
JMenuItem(String s)        // 문자열 s를 이름으로 하는 메뉴항목의 객체를 만든다.
```

메소드는 여러 가지가 있으나 주로 이벤트 처리를 'add'하는 메소드를 사용한다. 메뉴 이벤트 처리는 뒤에서 살펴보기로 한다.

예제 14.3 JFrame에 구현된 JMenuBar, JMenu, JMenuItem 프로그램을 분석하라.

```
/***** JMenuTest1.java **************************************
 * to test JMenu class
 * **********************************************************/
import java.awt.Dimension;
import javax.swing.JFrame;
import javax.swing.JMenu;
import javax.swing.JMenuBar;
import javax.swing.JMenuItem;

public class JMenuTest1 extends JFrame {
 private JFrame frame = new JFrame("메뉴 테스트");     // 프레임열기
 private Dimension d = new Dimension(300, 200);  // 프레임의 크기
```

```
13
14 public JMenuTest1 () {
15    addMenu();                              // 메뉴달기
16    setPreferredSize(d);                    // 프레임크기
17    setDefaultCloseOperation(JFrame.EXIT_ON_CLOSE);
18    pack();                                 // 컴포넌트 구성 및 preferredSize 계산
19    setVisible(true);                       // 프레임보이기
20 } // constructor
21
22 public static void main(String[] args) {
23   JMenuTest1 jm = new JMenuTest1();
24 }
25
26 public void addMenu() {                    // JFrame 에 메뉴 항목 추가
27   JMenuBar menuBar = new JMenuBar();
28   setJMenuBar(menuBar);
29
30   JMenu fileMenu = new JMenu("File");              // File 메뉴
31   JMenu analysisMenu = new JMenu("분석");          // 분석 메뉴
32   JMenu helpMenu = new JMenu("Help");              // Help 메뉴
33   menuBar.add(fileMenu);                           // 각 메뉴를 프레임에 추가
34   menuBar.add(analysisMenu);
35   menuBar.add(helpMenu);
36
37   JMenuItem open = new JMenuItem("Open");          // 메뉴 항목들
38   JMenuItem close = new JMenuItem("Close");
39   JMenuItem save = new JMenuItem("Save");
40   JMenuItem plot = new JMenuItem("산점도");
41   JMenuItem about = new JMenuItem("About");
42
43   fileMenu.add(open);  fileMenu.add(save);         // 메뉴 항목을 메뉴에 달기
44   fileMenu.addSeparator(); fileMenu.add(close);
45   analysisMenu.add(plot); helpMenu.add(about);
46
47 } // end addMenu
48
49 } // end class
```

풀이

이 프로그램에서 10번째 줄의 클래스 JMenuTest1은 JFrame을 상속받은 클래스이다. 15번 줄의 addMenu 메소드는 26번 줄에서부터 정의되는데 메뉴를 만들기 위한 메소드이다. main 메소드의 23번 줄의 생성자 및 19번 줄에 의해 프레임이 만들어진다. 이 프레임에는 15번 줄에 의한 메뉴가 만들어진다.

26번 줄에서 시작하는 addMenu 메소드에서 27번 줄은 JMenuBar 객체를 생성하고 이를 28번 줄에 의해 프레임에 메뉴바를 생성한다. 30-32번 줄에서 세 개의 JMenu 객체를 생성하고 이를 33-35번 줄의 명령으로 메뉴바에 추가하게 된다.

37-41번 줄에서는 각 메뉴항목의 객체를 생성하고 43-45번 줄에서 각각의 메뉴항목을 적절한 메뉴에 추가하였다. 44번 줄에서 사용한 addSeparator 메소드는 [그림 14-2]에서 Save 메뉴항목과 Close 메뉴항목 사이에 만들어진 줄을 만드는 메소드이다.

14.4 JFrame에 컴포넌트 배치

컴포넌트의 배치는 AWT와 같이 레이아웃 클래스를 많이 사용한다. Swing을 이용하여 프레임을 띄우는 다음 기본 프로그램을 살펴보자.

예제 14.4 모니터 화면에 JFC 프레임을 띄워 컴퍼넌트를 배치하는 다음 프로그램을 분석하라.

```
/*** JFrameLayoutTest.java ***************************/
import java.awt.*;
import javax.swing.*;
public class JFrameLayoutTest {
  public static void main(String[] ar){
    SwingFrame one = new SwingFrame();
  }
}

class SwingFrame extends JFrame {
  private Dimension dimen, dimen1;
  private int xpos, ypos;
  private Container con ;                  // 작업영역객체
  private ImageIcon im = new
  ImageIcon("c:/JavaWork/Example14_03/bin/title.jpg");
                                           // 타이틀바에 이미지를 갖는 객체 그림
  private JButton jb = new JButton("JBUTTON");
  private JLabel lb = new JLabel("JFC Label");
  private JMenuBar mb = new JMenuBar();
  private JMenu mn1 = new JMenu(" Menu1");
  private JMenu mn2 = new JMenu(" Menu2");

  public SwingFrame() {
    this.init();                           // init() 메소드 호출
    this.start();                          // start() 메소드 호출
    this.setIconImage(im.getImage());
    this.setSize(350, 250); /      / 현재 프레임의 크기
    dimen = Toolkit.getDefaultToolkit().getScreenSize();
    dimen1 = this.getSize();
    xpos = (int)(dimen.getWidth() / 2 - dimen1.getWidth() / 2);
    ypos = (int)(dimen.getHeight() / 2 - dimen1.getHeight() / 2);
    this.setLocation(xpos,ypos); // 현재 프레임의 위치
    this.setVisible(true);
  }

  public void init() {                     // 화면 구성 넣을 부분
    JFrame.setDefaultLookAndFeelDecorated(true);
    JFrame frame = new JFrame("JFrame");
    frame.setDefaultCloseOperation(EXIT_ON_CLOSE);
    mn1.add(new JMenuItem("Item11"));
```

```
41       mn1.add(new JMenuItem("Item12"));
42       mn2.add(new JMenuItem("Item21"));
43       mn2.add(new JMenuItem("Item22"));
44       mn2.add(new JMenuItem("Item23"));
45       mb.add(mn1);
46       mb.add(mn2);
47       con = this.getContentPane();
48       con.setLayout(new BorderLayout());
49       lb.setBackground(Color.yellow);
50       con.add("North",mb);
51       con.add("West",lb);
52       con.add("Center", new JButton("ImageButton",im));
53       con.add("South",jb);
54     }
55
56     public void start() {
57       // 이벤트 처리할 부분
58     }
59  }
```

풀이

화면에 프레임을 만드는 JFrame 클래스는 javax.swing 패키지에 있는데 이를 3번 줄과 같이 import한다.

6번 줄은 Frame 클래스의 객체를 생성한다. 14-16 번 줄은 로칼 경로의 이미지 파일을 이용하여 ImageIcon을 선언하는 예이다. 17번 줄은 JButton, 18번 줄은 JLable을 선언한다.

19-21번 줄은 두 개의 메뉴가 있는 메뉴 컴포넌트의 선언이다.

37-39번 줄은 JFrame의 기본 모양과 행위를 선언한다. 40-46번 줄은 두 개의 메뉴에 각각 부메뉴를 두 개, 세 개씩 선언한다. 47-48번 줄은 기본 컨테이너 작업 영역을 할당하는 것이다. AWT는 프레임에 직접 컴포넌트를 넣었으나 여기서는 컨테이너의 레이아웃을 정하고 컴포넌트를 배치한다.

프로그램을 실행 하면 화면에 다음과 같은 JFrame이 나타난다. 이미지 아이콘이 왼쪽 상단에 나타나고 BorderLayout 배치로 메뉴가 North에, JLabel은 West에, ImageButton은 중앙에, 그리고 한 개의 버튼이 South에 배치되어 있다. JFrame에서는 우측 상단의 ☒을 바로 이용할 수 있다.

프로그램의 실행 결과는 다음 그림과 같다.

14.5 Swing의 이벤트 처리

Swing에서 이벤트 처리 방법을 메뉴 이벤트를 이용하여 살펴보자. 사용자가 각 메뉴항목을 선택하였을 때 선택에 따라 적절한 작업을 수행한다. 다양한 방법이 있는데 여기서는 ActionEvent를 사용하여 메뉴 선택을 처리하는 예제를 보자. 메뉴를 만드는 방법은 [예제 14.3]과 같다. 이 프로그램에서는 JPanel을 상속받은 클래스를 만들고 이 클래스를 JFrame에 component로 넣고 어느 메뉴가 선택되었는지 JPanel을 통해 알려주는 방식으로 구현하였다.

예제 14.5 JMenuItem을 선택할 때 이벤트 처리를 하는 다음 프로그램을 분석하라.

```
/***** JMenuTest2.java ************************************
 * to test JMenu / JPanel / ActionListener
 * ******************************************************/
import java.awt.Dimension;
import java.awt.BorderLayout;
import java.awt.Graphics;
import java.awt.event.ActionEvent;
import java.awt.event.ActionListener;
import javax.swing.JFrame;
import javax.swing.JMenu;
import javax.swing.JPanel;
import javax.swing.JMenuBar;
import javax.swing.JMenuItem;
public class JMenuTest2 extends JPanel implements ActionListener {
 private JFrame frame = new JFrame("메뉴 테스트");    // 프레임열기
 private String str = "No Menu Selected.";          // 메뉴선택 알림 글자열
 private Dimension d = new Dimension(300, 200);   //  프레임의 크기
 public JMenuTest2 ()  {
    addMenu();
    frame.setPreferredSize(d);
    frame.add(this);
    frame.setDefaultCloseOperation(JFrame.EXIT_ON_CLOSE);
    frame.pack();
    frame.setVisible(true);
 } // constructor
 public static void main(String[] args) {
   JMenuTest2 jm = new JMenuTest2();
 }
 public void addMenu() {       // JFrame 에 메뉴 항목 추가
```

```
    JMenuBar menuBar = new JMenuBar();
    frame.setJMenuBar(menuBar);

    JMenu fileMenu = new JMenu("File");              // File 메뉴
    JMenu analysisMenu = new JMenu("분석");           // 분석 메뉴
    JMenu helpMenu = new JMenu("Help");              // Help 메뉴
    menuBar.add(fileMenu);                           // 각 메뉴를 프레임에 추가
    menuBar.add(analysisMenu);
    menuBar.add(helpMenu);

    JMenuItem open = new JMenuItem("Open");          // 메뉴 항목들
    JMenuItem close = new JMenuItem("Close");
    JMenuItem save = new JMenuItem("Save");
    JMenuItem plot = new JMenuItem("산점도");
    JMenuItem about = new JMenuItem("About");

    fileMenu.add(open);  fileMenu.add(save);         // 메뉴 항목을 메뉴에 달기
    fileMenu.addSeparator(); fileMenu.add(close);
    analysisMenu.add(plot); helpMenu.add(about);

    open.addActionListener(this);                    // 각 메뉴의 선택에 따른
    close.addActionListener(this);                   // interface 지정
    save.addActionListener(this);
    plot.addActionListener(this);
    about.addActionListener(this);
  } // end addMenu

  public void actionPerformed(ActionEvent e) {
      String label = e.getActionCommand();
      this.revalidate();
      if (label.equals("Open")) {                    // 새 파일 읽기 선택됨
        str = "Open 메뉴 항목 선택됨.";
        repaint();
      } // label == Open

      if (label.equals("Close")) {                   //  프레임 닫기
        str = "Close 메뉴가 요청됨";
        repaint();
      } // 프레임 닫기 끝

      if (label.equals("Save")) {                    // 저장
        str = "Save 가 요청됨.";
        repaint();
      } // end Save

      if (label.equals("산점도")) {                   // 산점도 그리기
        str = "산점도가 요청됨.";
        repaint();
      } // end 산점도

      if (label.equals("About")) {                   // Help-About 메뉴
        str= "(C)2013 심송용 (Songyong Sim), PhD. sysim@.hallym.ac.kr";
```

```
87          repaint();
88        }// end About
89      } // end actionPerformed
90
91    public void paintComponent(Graphics g) {
92      super.paintComponent(g);
93      g.drawString(str, (int) d.width/5, (int) d.height/5);
94    }
95 } // end class
```

풀이

이 프로그램의 16번 줄은 앞의 JMenuTest1.java와 달리 JPanel을 상속받고 Action Listener를 implement하여 메뉴선택에 대한 사건 처리를 할 수 있도록 하였다. 17번 줄은 클래스 변수로 JFrame 객체인 frame을 만들었는데, 이 frame 안에 지금 작성중인 JPanel을 상속한 클래스 JMenuTest2 객체를 넣는다. 18번 줄은 어떤 메뉴가 선택되었는지 알려주는 메시지이며, 19번 줄은 프레임의 크기에 사용할 예정이다.

21번 줄에서 시작하는 생성자는 앞의 JMenuTest1.java와 크게 다르지 않으며 30번 줄의 main 메소드도 마찬가지이다. 다만 24번 줄의 frame.add(this); 에서 JPanel을 상속한 현재의 클래스를 JFrame 객체인 frame에 추가하였다.

34번 줄에서 시작하는 addMenu 메소드는 현재의 클래스가 JPanel을 상속하여 클래스 변수 frame에 메뉴를 추가할 것이므로 36번 줄에서 frame.setJMenuBar(menuBar);으로 frame에 메뉴바를 생성하였다.

55-59번 줄에서는 각각의 JMenuItem 객체에 addActionListener를 추가하였다. 이 경우 this가 사용되었으므로 지금 작성 중인 클래스 안에 있는 actionPerformed 메소드가 호출된다.

62번 줄에서 시작하는 actionPerformed 메소드는 메뉴 선택에 의해 호출된다. 63번 줄에서 어느 메뉴 항목이 선택되었는지 문자열로 받고 45-49번 줄의 문자열 중의 하나) 각각의 경우에 대해서 65, 70, 75, 80, 85번 줄의 if 문에서 처리한다. 이 경우 각 사건의 처리는 가장 단순하게 어떤 메뉴가 선택되었는지 JPanel에 그리는 것으로 하였다(repaint 및 paint Component 메소드). 이 프로그램의 결과는 아래 그림과 같으며 각 메뉴 항목이 선택될 때 선택된 메뉴가 창에 표시된다.

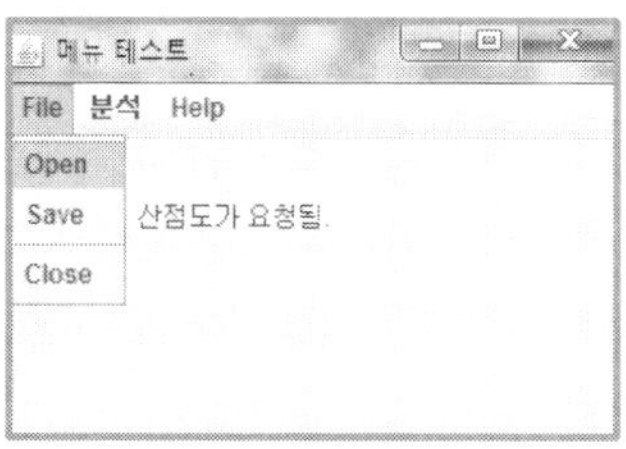

14.6 JFileChooser 클래스

일반적인 그래픽 환경 소프트웨어는 File → Open과 같은 메뉴가 있어 원하는 파일을 선택한다. 이 경우 사용하는 클래스가 **JFileChooser 클래스**이며 생성자는 다음과 같다.

```
JFileChooser()
JFileChooser(dir)
```

dir은 파일 선택창이 만들어질 때의 directory이며 생략할 수 있다. dir이 생략된 경우 시스템에서 설정된 기본 디렉토리(Windows의 경우 '문서') 또는 현재의 디렉토리가 기본적으로 선택된다. 자주 사용하는 메소드는 다음과 같다.

```
void addChoosableFileFilter(FileFilter filter)
        FileChooser가 사용할 수 있는 별도의 파일형식을 지정한다.
```

```
File getCurrentDirectory()
        현재 FileChooser가 열려있는 디렉토리를 반환.
```

```
public int getFileSelectionMode()
        파일을 선택할 때 파일이나, 디렉토리, 또는 둘 다 보이게 할 수 있다.
        설정된 값을 반환받는데 반환받는 int 값은 다음 중의 하나이다.
        JFileChooser.FILES_ONLY          // 기본값
        JFileChooser.DIRECTORIES_ONLY
        JFileChooser.FILES_AND_DIRECTORIES
```

```
File getSelectedFile()
        사용자가 선택한 파일을 반환 받는다.
```

```
File[] getSelectedFiles()
        사용자가 선택한 여러 개의 파일을 반환 받는다.
```

```
void setCurrentDirectory(File dir)
        현재의 디렉토리를 dir로 설정한다.
```

```
void setFileFilter(FileFilter filter)
        파일 형식을 filter에서 설정한 것으로 설정한다.
```

```
void setSelectedFile(File file)   // 저장할 때 유용함
        FileChooser가 시작될 때 특정한 file이 선택된 상태로 시작한다.
```

```
void setSelectedFiles(File[] selectedFiles) // 저장할 때 유용함
        FileChooser가 시작될 때 두 개 이상의 파일들이 선택된 상태로 시작한다.
```

```
void setApproveButtonText(String approveButtonText):
        파일을 선택하고 Yes/확인/예 등의 버튼에 사용할 문자열을 설정한다.
public void setFileSelectionMode(int mode)
        파일을 선택할 때 어떤 종류를 선택할지 설정.
        mode에 사용할 수 있는 값은 다음과 같다.
        JFileChooser.FILES_ONLY    // 기본값
        JFileChooser.DIRECTORIES_ONLY
        JFileChooser.FILES_AND_DIRECTORIES
```

```
int showOpenDialog(Component parent)
        파일을 선택하는 대화창(Open 또는 열기)을 parent 객체의 child 객체로
        만든다. 반환하는 값은 파일을 선택하였는지 여부로 다음 둘 중의 하나이다.
        JFileChooser.APPROVE_OPTION        // 열기 선택
        JFileChooser.CANCEL_OPTION:        // 취소선택
```

```
int showDialog(Component parent, String approveButtonText)
        파일을 선택하는 대화창(Open 또는 열기)을 만드는 것은 showOpenDialog와 같
        으나 Yes/확인/예 등의 버튼에 사용할 문자열을 approveButtonText에 설정한
        다. setApproveButtonText 메소드 참고.
```

FileNameExtensionFilter 클래스는 파일의 확장자를 사용하여 특정한 파일만 볼 수 있도록 설정하는 클래스이다. 생성자는 다음과 같다.

```
FileNameExtensionFilter(String description, String... extensions)
```

description에는 필터의 설명을, extensions에는 필터에 해당하는 확장자를 설정한다. 이 클래스는 주로 다음의 방법으로 사용된다.

```
FileNameExtensionFilter filter =
        new FileNameExtensionFilter("JPEG file", "jpg", "jpeg");
JFileChooser fileChooser = new JFileChooser();
fileChooser.addChoosableFileFilter(filter);
```

위의 경우 JPEG 파일의 확장자 jpg, jpeg을 확장자로 하는 파일만 선택한다는 의미이다. 이 클래스에서 주로 사용할 수 있는 메소드는 다음과 같다.

```
public String[] getExtensions()
        설정된 확장자의 배열을 반환한다.
```

예제 14.6 JFileChooser를 사용한 파일 선택 및 대화창 작성을 하는 다음 프로그램을 분석하라.

```
/***** JFileChooserTest.java *********************************
 * to test JMenu / JPanel / ActionListener
 * **********************************************************/
import java.io.File;
import java.io.IOException;
import java.awt.Dimension;
import java.awt.BorderLayout;
import java.awt.Graphics;
import java.awt.event.ActionEvent;
import java.awt.event.ActionListener;

import javax.swing.JFrame;
import javax.swing.JMenu;
import javax.swing.JPanel;
import javax.swing.JMenuBar;
import javax.swing.JMenuItem;
import javax.swing.JFileChooser;
import javax.swing.filechooser.FileNameExtensionFilter;

public class JFileChooserTest extends JPanel implements ActionListener {
 private JFrame frame = new JFrame("메뉴 테스트");      // 프레임열기
 private String str = "No Menu Selected.";             // 메뉴선택 알림 글자열
 private Dimension d = new Dimension(500, 200);        // 프레임의 크기
 private FileNameExtensionFilter textFilter =          // 읽고 쓸 파일 확장자
        new FileNameExtensionFilter("Text Files(.txt)","txt", "TXT");
 private FileNameExtensionFilter csvFilter =           // 읽고 쓸 파일 확장자
        new FileNameExtensionFilter("CSV Files(.csv)","csv", "CSV");

 public JFileChooserTest () {
   addMenu();
   frame.setPreferredSize(d);
   frame.add(this);
   frame.setDefaultCloseOperation(JFrame.EXIT_ON_CLOSE);
   frame.pack();
   frame.setVisible(true);
 } // constructor

 public static void main(String[] args) {
  JFileChooserTest jm = new JFileChooserTest();
 }

 public void addMenu() { // JFrame 에 메뉴 항목 추가
  JMenuBar menuBar = new JMenuBar();
  frame.setJMenuBar(menuBar);

  JMenu fileMenu = new JMenu("File");                // File 메뉴
  JMenu analysisMenu = new JMenu("분석");            // 분석 메뉴
  JMenu helpMenu = new JMenu("Help");                // Help 메뉴
  menuBar.add(fileMenu);                             // 각 메뉴를 프레임에 추가
  menuBar.add(analysisMenu);
  menuBar.add(helpMenu);
```

```
        
        JMenuItem open = new JMenuItem("Open");         // 메뉴 항목들
        JMenuItem close = new JMenuItem("Close");
        JMenuItem save = new JMenuItem("Save");
        JMenuItem plot = new JMenuItem("산점도");
        JMenuItem about = new JMenuItem("About");
        
        fileMenu.add(open);  fileMenu.add(save);        // 메뉴 항목을 메뉴에 달기
        fileMenu.addSeparator(); fileMenu.add(close);
        analysisMenu.add(plot); helpMenu.add(about);
        
        open.addActionListener(this);                   // 각 메뉴의 선택에 따른
        close.addActionListener(this);                  // interface 지정
        save.addActionListener(this);
        plot.addActionListener(this);
        about.addActionListener(this);
      } // end addMenu
      
      public void actionPerformed(ActionEvent e) {
          String label = e.getActionCommand();
          if (label.equals("Open")) {                   // 새 파일 읽기 선택됨
            File dir = new File("C:/");
            final JFileChooser fc = new JFileChooser(dir);  // 파일 선택기
            fc.addChoosableFileFilter(textFilter);          // 파일 .txt, .TXT
            fc.addChoosableFileFilter(csvFilter);           // .csv, .CSV
              fc.setFileFilter(textFilter);
            //int val = fc.showOpenDialog(frame);
            int val = fc.showDialog(frame, "파일을 선택하3");
            if (val == JFileChooser.APPROVE_OPTION) {       // 열기 선택
              File file = fc.getSelectedFile();             // 선택된 파일
              str = file.getAbsolutePath();                 // 파일 이름
              str = str + " 가 선택됨!";
              repaint();
            } else { // JFileChooser.CANCEL_OPTION
              str = "Open 메뉴 취소";
            } // end if
            repaint();
          } // label == Open
          
          if (label.equals("Close")) {             // 프레임 닫기
            str = "Close 메뉴가 요청됨";
            repaint();
          } // 프레임 닫기 끝
          
          if (label.equals("Save")) {              // 저장
            str = "Save 가 요청됨.";
            repaint();
          } // end Save
          
          if (label.equals("산점도")) {             // 산점도 그리기
            str = "산점도가 요청됨.";
            repaint();
```

```
104        } // end 산점도
105
106        if (label.equals("About")) { // Help-About 메뉴
107          str= "(C)2013 심송용(Songyong Sim), PhD. sysim@.hallym.ac.kr";
108            repaint();
109        }// end About
110      } // end actionPerformed
111
112    public void paintComponent(Graphics g) {
113      super.paintComponent(g);
114      g.drawString(str, (int) d.width/5, (int) d.height/5);
115    }
116 } // end class
```

풀이

이 프로그램의 24-27번 줄에서 확장자가 txt, csv인 파일들에 대한 FileName ExtensionFiler가 정의되었다. 다른 부분은 앞의 JMenuTest2.java와 거의 동일하므로 설명을 생략하기로 하고 72번 줄에서 시작하는 if 문만 보기로 한다. Open을 선택하면 73번 줄에서 dir을 c:₩로 설정하고 JFileChooser 객체 fc를 dir을 시작할 때의 디렉토리인 C:₩에서 시작하는 파일 선택기를 설정한다. 75-76번 줄에서는 24-27번 줄에서 생성한 두 개의 필터를 fc에 추가하고, 77번 줄에서 처음 시작할 때 사용할 필터로 textFilter를 설정하였다. 77-79번 줄은 기본적인 선택/취소를 사용하는 경우와 사용자가 선택부분에 특정한 문자열을 설정한 경우로 나뉘는데, 특정한 문자열을 사용하였으므로 다음 그림과 같은 버튼이 만들어진다. 또한 77번 줄에 의해서 확장자가 txt 파일인 경우만 보이고 있다. 참고로 75-76번 줄은 아래 그림의 파일 유형을 선택할 때 두 가지 필터를 추가로 보여 주기만 하며, 시작할 때 필터를 하려면 77번 줄이 필요하다.

80번 줄의 if 구문에서는 사용자가 열기를 선택했는지(APPROVE_OPTION) 또는 취소를 선택했는지에 따라 작업이 분리된다. APPROVE_OPTION인 경우 getSectedFile 메소드에 의해 사용자가 선택한 파일을 File 객체로 반환받고, 82번 줄에서 전체 경로를 얻은 후 이를 JPanel에 인쇄한다(repaint) 실제로는 81번 줄 이후에 읽을 파일의 내용을 어떻게 처리할지 설정해야 한다.

이후는 JMenuTest2.java와 같으므로 설명을 생략하기로 한다. 위 프로그램의 결과 메뉴항목을 선택하면 아래의 대화창이 만들어지고, 파일을 선택하면 선택된 파일의 이름을 화면에 표시하고 '취소'를 선택하면 Open 메뉴가 취소되었다고 화면을 통해 표시한다.

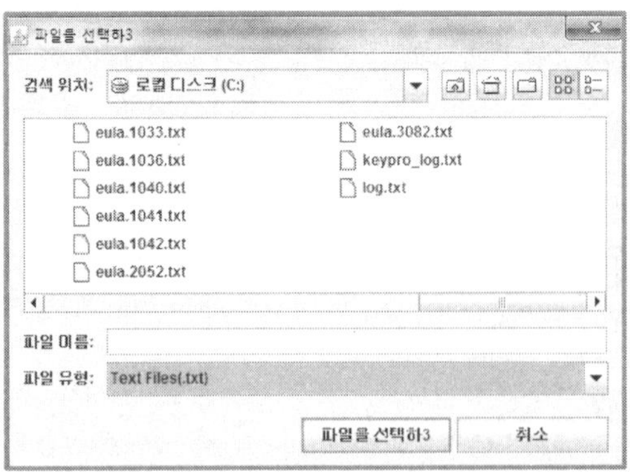

14.7 JOptionPane 클래스

JOptionPane 클래스는 경고메세시, Yes/No, Yes/No/Cancel 등 다양한 형태의 입력을 받을 수 있는 대화창을 만드는 클래스이다. 생성자는 다음과 같다.

```
JOptionPane()
JOptionPane(Object message)
JOptionPane(Object message, int messageType)
JOptionPane(Object message, int messageType, int optionType)
JOptionPane(Object message, int messageType, int optionType, Icon
            icon)
JOptionPane(Object message, int messageType, int optionType,  Icon
            icon, Object[] options)
JOptionPane(Object message, int messageType, int optionType, Icon
            icon,  Object[] options, Object initialValue)
```

여기서 message는 대화창에 사용할 메시지를(주로 문자열) 의미한다. messageType(모두 int 형식임)은 다음 중의 하나이다.

```
ERROR_MESSAGE:              에러 메시지. 주로 확인 버튼만 만든다.
INFORMATION_MESSAGE:        정보메세지, 주로 Yes와 No 버튼이 만들어짐.
WARNING_MESSAGE:            경고메세지. 주로 OK와  Cancel 버튼이 만들어짐.
QUESTION_MESSAGE:           여러 가지 중의 하나를 선택하게 함.
PLAIN_MESSAGE:
```

optionType(모두 int 형식임)은 다음 중의 하나이다.

```
DEFAULT_OPTION:             시스템의 기본 옵션 종류
YES_NO_OPTION:              Yes와 No 버튼만 있는 옵션 종류
YES_NO_CANCEL_OPTION:       Yes, No 및 Cancel 이 있는 옵션 종류
OK_CANCEL_OPTION:           Ok와 Cancel 버튼이 있는 옵션 종류
```

icon에는 시스템 내의 기본 아이콘이 아닌 별도 아이콘을 사용할 경우 사용할 아이콘을 지정하며, Object options에는 사용할 모든 옵션을 설정하고, initialValue는 options에 있는 것 중에서 초기 선택될 옵션을 지정한다.

사용할 수 있는 메소드는 다음과 같다.

static int showConfirmDialog(Component parentComponent, Object message)

parentComponent(대개 JFrame)에 속하는 대화창을 만든다.
message에 주어진(주로 문자열) 내용으로 Yes/No/Cancel 버튼을 만든다.
반환값은 정수로서 YES_OPTION, NO_OPTION 또는 CACEL_OPTION이다.
다음 그림은 JOptionPane.showConfirmDialog(frame, "기본적인 ConfirmDialog"); 의 결과이다.

static int showConfirmDialog(Component parentComponent, Object message, String title, int optionType)

위와 같으나 이 창의 이름(위의 그림에서 '옵션 선택' 자리)에 title에서 설정한 값이 들어가고 optionType을 다르게 설정한 것이다. 다음 그림은 JOptionPane.showConfirmDialog(frame, "기본적인 ConfirmDialog", "제목이 들어가요", JOptionPane.YES_NO_OPTION); 의 결과이다.

static int showConfirmDialog(Component parentComponent, Object message, String title, int optionType, int messageType)

위의 경우에 추가하여 messageType이 설정된 것이다. 이 경우 기본 아이콘 (위 그림의 물음표) 대신에 해당 아이콘이 사용된다.
다음 그림은 messageType을 ERROR_MESSAGE로 설정한 결과이다.
이 그림은 JOptionPane.showConfirmDialog(frame, "기본적인 ConfirmDialog", "제목이 들어가요", JOptionPane.YES_NO_OPTION, JOptionPane.ERROR_MESSAGE);로 만들었다.

static int showConfirmDialog(Component parentComponent, Object message, String title, int optionType, int messageType, Icon icon)

위와 같으나 기본 아이콘(물음표, X 표시)가 아닌 특정한 아이콘을 사용하고자 할 때 Icon 객체를 추가로 설정한다.

static String showInputDialog(Component parentComponent, Object message)
문자열을 입력받는다. 입력한 문자열은 String 객체가 된다.

static String showInputDialog(Component parentComponent, Object message, Object initialSelectionValue)
문자열 입력창의 초깃값을 initialSectionValue로 한다. 다음 그림은 str = JOptionPane.showInputDialog(frame, "기본적인 InputDialog", "이름을 입력하시오");로 만들었다.

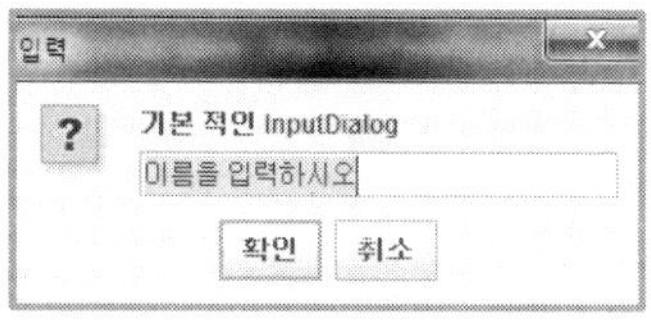

static String showInputDialog(Component parentComponent, Object message, String title, int messageType)
메시지 타입을 추가하여 설정한다.

static Object showInputDialog(Component parentComponent, Object message, String title, int messageType, Icon icon, Object[] selectionValues, Object initialSelectionValue)
사용자가 사전에 설정한 여러 가지(배열 selectionValues) 중의 하나를 선택할 수 있도록 한다. 이 메소드의 경우 반환값이 Object이다. 이때 시작하면서 initialSectionValue가 기본값으로 선택된다. 다음 그림은 Object[] possibleValues = { "First", "Second", "Third" }; Object selectedValue = JOptionPane.showInputDialog(frame, "Choose one", "Input", JOptionPane. INFORMATION_MESSAGE, null, possibleValues, possibleValues[0]);로 만들어진다.

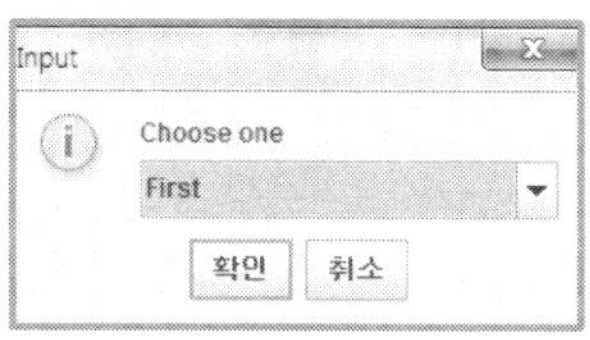

static void showMessageDialog(Component parentComponent, Object message)
창제목으로 "Message"를 사용하며 확인 버튼 하나만 있는 기본 대화창이 만들어진다.

static void showMessageDialog(Component parentComponent, Object message, String title, int messageType) 대화창의 제목에 title이 설정되며, messageType이 설정된다.

```
static void showMessageDialog(Component parentComponent, Object
        message, String title, int messageType, Icon icon)
```
특정한 아이콘을 사용하고자 할 때 아이콘 객체 icon을 추가로 설정한다.

```
static int showOptionDialog(Component parentComponent, Object
        message, String title, int optionType, int messageType, Icon
        icon, Object[] options, Object initialValue)
```
주로 JFrame인 parentComponent에 대화창을 만들며, 제목은 title, optionType과 messageType은 앞에서 본 옵션 종류 중의 하나를 설정한다. 선택할 수 있는 옵션의 목록은 options에, 초기에 선택된 기본 선택 메뉴는 initialValue에 설정한다. icon에는 사용할 아이콘을 설정하며 특정한 아이콘을 사용하지 않으면 null로 설정하여 시스템 기본 아이콘을 사용한다.

위 그림은

```
String[] options = new String[]
   {"저장하고 끝내기", "저장않고 끝내기", "취소"};
int confirm = JOptionPane.showOptionDialog(frame,
     "자료가 변경되었습니다. 저장하고 끝낼까요?",
     "저장하고 끝내기", JOptionPane.YES_NO_CANCEL_OPTION,
     JOptionPane.QUESTION_MESSAGE, null, options, options[2]);
```
로 만들어진다.

예제 14.7 JOptionPane과 입력 결과 처리를 하는 다음 프로그램을 분석하라.

```
/** JOptionPaneTest.java to open a window ************
 * To test Window closing via JOptionPane
 ************************************************/
import javax.swing.JFrame;
import java.awt.Dimension;
import java.awt.Toolkit;
import java.awt.Point;
import java.awt.event.WindowEvent;
import java.awt.event.WindowAdapter;
import javax.swing.JTextArea;
import javax.swing.JScrollPane;
import javax.swing.JOptionPane;

public class JOptionPaneTest extends JFrame {
```

```
15 private String title;
16 public JOptionPaneTest(String title) {
17   this.title = title;
18   setDefaultLookAndFeelDecorated(true);
19   setDefaultCloseOperation(JFrame.DO_NOTHING_ON_CLOSE);
20   Dimension d = Toolkit.getDefaultToolkit().getScreenSize();
21   setLocation(
22         new Point((int) d.getWidth()/5, (int) d.getHeight()/5));
23   Dimension fsize =
24         new Dimension((int) d.getWidth()/3, (int) d.getHeight()/2);
25   setPreferredSize(fsize);
26   pack();
27   addWindowListener(new WindowAdapter() {
28     public void windowClosing(WindowEvent e) {
29          closeAll();  // 윈도우 종료 프로그램 호출
30     } // end windowClosing
31   }); // end addWindowListener
32   setVisible(true);
33 } // end constructor
34
35 public static void main(String[] args) {
36    String title = "Window with Text Area";
37    JOptionPaneTest jft = new JOptionPaneTest(title);
38 } // end main
39
40 void closeAll() {
41   String[] options = new String[] {"종료(Y)", "아니오(N)", "취소(C)"};
42
43   int confirm = JOptionPane.showOptionDialog(this,
44      "작업을 종료하시겠습니까?", "종료(Y)", JOptionPane.YES_NO_CANCEL_OPTION,
45
46      JOptionPane.QUESTION_MESSAGE, null, options, options[2]);
47   switch(confirm) {
48    case JOptionPane.YES_OPTION:
49      System.out.println("Answered Yes.");
50      System.exit(0);   // Applet인 경우 삭제가 필요할 수 있음
51      break;
52    case JOptionPane.NO_OPTION:
53      System.out.println("Answered No.");
54      break;
55    case JOptionPane.CANCEL_OPTION:
56      System.out.println("Cancelled!");
57      break;
58    default:
59    } // end case
60  } // end closeAll
61
62 } // end class
```

풀이

이 프로그램의 14번 줄에서 JOptionPaneTest 클래스가 JFrame을 상속받았음을 알 수 있으며 18번 줄에서 기본적인 프레임의 모양을 설정하고, 프레임을 닫으면 프로그램이 아

무 반응을 하지 않도록 19번 줄에서 설정하였다. 20번 줄에서 현재 모니터의 크기를 얻어서 만들어질 프레임의 위치를 21-22번 줄에서 정하였다. 23번 줄에서 프레임의 크기를 설정하였으며 25번 줄에서 preferredSize를 계산하여 프레임의 크기를 조정하였다. 27-32번 줄에서 프레임 닫기를 클릭하였을 때 closeAll이란 메소드를 실행하도록 하였다. 32번 줄에 의해서 35번 줄에서 시작하는 main 메소드의 37번 줄이 실행되면 프레임이 나타나도록 설정하였다.

프레임 닫기를 클릭할 때 호출되는 closeAll 메소드는 40번 줄에서 시작되며 41번 줄에서 options를 세 개의 문자열 배열로 정의하고 43번 줄에서 작업을 종료할지 물어보는 대화창을 만든다. 이 창에는 세 개의 버튼이 options에 주어진 값으로 만들어지며, 사용자의 선택은 confirm이라는 변수에 저장하였다. confirm 값에 따라 48번 줄에서 "종료(Y)"를 선택한 경우 시스템이 종료되며, 52번 및 55번 줄에 의해 "아니오(N)" 또는 "취소(C)"를 선택한 경우 출력만 만들고 창은 닫히지 않는다.

예제 14.8 **(여러 가지 종류의 JOptionPane 및 그 결과처리) 다음의 예제는 JPanel을 상속받은 클래스에 메뉴바(JMenuBar)를 만들고, 이 클래스를 JFrame에 넣어 메뉴를 선택할 때 JPanel에 어떤 메뉴가 선택되었는지 그리도록(paintComponent 메소드) 하였다. 이 프로그램을 분석하라.**

```
/***** JOptionTest2.java ****************************************
 * to test JMenu / JOptionPane
 * *********************************************************/
import java.awt.Dimension;
import java.awt.BorderLayout;
import java.awt.Graphics;
import java.awt.event.ActionEvent;
import java.awt.event.ActionListener;

import javax.swing.JFrame;
import javax.swing.JMenu;
import javax.swing.JPanel;
import javax.swing.JMenuBar;
import javax.swing.JMenuItem;
import javax.swing.JOptionPane;

public class JOptionPaneTest2 extends JPanel (implements ActionListener {)

 private JFrame frame = new JFrame("JOptionPane 테스트"); // 프레임열기
 private String str = "No Menu Selected.";              // 메뉴선택 알림 글자열
 private Dimension d = new Dimension(300, 200);        //  프레임의 크기

 public JOptionPaneTest2 ()  {
    addMenu();
    frame.setPreferredSize(d);
    frame.add(this);
    frame.setDefaultCloseOperation(JFrame.EXIT_ON_CLOSE);
    frame.pack();
    frame.setVisible(true);
```

```
} // constructor

 public static void main(String[] args) {
   JOptionPaneTest2 jft = new JOptionPaneTest2();
} // end main

public void addMenu() {                                  // JFrame 에 메뉴 항목 추가
  JMenuBar menuBar = new JMenuBar();
  frame.setJMenuBar(menuBar);

  JMenu typeMenu = new JMenu("Type");                    // File 메뉴
  menuBar.add(typeMenu);                                 // 각 메뉴를 프레임에 추가

  JMenuItem err = new JMenuItem("ERROR_MESSAGE"); // 메뉴 항목들
  JMenuItem info = new JMenuItem("INFORMATION_MESSAGE");
  JMenuItem warn = new JMenuItem("WARNING_MESSAGE");
  JMenuItem quest = new JMenuItem("QUESTION_MESSAGE");
  JMenuItem plain = new JMenuItem("YES/NO/CANCEL");
  JMenuItem strInput = new JMenuItem("String Input");

  typeMenu.add(err);  typeMenu.add(info);                // 메뉴 항목을 메뉴에 달기
  typeMenu.add(warn); typeMenu.add(quest);
  typeMenu.add(plain); typeMenu.add(strInput);

  err.addActionListener(this);                           // 각 메뉴의 선택에 따른
  info.addActionListener(this);                          // interface 지정
  warn.addActionListener(this); quest.addActionListener(this);
  plain.addActionListener(this); strInput.addActionListener(this);
} // end addMenu

public void actionPerformed(ActionEvent e) {
    String label = e.getActionCommand();
    if (label.equals("ERROR_MESSAGE")) {           // 에러 메세지
      JOptionPane.showMessageDialog(frame, "경고: 경고 메세지 발생",
          "alert", JOptionPane.ERROR_MESSAGE);
      str = "에러 메세지 확인 클릭";
      repaint();
    } // label == err

    if (label.equals("INFORMATION_MESSAGE")) { //
      int confirm = JOptionPane.showConfirmDialog(frame,
          "예/아니오를 선택하시오", "Choose one",
          JOptionPane.YES_NO_OPTION);
      if (confirm == JOptionPane.YES_OPTION) str = "예(Y)가 클릭됨.";
      if (confirm == JOptionPane.NO_OPTION) str = "아니오(N)가 클릭됨.";
      repaint();
    } // Information 메세지

    if (label.equals("WARNING_MESSAGE")) { //
      Object[] options = { "OK", "CANCEL" };
      int confirm = JOptionPane.showOptionDialog(frame,
       "Click OK to continue", "Warning", JOptionPane.DEFAULT_OPTION,
```

```
082          JOptionPane.WARNING_MESSAGE, null, options, options[0]);
083        if (confirm == JOptionPane.OK_OPTION) str = "확인(OK)이 클릭됨.";
084        if (confirm == JOptionPane.NO_OPTION) str = "취소(C)가 클릭됨.";
085        repaint();
086      } // end Save
087
088      if (label.equals("QUESTION_MESSAGE")) { //
089        Object[] possibleValues = { "First", "Second", "Third" };
090        Object selectedValue = JOptionPane.showInputDialog(frame,
091            "Choose one", "Input", JOptionPane.INFORMATION_MESSAGE,
092            null, possibleValues, possibleValues[0]);
093        for (int i=0; i < possibleValues.length; i++)
094          if (selectedValue.equals(possibleValues[i]))
095            str = possibleValues[i].toString()+"이 선택됨";
096        repaint();
097      } // end
098
099      if (label.equals("YES/NO/CANCEL")) { //
100        String[] options = new String[]
101            {"저장하고 끝내기", "저장하지 않고 끝내기", "취소"};
102        int confirm = JOptionPane.showOptionDialog(frame,
103            "자료가 변경되었습니다. 저장하고 끝낼까요?",
104            "저장하고 끝내기", JOptionPane.YES_NO_CANCEL_OPTION,
105          JOptionPane.QUESTION_MESSAGE, null, options, options[2]);
106        if (confirm == JOptionPane.YES_OPTION)
107            str= "저장하고 끝내기를 선택함";
108        if (confirm == JOptionPane.NO_OPTION)
109            str= "저장않고 끝내기를 선택함";
110        if (confirm == JOptionPane.CANCEL_OPTION) str= "취소를 선택";
111        repaint();
112      }// end
113      if (label.equals("String Input")) {//
114        str = JOptionPane.showInputDialog(frame, "기본적인 InputDialog",
115        "이름을 입력하시오", JOptionPane.QUESTION_MESSAGE);
116        if (str == null) str = "취소되었음";
117        repaint();
118      } //
119    } // end actionPerformed
120
121  public void paintComponent(Graphics g) {
122    super.paintComponent(g);
123    g.drawString(str, (int) d.width/5, (int) d.height/5);
124  }
125
126 } // end class
```

풀이

17번 줄에서 이 클래스는 JPanel을 상속받았으며, ActionListner를 사용하므로 action Performed 메소드가 있을 것을 알 수 있다. 24번 줄에서 호출되는 addMenu 메소드에서 메뉴를 추가하며 26번 줄에서 현재의 클래스를 JFrame에 추가하였다. main 메소드는 이 JFrame을 보여 주기 위해 자신의 객체를 만들었다. addMenu 메소드는 JMenuTest2.java

메뉴 만들기와 크게 다르지 않으며 메뉴 항목을 만들고, Listener를 추가하는 메소드이다. 이때 만들어진 메뉴는 다음 그림과 같다.

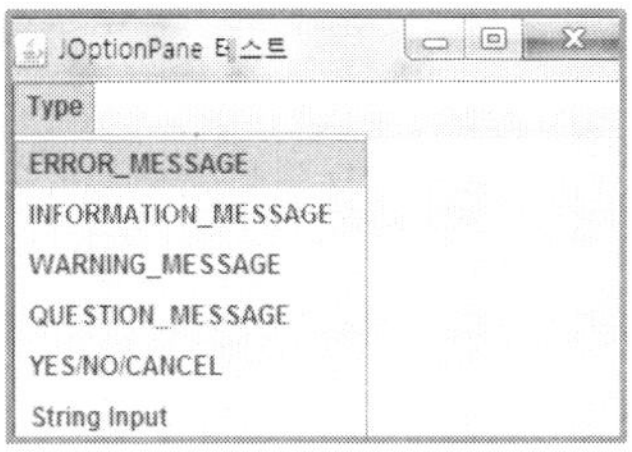

62번 줄에서 "ERROR_MESSAGE" 메뉴 항목을 선택한 경우 확인 버튼 밖에 없으므로 str을 65번 줄에서 정의하고 66번 줄에서 paintComponent메소드를 호출하여 str를 그린다. 이때 만들어진 대화창은 다음 그림과 같다.

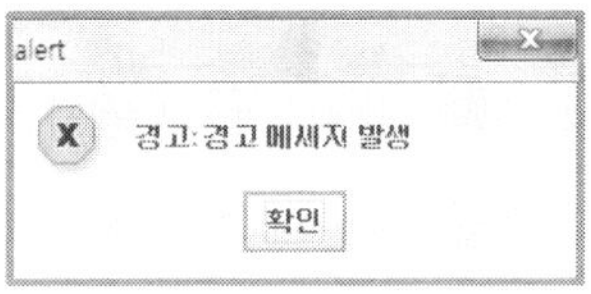

69번 줄에서는 "INFORMATION_MESSAGE" 메뉴 항목을 선택했을 때 '예'와 '아니오'를 선택한 경우에 따라 73 또는 74번 줄에서 str을 선택에 따라 설정하고 이를 75번 줄에서 그리도록 하였다. 이때 만들어진 대화창은 다음 그림과 같다.

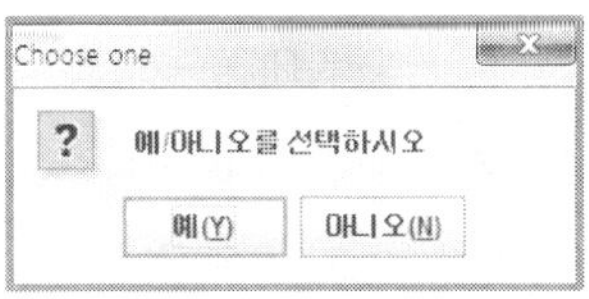

78번 줄에서는 "WARNING_MESSAGE" 메뉴 항목을 선택한 경우 'OK'와 'Cancel'를 선택한 경우에 따라 83 또는 84번 줄에서 str을 선택에 따라 설정하고 이를 85번 줄에서 그리도록 하였다. 이때 만들어진 대화창은 다음 그림과 같다.

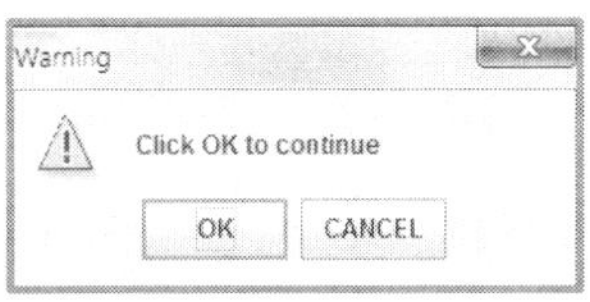

88번 줄에서는 "QUESTION_MESSAGE" 메뉴 항목을 선택한 경우 'First', 'Second' 또는 'Third'를 선택한 경우에 따라 93-95번 줄에서 str을 설정하고 이를 96번 줄에서 그리도록 하였다. 이때 만들어진 대화창은 다음 그림과 같다.

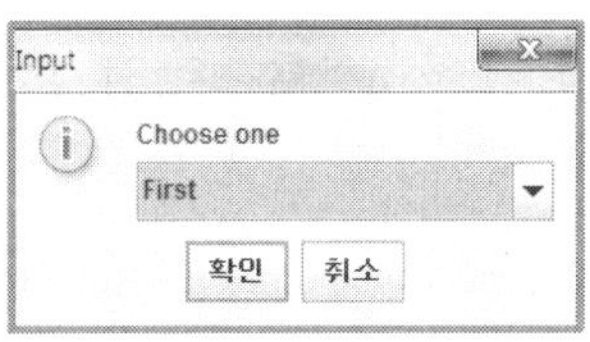

99번 줄에서는 "YES/NO/CANCEL" 메뉴 항목을 선택한 경우 "저장하고 끝내기", "저장않고 끝내기", "취소"를 선택한 경우에 따라 106-110번 줄에서 str을 선택에 따라 설정하고 이를 111번 줄에서 그리도록 하였다. 이때 만들어진 대화창은 다음 그림과 같다.

마지막으로 113번 줄에서는 "String Input"을 선택하면 114-115번 줄에서 문자열을 입력하도록 하고 입력받은 문자열을 114번 줄에서 str로 받았다. 만일 입력이 없으면 str을 116번 줄과 같이 설정하였고, 이를 117번 줄에서 그리도록 하였다. 이때 만들어진 대화창은 다음 그림과 같다.

121번 줄의 paintComponent 메소드는 paint 메소드의 일부라고 볼 수 있는데(paint 메소드가 호출되면

```
protected void paintComponent(Graphics g),
protected void paintBorder(Graphics g),
protected void paintChildren(Graphics g)
가 순서대로 호출된다.)
```

drawString 메소드로 str을 인쇄한다. 122번 줄의 super(이 경우 JPanel).paint Component는 이전에 그린 것을 초기화하기 위해 호출한 것이다.

14.8 JTextArea, JTextPane, JEditorPane 클래스

Swing에서 문서를 편집할 수 있는 기능을 가진 대표적인 세 개의 클래스로 **JTextArea, JTextPane 및 JEditorPane**이 있다. JTextArea는 단순한 글자만 편집하고, JTextPane은 글자의 크기, 색, 글자체 등을 편집할 수 있으며, 필요한 경우 이미지 파일 등을 추가할 수 있다. JEditorPane은 HTML을 편집할 수 있다. JTextArea는 AWT의 TextArea와 유사하므로 API documentation을 참고하기로 하고 JTextPane부터 알아보기로 한다. 생성자는 다음과 같다.

```
JTextPane()
JTextPane(StyledDocument doc)
```

여기서 doc은 JTextPane 객체에서 사용할 문서의 형식이 정의된 Styled Document 객체를 설정한다. doc이 설정되지 않으면 기본 형식이 사용된다(검정색 글자색, 글자크기 11pt, 배경색은 흰색 등) 문서에 사용할 형식은 Style 클래스의 addStyle 메소드를 사용하여 추가한다. 즉, JTextArea에 여러 가지 Style을 'add'하는데 이 Style은 StyleConstants 클래스의 다양한 메소드로 정의한다. 다음 예는 jtp의 문서 형식 중 하나로 붉은색의 글자체가 정의된다. 다음과 같은 형식으로 입력한다.

```
JTextPane jtp = new JTextPane();
Style style = jtp.addStyle("red style", null);
StyleConstants.setForeground(style, Color.red);
```

```
StyledDocument doc = jtp.getStyledDocument();
doc.insertString(doc.getLength(), "This is in RED!\n",style);
```

이 경우 doc.getLength() 뒤에서 입력이 시작되므로 현재 문서의 끝에 추가하게 된다. 위에서 사용한 insertString 메소드의 형식은 다음과 같다.

```
void insertString(int offset, String str, AttributeSet a)
        throws BadLocationException
```

offset에서 시작하여 str을 입력하는데 문서 형식은 a에 정의한 형식이라는 의미이다. 이 경우 offset이 사용할 수 없는 위치에 있으면(예: 음수) BadLocation Exception예외가 발생하므로 이를 try-catch 또는 throws 해야 한다. addStyle 메소드의 형식은 다음과 같다.

```
public Style addStyle(String name, Style parent)
```

name은 이 스타일의 이름, parent는 이 스타일의 부모 스타일(스타일 일부 재정의 등의 경우)의 이름이므로 부모 스타일이 없는 경우 null을 사용한다.

문서의 스타일을 설정하는 것은 javax.swing.text.StyleConstants 클래스로 할 수 있으며 이 클래스의 스타일은 아래의 메소드들로 설정할 수 있다.

```
static void setAlignment(MutableAttributeSet a, int align)
    정렬 기준을 설정한다. align의 값은 ALIGN_LEFT, ALIGN_CENTER,
    ALIGN_RIGHT 등을 사용할 수 있다.
```

```
static void setBackground(MutableAttributeSet a, Color fg)
    배경색을 설정.
```

```
static void setBold(MutableAttributeSet a, boolean b)
    굵은 글자를 사용할지 설정.
```

```
static void setFontFamily(MutableAttributeSet a, String fam)
    글자체를 설정.
```

```
static void setFontSize(MutableAttributeSet a, int s)
    글자의 크기를 설정.
```

```
static void setForeground(MutableAttributeSet a, Color fg)
    전경색을 설정.
```

```
static void setIcon(MutableAttributeSet a, Icon c):
    아이콘(그림 파일)을 설정.
```

```
static void setUnderline(MutableAttributeSet a, boolean b)
    밑줄을 사용할지 설정.
```

```
static void setItalic(MutableAttributeSet a, boolean b)
    기울임체로 사용할지 설정.
```

위의 set으로 시작하는 대부분의 메소드는 set 대신에 get으로 바꾸면 현재의 설정값을 반환받을 수 있다.

예제 14.9 JTextPane을 사용하여 문서편집을 하는 다음 프로그램을 분석하라.

```
/* JTextPaneTest.java ****************************************
 * to test JTextPane.
 * image file flower.png REQUIRED
 * ************************************************************/
import javax.swing.*;
import java.awt.Color;
import java.awt.Image;
import java.net.URL;
import java.io.IOException;
import javax.swing.text.BadLocationException;
import javax.swing.text.Style;
import javax.swing.text.StyleConstants;
import javax.swing.text.StyledDocument;
import javax.imageio.ImageIO;

```

```java
public class JTextPaneTest {
  private JTextPane jtp = new JTextPane();
  private StyledDocument doc = jtp.getStyledDocument();
  private Style style1, style2, style3, style4, style5; // 배열

  public JTextPaneTest () {
    style1 = jtp.addStyle("red, 25pt", null);
    StyleConstants.setForeground(style1, Color.red);
    StyleConstants.setFontSize(style1, 25);

    style2 = jtp.addStyle("11pt, blue, yellow background", null);
    StyleConstants.setForeground(style2, Color.blue);
    StyleConstants.setFontSize(style2, 11);
    StyleConstants.setBackground(style2, Color.yellow);

    style3 = jtp.addStyle("bold & italic", null);
    StyleConstants.setBold(style3, true);
    StyleConstants.setItalic(style3, true);

    style4 = jtp.addStyle("20pt", null);
    StyleConstants.setForeground(style4, Color.black);
    StyleConstants.setFontSize(style4, 20);
    StyleConstants.setBackground(style4, Color.white);

    style5 = jtp.addStyle("image", null);

    try {
      doc.insertString(doc.getLength(), "This is in RED!\n",style1);
    } catch (BadLocationException e){}

    try {
      doc.insertString(doc.getLength(), "BLUE text",style2);
    } catch (BadLocationException e){}

    try {
      doc.insertString(doc.getLength(), "기울임체 및 굵은 글자 스타일\n",
      style3);
    } catch (BadLocationException e){}

    try {
       Image image = ImageIO.read(new URL(
       "file:///C:/Users/root/Desktop/javab/flower.png"));
      StyleConstants.setIcon(style5, new ImageIcon(image));
    } catch (IOException e) {System.out.println(e);};

    try {
      doc.insertString(doc.getLength(), "ignored text", style5);
    } catch (BadLocationException e){}

    JFrame frame = new JFrame("Test");
    frame.getContentPane().add(jtp);
    frame.setDefaultCloseOperation(JFrame.EXIT_ON_CLOSE);
```

```
67      frame.pack();
68      frame.setVisible(true);
69    } // end constructor
70
71    public static void main(String[] args) {
72      JTextPaneTest jtpt = new JTextPaneTest();
73    } // end main
74  } // end class
```

풀이

이 프로그램의 17번 줄에서 JTextPane 객체를 생성하고 18번 줄에서 이 JTextPane의 StyledDocument의 객체를 생성하였으며 19번 줄에서 추후에 사용할 다섯 개의 스타일을 정의하였다.

21번 줄에서 시작하는 생성자는 22번 줄부터 38번 줄까지 4개의 스타일을 정의하였으며 각각의 스타일은 글자의 크기, 배경색 및 바탕색 등을 정의하였다. 40번 줄의 style5는 이름만 설정된 상태이다. 42번 줄부터 53번 줄까지는 style1부터 style4까지의 문서 스타일로 현재의 문서 끝에 주어진 문자열을 추가한 것이다. 55번 줄에서는 flower.png 파일을 읽어서 이를 StyleConstants.setIcon(style5, new ImageIcon(image)) 의 명령으로 그림 파일 넣기를 스타일에 추가한 것이다. Java에서 이미지 파일을 읽어서 Image 또는 BufferedImage 객체로 받을 수 있는 편리한 방법 중의 하나가 javax.imageio.ImageIO 클래스의 read 메소드를 사용하는 것이다. 위의 예처럼 URL 객체를 받을 수도 있고, File 객체를 매개변수로 받을 수도 있다. 또 그 출력을 예제처럼 Image 객체로 받을 수도 있고 BufferedImage 객체로 받을 수도 있다. java.awt.image.BufferedImage 클래스는 Image 클래스를 상속받은 클래스이다.

이제 추가된 스타일을 현재 문서의 끝에 추가하였으므로 그림 파일이 그려진다. 이 프로그램의 실행 결과는 다음 그림이다.

JEdiorPane 클래스의 생성자는 다음과 같다.

```
public JEditorPane()
public JEditorPane(URL initialPage)
public JEditorPane(String url)
public JEditorPane(String type, String text)
```

매개변수 initialPage는 URL 객체이고, url은 인터넷 페이지의 주소, type은 MIME 타입, text는 문자열을 설정할 수 있다. 어떤 매개변수도 설정되지 않으면 빈 페이지가 열린다. MIME 타입은 "text/html; charset=EUC-KR" 등으로 설정하면 현재 페이지에서 다루고 있는 내용이 어떤 종류인지(텍스트, 이미지 등)를 설정하는 것이다. 이에 대한 표준방식은 World Wide Web Consortium (http://www.w3c.org)를 참고하기로 한다.

위의 생성자에서 사용한 매개변수는 생성자 없이 생성한 객체에

```
initialPage : setPage(intialPage)
url: setPage(url)
type: setContentType(type)
```

로 추가 설정하는 방법을 사용할 수도 있다. 사용할 수 있는 메소드는 다음과 같다.

```
public void addHyperlinkListener(HyperlinkListener listener):
        문서 안의 하이퍼 링크가 클릭되었을 때 이를 처리할 사건 처리기를 등록한다.
        hyperlinkUpdate(HyperlinkEvent) 메소드에서 정의한 대로 이 사건이 처리
        된다.
        HyperlinkEvent의 사건의 종류는 다음과 같다.
        HyperlinkEvent.EventType.ACTIVATED: 링크가 클릭된 경우
        HyperlinkEvent.EventType ENTERED: 링크 위에 마우스가 올려진 경우
        HyperlinkEvent.EventType EXITED: 마우스가 링크 바깥으로 나간 경우
```

```
void setEditable(boolean b
        b가 true이면 편집 가능하고, false이면 편집 불가능함,
```

```
public void setPage(URL page) throws IOException
        현재의 페이지를 page의 주소로 한다.
```

```
public void setPage(String url) throws IOException
        위와 같으나 매개변수를 URL 객체가 아닌 문자열을 받는다.
```

```
public final void setContentType(String type)
        현재 페이지의 MIME 타입을 설정.
```

위에서 set 대신에 get을 사용하면 현재의 설정값을 반환받을 수 있다. 즉, setPage 대신 getPage를 사용하면 현재의 URL을 URL 객체로 반환받는다.

다음 예제는 가장 간단한 웹브라우저를 JEditorPane 클래스를 사용하여 만들

어 본 것이다. 현대의 많은 홈페이지는 HTML뿐만 아니라 JavaScript, CSS, 애플릿은 물론이며, 비표준인 ActiveX 등을 사용하는 경우가 많아서 아래 예제의 결과를 웹브라우저에서 보는 것과 차이가 날 수 있음을 미리 밝혀둔다. 또한 JEditorPane이 지원하는 HTML의 버전은 3.2까지로 현재의 HTML5로 생성된 페이지들은 지원되지 않는다. 현재 웹표준의 대부분을 지원하는 브라우저를 사용하려면 이 책에서는 다루지 않지만 다음의 JavaFx 클래스들을 사용하는 것이 좋다.

```
javafx.scene.web.WebEngine;
javafx.scene.web.WebEvent;
javafx.scene.web.WebView;
```

예제 14.10 JEditorPane을 사용한 간단한 웹브라우저를 만드는 다음 프로그램을 분석하라.

```
/***** JEditorPaneTest.java ****************************
 * to Test html editing
 * REQUIRES: image file home.png
 * *****************************************************/
import java.io.IOException;
import java.io.File;
import java.net.URL;
import java.awt.Dimension;
import java.awt.Color;
import java.awt.BorderLayout;
import java.awt.event.ActionEvent;
import java.awt.event.ActionListener;
import java.awt.image.BufferedImage;
import javax.swing.JEditorPane;
import javax.swing.JScrollPane;
import javax.swing.JFrame;
import javax.swing.JPanel;
import javax.swing.JButton;
import javax.swing.ImageIcon;
import javax.swing.JLabel;
import javax.swing.JTextField;
import javax.swing.JOptionPane;
import javax.swing.event.HyperlinkEvent;
import javax.swing.event.HyperlinkListener;
import javax.imageio.ImageIO;

public class JEditorPaneTest extends JFrame
          implements HyperlinkListener, ActionListener {
 private String homeUrl;                              // Homepage의 주소
 private JEditorPane htmlPane;                        // 웹페이지가 보일 주소
 private Dimension d = new Dimension(500, 800);       // 화면 크기
 private JButton homeButton;                          // 홈 버튼
```

```
private JTextField urlField;                // 인터넷 주소 입력

JEditorPaneTest (String homeUrl) {
  super("My Minimal Web Browswer");        // 전체 프레임
  this.homeUrl = homeUrl;                   // 첫 페이지의 url을 매개변수로 받음
  try {
   htmlPane = new JEditorPane(homeUrl);  // EditorPane의 제목
   htmlPane.setEditable(false);            // 편집 불가능/가능
   htmlPane.addHyperlinkListener(this);      // 링크를 클릭 가능하게
   add(new JScrollPane(htmlPane));         // 프레임에 넣기
  } catch(IOException ioe) {               // homeUrl이 잘못된 경우
   JOptionPane.showMessageDialog(this, "Page Not Found",
       "Error", JOptionPane.ERROR_MESSAGE);
  } // end try-catch

  JPanel topPanel = new JPanel();          // 주소창 홈 버튼 들어갈 패널
  topPanel.setBackground(Color.CYAN);
  homeButton = new JButton("Home");
  try {
    BufferedImage img = ImageIO.read(new File("home.png")); // 아이콘 설정
     homeButton.setIcon(new ImageIcon(img));
  } catch (IOException ioe) {              // 이미지 파일 읽기 오류
     System.out.println(ioe);  }

  homeButton.addActionListener(this);    // 홈버튼 클릭 시 사건 처리
  JLabel urlLabel = new JLabel("URL:");
  urlField = new JTextField(30);
  urlField.setText(homeUrl);
  urlField.addActionListener(this);        // urlField에 입력 후 Enter 키
  topPanel.add(homeButton);                // 홈버튼 추가
  topPanel.add(urlLabel);                  // URL: 글자 추가
  topPanel.add(urlField);                  // URL 입력 필드 추가

  getContentPane().add(topPanel, BorderLayout.NORTH);  // 주소창 추가
  getContentPane().add(new JScrollPane(htmlPane),
              BorderLayout.CENTER);                     // 브라우저 창 추가
  setPreferredSize(d);                                  // 창크기
  setDefaultCloseOperation(JFrame.EXIT_ON_CLOSE);
  pack();
  setVisible(true);
 } //  end constructor

 public static void main(String[] args) {
  JEditorPaneTest jet =
    new JEditorPaneTest("http://www.google.com");     // 첫 페이지
 } // end main

 public void hyperlinkUpdate(HyperlinkEvent e) {          // 본문 하이퍼링크처리
  if (e.getEventType() == HyperlinkEvent.EventType.ACTIVATED) {
    try {
      htmlPane.setPage(e.getURL());          // 클릭한 곳의 url로 현재의 브라우저 창
      urlField.setText(e.getURL().toString());        // 현재의 주소를 주소창에
```

```
085     } catch(IOException ioe) {                    // 에러 메세지
086       System.out.println("하이퍼링크의 URL이 이상함: "+e);
087     } // end try
088   } // end if
089 } // end hyperlinkUpdate
090
091 public void actionPerformed(ActionEvent ae) { // 주소창, 홈버튼 처리
092   String url;
093   if (ae.getSource() == urlField)              // 주소창에 주소입력 후 Enter
094     url = urlField.getText();
095   else  url = homeUrl;                         // Home 버튼이 클릭된 경우
096   try {
097     System.out.println("URL: "+url);
098     htmlPane.setPage(new URL(url));            // url 을 현재의 페이지로
099     urlField.setText(url);                     // 현재의 주소를 주소창에
100   } catch(IOException ioe) {
101     System.out.println("입력하거나 링크된 URL에 문제가 있음! \n URL: "+url);
102   } // end try-catch
103 } // end actionPerformed
104 } // end class
```

풀이

위 프로그램의 27-28번째 줄에서는 JFrame을 상속받으며, 하이퍼 링크 클릭과 버튼 및 텍스트입력 처리를 위한 두 개의 listener가 정의되었다. 35번 줄에서 시작하는 생성자는 36번 줄에서 프레임의 제목을 설정하였고, 37번 줄에서 매개변수로 받은 홈페이지의 주소를 저장하였다. 39-42번 줄에서 JEditorPane을 생성하고, 이 페이지를 편집 불가능하게 하였으며, 하이퍼 링크의 클릭에 반응하도록 설정하였다. addHyperlinkListener(this)에 의해 hyperlink Update(HyperlinkEvent e)가 현재의 클래스 내에 정의되어야 함을 알 수 있다(80번 줄). 43번 줄의 catch는 homeUrl에 문제가 있어서 페이지를 읽을 수 없을 경우에 대한 설정이다.

48번 줄에서 시작하는 topPanel은 홈버튼과 주소줄을 만들기 위한 것으로 배경색은 cyan 색이다. 51번 줄의 try-catch 구문은 홈버튼에 사용하기 위한 아이콘을 읽어 들이기 위한 것으로 이때 사용하는 그림 파일은 52번 줄의 home.png이다. 57번 줄에 의해서 homeButton을 클릭할 때 실행될 내용이 actionPerformed 메소드에 의해 정의되며, 이 메소드는 지금의 클래스 내에 있음을 알 수 있다. 58-64번 줄은 홈 버튼, 주소줄을 만들어서 이를 topPanel에 추가한 것이며 66번 줄은 이 topPanel을 전체 화면에서 위에 두었고, 67-68번 줄은 앞에서 만든 htmlPane을 전체 화면의 중앙에 위치하도록 하였다. 69-72번 줄은 만들어질 프레임의 크기 등에 대한 설정이다.

75번 줄에서 시작하는 main 메소드는 초기 페이지를 설정하여 프레임을 열도록 한다.

80번 줄에서 시작하는 hyplinkUpdate 메소드는 링크가 클릭되었을 때(81번 줄) 클릭된 곳의 페이지를 현재의 페이지로(83번 줄)로 하고 주소줄을 현재의 인터넷 주소로 한다. 링크가 비정상일 경우 에러메세지를 86번 줄로 인쇄한다.

91번 줄의 actionPerformed는 홈버튼이 클릭되거나, 주소줄에 주소를 입력하고 Enter 키를 입력할 때의 사건 처리이다. 93번 줄에서 주소줄의 입력이면 주소줄에 입력한 주소를 받고, 아니면(95번 줄) 홈버튼을 클릭한 것이다. 97-99번 줄에서는 url을 페이지의 내용으로 하고, 주소줄을 url로 바꾼 것이다.

이 프로그램의 결과는 다음 그림과 같다. 앞서 말한 것처럼 최근의 인터넷 페이지는 CSS, JavaScript 또는 HTML 버전 3.2 이후가 사용되기 때문에 웹브라우저로 보는 것과 같은 형태는 아님을 알 수 있다.

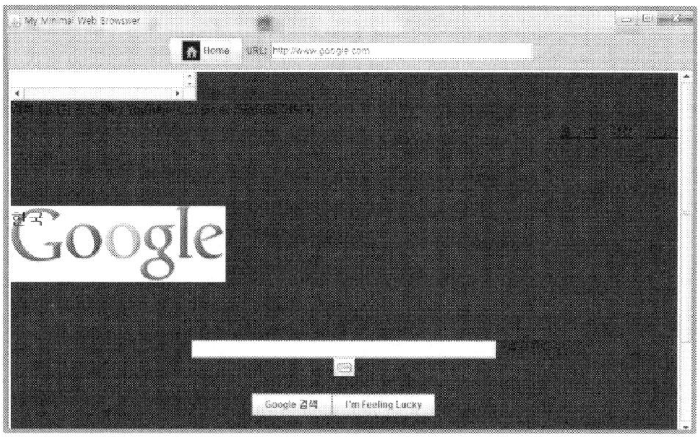

14.9 JTabbedPane 클래스

JTabbedPane 클래스는 탭형식으로 하나의 판에 여러 개의 컴포넌트를 배치하는 기능을 제공한다. 생성자는 다음과 같다.

```
JTabbedPane()
JTabbedPane(int tabPlacement)
JabbedPane(int tabPlacement, int tabLayoutPolicy)
```

매개변수 tabPlacement는 탭의 위치를 설정하며 사용할 수 있는 값은 다음 중의 하나이다.

```
JTabbedPane.TOP(기본값)
JTabbedPane.BOTTOM
JTabbedPane.LEFT
JTabbedPane.RIGHT 중의 하나로 설정한다.
```

tabLayoutPolicy는 각 탭이 많아서 모든 탭을 한 줄에 보여 줄 수 없을 때 어떻게 처리할지 설정하며 사용할 수 있는 값은 다음과 같다.

```
JTabbedPane.WRAP_TAB_LAYOUT 두 개 이상의 줄로 탭을 배열한다.
JTabbedPane.SCROLL_TAB_LAYOUT 탭을 스크롤할 수 있도록 배열한다.
```

사용할 수 있는 메소드는 다음과 같다.

```
public void addChangeListener(ChangeListener l)
        탭을 바꾸었을 때 사건 처리기를 등록한다. ChangeListener 인터페이스는
        stateChanged(ChangeEvent e) 메소드가 있어야 하며 ChangeEvent는
        getSource 또는 toString 메소드를 가진다.
```

```
addTab(String title, Component component)
        탭제목 title, 탭의 컴포넌트 component인 탭을 추가한다. title은 null
        의 사용이 가능.
```

```
void addTab(String title, Icon icon, Component component)
        탭제목 title, 해당 탭의 아이콘이 icon, 탭의 컴포넌트 component인 탭을
        추가한다. title, icon은 null의 사용이 가능하다.
void addTab(String title, Icon icon, Component component, String tip)
        탭제목 title, 해당 탭의 아이콘이 icon, 탭의 컴포넌트 component인 탭을
        추가한다, tool tip(탭에 마우스를 올리면 보이는 문자열)에 tip을 사용하며
        title, icon은 null의 사용이 가능하다.
```

```
int getSelectedIndex()
        선택된 탭의 번호를 반환한다. 탭의 번호는 별도로 지정하지 않으면
        0부터 시작하는 정수이다.
```

```
void setForegroundAt(int index, Color foreground)
        index 번째 탭의 전경색을 설정한다.
```

```
void setIconAt(int index, Icon icon)
        index 번째 탭의 아이콘을 icon으로 설정한다.
```

```
void setMnemonicAt(int tabIndex, int mnemonic)
        각 탭을 선택할 때 마우스 클릭뿐만 아니라 단축키 mnemonic을 설정한다.
        예를 들어 mnemonic에 0을 설정하면 ALT와 0을 동시에 누르면
        tabIndex번째의 탭이 선택된다.
```

```
void setSelectedComponent(Component c) 컴포넌트 c를 선택된 탭으로 한다.
```

```
void setSelectedIndex(int index) index 번째 탭을 선택된 탭으로 한다.
```

예제 14.11 JTabbedPane을 사용한 예제로 세 개의 탭이 들어간 JFrame을 만들고 각 탭을 선택할 때 간단한 반응을 하는 사건 처리를 포함하는 다음 프로그램을 분석하라.

```
/****** JTabbedPaneTest.java ******************************
 * to test JTabbedPane and ChangeListener
 * *******************************************************/
import java.awt.BorderLayout;
import java.awt.GridLayout;
import java.awt.Dimension;
import java.awt.Color;
import java.awt.event.KeyEvent;

import javax.swing.JTabbedPane;
import javax.swing.ImageIcon;
import javax.swing.JLabel;
import javax.swing.JPanel;
import javax.swing.JFrame;
import javax.swing.JScrollPane;
import javax.swing.JTextPane;
import javax.swing.JTextArea;
import javax.swing.UIManager;
import javax.swing.event.ChangeEvent;
import javax.swing.event.ChangeListener;
import javax.swing.text.BadLocationException;

public class JTabbedPaneTest extends JFrame {
 private JTabbedPane tp = new JTabbedPane();

 public JTabbedPaneTest() {          // 생성자 시작
  super("JTabbedPane Test");         // 제목 줄
  UIManager.put("TabbedPane.selected", Color.YELLOW);
                                     // 선택한 탭 색 설정
  ImageIcon icon = null;             // 탭에 사용할 아이콘 - 없음

  // 첫 번째 탭 ********************************************
  JPanel panel = new JPanel(false);
  panel.add(new JLabel("JPanel Tab"));        // 선택 패널 표시
  tp.addTab("JPanel Tab", icon, panel, "Tooltip이 보여요");
  tp.setMnemonicAt(0, KeyEvent.VK_1);         // ALT-1로 이 탭 선택
  tp.setMnemonicAt(0, KeyEvent.VK_A);         // ALT-a로 이 탭 선택
  // 두 번째 탭 ********************************************
  JTextPane jtp = new JTextPane();
  try {
     jtp.getDocument().insertString(0, "텍스트 입력!!", null);
  } catch(BadLocationException e) {}
  JScrollPane scrl = new JScrollPane(jtp);
  tp.addTab("JTextPane Tab", icon, scrl, "JTextPane에 텍스트 입력");
  tp.setMnemonicAt(1, KeyEvent.VK_2);          // ALT-2로 이 탭 선택
  // 세 번째 탭 ********************************************
  JTextArea jta = new JTextArea("JTextArea 탭");
  scrl = new JScrollPane(jta);
  tp.addTab("JTextArea Tab", icon, scrl, "JTextArea에 텍스트 입력");
  tp.setMnemonicAt(2, KeyEvent.VK_3); // ALT-3로 이 탭 선택

```

```
51     //The following line enables to use scrolling tabs.
52     tp.setTabLayoutPolicy(JTabbedPane.SCROLL_TAB_LAYOUT);
53     add(tp, BorderLayout.CENTER); // TabbedPane을 Frame에 넣기
54
55     // 탭의 전환이 있을 경우 사건 처리
56     tp.addChangeListener(new ChangeListener() {
57       public void stateChanged(ChangeEvent e) {
58         String str = e.getSource().toString(); // name of selected tab
59
60         String selected = tp.getTitleAt(tp.getSelectedIndex());
61         int tabNo = tp.getSelectedIndex() + 1;
62         System.out.println(str+"\n Tab number: " + tabNo);
63         if (selected.equals("JPanel Tab")) // 첫 탭
64       System.out.println("JPanel Tab이 선택되었습니다.");
65         if (selected.equals("JTextPane Tab")) // 두 번째 탭
66       System.out.println("JTextPane Tab이 선택되었습니다.");
67         if (selected.equals("JTextArea Tab")) // 세 번째 탭
68       System.out.println("JTextArea Tab이 선택되었습니다.");
69       } // end stateChanged
70     });
71
72     // JTabbedPane을 포함한 JFrame을 보여 주기
73     setDefaultCloseOperation(JFrame.EXIT_ON_CLOSE);
74     setPreferredSize(new Dimension(400, 200));
75     pack();
76     setVisible(true);
77   } // end constructor
78
79   public static void main(String[] args) {
80     JTabbedPaneTest jtp = new JTabbedPaneTest();
81   } // end main
82 } // end class
```

풀이

이 프로그램은 23번 줄에서 보는 것처럼 JFrame 클래스를 상속받으며 27번 줄에 의해 프레임의 제목이 설정되었다. 24번 줄에서 만든 JTabbedPane의 선택된 탭의 색은 28번 줄에 의해 노란색으로 설정되며, 각 탭에서 사용할 아이콘에 대한 설정을 위해 29번 줄을 입력하였다(아이콘 없음).

31번 줄에서 시작하는 첫 번째 탭은 JPanel에 JLabel을 넣고(32-33번 줄), 이 panel을 34번 줄로 JTabbedPane에 추가하였다. 이 탭의 제목은 "JPanel Tab"이고 탭 위에 마우스를 올릴 때 보일 tool tip은 "Tooltip이 보여요"이며 아이콘은 icon이나 본 프로그램에서는 이 값이 null이므로 아이콘은 없다. 35-36번 줄에 의해 첫 번째 탭은 ALT-1 또는 ALT-A의 단축키로도 선택할 수 있도록 설정되었다.

38번 줄에서 시작하는 두 번째 탭은 JTextPane이며 시작할 때 이 pane에 들어갈 문구를 39-41번 줄에서 설정하고, 42번 줄에서 스크롤이 가능하도록 한 후 43번 줄에서 이를 JTabbedPane에 추가하였다. 44번 줄에 의해 두 번째 탭은 ALT-2로도 선택 가능하다.

46번 줄에서 시작하는 세 번째 탭의 구성은 JTextArea를 만들고, 47번 줄에서 스크롤이 가능하도록 하며, 48-49번째 줄에서 이를 JTabbedPane에 추가하고, ALT-3으로 이 탭의 선택이 가능하도록 설정하였다.

53번 줄에서는 세 개의 탭을 가진 tp를 JFrame에 추가한다.

56번 줄에서는 탭이 선택이 바뀔 때 발생하는 사건의 처리를 하기 위한 사건 처리기로 58번 줄의 str과 60번 줄의 selected를 인쇄할 수 있도록 문자열로 받았다. 61번 줄에 의해서 선택된 탭의 번호를 얻은 후 이를 화면에 출력하도록 하였다. 63-68번 줄은 선택된 탭의 제목을 얻어 이를 화면에 출력하는 부분이다.

이 프로그램의 실행 결과는 다음 그림과 같다.

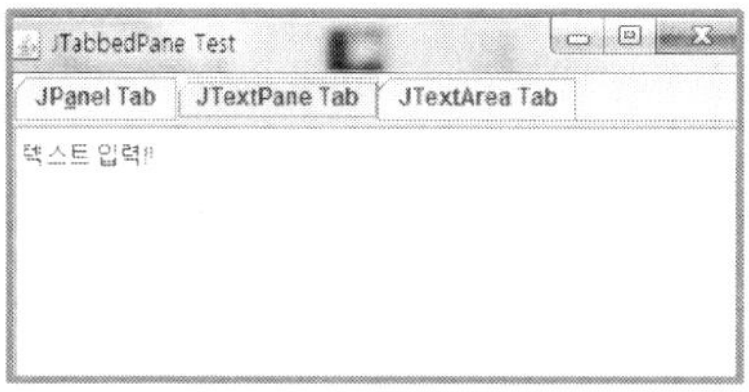

15장

Swing 고급 프로그래밍

- 15.1 JTable 클래스
- 15.2 JToolTip, Cursor, UIManager 클래스
- 15.3 TexturePaint와 BufferedImage 클래스
- 15.4 Applet 클래스
- 15.5 Password 클래스

학습목표

- Jtable 클래스에 대하여 이해한다.
- JToolTip, Cursor, UIManager 클래스에 대하여 이해한다.
- TexturePaint와 BufferedImage 클래스에 대하여 이해한다.
- Applet 클래스에 대하여 이해한다.
- Password 클래스에 대하여 이해한다.

15.1 JTable 클래스

Swing에서 **JTable 클래스**는 데이터를 엑셀과 같은 시트(sheet)에 표시할 수 있게 해 준다. 이 JTable은 응용이 매우 다양한데 여기에서는 간단히 몇 가지만을 알아보자. JTable의 상속관계는 다음과 같고 필드, 생성자와 메소드는 너무 종류가 많아 중요한 것만 본다. 자세한 것은 API Document를 살펴보기 바란다.

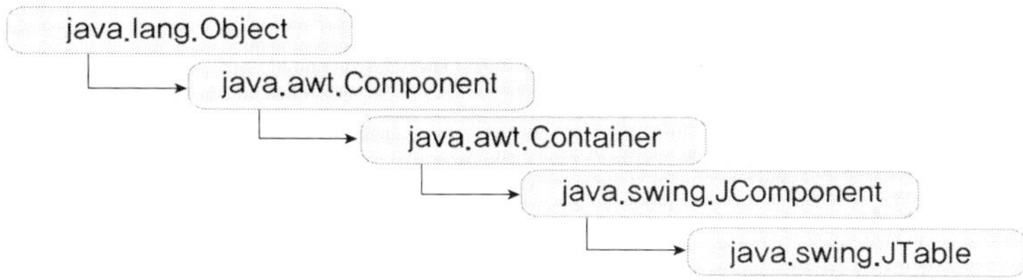

[그림 15-1] java.awt 패키지의 Frame 클래스 상속관계

필드

데이터형	이름	내용
static int	AUTO_RESIZE_ALL_COLUMNS AUTO_RESIZE_LAST_COLUMN AUTO_RESIZE_NEXT_COLUMN AUTO_RESIZE_OFF	테이블의 크기 재조정을 조절
protected int	editingColumn editingRow rowHeight rowMargin	열편집 행 편집 높이 조절 마진 조절
protected boolean	showHorizontalLines showVerticalLines	오른쪽에 텍스트 배치
protected JTableHeader	tableHeader	테이블 헤더 조절

생성자

생성자 형태	내용
JTable()	기본 테이블 생성자
JTable(int numRows, int numColumns)	행과 열의 수 지정
JTable(Object[][] rowData, Object[] columnNames)	2차원 객체배열과 열이름으로 테이블 생성
JTable(TableModel dm)	테이블모델로 생성
JTable(TableModel dm, TableColumnModel cm)	테이블모델과 열모델로 생성
JTable(TableModel dm, TableColumnModel cm, ListSelectionModel sm)	테이블모델, 열모델, 리스트로 생성
JTable(Vector rowData, Vector columnNames)	행벡터와 열벡터로 생성

메소드

메소드 이름	내용
addColumn(TableColumn aColumn) addRow(aRow) insertRow(TableRow aRow) moveColumn(int column, int targetColumn) moveRow(int row, int targetRow)	열 추가 행 추가 행 삽입 열 이동 행 이동
addColumnSelectionInterval(int index0, int index1) addRowSelectionInterval(int index0, int index1)	여러 열 선택 여러 행 선택
changeSelection(int rowIndex, int columnIndex, boolean toggle, boolean extend) clearSelection()	선택 변경 선택 취소
getCellEditor() getCellEditor(int row, int column) getCellRect(int row, int column, boolean includeSpacing) getCellSelectionEnabled()	셀 정보 가져오기
getColumn(Object identifier) getColumnClass(int column) getColumnCount() getColumnModel() getColumnName(int column) getSelected column(0	열 정보 가져오기
getDragEnabled()	드래그 허용
getEditingColumn() getEditingRow()	열의 편집정보 가져오기 행의 편집정보 가져오기
getGridColor()	그리드 색 가져오기
getRowCount() getRowHeight(int row) getRowMargin() getSelectedRow()	행의 정보 가져오기
setEditingColumn(int aColumn) setEditingRow(int aRow)	열의 편집정보 설정 행의 편집정보 설정
setShowGrid(boolean showGrid)	그리드 설정

단순한 테이블을 만드는 다음 프로그램을 살펴보자.

예제 15.1 단순한 배열을 이용해 테이블을 프레임에 만드는 다음 프로그램을 분석하라.

```
/*** JTableTest.java ****************************/
import java.awt.*;
import javax.swing.*;
public class JTableTest {
   public static void main(String[] ar){
      SwingFrame one = new SwingFrame();
```

```
    }
}

class SwingFrame extends JFrame {
    private JRootPane jrp;
    private Container con;
    private String[] scol = {"V1","V2","V3"};
    private String[][] scell = {{"c11","c12","c13"}, {"c21","c22","c23"},
                {"c31","c32","c33"}, {"c41","c42","c43"}};
    private JTable jt = new JTable(scell,scol);
    private JScrollPane jsp = new JScrollPane(jt);

    private Dimension dimen, dimen1;
    private int xpos, ypos;
    private JButton jb1 = new JButton("확인");
    private JButton jb2 = new JButton("취소");
    private JMenuBar mb = new JMenuBar();
    private JMenu mn1 = new JMenu(" Menu1");
    private JMenu mn2 = new JMenu(" Menu2");

    public SwingFrame() {
        super("JTable");
        this.init();                          // init() 메소드 호출
        this.start();                         // start() 메소드 호출
        this.setSize(350, 250);               // 현재 프레임의 크기
        dimen = Toolkit.getDefaultToolkit().getScreenSize();
        dimen1 = this.getSize();
        xpos = (int)(dimen.getWidth() / 2 - dimen1.getWidth() / 2);
        ypos = (int)(dimen.getHeight() / 2 - dimen1.getHeight() / 2);
        this.setLocation(xpos,ypos);          // 현재 프레임의 위치
        this.setVisible(true);
    }

    public void init() {                      // 화면 구성 넣을 부분
        JFrame.setDefaultLookAndFeelDecorated(true);
        JFrame frame = new JFrame();
        frame.setDefaultCloseOperation(EXIT_ON_CLOSE);
        jrp = this.getRootPane();
        con = this.getContentPane();
        con.setLayout(new BorderLayout(5,5));
        mn1.add(new JMenuItem("Item11"));
        mn1.add(new JMenuItem("Item12"));
        mn2.add(new JMenuItem("Item21"));
        mn2.add(new JMenuItem("Item22"));
        mn2.add(new JMenuItem("Item23"));
        mb.add(mn1);
        mb.add(mn2);
        con.add("North",mb);
        con.add("Center", jsp);
        JPanel jp = new JPanel(new FlowLayout(FlowLayout.RIGHT));
        jp.add(jb1); jp.add(jb2);
        con.add("South",jp);
```

```
59     }
60
61   public void start() {
62       // 이벤트 처리할 부분
63   }
64 }
```

풀이

위의 프로그램은 [예제 14.1]을 변형하여 단순히 프레임 중앙에 테이블을 배치한 것이다. 13번 줄은 테이블의 열에 이름을 주는 string이고, 14번 줄은 4행 3열 테이블의 각 셀에 들어갈 내용에 대한 string이다. 16번 줄은 2차원 배열 scell의 셀 내용과 열이름 scol을 갖는 JTable을 생성한다. 23-25번 줄은 두 개의 메뉴가 있는 메뉴 컴포넌트의 선언이다.

41-46번 줄은 JFrame의 기본 모양과 행위를 선언하고 BorderLayout 배치를 선언한다. 47-54번 줄은 두 개의 메뉴에 각각 부메뉴를 두 개, 세 개씩 선언하고 이를 North 영역에 배치한다. Center 영역에 Jtable을 배치하고 South 영역에 JPanel을 이용하여 버튼 2개를 배치하였다.

프로그램의 실행 결과는 다음 그림과 같다.

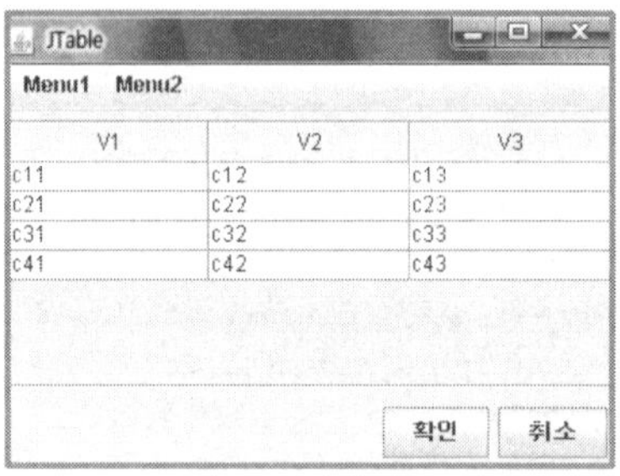

다음 예제는 JTable에서 행과 열 그리고 셀의 변화를 주는 프로그램이다.

예제 15.2 JTable에서 행과 열 그리고 셀에 변화를 주는 다음 프로그램을 분석하라.

```
/*** JTableTest2.java ****************************/
import java.awt.*;
import javax.swing.*;
import javax.swing.table.*;
public class JTableTest2 {
  public static void main(String[] ar){
    SwingFrame one = new SwingFrame();
  }
}

class SwingFrame extends JFrame {
```

```java
private JRootPane jrp;
private Container con;
private String[] scol = {"V1","V2","V3"};
private String[][] scell = { {"c11","c12","c13"}, {"c21","c22","c23"},
        {"c31","c32","c33"}, {"c41","c42","c43"}};
private DefaultTableModel dtm = new DefaultTableModel(scol,5);
private JTable jt = new JTable(dtm);
private JScrollPane jsp = new JScrollPane(jt);

private Dimension dimen, dimen1;
private int xpos, ypos;
private JButton jb1 = new JButton("확인");
private JButton jb2 = new JButton("취소");
private JMenuBar mb = new JMenuBar();
private JMenu mn1 = new JMenu(" Menu1");
private JMenu mn2 = new JMenu(" Menu2");

public SwingFrame() {
  super("JTable");
  this.init();                     // init() 메소드 호출
  this.start();                    // start() 메소드 호출
  this.setSize(350, 250);          // 현재 프레임의 크기
  dimen = Toolkit.getDefaultToolkit().getScreenSize();
  dimen1 = this.getSize();
  xpos = (int)(dimen.getWidth() / 2 - dimen1.getWidth() / 2);
  ypos = (int)(dimen.getHeight() / 2 - dimen1.getHeight() / 2);
  this.setLocation(xpos,ypos);     // 현재 프레임의 위치
  this.setVisible(true);
  System.out.println("Column 1 Name"+dtm.getColumnClass(0));
  System.out.println("Column Count = "+dtm.getColumnCount());
  System.out.println("Row Count = "+dtm.getRowCount());
  dtm.setValueAt("New Value", 1, 2);
  try{
   Thread.sleep(1000);
  }catch(InterruptedException ee) {}
  String[] newcol = {"14","24","34","44"};
  dtm.addColumn("V4",newcol);
  try{
    Thread.sleep(1000);
  }catch(InterruptedException ee) {}
  String[] newrow = {"51","52","53","54"};
  dtm.addRow(newrow);
  try{
    Thread.sleep(1000);
  }catch(InterruptedException ee) {}
  String[] irow = {"21","22","23","24"};
  dtm.insertRow(2,irow);
  try{
    Thread.sleep(1000);
  }catch(InterruptedException ee) {}
  dtm.moveRow(1,3,0);
}
```

```
64
65   public void init() {    // 화면 구성 넣을 부분
66     JFrame.setDefaultLookAndFeelDecorated(true);
67     JFrame frame = new JFrame();
68     frame.setDefaultCloseOperation(EXIT_ON_CLOSE);
69     jrp = this.getRootPane();
70     con = this.getContentPane();
71     con.setLayout(new BorderLayout(5,5));
72
73     mn1.add(new JMenuItem("Item11"));
74     mn1.add(new JMenuItem("Item12"));
75     mn2.add(new JMenuItem("Item21"));
76     mn2.add(new JMenuItem("Item22"));
77     mn2.add(new JMenuItem("Item23"));
78     mb.add(mn1);
79     mb.add(mn2);
80     con.add("North",mb);
81     con.add("Center", jsp);
82     JPanel jp = new JPanel(new FlowLayout(FlowLayout.RIGHT));
83     jp.add(jb1); jp.add(jb2);
84     con.add("South",jp);
85   }
86
87   public void start() {
88      // 이벤트 처리할 부분
89   }
90 }
```

풀이

위의 프로그램은 [예제 15.1]을 변형하여 테이블의 내용을 변화시킨 것이다. 17-19번 줄은 DefaultTableModel 클래스의 객체를 이용하는 테이블의 선언이다. 40-42번 줄은 JTable 메소드를 이용하여 열의 이름, 열의 수, 행의 수를 출력하는 방법을 소개하고 있다. 43번 줄은 셀의 내용을 교체해 주는 메소드를 소개하고 있다.

프로그램의 실행 결과는 다음과 같다.

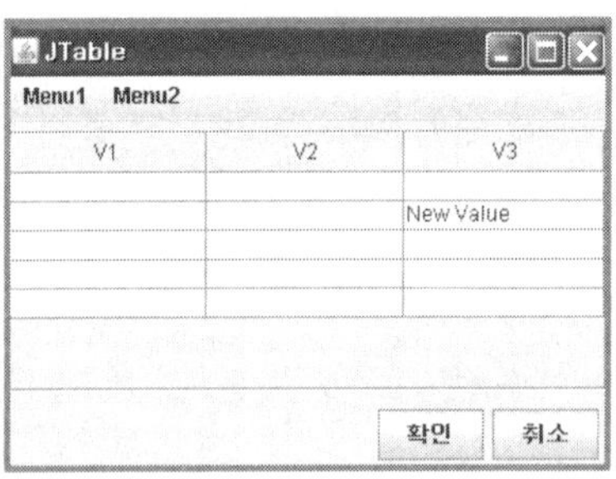

1초 후에 새로운 열 V4가 추가된다.

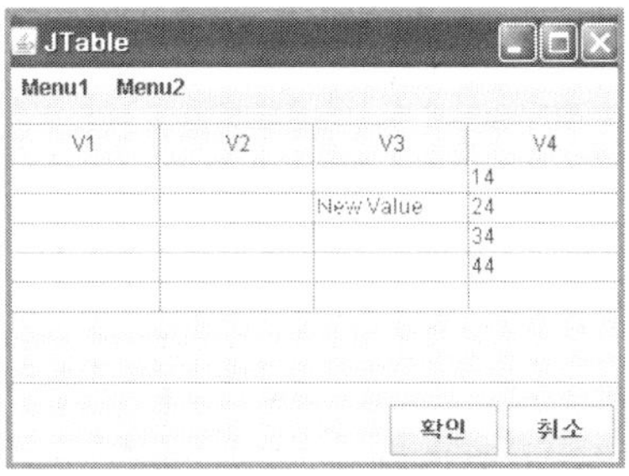

다시 1초 후에 새로운 행이 추가된다.

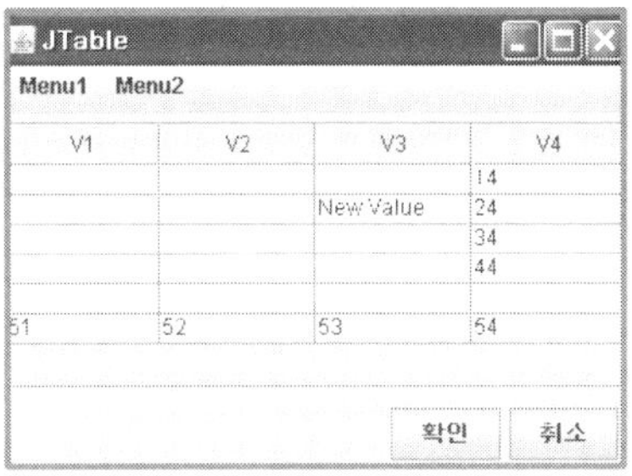

다시 1초 후에 새로운 행이 추가된다.

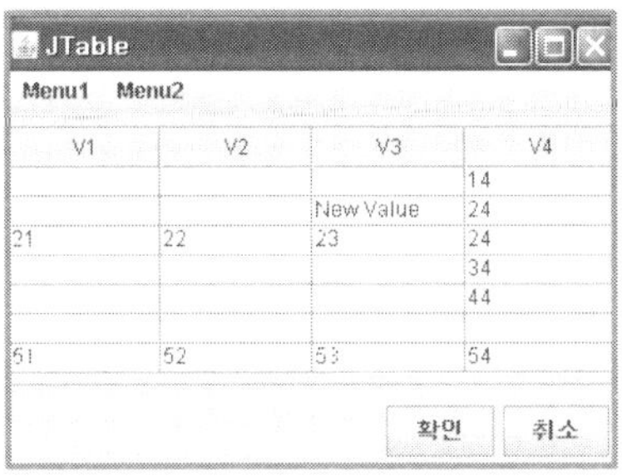

다시 1초 후에 행이 이동된다.

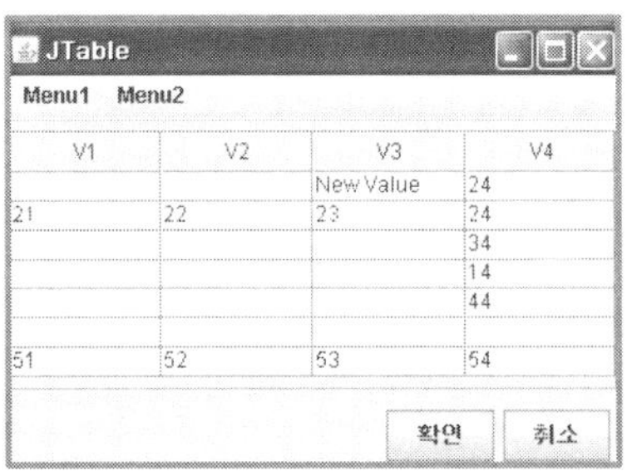

15.2 JToolTip, Cursor, UIManager 클래스

Java에서 마우스 커서는 java.awt.Cursor 클래스에서 정의된다. 생성자는 다음과 같다.

```
Cursor(int type)
protected  Cursor(String name)
```

type에는 마우스에 사용할 형태를 설정하며 그 값은 다음과 같다.

```
CROSSHAIR_CURSOR(열십자(+) 모양)
CUSTOM_CURSOR, DEFAULT_CURSOR(기본 커서로 대개 화살표)
E_RESIZE_CURSOR(좌우 크기 변환 커서: 좌우 화살표)
HAND_CURSOR(집게손가락 표시)
MOVE_CURSOR(이동 커서, 상하좌우 화살표)
N_RESIZE_CURSOR(상하크기 변환 커서: 상하 화살표)
NE_RESIZE_CURSOR(오른쪽 위 크기 변환: 대각선 방향 화살표)
NW_RESIZE_CURSOR(왼쪽 위 크기변환)
S_RESIZE_CURSOR(N_RESIZE_CURSOR와 같은 모양임. 아래쪽 크기 변환)
SE_RESIZE_CURSOR(오른쪽 아래 크기 변환)
SW_RESIZE_CURSOR(왼쪽 아래 크기 변환)
EXT_CURSOR(I 모양의 커서. 주로 텍스트 파일 편집기에서 사용되는 모양)
W_RESIZE_CURSOR(E_RESIZE_CURSOR와 같은 모양임. 왼쪽 크기 변환)
WAIT_CURSOR(대기 중임을 표현하는 커서로 모래시계나 회전하는 그림 모양)
```

커서의 형태는 운영체계에 따라 모양은 달라질 수 있다. name은 문자열로 Cursor 객체의 이름을 정한다. 이 클래스에서 사용할 수 있는 메소드는 다음과 같다.

```
static Cursor getDefaultCursor()        현재의 기본 커서 객체 반환
```

```
String getName()                        커서의 이름 반환
```

```
Cursor getPredefinedCursor(int type)
        type에 정한 커서 반환. type은 위의 생성자에서 type에서 사용할 수 있는
        값 중의 하나를 사용한다.
```

```
static Cursor getSystemCustomCursor(String name)
        name에 주어진 커서 객체를 반환한다.
```

int getType()	Cursor 객체의 종류를 반환한다.
String toString()	Cursor 객체의 문자열 표현을 반환한다.

JToolTip은 특정한 JComponent 또는 Component와 이들을 상속받은 객체에 마우스를 올렸을 때 간단한 창이 만들어져 그 객체에 대한 설명을 하기 위한 클래스이다. 여기서는 JToolTip을 별도로 정의하지 않고 다음의 Component의 메소드를 사용하여 ToolTip을 만들어 보기로 한다.

```
setToolTipText(String str)
```

str에는 문자열이 설정되는데 기본적으로 줄바꿈 등의 기능은 작동하지 않는다. 하지만 HTML을 인식하므로 필요하면 HTML 코드로 str를 작성할 수 있다.

javax.swing.JTable과 같이 하나의 JComponent이지만 각각의 칸이 별도로 인식될 수 있는 경우에는 각 칸에 대해서도 ToolTip을 보일 수 있다. 이 경우 JTable의 각 열에 DefaultTableCellRenderer를 setCellRenderer를 이용하여 설정하면 된다. 단 DefaultTableCellRenderer에 필요한 ToolTip을 추가해야 하므로 이를 상속받은 클래스를 작성할 필요가 있다.

```
javax.swing.table.DefaultTableCellRenderer
```

클래스는 다음의 getTableCellRendererComponent 메소드

```
Component getTableCellRendererComponent(JTable table, Object
      value, boolean isSelected, boolean hasFocus, int row, int col)
```

로 JTable 객체 table의 [row, col]의 칸에 해당하는 value 값을 Component 객체로 반환한다. 이때 isSelected, hasFocus는 각각 선택되거나 포커스를 받을 때 true가 된다. 이 메소드가 호출되면 마우스가 위치한 곳에 의해서 매개변수의 값이 해당되는 값으로 바뀐다.

javax.swing.UIManager는 사용자 인터페이스를 관리하는 클래스로 간단하게 사용자 인터페이스를 조정할 수 있다. 특히 이 클래스의 메소드 중에 put 메소드는 다음과 같다.

```
public static Object put(Object key, Object value)
```

이는 key의 값을 value로 바로 바꾸어주는 편리한 기능이 있다. key에 사용할 수 있는 값은 UIManager 클래스의 getDefaults() 메소드로 확인할 수 있으며, 이 key의 종류는 Java 7의 경우 643개나 있다. 다음 예와 같이 ToolTip의 글자체를 바로 설정할 수 있다.

```
UIManager.put("ToolTip.font",  new  Font("Times  Roman",  Font.
BOLD,15));
```

예제 15.3 마우스 커서, TableCellRenderer, ToolTip을 사용하는 다음 프로그램을 분석하라.

```
/************RendererTest.java **********************
 * to test TableCellRenderer/Cursor/ToolTip
 **************************************************/
import java.awt.Dimension;
import java.awt.Cursor;
import java.awt.Color;
import java.awt.Font;
import java.awt.Point;
import java.awt.BorderLayout;
import javax.swing.JScrollPane;
import javax.swing.JTable;
import javax.swing.JPanel;
import javax.swing.JButton;
import javax.swing.JFrame;
import javax.swing.JComponent;
import javax.swing.UIManager;
import javax.swing.table.TableColumnModel;
import javax.swing.table.TableColumn;
import javax.swing.table.DefaultTableModel;
import javax.swing.table.DefaultTableCellRenderer;

public class RendererTest {
   private JFrame f = new JFrame("Renderer Test");

   public RendererTest () {
     UIManager.put("ToolTip.background", Color.YELLOW);
     UIManager.put("ToolTip.foreground", Color.RED);
     UIManager.put("ToolTip.font", new Font("Times Roman",
          Font.BOLD,15));
     DefaultTableModel dtm = new DefaultTableModel();
     dtm.setColumnIdentifiers(new Object[] {"이름", "학년", "학과"});
     dtm.addRow(new Object[] {"김철수", 3, "통계"});
     dtm.addRow(new Object[] {"이보람", 1, "전산"});
     dtm.addRow(new Object[] {"박수철", 4, "보험"});
     JTable table = new JTable(dtm);  // 위의 모델을 JTable로 구성
     table.setCursor(new Cursor(Cursor.HAND_CURSOR));
```

```
    TableColumnModel colModel = table.getColumnModel();
    for(int i = 0; i < colModel.getColumnCount(); i++) {
      TableColumn tc =  colModel.getColumn(i);
      tc.setCellRenderer(new MyRenderer());
    } // end for

    JPanel panel = new JPanel();
    JButton aButton = new JButton ("This");
    JButton bButton = new JButton ("That");
    aButton.setCursor(new Cursor(Cursor.WAIT_CURSOR));
    bButton.setCursor(new Cursor(Cursor.S_RESIZE_CURSOR));
    bButton.setToolTipText("That button");
    String str = "<HTML> <H1>A Multiline ToolTip Example </H1>"+
           "두 줄 이상의 ToolTip은 <BR>"+
            "HTML을 사용하면 좋습니다.</HTML>";
    aButton.setToolTipText(str);

    panel.add(aButton, BorderLayout.WEST);
    panel.add(bButton, BorderLayout.EAST);

    f.add(panel, BorderLayout.NORTH);
    f.add(new JScrollPane(table), BorderLayout.CENTER);
    // ScrollPane에 table넣고 이를 frame에
    f.setDefaultCloseOperation(JFrame.EXIT_ON_CLOSE);
    f.setPreferredSize(new Dimension(400,240));
    f.pack();
    f.setLocation(200,200);
    f.setVisible(true);
  } // end constructor

  public static void main(String[] args) {
    RendererTest rt = new RendererTest();
  } // end main
} // end class RendererTest
/*********** class MyRender ************************************
 * Table에서 마우스의 위치와 관련된 정보 얻기와 ToolTip 설정
 * ************************************************************/
class MyRenderer extends DefaultTableCellRenderer {
  public JComponent getTableCellRendererComponent(JTable table,
        Object value, boolean isSelected, boolean hasFocus,
        int row, int column) {
   // 현재의 table에서 마우스 위치 row, column, 표의 값 value 받음
    super.getTableCellRendererComponent(table, value, isSelected,
        hasFocus, row, column);
   setToolTipText((row+1)+"번째 행, "+(column+1) + "번째 열의 값: "+value);

   //System.out.println(row+" 행 "+column+" 열 "+value); // Try This
   return this;
  } // end getTableCellRendererComponent
} // end MyRenderer
```

풀이

이 프로그램은 크게 JFrame의 위에는 두 개의 버튼이 포함된 JPanel 객체 panel을 (BorderLayout.NORTH) 넣고 아래는 JTable을 넣은 것이다(58-59번 줄).

26-28번째 줄은 ToolTip의 글자색, 바탕색 및 글자체를 설정하였다.

30-34번 줄은 JTable에 넣을 기본적인 자료를 설정하고, 이를 35번 줄에서 JTable로 구성하였으며 36번 줄에서 JTable의 마우스의 종류를 HAND_CURSOR로 하였다.

38-42번 줄은 JTable의 TableColumnModel에서 TableColumn을 얻어서 이에 CellRenderer로 72번 줄부터 시작하는 MyRenderer를 설정하였다. 이 결과 JTable 위에 마우스가 위치할 때 그 위치 및 해당 값 등을 얻을 수 있고, 그 결과 중 일부를 ToolTip을 이용하여 볼 수 있다.

45-46번 줄에서는 두 개의 버튼을 정의하고, 47-48번 줄에서는 이 버튼 위에 마우스 포인터를 설정하였다. bButton의 ToolTip을 49번 줄에서 설정하고, 53번 줄에서는 aButton의 ToolTip을 50-52번 줄의 HTML 코드로 설정하였다.

58번 줄부터는 보일 창의 속성을 정의하였으며, main 함수는 이 클래스의 기동만 하고 있음을 알 수 있다.

별도의 클래스 MyRender는 DefaultTableCellRenderer를 상속받아 이 클래스의 메소드인 getTableCellRendererComponent에 의해 마우스의 위치에 해당하는 표의 값을 얻은 후 83번 줄에서 이 값을 이용하여 ToolTip을 설정하였다.

85번 줄의 System 출력에 있는 주석을 없애고 이 프로그램을 실행한 후 마우스를 JTable 위로 움직여서 어떤 출력이 나오는지 확인하여 보아라.

이 프로그램의 결과는 다음 그림과 같다.

15.3 TexturePaint와 BufferedImage 클래스

TexturePaint 클래스는 문자열과 Shape 객체를 이미지 위에 나타낼 수 있도록 해 주는 클래스이다. 따라서 이 클래스는 바탕에 사용할 이미지가 있음을 전제로 사용한다. 생성자는 다음과 같다.

```
public TexturePaint(BufferedImage txtr, Rectangle2D anchor)
```

txtr은 바탕에 사용할 이미지의 BufferedImage 객체를 설정하고 이 이미지의

anchor 부분을 바탕으로 사용한다.

BufferedImage 클래스는 java.awt.Image 클래스를 상속받은 클래스로 이 클래스를 직접 사용하여 BufferedImage 객체를 사용하려면 이미지 파일의 구성에 대한 어느 정도의 지식이 필요하다. 대개의 경우 이미 만들어진 그림 파일로 BufferedImage 객체를 만드므로, 이 경우 ImageIO 클래스의 read 메소드를 사용하는 것이 편리하다. 즉 다음과 같이 이미지 파일의 color, model 등의 정보가 필요 없이 파일이름으로 BufferedImage 객체를 만들 수 있다.

```
BufferedImage bi = ImageIO.read(new File("GlacierNp.jpg"));
```

javax.imageio.ImageIO의 read 메소드는 위의 예처럼 File 객체를 매개변수로 받을 수도 있고, URL 객체를 받을 수도 있다. 또 그 출력을 Image 객체로 받을 수도 있다.

BufferedImage 객체가 있다면 이 객체에서 사용한 이미지의 전부 또는 일부 영역을 표시하는 Rectangle2D로 이 이미지에서 TexturePaint 클래스에서 사용할 영역을 설정한다. 이 경우 이미지의 전체 크기를 BufferedImage 클래스의 메소드를 이용하여 받아올 수 있다.

```
int getHeight(): 그림의 높이
int getWidth(): 그림의 폭
```

그림 영역 전체를 사용한다면 다음과 같이 TexturePaint 객체를 생성할 수 있다.

```
Rectangle2D tr = new Rectangle2D.Double(0, 0, bi.getWidth(),
bi.getHeight());
TexturePaint tp = new TexturePaint(bi, tr);
```

작성하는 클래스 내에서 TexturePaint 객체를 생성하였다면 paint 또는 paintComponent 등의 메소드에서 이 TexturePaint 위에 그릴 수 있도록 다음과 같이 선언한다.

```
g.setPaint(tp);
```

여기서 g는 Graphics2D의 객체이다. 이제 g.fill, s.drawString 등의 메소드를 사용하며 Shape 객체 또는 문자열을 그리면 TexturePaint가 완성된다.

예제 15.4 TexturePaint를 사용한 다음 프로그램을 분석하라.

```
/************************************************************
 * TexturePaintTest.java to test TexturePaint for Graphics2D
 * An image file(here: GlacierNP.jpg) required
 * ***********************************************************/
import java.awt.TexturePaint;
import java.awt.Font;
import java.awt.Graphics;
import java.awt.Graphics2D;
import java.awt.Dimension;
import java.awt.geom.Rectangle2D;
import java.awt.geom.RoundRectangle2D;
import java.awt.image.BufferedImage;
import java.io.File;
import java.io.IOException;
import javax.imageio.ImageIO;
import javax.swing.JFrame;


public class TexturePaintTest extends JFrame {
  private BufferedImage bi;

  public static void main(String[] args) throws Exception {
     TexturePaintTest tpt = new TexturePaintTest();
  } // end main

  public TexturePaintTest() throws IOException  {
    setTitle("TexturePaint Test");                    // 창의 제목
    setPreferredSize(new Dimension(600, 500));  // 창의 크기
    setDefaultCloseOperation(JFrame.EXIT_ON_CLOSE);
    bi = ImageIO.read(new File("GlacierNp.jpg"));  // 바탕그림 파일
    pack();
    setVisible(true);                                 // 창보이기
  } // end constructor

  public void paint(Graphics g1) {                    // 그리기
    Graphics2D g = (Graphics2D) g1;
    // GlacierNp.jpg 의 그림 크기
    Rectangle2D tr = new Rectangle2D.Double(0, 0,
        bi.getWidth(), bi.getHeight());               // 이미지 파일 영역 전체 사용
    TexturePaint tp = new TexturePaint(bi, tr);       // TexturePaint 객체 생성
    // 둥근 사각형그리기
    RoundRectangle2D r =
        new RoundRectangle2D.Float(25, 35, 400, 200, 25, 25);
    g.setPaint(tp);                                   // TexturePaint 설정
    g.fill(r);                                        // 위의 둥근 사각형
    Font f1 = new Font("Times Roman", Font.BOLD, 100);
    g.setFont(f1);
    for (int i=4; i< 10; i++)                         // 글자쓰기
       g.drawString("Glacier National Park", 10, i*100);
  } // end paint
} // end class
```

풀이

이 프로그램의 결과와 원본 그림은 다음과 같다.

15.4 Applet 클래스

애플릿(Applet)이란 Explore 같은 웹브라우저 내에서 동작될 수 있는 프로그램으로 Java로 작성할 수 있다. Java 언어가 지금처럼 많이 사용될 수 있게 된 이유 중의 하나가 Java 애플릿이다. 인터넷이 보편화되면서 많은 웹사이트가 만들어지고, 이들 사이트에서 애플릿을 제공하게 되었다. Applet 클래스를 사용하면 복잡하지 않은 프로그램도 다른 언어를 사용하면 아주 복잡한 경우가 많아 Java를 Applet 작성을 위해 많이 사용하게 되었고, 결과적으로 Java 언어 사용자가 많아졌다.

java.applet.Applet 클래스는 응용 프로그램과 달리 웹브라우저 내에서 동작되도록 프로그램을 작성할 때 사용한다. 즉, 웹사이트에 탑재되어 웹브라우저를 통해 웹페이지의 일부로 동작된다. Applet은 웹브라우저와 상호작용이 필요하기 때문에 Applet으로 작성된 프로그램을 응용 프로그램으로 사용하려면 다소의 수정이 필요하다. Applet으로 작성된 경우 인터넷 익스플로러, 크롬, 파이어 폭스 등의 브라우저를 통해서 보거나, Appletviewer 프로그램을 사용해야 프로그램의 동작을 볼 수 있다. AppletViwer는 Java가 설치될 때 함께 설치되므로 따로 구할 필요는 없으나, Oracle이 아닌 다른 곳에서 제공되는 것도 있으므로 필요한 경우 인터넷 검색(권장 검색어: appletviewer download)으로 얻을 수 있다.

appletviewer의 사용법은 다음과 같다.

```
appletviewer <option> url
```

url에는 HTML 파일의 인터넷 주소나 로컬 컴퓨터의 파일이름을 사용할 수 있다. 웹사이트에 Applet을 탑재할 경우 HTML을 사용하여 이 애플릿을 포함해야 하는데, 이때 사용하는 HTML 태그(tag)는 〈APPLET〉 태그와 〈PARAM〉 태그이다. 〈APPLET〉 태그의 속성은 다음과 같다.

```
CODEBASE  class 또는 jar 파일이 위치한 웹사이트의 경로를 설정한다.
CODE      .class 파일의 이름을 설정한다.
WIDTH     브라우저에서 이 애플릿이 차지할 폭을 설정한다(픽셀 단위).
HEIGHT    브라우저에서 이 애플릿이 차지할 높이를 설정한다(픽셀 단위).
```

〈PARAM〉 태그에는 CODEBASE/CODE의 .class 또는 jar 파일이 매개변수를 입력받을 경우 매개변수의 이름과 해당되는 값을 설정한다.

```
NAME      매개변수의 이름
VALUE     매개변수 NAME의 값
```

예제 15.5 Applet 사용을 위한 다음 Applet1.html을 분석하라.

```
<APPLET CODEBASE="http://jupiter.hallym.ac.kr/java/" CODE="FunScroll.
        class" width=450 height=50>
<PARAM NAME=line0 VALUE="<up>Hello, This is Songyong Sim's Home<up>">
<PARAM NAME=line1 VALUE="<left><nervous>Nice 2 C Ya !!! Thank U 4
        stopping by !!!<left>">
<PARAM NAME=line2 VALUE="<left><sine-wave>Department of Statistics,
        Hallym University.<left>">
<PARAM NAME=dx VALUE=2>
<PARAM NAME=dy VALUE=3>
<PARAM NAME=fgcolor VALUE="#000000">
<PARAM NAME=bgcolor VALUE="#FF0000">
</APPLET>
```

풀이

이 파일을 적절한 위치에 저장하고, 명령어 창을 열어서

C:₩myjava〉appletviewer Applet1.html

이라고 명령해 보면 위에서 사용한 FunScroll 클래스는 Jan Andersson(Torpa Konsult

AB)가 작성하여 공개한 FunScroll.java를 사용한 것이다. 이 프로그램의 소스는 인터넷 검색으로 (권장 검색어: FunScroll.java) 많은 곳에서 찾을 수 있다.

이제 HTML에 대해서 간단히 보았으므로 Applet에 대해서 알아보자. 애플릿은 대부분 다음과 같이 구성된다.

```
class Myclass extends Applet {
  public void init() {          }
  public void start() { }
  public void stop() { }
  public void destroy() { }
  public void paint(Graphics g) { }
}
```

이들은 Applet 클래스를 상속받은 클래스에서 같은 이름의 메소드가 있으면 덮어쓰게 된다. 같은 이름의 메소드가 존재하지 않을 경우 다음 메소드가 자동으로 호출되어 애플릿의 시작과 종료가 완성된다.

```
void init()
        브라우저나 applet viewer에 의해 최초로 호출되는 메소드이다.
        다음의 start() 메소드보다 앞서 자동으로 호출되며 스레드를 사용하는 경우
        init 메소드로 시작해 주어 스레드가 시작된다.
void start()
        init 메소드 직후에 호출된다. 같은 웹페이지를 다시 방문할 때 이 메소드가
        호출된다.
void stop()
        애플릿의 실행을 중지시킨다. 애플릿이 포함된 페이지에서 다른 페이지로
        이동하면 이 메소드가 호출되며, 그 페이지로 다시 돌아가면 start 메소드가
        호출된다.
void destroy()
        애플릿이 완전히 끝난다. 브라우저나 applet viewer를 끄면 호출되며
        stop 메소드는 자동으로 호출된다.
```

이밖에 다음과 같은 메소드가 있다.

```
URL getCodeBase()         애플릿이 위치한 곳의 URL을 반환한다.
URL getDocumentBase()   애플릿의 설치된 웹서버의 document base URL 반환한다.
Image getImage(URL url) url에 주어진 이미지 파일을 Image 객체로 반환한다.
Image getImage(URL url, String name)
        file에 주어진 이미지 파일을 Image 객체로 반환한다.
```

```
AudioClip getAudioClip(URL url)   url의 오디오를 반환한다.
AudioClip getAudioClip(URL url, String name)
          url에 주어진 주소와 url의 상대경로 name에 위치한 파일을 AudioClip 객체로
          반환한다. 예를 들면 다음과 같이 사용한다.
          play(getCodeBase(), "dingdong.au")
void play(URL url)
          url에 주어진 오디오를 연주한다. 연주할 것이 없으면 아무 일도 일어나지 않는다.
void play(URL url, String name)
          url에 주어진 주소와 url의 상대경로 name에 위치한 오디오를 연주한다.
```

javax.swing.JApplet 클래스는 Applet 클래스를 상속받은 클래스로서, 추가로 사용할 수 있는 여러 가지 메소드들이 있다. 이들 중 많은 부분은 Swing의 컴포넌트들이다. JApplet 클래스에서 추가로 사용할 수 있는 메소드는 다음과 같다.

```
void setJMenuBar(JMenuBar menuBar) 현재의 애플릿에 menuBar를 추가한다.
JMenuBar getJMenuBar()           현재 애플릿에 설치된 메뉴바를 반환받는다.
void setLayout(LayoutManager manager) 애플릿의 layout을 설정한다.
Container getContentPane()    현재 애플릿의 ConentPane을 반환받는다.
Graphics getGraphics()           현재 애플릿의 그래픽을 반환받는다.
void repaint(long time, int x, int y, int width, int height)
          왼쪽 위의 좌표 (x,y)에서 폭과 높이가 각각 width, height인 영역의 그림을
          time(단위: 1/1000초) 후에 새로 그린다.
```

예제 15.6 **간단한 애플릿을 작성하여 이를 Appletviewer로 띄워보는 다음 프로그램을 분석하라. (인터넷 익스플로러나 파이어폭스, 크롬 등의 웹브라우저로 띄워도 되지만 최근의 웹브라우저는 보안 문제 등으로 애플릿을 띄우는 것을 막는 경우도 있으며, 이런 경우 브라우저의 설정을 바꾸어야 한다는 것을 알아 둘 필요가 있다. 또한 브라우저는 에러메세지를 거의 띄우지 않기 때문에 디버깅 등의 목적으로는 Java 설치 때 함께 설치되는 Appletviewer를 사용하여 정상적으로 작동하는지 미리 확인해 볼 필요가 있다.)**

```
/***************************************************
 *  JAppletTest.java to play audio file in an Applet.
 ***************************************************/
import java.awt.Graphics;
import java.applet.AudioClip;
import javax.swing.JApplet;

public class JAppletTest extends JApplet{
    AudioClip bgsound, laser;
    String str = "Playing Sounds....";
```

```
11
12    public void init() {
13      laser = getAudioClip(getCodeBase(), "laser.au");
14      bgsound = getAudioClip(getCodeBase(), "cuckoo.au");
15      run();
16    } // end init
17
18    public void stop() {
19      if (bgsound != null) bgsound.stop();
20      bgsound = null;
21    }
22
23    public void run() {
24      laser.play();
25      if (bgsound != null) bgsound.loop();
26    }
27
28    public void paint(Graphics g) {
29      g.drawString(str, 10, 10);
30    }
31 } // end class
```

풀이

이 프로그램의 13-14번 줄에서 두 개의 오디오 파일을 읽어 laser은 한 번 연주하고, bgsound는 무한 반복하여 연주한다. paint 메소드는 str을 그린다. stop 메소드에서 bgsound를 stop() 시켰는데, 이는 브라우저가 다른 페이지로 이동할 때 무한 반복하는 bgsound를 정지시키지 않으면 계속 연주하기 때문이다.

이 파일을 컴파일하면 JAppletTest.class가 생기는데 이 파일을 이용하여 다음과 같이 JAppletTest.html 파일을 만든다.

〈APPLET CODE="JAppletTest.class" width=450 height=50〉
〈/APPLET〉

이제 이 파일을 Appletviewer로 불러오면 된다. 즉,

C:₩〉 Appletviewer JAppletTest.html

이라고 하면 그림 304와 같은 창이 만들어지며, 이 프로그램의 내용에 따라 오디오 파일의 연주가 시작된다.

15.5 Password 클래스

응용 프로그램에서 암호를 입력받을 경우 이 암호는 사용자의 화면에 보이지 않아야 한다. 이런 목적을 위해 Swing에서 **JPasswordField**를 제공한다. 이 클래스는 JTextField를 상속받은 클래스이며 생성자는 다음과 같다.

```
JPasswordField()
JPasswordField(Document doc, String text, int columns)
JPasswordField(int columns)
JPasswordField(String text)
JPasswordField(String text, int columns)
```

여기서 각 매개변수는 다음과 같다.

```
doc        텍스트를 저장할 Document 객체
txt        처음에 보일 문자열
column     열의 개수
```

사용할 수 있는 메소드는 다음과 같다.

```
void setEchoChar(char c)
        사용자가 암호를 입력할 때 사용자 창에 보일 문자를 설정하며 대개 '*'이다.
char getEchoChar()
        setEchoChar에서 설정한 값 또는 기본값 '*'가 반환된다.
char[] getPassword()
        암호칸에 입력된 문자열 반환 받는다. 만일 아무 입력이 없으면
        NullPointerException 예외가 발생된다.
```

JPassWord에서의 입력 처리는 JTextField에서와 같이 할 수 있으며 ActionEvent와 ActionListener를 통해 할 수 있다.

예제 15.7 **ID와 Password를 입력받아 간단한 처리를 하는 다음 프로그램을 분석하라. 이 프로그램은 JFrame을 상속받은 JPWTest 클래스에 두 개의 패널을 상하로 넣은 것이며 첫 번째 패널은 ID와 암호 입력 및 확인, 취소 버튼을 가지고 있으며 두 번째 패널은 첫 번째 패널에서 입력받은 값을 처리한 결과를 인쇄한다. 입력을 처리하여 인쇄하는 패널은 별도의 클래스 DrawingP로 만들었으며 103번 줄에서 시작된다.**

```
001 /************* JPWTest.java ************************
002  * to test JPasswordField and its events
```

```
 ***********************************************/
import javax.swing.JFrame;
import javax.swing.JPanel;
import javax.swing.JLabel;
import javax.swing.JButton;
import javax.swing.JPasswordField;
import javax.swing.JTextField;
import java.awt.GridBagLayout;
import java.awt.GridBagConstraints;
import java.awt.Insets;
import java.awt.BorderLayout;

import java.awt.Color;
import java.awt.Dimension;
import java.awt.Graphics;
import java.awt.event.ActionEvent;
import java.awt.event.ActionListener;

public class JPWTest extends JFrame implements ActionListener {
  private JLabel idLabel, pwLabel;                    // ID, 암호
  private JButton okbtn, cnlbtn;                      // 확인, 취소 버튼
  private JTextField idField = new JTextField("ID를 입력하세요");
  private JPasswordField pwField = new JPasswordField(10);
  private static String paramStr, cmdStr, idStr, pwStr, actStr;
  private GridBagConstraints gbc;                     // 입력 필드 및 버튼 배치
  JPanel panel = new JPanel();                        // 입력 필드 및 버튼 배치 패널
  DrawingP dp;                                        // 출력 패널: 이 파일에 포함.

  public JPWTest() {
    super("ID/PW 입력");                              // 창 이름
    setPreferredSize(new Dimension(600, 400));
    panel.setLayout(new GridBagLayout()); // 입력 패널은 GridBagLayout
    setLayout(new BorderLayout());                    // 전체는 BorderLayout
    setDefaultCloseOperation(JFrame.EXIT_ON_CLOSE);
    idLabel = new JLabel("ID : ", JLabel.RIGHT);             // ID 라벨
    pwLabel = new JLabel("암호 : ", JLabel.RIGHT);           // PW 라벨
    okbtn = new JButton("확인");  okbtn.addActionListener(this); // 확인 버튼
    cnlbtn = new JButton("취소");  cnlbtn.addActionListener(this);// 취소 버튼
    idField.addActionListener(this);                         //  ID  입력 처리
    pwField.addActionListener(this);                 // PW 입력 처리
    display();
  } // end constructor

  public static void main(String[] args) {
    JPWTest jpw = new JPWTest();
    jpw.setVisible(true);
  } // end main

  public void display() {                            // 전체 component 배치
    revalidate();  // 초기화
    gbc = new GridBagConstraints();
```

```
    gbc.fill = GridBagConstraints.HORIZONTAL; // 가로로 채우기

    gbc.anchor = GridBagConstraints.CENTER;
    gbc.insets = new Insets(5, 5, 5, 5);          // 공간 설정

    gbc.gridx = 0; gbc.gridy = 0;                 // ID 라벨
    panel.add(idLabel, gbc);
    gbc.gridx++;                                  // ID 입력창
    panel.add(idField, gbc);

    gbc.gridx++;                                  // 암호 라벨
    panel.add(pwLabel, gbc);
    gbc.gridx++;                                  // 암호 입력창
    panel.add(pwField, gbc);

    gbc.gridx++;                                  // 확인 버튼
    panel.add(okbtn, gbc);
    gbc.gridx++;                                  // 취소 버튼
    panel.add(cnlbtn,gbc);

    add(panel, BorderLayout.NORTH);               // 입력 패널은 위에 배치
    dp = new DrawingP(paramStr, cmdStr, idStr, pwStr, actStr);
    add(dp, BorderLayout.CENTER);                 // 출력 패널 배치
    pack();
    setVisible(true);
  } // end display

  public void actionPerformed(ActionEvent e)  {
    idStr = "ID: "+idField.getText();             // id 문자열로
    char[] pwchar =pwField.getPassword(); // 암호는 문자 벡터로
    pwStr = new String(pwchar);                   // 암호 문자열을 String으로
    pwStr = "Password: "+pwStr;
    paramStr = "paramString: "+e.paramString();          // paramString 받기
    cmdStr ="getActionCmmand: "+e.getActionCommand(); // action cmd 받기

    Object aeo = e.getSource();                          // 사건 발생한 곳 찾아
    if (aeo == okbtn)                                    // 확인 버튼
      actStr = "확인 버튼이 클릭되었습니다.!";
    if (aeo == cnlbtn)                                   // 취소 버튼
      actStr = "취소 버튼이 클릭되었습니다.!";
    if (aeo == idField)                              // ID  필드
      actStr = "ID에서 Enter가 발생되었습니다.!";
    if (aeo == pwField)                              // PW 필드
      actStr = "PW에서 Enter가 발생되었습니다.!";
    display();                                       // 다시 그리기
  } // end actionPerformed

} // end class

class DrawingP extends JPanel{  // 문자열 받아서 적당한 위치에 그리기
  private String paramStr, cmdStr, idStr, pwStr, actStr;
  DrawingP(String paramStr, String cmdStr, String idStr,
```

```
106         String pwStr, String actStr) {
107     this.paramStr = paramStr; this.cmdStr = cmdStr;
108     this.idStr = idStr;        this.pwStr = pwStr;
109     this.actStr = actStr;                          // 같은 이름 사용함.
110   } // end constructor
111
112   public void paintComponent(Graphics g) {
113     super.paintComponent(g);                       // 그림 초기화
114     setPreferredSize(new Dimension(600, 200));
115     setBackground(Color.YELLOW);                   // 배경색
116     int yy = 30;  int xx = 30;                     // 글자 그릴 위치
117     int dy = 30;                                   // 위치의 y축 값 변경 정도
118     if (actStr != null) g.drawString(actStr, xx, yy); yy = yy + dy;
119     if (paramStr != null) g.drawString(paramStr, xx, yy); yy = yy + dy;
120     if (cmdStr != null) g.drawString(cmdStr, xx, yy); yy = yy + dy;
121     if (idStr != null) g.drawString(idStr, xx, yy); yy = yy + dy;
122     if (pwStr != null) g.drawString(pwStr, xx, yy);
123   } // end paint
124 } // end DrawingP
```

풀이

위 프로그램에서 22-23번 줄은 ID 및 암호를 입력받기 위한 JLabel, JButton이며 24번 줄은 ID, 25번 줄은 암호를 입력하는 필드를 만들기 위한 것이다. 26번 줄의 문자열은 ID, 암호 및 버튼을 클릭할 때 사건 처리에서 사용할 문자열을 선언하였으며 27번 줄은 ID, 암호 입력을 위한 JComponent를 JPanel에 배치할 방법에 사용할 것이다. 28번 줄과 29번은 JFrame에 배치할 두 개의 JPanel(또는 그를 상속받은 것)이다.

31번 줄에서 시작하는 생성자는 JLabel, JButton, JTextField, JPasswordField의 초기화 및 해당 사건 처리 방법을 지정하였다(42번 줄까지). 43번 줄에서는 위에서 만든 것을 배치하기 위한 메소드로 display라는 메소드를 호출하였다.

51번 줄에서 시작하는 display 메소드는 52번 줄에서 초기화하고 GridBagLayout의 상수값을 설정하며, 각 Comoponent 사이의 공간을 설정하였다(59번 줄까지). 60번 줄에서 72번 줄 사이에서는 각 component를 배치하였다. 이때 gridx의 값을 하나씩 더해 주어 가로로 계속 배치되도록 하였다. 74번 줄에서는 이 패널을 JFrame(JPWTest)에 BorderLayout으로 배치하였다. 75-76번 줄은 사건이 발생할 때 만들어진 문자열 값으로 그림을 그리는 JPanel (DrawingP)를 배치하였다.

81번 줄에서 시작하는 actionPerformed 메소드는 panel에서 사건이 발생할 때 이를 처리하는 방법을 정한 것으로 idStr, pwStr은 ID와 PW의 입력값을 받으며 paramStr과 cmdStr은 사건 ActionEvent의 값의 일부를 받은 것이다. 89번 줄에서는 사건이 발생한 컴포넌트를 찾아서 어디서 사건이 발생하였는지에 따라 91번 줄과 같이 actStr의 문자열을 정의하였으며, 이 정의가 끝나면 display 메소드를 호출하여 전체를 다시 배열하도록 하였다.

103번 줄에서 시작하는 DrawingP 클래스는 actionPerformed에 의해서 설정된 값을 그리기 위한 클래스로 매개변수의 문자열 값을 전달받아 그 값을 drawString 메소드를 사용하여 그리도록 하였다.

이 프로그램의 결과는 다음 그림과 같다.

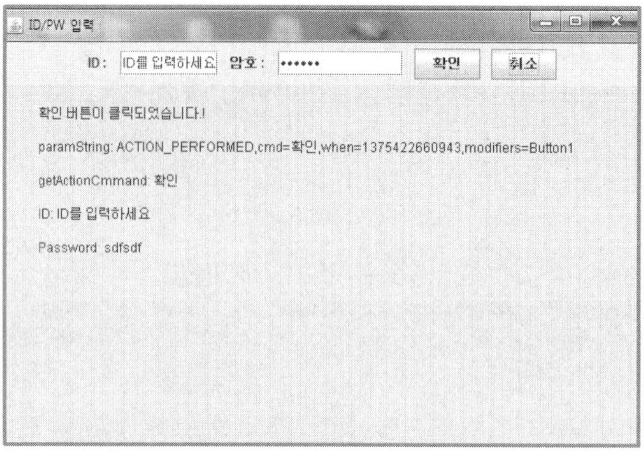
ID/PW 입력
ID :
ID를 입력하세요
암호 :
••••••
확인
취소
확인 버튼이 클릭되었습니다!
paramString: ACTION_PERFORMED,cmd=확인,when=1375422660943,modifiers=Button1
getActionCmmand: 확인
ID: ID를 입력하세요
Password sdfsdf

부록: 정규식 표

표현	의미
x	문자 x
₩₩	백슬래시(₩)
₩0n	8진수 n (0 〈= n 〈=7)
₩0nn	8진수 nn (0 〈= n 〈=7)
₩0mnn	8진수 mnn (0 〈= m 〈=3, 0 〈= n 〈=7)
₩xhh	16진수 0xhh (0 〈= h 〈= f)
₩uhhhh	16진수 0xhhhh (0 〈= h 〈= f)
₩t	Tab 키
₩n	new line (줄바꾸기, 새 줄)
₩f	form-feed (새 페이지)
₩e	escape character
₩cx	Ctrl +x
[abc]	a 또는 b 또는 c ([]안의 각각에 대한 '또는')
[^abc]	a,b,c를 제외한 나머지 문자
[a-zA-Z]	a에서 z까지 및 A에서 Z까지
[a-d[m-p]	a에서 d까지 또는 m에서 p까지
[a-z&&[def]]]	&&는 교집합 따라서 d, e, f
[a-z&&[^bc]]	여집합. b와 c를 제외한 소문자.
[a-z&&[^m-p]]	여집합. m부터 p까지를 제외한 나머지 소문자.
₩d	숫자 ([0-9])
₩D	숫자가 아닌 나머지 [^0-9]
₩s	보이지 않는 입력 ([₩t₩n₩x0B₩f₩r])
₩S	보이는 입력 ([^₩t₩n₩x0B₩f₩r]=[^₩s])
₩w	알파벳과 숫자 [a-zA-Z_0-9]
₩W	알파벳과 숫자 이외의 것 [^₩w]
^	한 줄의 시작
$	한 줄의 끝
₩b	단어의 경계 (단어는 ₩w)
₩B	단어가 아닌 것의 경계

찾아보기

| 저자 소개 |

이정진

서울대학교 계산통계학과 학사
서울대학교 대학원 계산통계학과 석사
Case Western Reserve University, O.R. 박사
International Association for Statistical Computing 이사, 부회장
International Statistical Institute 이사
한국통계학회 회장
현) 숭실대학교 정보통계-보험수리학과 교수

심송용

서울대학교 계산통계학과 학사
서울대학교 대학원 계산통계학과 석사
University of Wisconsin-Madison 통계학 박사
현) 한림대학교 금융정보통계학과 교수

JAVA 프로그래밍과 함께 배우는

수치해석 및 전산통계

| 저 자 이정진 · 심송용
| 펴 낸 이 주정희
| 펴 낸 곳 자유아카데미
| 주 소 경기도 파주시 회동길 37-42
파주출판도시
| 전 화 031-955-1321
| 팩 스 031-955-1322
| 홈페이지 www.freeaca.com
| 전자우편 main@freeaca.com(대표)
editor@freeaca.com(편집)
| 등 록 제406-2003-017호, 1980. 7. 12
| 제1판1쇄 2014년 5월 21일 발행
| 정 가 38,000원

ISBN 978-89-7338-434-1 93310